生命体「黄河」の再生

李 国英／芦田 和男／澤井 健二／角 哲也【編著】

京都大学学術出版会

第2部「黄河の健康な生命の維持」
維持黄河健康生命
李　国英 著
Copyright © 2005 by 黄河水利出版社

黄河上流林間部の渓流

黄河壺口の滝

晋陕峡谷

小浪底ダムを利用した調水調砂

黄河下流部の険工（突堤水制）

黄土高原

竜羊峡ダム

黄河下流部の河道

黄河流域図

陰山山脈
河套灌漑区
パオトウ
トクト
トウタオグァイ
河口鎮
内モンゴル自治区
万家寨
河曲
曲峪
黄土高原
北幹流
無定河
磧口
古賢
陝西省
延安
延河
北洛河
壷口
竜門
禹門口
小北幹流
夹馬口
涇河
渭河
西安
潼関
三門峡
故県
陸渾
伊河
洛河
洛陽
秦嶺山脈
山西省
太原
汾河
太行山脈
沁河
小浪底
河口村
桃花峪
花園口
鄭州
開封
河南省
北京
天津
海河
渤海
大運河
石家荘
利津
墾利
北鎮
小清河
濼口
済南
雷口
位山
山東省
黄河
東平湖
大汶河
孫口
金堤河
高村
明清故道
凡例
首都
直轄市
省都
市と町
鉄道
流域界
省界
河川

は じ め に

李 国英 著『維持黄河健康生命』日本語版発刊の経緯

芦田 和男

　元中国黄河水利科学研究院高級工程師・馮金亭氏から，黄河に関する新しい本が出版されたので一緒に日本語版を出さないかというお話を聞いたのは大分前の 2006 年頃のことであったろうか．今から考えると，李国英氏の本が出版されて間もない頃であった．

　馮氏は 1987 年 12 月から 1 年間，当時私が在職中の京都大学防災研究所の研究室に外国人学者として滞在され，一緒に河川に関する研究を行った．黄河については，私は幾度か現地に行き説明を受けているものの概況が頭に入っている程度で，もっぱら彼から教わった．そのとき，彼が教えてくれたのは黄河水利委員会治黄研究組編著『黄河的治理与開発』(上海教育出版社, 1984 年) であった．この本は，黄河流域の地形・黄河の河道・洪水・侵食・土砂流出・水資源などに関する調査資料にもとづく実態，長い歴史時代を通じての治水思想の発展から当時の治水の基本的な考え方，洪水防御・土壌保全・水資源開発事業の総合計画がうまくまとめられているので，日本の方々に紹介することは有意義であると考え，馮氏と当時京都大学防災研究所に留学中の博士課程学生匡尚富氏の協力も得て翻訳原稿をつくり，芦田も加わって日本語版を刊行した (芦田和男監修，馮金亭・匡尚富訳『黄河の治水と開発』古今書院，1989 年)．

　それから 20 年が過ぎている．黄河そのものと黄河についての見方に変化があってもおかしくはない．しかし，悠久な歴史をもつ中国のことである．20 年程度では基本的なことは変わらないだろうと思い，馮さんの話にはあまり積極的に賛成しなかった．

　2008 年 4 月に馮氏は日本を訪問され，私に 1 冊の本をくださった．それが李国英著『維持黄河健康生命』(黄河水利出版社，2005 年) であった．この本のタイトルを見ただけで，この 20 年間の中国における河川環境の悪化と環境

保全についての認識の高まりを理解することができた。黄河の状況も以前と比べて変わっているだろうし，治水・利水に対する基本的な考え方も変わり，必然的に治水・利水のやり方も変わってくるはずである。そうだとすると，この本を早く読んでみたいし，また前に刊行した『黄河の治水と開発』の改訂版として日本語版を刊行する責任があるようにも感じられた。ここに至って，ようやく馮氏がこの本の日本語版を刊行しようといっておられた理由がわかった。もっと早くやるべきだった，と今更ながら申し訳なく思う。

　李国英氏が取り扱っている黄河の河川環境の悪化の問題は，現在地球上どこでも生じている。これは，地球上で起きているグローバルな環境問題の一つである。それは20世紀における爆発的な人口増加（世界人口：1901年-16億人，1950年-25億人，2000年-60億人）と，科学技術に支えられた高度な物質文明を発展させた人類が，地球に過度な負荷を与え，きわめて短期間のうちに地球環境を変化させたことにより発生していることで，人間のそのような行為に対する地球の反撃であるとも考えられる。上記の20年も，中国にとっては歴史上かつて経験したことがない急激な環境変化が生じた20年であったのだ。しかも，現在もそれは続いている。人類は自らの欲望を抑制し自然との共生を図っていかなければその未来はないという認識は，かなり広がってきている。そうしたなかで河川については，悪化した河川環境を改善・保全しようとする試みは世界でも一般的にみられるようになってきた。しかし，このことがただちに自然との共生に繋がるとはいえない。

　日本においては，1960年代に始まる高度経済成長による人口増加と高度な生活水準の確保が見かけ上の繁栄をもたらし，また河川については治水・利水の整備はある一定の水準までは進展したが，その反面，水質はいちじるしく悪化し，また河川生態系は大きな影響を受け，種の絶滅やその危機に瀕しているものが多数に及んでいる。そこで，日本では1997年に河川法が改正され，河川整備の目的として従来の治水・利水のうえに，河川環境の保全と整備が加えられ，河川整備は治水・利水・環境の三本の柱で進められることになり，また計画策定にあたっては，学識者や地域住民の意見を反映する計画制度が新たに導入された。現在，全国各地の河川では，改正された河川法によりそれぞれの流域委員会を設置して整備計画を作成中のところが多い。また，自然を回復するための工法いわゆる多自然工法も各地で施工され，それに関する研究も進ん

でいる。しかし，もっとも重要なことは人々の川（あるいは水）に対する認識のもち方である。それが従来と変わらなければ，人間中心主義的な考え方から脱却できず，自然と共生する川づくりはできるものではない。

これに対して，李国英氏の考え方は徹底している。「河川を広義の生命体と定義しよう」というのである。

「生命体にはエネルギー移動，物質循環の機能が備わっているが，河川の水文循環過程もエネルギー移動，物質循環の特徴をもっている。すなわち，陸地と海洋の水が太陽エネルギーを吸収して水蒸気になり，大気と混合して地球の引力を克服して位置エネルギーに変換する。温度が低下して水蒸気は液体あるいは固体になり，地球の引力で降下して，落下地点の位置エネルギーを得て流下し，流末部の海あるいは湖まで流出してエネルギーを失う。その過程で土壌侵食・土石の運搬・堆積によりさまざまな水成地形をつくり，それを生息地として進化してきた多くの生き物を育み，恵みを与えるが，ときには大洪水で被害を与えることもある。このように，いろいろな作用を行ってエネルギーを消失していく。このことは，太陽エネルギーによる水の循環により繰り返し生じて止まない。これはまさに河川が生命体と考えられる証拠ではなかろうか。河川を生命体と認めると，人と川との関係は命あるもの同士の関係となり，共存という問題を考えやすい。人間は自己の利益のため河川の命を過度に傷つけたり，殺したりしてはいけない」。

私はこのような李国英氏の考え方に賛成である。一つ追加するならば，「水こそ生命の源であり，人はその源である水に感謝の気持ちをもって大切に扱わなければならない」ということである。水がすべての生き物の体の $60 \sim 80\%$ を占めており，人間を含めすべての生き物は水の華と考えられないこともない。きれいな水には美しい華が咲く。

不思議なことに，水は次に示すように，生命を維持するのに適した性質を備えている。

- 常温では液体として存在し，かつほとんどの物質と親和力があり，それらを溶解するので，物質の運搬に適している。生き物の体液が栄養物質を輸送し，また老廃物を排出できるのも，この性質による。
- 水分子の立体的な水素結合の構造が，蛋白質のような高分子の合成やいろいろな物質の化学反応を触媒となって可能にする。

- 熱容量が大きく，したがって熱を加えても温度が上がりにくく，生き物にとって安定した条件を与える。さらに，液体の水は熱を加えると蒸発し，気化熱を奪って温度を下げる。それも生命を維持するうえで水がもつ大切な性質である。
- 水の密度は4度が最大である。固体の氷の方が，液体の水より密度が小さい。これも水素結合によるものであるが，このことは水中の生き物にとっては有難いことである。湖や池などでは，下層には密度の高い4度の水が凍らずに残される。もし水が普通の物質のように温度が下がるほど密度が大きくなるとしたら，どうだろうか。生き物にとって大変恐ろしいことが起こる危険性がある。水は生き物を育むためにつくられた，と私には思われてならない。

　水は自然界にあっては，固相・液相・気相の3相に変化し，地表・地下・湖沼・海洋・大気を循環する。その間，地表を侵食し，土砂や塩類などの物質を輸送し，沖積平野や変化に富んだ水成地形をつくり，多種多様な生物を育む。それは，あたかも地球そのものが一つの生命体のようである。それは生命の源である水が主役を演じているためであろう。河川の営みが生命現象のように見えるのは，生命現象と関係の深い水が循環の主役を担っているためであろう。河川にはその水に育まれた多様な生き物がいる。それらの生き物を含めて河川は生命をもっている，と私は解釈している。

　日本は自然条件の厳しいところなので，自然との共生を図る具体的な方法を提案しなければ，川に対するせっかくの理念の転換も絵に描いた餅になってしまう。そこで，私たちは従来の河川整備の問題点を研究し，その反省に立って，自然と共生する治水・利水のあり方を提案している。それを具体化するためには，流域における適切な流水と流砂のマネジメントが必要である。そのための科学的基礎を与えることを目的として，芦田和男・江頭進治・中川一著『21世紀の河川学』（京都大学学術出版会，2008年）を出版している。

　そのなかに，「人をはじめ川の恵みを受けて生かされているすべての生き物にとって，今後もその恵みを受け続けていくためには，川の姿は健康で美しくなければならない。もし悪くなっているところがあるとすれば，それを健康で美しい姿に改善して22世紀に引き継いでいく，これこそ21世紀の川づくりである」と述べているが，李氏の『維持黄河健康生命』と同じ考えである。

私は彼の著書に親近感を覚えた。しかも，黄河は流砂が多く治水が難しい川なので，そこにおいて自然と共生する川づくりができればそれは大変すばらしいことであり，日本の今後の川づくりに大いに参考になる。もしまだ解決すべき問題があれば，解決の方向性について日本と中国の共同研究にも発展するだろうし，それもまた意義深い。いずれにしても，李国英氏の著書はわれわれにとって大変興味があり，日本語版を刊行するだけでなく，それについて研究し，その成果にもとづいてわかりやすく解説したいと考えた。

　そのためにはまず，李国英氏の著書を忠実に日本語に翻訳することが大切である。それ以上の研究の取りまとめやそれにもとづく解説は，われわれの責任においてやるべきことである。しかし，そのような困難な問題をやってくれる人はあまりいない。そこで馮氏と親交が深く，かつ各方面に広い人脈をもち，黄河の研究にも関わってきた摂南大学の澤井健二教授にお願いしたところ，彼はさっそく引き受けてくれ，中国の科学者や黄河に興味をもつ者10人余りで黄河研究会を発足させ，短期間のうちに見事にその困難な仕事を完成させてくださった。心より感謝いたします。また，馮氏には日中交流の立場から日本語版の刊行には大変御尽力いただいた。また，翻訳原稿には全部目を通していただき，ご意見を頂戴した。感謝いたします。

本書の構成と概要

澤井 健二

　李国英氏著の「維持黄河健康生命」は八つの章からなっており，第1章「河川の生命概論」では，世界の四大文明の発祥がいずれも大河の流域にあり，河川が人類の文明を育んできたのであるが，ロブノール川やタリム川の涸渇に見られるように，人間の過度な利用によって河川は荒廃していることを指摘している。人類の都合によって荒廃した自然は，今その代償として，人間に反逆しようとしている。黄河においては，20世紀になって，断流，地下水の過度なくみ上げによる地盤沈下，海水の逆流，地下水汚染などが進行している。そこで，近年，ヨーロッパのライン川再生計画，アメリカのコロラド川におけるサケの回遊を指標とした水質改善計画，日本における多自然河川工法など，世界各国において河川再生への動きが活発になってきた。

第 2 章「黄河の健康な生命の維持とそのシステム」では，黄河治水の終極目標として，河川を生命体としてとらえ，それを侵略しないよう，過度な水資源利用をつつしみ，汚染しないように注意し，生態系を守り，土砂堆積を制御して，危険を回避する必要性があることを述べている。そこで，黄河の健康な生命維持を図るため，理論体系と倫理体系の確立の必要性がうたわれている。

　第 3 章「三つの黄河の提起とそのおもな作用」では，現地の黄河における現象の把握と，数値シミュレーションモデル，および水理模型におけるモデルの検証のそれぞれの重要性とその相互関係が述べられているが，その考え方は日本においても共通のものである。土砂と水の総合的な管理，さらには社会的な要因をも考慮に入れた流域の総合管理を行うためには，物理法則にもとづく理論体系と，水理実験および現地観測にもとづく検証が必要であるが，具体的に何に重点を置くかは，地域ごとに異なるであろう。

　第 4 章「黄河の調水調砂」では，黄河におけるきわめて細粒で高濃度な土砂の特性に応じた，独特の水砂調節としての調水調砂が詳しく紹介されている。

　第 5 章の「黄河洪水の制御，利用と改修」では，洪水制御とともに，その洪水を利用して土砂制御を行うための手法が紹介されている。

　第 6 章「黄河の粗粒土砂を制御する三つの防御線」では，黄河の土砂の粒径に着目して，黄土高原における侵食防止，小北幹流における粗砂堆積，小浪底ダムにおける細砂の排砂が紹介されている。ただし，本書でいうところの粗砂と細砂の区分は，日本における区分とは異なり，0.05mm 以上のものを粗砂，それ以下のものを細砂と呼んでいるので，注意を要する。

　第 7 章「黄河の水砂調節システムの構築」では，黄河下流部における堆積の軽減法が述べられているが，黄河では，低水路の上昇あるいは埋没がいちじるしく，その維持は洪水の危険性の除去だけでなく，生態系の破壊を防ぐ意味からも水質環境改善の意味からもきわめて重要である。

　第 8 章「黄河下流河道の整備方針」では，まず歴史上の代表的な河川整備方策が述べられた後，新中国成立以後の治水方策と問題が論じられている。それによると，黄河の氾濫にはいくつかの周期があり，とくに 10 世紀には集中的に氾濫が生じているが，平均的には 30 年に一度破堤や流路変遷が生じている。

　1947 年の新中国成立後には，堤防の決壊は生じていないが，これは堤防の増強や流砂制御にかけた努力の成果であろう。しかし，黄河の河床上昇は依然

続き，洪水の危険性は増しており，抜本的な対策が待たれている．

　李氏の書物に接し，私たちはそれを学ぶとともに，日本における流砂問題との比較研究を行おうということで，黄河研究会を立ち上げた．本書の第1部はその研究成果をとりまとめたものである．

　第1章「黄河の〈清〉〈濁〉と黄土高原の緑化」では，文献調査をもとに，黄河の長い歴史を振り返り，黄河の清と濁は過去に何度もくり返されており，それには降水量の多寡が大きく影響していることを指摘している．また，黄土高原の緑化政策の変遷とその影響にも触れている．

　第2章「黄河流域の水文特性の長期変化」では，黄河の断流に代表される最近の詳細な水文調査をもとに，その特性の変化を論じ，降雨だけでなく，上流部での取水や植林の影響について詳しく論じている．

　第3章「黒部川の連携排砂と黄河の調水調砂」では，日本におけるダム排砂対策のモデルケースとなっている黒部川の出し平ダム，宇奈月ダムの連携排砂と黄河の小浪底ダムにおける調水調砂を比較し，双方の効果を論じている．ここで注目すべきは，黄河と黒部川では土砂の粒度に大きな違いがあることである．黒部川では河口に至るまで，勾配が大きく，かなり大きな礫が流出するのに対して，黄河では，そのほとんどが砂あるいはシルトである．日本では通常0.2mm以上の砂を粗砂，それ以下のものを細砂あるいはウォッシュロードと分類しているが，李氏の著書では，黄河の土砂を粒径によって分類するさい，0.05mm以上のものを粗砂，0.05〜0.025mmのものを中砂，それ以下のものをウォッシュロードとして説明している．

　第4章「海洋のウツロを利用した黄河の治水と水質浄化の提案」では，潮汐エネルギーを利用した，河口堆積制御と土地造成および水質浄化という，きわめてスケールの大きい夢のある治水対策を提案している．規模が大きいだけにその実現に向けては慎重な検討が必要であるが，万里の長城をはじめ，歴史に名だたる大土木工事をいくつも成し遂げてきた中国のことである．あながち非現実な提案ではないであろう．生命体「黄河」の再生に向けて一石を投じることになれば幸いである．

目　　次

◇はじめに

　李 国英 著『維持黄河健康生命』日本語版発刊の経緯　芦田和男 …………… xi
　本書の構成と概要　澤井健二 ………………………………………………… xiii

◆第1部　黄河に学ぶ
　第1章　黄河の〈清〉〈濁〉と黄土高原の緑化　谷口義介 ……………… 1
　第2章　黄河流域の水文特性の長期変化　福嶌義宏 ……………………… 18
　第3章　黒部川の連携排砂と黄河の調水調砂
　　　　　（黄河と日本の流砂制御比較）　角 哲也 ………………………… 35
　第4章　「海洋のウツロ」（感潮囲繞水域）を利用した
　　　　　黄河の治水と水質浄化の提案　赤井一昭 ………………………… 59

◆第2部　黄河の健康な生命の維持　李 国英（包 四林 訳）

　第1章　河川の生命概論 ………………………………………………………… 69
　　1．人類の文明を育んできた河川 …………………………………………… 69
　　2．人類が河川に及ぼした影響とその代償 ………………………………… 83
　　3．河川生命概念の構築 ………………………………………………………121
　　4．国内外における河川再生 …………………………………………………128

　第2章　黄河の健康な生命維持とそのシステム ………………………………146
　　1．黄河治水の終極目標 ………………………………………………………146
　　2．黄河の健康な生命維持の研究内容および段階 …………………………157
　　3．「1・4・9・3」治水体系 ………………………………………………162

　第3章　「三つの黄河」の提起とそのおもな作用 ……………………………165
　　1．「三つの黄河」の提起 ……………………………………………………165
　　2．「三つの黄河」の相互関係とそのおもな作用 …………………………224

第4章　黄河の調水調砂 ································ 228
　1．黄河の流水・土砂特性と下流河道の変動特性 ················ 228
　2．小浪底ダムの単独運用による水砂の調節 ···················· 236
　3．複数の水源区からの流水と土砂の調水調砂 ·················· 245
　4．本川の複数ダムにおける連携運用と人工攪乱による調水調砂 ··· 259

第5章　黄河洪水の制御，利用と改修 ···················· 286
　1．洪水制御 ··· 289
　2．洪水の利用 ··· 304
　3．人工洪水 ··· 316

第6章　黄河の粗粒土砂を制御する「三つの防御線」········ 331
　1．黄河堆積物の粒径分析 ··································· 331
　2．黄河の粗粒土砂を制御する「三つの防御線」················ 339

第7章　黄河の水砂調節システムの構築 ·················· 367
　1．黄河下流の水流と土砂との関係 ··························· 367
　2．黄河の水砂関係の改善方法 ······························· 373
　3．水砂調整施設および運行体制 ····························· 396

第8章　黄河下流河道の整備方針 ························ 406
　1．歴史上代表的な治水方策 ································· 406
　2．新中国成立以来の治水方策 ······························· 414
　3．現在の黄河下流河道に存在する重要問題 ··················· 419
　4．黄河下流河道の治水方策 ································· 431

参考文献 ··· 451

◇おわりに
　澤井健二 ··· **456**

◇索　引 ··· **459**

第1部
黄河に学ぶ

第1章　黄河の＜清＞＜濁＞と黄土高原の緑化

谷口　義介（摂南大学）

は　じ　め　に

　15年以上にもわたって世界54ヵ国の環境と開発問題につき報告してきたイギリスのジャーナリスト，フレッド＝ピアス氏が2006年に出した著書，"When the Rivers Run Dry"は，古草秀子氏の手により邦訳され，『水の未来――世界の川が干上がるとき，あるいは人類最大の環境問題』の名で，2008年，上梓されている。つまり原著の題名は訳書では副題の一つとなっているわけだが，各章ごとに立てられた「世界の川が干上がるとき」いかなる事態が起こるかという10の未来予測のうち，「洪水が人々を襲う」例として，「黄河が抱える深刻な問題」が取り上げられている。ピアス氏はいう。

　「洪水と枯渇という二つの現象は分かちがたいものなのだ。"陰"と"陽"のように。そして，中国でさまざまな人々が黄河は干上がってしまうと騒いでいる一方で，この川を管理し災害を防ぐのが任務である黄河水利委員会は，つぎなる大災害は大洪水でありうると信じている」（p.171）。

　それはなぜかというと，降雨の減少と取水の増加によってもたらされた「低流量」が，黄河内でのシルトの堆積を加速させ，「将来の致命的な洪水の可能性を増大させる」（p.172）からだ，と。

　そもそも黄河は「暴れ龍」として長年恐れられてきたが，このところおとなしくなり，河口まで水の届かない断流現象が見られるようになった。1972年に初めて起こってから連年続き，97年には1年で226日間，河口から704km上流まで干上がったこともあった。しかし中国政府は，なおも黄河の氾濫を警戒している。黄河に流れ込む土砂の量は変わっておらず，それが下流にたまって天井河をなし，堤防が決壊して大洪水を引き起こす危険性は依然として高い，とみているからだ。

そこで政府は大洪水を未然に防ぐため二つの方策を実施している，とピアス氏は紹介する。

　その一つは，ダムの背後に蓄えた水を一気に流して，下流の川底に溜まったシルトの量を減らそうというもので，この試みは 2002 年・03 年・04 年と連続して実施され，2 億トン程度のシルトを海へ流すのに成功し，場所によっては川底が 30cm 低くなった，と公式発表にいう。しかし，この実績報告に関する質問に対し，黄河管理委員会のメンバーによる答えは「歯切れが悪かった」(p.187) と，ピアス氏は印象を述べている。

　もう一つは，黄河のシルトの 90% が流れ出す黄土高原を緑化し，侵食を食い止めようとするプロジェクトで，1960 年代に始められ，現在もいわゆる退耕還林政策として継続されている。土砂が堆積した「三門峡ダムの失敗に学んだ中国の支配者たちは，黄土高原の浸食を食い止め，黄河を"清い流れ"にすることを夢見るようになった」(p.187)。しかし，ここでもピアス氏は，「黄河を澄んだ流れにしようという夢は，あくまで夢なのだ」(p.181) という，黄河管理委員会の悲観的な見通しを付記している。

　ところが，2008 年 6 月，黄河がもっとも黄濁してチョコレート色を呈する壺口瀑布の上流 500m の地点で，水が清く澄むという現象が起こった。はたしてこれは，黄土高原の植林が功を奏した結果だろうか。これについては後でふれるとして，まず歴史的に見た黄河の＜清＞と＜濁＞につき概述しておこう。

1.「黄河」はいつから始まったか

　そもそも黄河は，初めは単に「河」もしくは「河水」と呼ばれていた。先秦時代の文献にあたってみると，おしなべてそう記している。しかし前漢時代に入って，初めて「黄河」という名が現われる。『漢書』高恵高后文功臣表にある封爵之誓に「黄河」と見えるのがその最初で，その後，三国時代頃から次第に頻出するようになる。

　黄河という名称と関連して，『爾雅』釈水篇に「河は崑崙の墟より出づ。色は白。渠ぎ并さる所は千七百，一川は黄なり」と見える。そして『淮南子』斉俗訓に「河水清まんと欲するも，沙石［壌］これを濁らす」とあるから，黄河は沙泥が混入するので黄濁する，という認識が前漢時代すでに存在したわけだ。

では，黄河が単に「河」や「河水」と呼ばれていた先秦時代，その水はまだ黄色く濁ってはいなかったのだろうか。

　『戦国策』燕策に，「斉には清済・濁河あり」と見え，今の山東省を占める斉の国には澄んだ済水と濁った河水が流れている，と述べられている。済水が澄んでいるとされたのは，河南省の済源県王屋山に発するこの川の周辺にはなお森林が多く，そのため土砂の流入が抑えられていたからだろう。これに対し，「河」の方は濁っていた，というのである。

　また，『春秋左氏伝』襄公八年（紀元前565年）の条に，子駟という鄭の貴族が，久しく待つことのできない譬えとして，「河の清むを俟つも，人寿は幾何ぞ」という「周詩」を引いている。この「周詩」は逸詩だとされているから，おそらく『詩経』の編集からもれたもので，いわゆる黄河周辺の国振りの歌であろう。

　すなわち，この二つの資料によってみると，春秋・戦国時代には，「河」「河水」はいつも濁っていて澄むことはほとんどない，という一般通念が存在していたことになる。

　ところが，『詩経』魏風の伐檀篇に，「河水清くして且つ漣つ」（第一章），「河水清くして且つ直なり」（第二章），「河水清くして且つ淪つ」（第三章）と歌っている。つまりこれらの詩句から，河水は波立っていてもつねに澄んでいる，と読み取れる。では，上記の二つの資料と魏風伐檀篇のどちらを信ずればよいのだろうか。

　そもそも『詩経』に出る魏は西周初期，今の山西省の南西部，いわゆる河曲に近いところに封ぜられた古国だが，魏風伐檀篇にいう「河水」とはおそらく黄河の本流ではないだろう。「漣」と「淪」は「なみだつ」と訓ぜられるが，「直」はまっすぐに水が滾るさま。このように波立っていてかつ清流というのは，谷間を流れ下る川を想像させよう。しかも第1章の冒頭に，「坎々として檀を伐り，これを河のほとりに寘く」と歌うように，この詩は斧で樹を伐り倒して川岸まで運び出すという木伐りの歌である。この「河」とは黄河の支流にほかならず，周囲には森林が茂っており，それゆえ川の水は澄んでいたのではなかろうか。

　このように推測する理由は実にほかにもあって，『詩経』邶風の谷風篇に，「涇は渭を以て濁る」という句がある。いうまでもなく渭水は陝西省の渭水盆地を東流してきて黄河と合するが，その少し手前で，陝北の山地を東南下して

きた涇水と合流する。そのさい，水清き涇水は濁った渭水によって黄濁する，というのである。これは渭水盆地の開発が春秋時代にはかなり進んでおり，これに対し陝北の涇水流域にはなお森林が繁茂していたことを推測させよう。そもそも涇水中流の彬県には西周後期，豳という古国があり，その地方の一年にわたる生活と農事が七月篇で歌われているが，そこでは清水を必要とする衣類の染色と水稲作が行われていた。ちなみに水稲作はアルカリ性の泥水では不可能で，澄んだ地表水を必要とする（原宗子『環境から解く古代中国』p.124）。その地が森林と草原におおわれていたことは他の詩句からもイメージできるが，そこからやや下った谷口付近には西周期，十大美林の一つとされる焦穫藪があった。

　すなわち，春秋・戦国期，伐檀篇の歌う黄河の支流や涇水・済水は，周囲の森林によって澄んでいたのに対し，渭水や「河」本流は黄濁していたのである。

　このように，「黄河」という呼称が出現する以前の先秦時代，「河」「河水」はすでに黄色く濁っていたと判断されるが，後述のごとく黄土高原における森林被覆率がなお50%を保っていたところからすると，その黄濁の度合いはそれほど高くなかったかもしれない。

　涇水の例でいうと，先秦時代に清く澄んでいたこの川は，流域の開発により前漢末までには，「涇水一石，その泥数斗」（『漢書』溝洫志）といわれる状態になった。ちなみに「その泥」というのは上流からの流出土で，有機物以外に窒素やリン・カリウムなどの無機物を含む。だからこの一句は，豊饒をもたらす泥土への感謝の辞となっているのである。また黄河の本流も，前漢末の張戎という役人の言として，「河水重濁して，号して一石の水に六斗の泥と為す」（同書）とあるから，60%の沙泥を含む，とみなされている。黄土はそもそも肥沃な土壌ではなく，上流から流れてきた栄養分によって初めて肥沃となる。ヘロドトスが「エジプトはナイルの賜物」と言ったように，華北平原は黄河の賜物なのである。

　袁清林（久保卓哉訳）『中国の環境保護とその歴史』は，秦・前漢時代を第1次悪化時期ととらえ，いみじくも，「黄河中流域は，秦，漢時代の開墾によって森林破壊と水土流出がひどくなり，支流が濁り始めて本流が黄濁し，下流では河床が上がって地面よりも高い天井川となり，頻繁に氾濫を繰り返して，そのたび流れが変わるという深刻な局面を迎えた」（p.101〜102）と述べる。後

漢時代に入って，張衡（78〜139年）も，おそらく前掲『左伝』襄公八年の句をふまえてだろうが，「河の清めるを俟つも未だ期はず」と「帰田の賦」のなかで歌っている。

2. 2000年間の「河清」現象

ところが，張衡の死後20年ほどたった桓帝の延熹八年（165年），「夏四月，済陰・東郡・済北に河水清む」（『後漢書』孝桓帝紀），また翌九年（166年）も続けて，「夏四月，済陰・東郡・済北・平原に河水清む」（同上）という現象が起こった。これは何か不吉なことの前ぶれではないかと，襄楷なる学者が桓帝に上言し，「河なる者は諸侯の位なり。清なる者は陽に属し，濁なる者は陰に属す。河は当に濁るべきに，而るに反って清む者は，陰，陽と為らんと欲し，諸侯，帝と為らんと欲するなり」と，当時流行の陰陽説にもとづいて，諸侯を警戒すべきことを論じている。

ところが，三国・魏の李康「運命論」（『文選』巻53）に，「それ黄河清みて聖人生まる」とあり，東晋の王嘉『拾遺記』に，「黄河は千年に一たび清む，至聖の君，以て大瑞と為す」と見える。つまり，ここでは「河清」という現象は，めでたいことの予兆とされているのである。そこで，南朝・宋の元嘉二十四年（449年），「夏四月，河・済ともに清む」（『南史』宋本紀）という現象が起こったとき，有名な詩人の鮑照はこれを瑞兆だとして，「河清頌」なる詩をときの文帝にたてまつっている。ちなみに，前掲した『戦国策』では「清済」は「濁河」と対比されていたが，この時代までには済水もまた濁った川となり，それゆえ「河・済ともに清む」ことが吉兆として特記されたのだ。北斉の太寧二年（562年）4月には「河・済の清むを以て」，元号が河清元年に改められている。

すなわち，黄河はめったに澄むことがないので，吉と凶の両極端の予兆として解釈されたのである（顧炎武『日知録』巻三十「黄河清」）。

ところが，「河清」という現象は，歴史記録を調べてみると，意外に数多く起こっている。

上掲した後漢の桓帝延熹八年（165年）を最初とすれば，2008年までの1843年間に111回，つまり約17年に1回の割合で起こっている計算になる。

このうち，時間幅でみると，764年5月に河南府河陽県では「黄河清み，月

を逾へて変らず」（『冊府元亀』25，帝王部・符瑞），1108年12月に河北東路で7昼夜，1214年冬に河南陝州で十余日，1361年11月に河南孟津県で7日間，1512年に山西蒲州で7日間，1726年12月に河南陝州で1ヵ月，1727年に淮安府で二十余日。その他は，2日とか3日が多い。

また範囲的に見ると，165年4月の済陰～済北間，翌166年4月の済陰～平原間の「河清」は，どのくらいの里数になるのだろうか。100里以上に及んだ例では，古い順にあげると，762年9月に河南陝州で200里，821年9月に陝から定遠の間250里，988年2月に澶・濮両州の間二百余里，1209年に徐・邳の界で五百余里，1215年3月と1278年3月に同じ汴梁（べんりょう）で300里ずつ。1295年4月に蘭州で三百余里，1361年11月に河南孟津県～絳州垣曲県で200里，1670年春に陝西禹門口～河南陝州で500里，1726年12月に陝州より虞城の間1000里，1727年正月に淮安府で二千余里，1787年12月に山西永寧より下流で1300里。その他は，1県程度を範囲とするものが多い。

このように「河清」は，約17年に1回の割合で起こり，最長で1ヵ月，1000里から2000里に及ぶこともあったのに，なにゆえそれが特記され，果ては「千年，河清を俟つ」とか「百年，河清を俟つ」などといったフレーズが生まれたのか。黄帝の子孫をもって任じ，黄土の民と称し，黄色をシンボル＝カラーとする漢民族は，黄河の水の色に対し過剰反応するとしか言いようがないが，ここでの問題は，自然科学的にみて「河清」という現象はなぜ起こるのか，ということである。

黄河水利委員会治黄研究組（編著）『黄河の治水と開発』（p.24以下）は，内蒙古自治区のトクト県河口鎮より上流を黄河の上流域，河口鎮から河南省三門峡までを中流域，それより以下を下流域としたうえで，

　上流域——水量は黄河全体の53%，土砂量は黄河全体の9%
　中流域——同じく37%，同じく90%
　下流域——同じく11%，同じく2%

と測定する。ところで，上で見た「河清」現象は

　上流域——蘭州などで4回
　中流域——龍門・蒲州・永寧などで23回
　下流域——河南・河北・山東の各省内で80回

起こっている。

同書は，いわゆる上流域をもともと含砂量が少なく，黄河のおもな"清水"の源流区と見ているが，この清水区についてはコメントが必要だろう。そもそも黄河は源流の青海省内では，水が澄んでいるので河床の岩盤の色によって青とも緑とも白とも映るが，甘粛省に入って蘭州に至ると，ミルクコーヒー色を呈してくる。それは黄河が青蔵高原を出て典型的な黄土高原の範囲に入るため，そこからの土砂が混入するからだ。しかし，蘭州を過ぎて銀川平野に入る手前で，森林が多く残る六盤山(りくばんざん)に発す清水河(せいすいが)が合流し，また流れもゆるやかになるため，ふたたび透明度を回復する。銀川平野が"塞上江南"といわれるように有数な水稲作地帯であるのは，そうした理由による。いわゆる上流域で「河清」現象が少なく，とくに蘭州付近で数回のみ記録されているのは，そのほとんどを清水区が占めるからだろう。

　また，同書はいわゆる下流域のうち，「三門峡から花園口までの区間にある伊洛河，沁河の水は比較的清く，黄河の"清水"源流区の一つとなっている」(p.24)と述べるが，これを「河清」現象が起こる原因とみることができるかどうか。下流域で圧倒的に多く起こっているのは，そこにあっては河幅が広くなり，流れがゆるやかになることによって，水中の土砂が河底に沈殿し，いわば黄河が上澄みの状態になるからであろう（ちなみに，上流域で4回，下流域で80回という数字は，これを記録した中央政府からの遠近によるという面もあるだろう。いうまでもなく，隋・唐の長安を除き，後漢から明・清，現在に至るまで，首都はいわゆる黄河の下流域にあった）。

　しかし，同書のいう「含砂量は大きく，黄河における濁水の源流区」(p.24)である中流域で，かなり「河清」現象が起こっているのは，いかなる理由によるのだろうか。

　そこで，上記したごとく111回起こったとされる「河清」を記録どおり旧暦により月ごとに分類してみると（不明な分は除く），正月―14回，2月―6回，3月―5回，4月―10回，5月―7回，6月―2回，7月―3回，8月―7回，9月―8回，10月―1回，11月―6回，12月―12回，となる（これとは別に，春―1回，夏―1回，秋―1回，冬―2回とあるが，旧暦1～3月が春，4～6月が夏，7～9月が秋，10～12月が冬に入る）。

　いうまでもなく，旧暦は新暦より一ヶ月遅れだから，このうちもっとも「河清」の起こっている12月と1月は新暦だと1月と2月で，北中国では雨の降

らない真っ最中。反対に「河清」がほとんど起こっていない6月と7月は同じく7月と8月で，降雨量の多い時期にあたる。つまり，雨の少ない季節には「河清」の頻度が高く，逆に雨季の夏には黄濁した水が流れ出てくるわけで，「河清」は少ない。

では，2008年6月，いわゆる中流域で起こった「河清」はどう説明されるべきか。

じつはこの年，黄河の上流域では歴史上まれな渇水で，その流量も極度に減少した。加えて，壺口瀑布の上流につくられた万家寨ダムが土砂をせき止め，そのため数年前から河の色が変わった，という。万家寨ダムは総貯水量が9億トンで，日本最大の岐阜県徳山ダムより大きく，1998年から発電を開始，山西省の太原市や大同市に数百キロの給水管で水を送っているという。

「以前はもっと黄色かったが，今は水が青くなった」と，地元の副県長の談（渡辺斉『水の警鐘——世界の河川・湖沼問題を歩く』P.61）。

こうみてくると，このたび起こった「河清」という現象は，植林の効果があってのことではなく，水量減少のゆえであって，けっして喜ぶべきことではなくなる。ケガの功名とでも言うべきだろうか。ちなみにネット上では，過去の記録を種々引用して，何か不吉なことが起こる前ぶれだとか，聖人が出る予兆だとか，はなはだかまびすしい。

黄土高原の北東部，山西省の大同地区では1991・92・93・95・97・99・2001年と旱魃だったが，とくに99年が「建国以来最悪」，2001年が「100年に1度」の大旱魃だった。

それよりも黄河全体の半分以上をまかなう上流域で，水量の減少がはなはだしい。1990年から96年までをとってみると，過去の平均流量に比べ23％減少したという。青海省マトウ県は「千湖のふるさと」と呼ばれ4077の湖があったが，その半数が枯れて干上がり，琵琶湖ほどの面積をもつザリン湖・オリン湖も縮小してしまった。

一方，黄河流域の灌漑面積は1950年代には約140万haだったのが，80年代には約407万ha，95年には487万haにも増えた。また，灌漑用に加えて，都市開発と工業化による水需要の急増で，流域の年間取水量は50年代には122億m^3だったものが，80年代には296億m^3，90年代には300億m^3になった。

前述したように，1972年以降，下流では水が流れない断流が頻発し，97年

にはピークに達した。断流の最大の原因は，中国政府も流域各省もひとしく認めているように，過度の取水にある（石弘之『地球環境報告』Ⅱ，p.44）。

それはともかく，黄河の渇水にともない，1954〜70年に最大だった土砂の流入量は，前述の政府見解とは異なり，それ以降は減少に転じているらしい。だから「河清」現象は，今後もその頻度を増す可能性は大いにあるだろう。

では，中国政府が目指した黄土高原の緑化による土砂流出の食い止めは，はたして成功しているのだろうか。

3．黄土高原の緑化対策

前掲した袁清林氏の著書（p.101〜104）は，黄土高原の森林面積が50％を超えていた先秦時代より以降，
　秦・前漢――第1次悪化時期
　後漢〜隋――回復した時期
　唐〜元――第2次悪化時期
　明・清以後――深刻に悪化した時期
と変遷したあと，1949年の解放時にはわずか8％になっていた，と述べている。

ちなみに，黄土高原の北東部を占める山西省の森林被覆率は，山西省地方志編纂委員会（編）『山西通志』（第9巻）林業志によれば，
　秦以前――50％
　唐〜宋――40％
　遼〜元――30％
　清――10％未満
　解放時――2.4％
と推定されている。

さて，こうした深刻な状況をふまえて，成立間もない人民共和国政府は，いち早く森林環境政策を打ち出す。すなわち1950年2・3月に開かれた第1回全国林業業務会議は，過去の森林破壊によって各地で洪水・旱魃などの自然災害が加速しているとの認識のもと，全面的に森林の保護を行い，段階的に造林を進める必要がある，と総括。この方針にもとづいて，各地で積極的に造林と森林保護を行うべく指示が出されたが（平野悠一郎氏），その実施状況について

はいま詳らかでない。

　しかし，1950年代の後半，毛沢東は「祖国の緑化」「大地の園林化」というスローガンを打ち出し，全国で住民を動員した緑化運動が展開された。そして，そのさい毛沢東によって「緑化のモデル」とされたのが，山西省の北東部，陽高県大白頭鎮大泉山村にほかならない。ここでは解放前から，畑を風砂や洪水から守るため，「谷坊」（谷につくった小さなダム）と魚鱗坑（山の斜面に魚のウロコのような浅い坑を掘る）という方法で山に降った雨を利用し，植林を実施していたが，解放後，それが周囲の山々にも拡大されたのである。その成果を県の指導者が報告書にまとめたところ，それを読んだ毛沢東は，「このような典型的な例を得たからには，広く華北・西北および水土流出問題をかかえるあらゆる地方は，これを見習って自らの問題を解決できる」とコメントした。大泉山村で植えられた樹種は，途中でポプラからアブラマツに変えられたが，下枝を燃料にしたりキノコを採ったりして，この松林はいま過去の日本の里山のごとき存在になっている。

　1960年代に山西省で行われた事業として，もう一つ桑干河流域の各県で積極的に推進されたポプラの植林をあげる必要があるだろう。初め生育は順調で，この地区の緑化は全国モデルにもなったが，十数年してから問題点が表面化した。ポプラは途中から生長を止めたのである。そもそも樹木が必要とする水分量は，小さな苗のあいだはさほど大きくないが，生育にしたがって増えてくる。ところが密植しすぎた結果，木の根がなけなしの水（年間降水量400〜500mm）の奪い合いを始め，一定以上は生長できなくなる。このように幹や根株は生きているものの先端部が枯れてしまい，途中で生長を止めたものは「小老樹」と呼ばれるが，かえって貴重な教訓を残してくれたといえるだろう。ポプラは生長が速く，植えてから10年くらいで商品価値が出るが，他の樹種より多くの水を必要とする。「小老樹」になってしまっては，防砂・防風林として役立たないわけだ。

　中国の緑化政策はその後，製鉄用の燃料確保のため森林伐採が行われた大躍進期（1958〜60年頃）や，あらゆる政策実施システムが混乱した文化大革命期（66年下半期〜70年代前半）を経て，78年に「三北防護林」国家プロジェクトとして体系化され，80年代半ばの第2期からその規模が拡大された。三北とは華北・東北・西北の三つの「北」を指すが，東西4480km，南北幅560

〜1460kmにわたり，おおむね万里の長城に沿って長大なグリーン＝ベルトの建設を目指すところから，「緑の長城計画」とも呼ばれている。

　その西辺が西北防護林。前述したごとく，黄河のいわゆる上流域，黄河が甘粛省の蘭州から北上してきて清水河をあわせ，銀川平野をうるおすあたりに「塞上江南」と呼ばれる稲作地帯が広がるが，黄河の両岸にポプラの並木が何重にも植えられている。これが，西のトングリ砂漠からの風砂を食い止めるべく設けられた西北防護林にほかならない。黄河上流域の清水区は，この防護林によって守られているといって過言ではないだろう。そのほか寧夏回族自治区には，中衛防砂林・西吉防護林・銀西防護林など砂漠化の脅威から耕地と農村と交通路を守るためのプロジェクトが存在するが，なかには流動砂丘が黄河に滑り込もうとしている箇所もあるようだ。ちなみに同自治区内では，森林被覆率は背の低い灌木も含め8.3％にすぎないという（渡辺氏前掲書）。

　山西省内の防護林としては，大同県の北部に位置する遇駕山(ぐうがさん)の造林について一言しておきたい。「三北防護林」計画の第2期が始まった1985年に植栽が開始された。遇駕山は山頂が海抜1290m，山裾が1100mほどで，なだらかな丘陵状をなす。カラマツが枯れたり伸び悩んだりしたのに対し，アブラマツとモンゴリマツは70〜80％が活着，現在2m以上に生長している。植栽の間隔はおよそ3m，樹間はだいたい1mに設定されているから，1haあたり3300本という計算になる。陽高県大泉山村と同じく，モデル林となっている。しかし，同一の樹種を全面的に植えると，病虫害が発生した場合は壊滅的な打撃を受ける恐れがある。先秦時代の文献には，常緑樹として「松・柏」つまりアブラマツとコノテガシワが見えるほか，落葉広葉樹も出てくる。また，NPO「緑の地球ネットワーク」が山西省南部の霊丘県で行った調査の結果，ナラ・カエデ・ヤマナラシなど落葉広葉樹が自然の植生であることが明らかになった。少なくとも，これらを混ぜて植林すべきであろう。

　以上「三北防護林」の実施例を二つだけ紹介したが，このプロジェクトでは，じつは1978〜2050年までの73年間に8期の造林計画があり，2000年の第3期分までで，2200万haが完成した。黄土高原と華北山地に限っていうと，水土保持林550万ha，水源涵養林100万ha，および耕地の防風林200万haを造成。三北地域全体としては耕地総面積の約64％にあたる2130万haの耕地が防風林によって保護された，と公式発表にいう。しかし，そうした数字は，低い灌

木や植えたばかりの苗木も含めてのものではなかろうか。

　それはともかく，この「三北防護林」計画から遅れてスタートし，これと並行して実施されている国家プロジェクトが，いま全国的に展開されている「退耕還林」政策にほかならない。

　ところで，北の黄河とならぶ南の長江でも1980年代の後半あたりから洪水が頻発するようになるが，その原因の一つは上流での森林乱伐だった。森林の消失によって長江流域でも土砂の流出が激化し，「第二の黄河」と呼ばれるようになった。そこをおそったのが98年の長江大洪水で，甚大な人的・物的被害をもたらした。これを契機に，政府は従来の「三北防護林」計画と並行して，「退耕還林」政策を打ち出したのである。99年にまずモデル活動を始めたあと，徐々に範囲を拡大し，2010年まで実施の予定とされる。

　この政策の目的は，25度以上の急傾斜地にひらかれた農地や放棄されている荒れ地に植樹して林にもどし，森林の水土保全機能を発揮させようとするところにあり，農耕地の転換にともなう経済的補償や補助金など，莫大な国家予算が投入されている。農民の側からみれば，退耕に応じて食糧や金銭が受け取れる意味は少なくないが，補償金が農民の手元までとどかず，不満が高まる例もあったようだ。

　2002年末段階での実績としては，累計の造林面積650万ha，うち退耕還林319万ha，林に適した荒れ山・荒れ地の造林331万ha。しかし，政府発表の数字を額面どおり受け取ることはできない。たとえば，苗木の活着率が地域によっては10%前後とか53%とかいった報告もあるし，前述した「小老樹」つまり生長障害や，枯死を起こした例もある。これまで6回ほど黄土高原を訪れたさいの経験によれば，土砂の流出を食い止めるまでに成長するには程遠いといったケースも，少なからず見受けられた。しかし，前出「緑の地球ネットワーク」が協力している山西省渾源県呉城郷でのアンズ栽培は，退耕還林の顕著な成功例といえる。アンズは乾燥に強いので，かなりの旱魃でも収穫が期待でき，そのうえアワ・キビの5～10倍の収入になるという。経済林としてのインセンティブゆえ，成功した例といえるだろう。

　2007年8月，政府はそれまで実質8年間行ってきた退耕還林政策を転換した。予想を超えて耕地面積の減少が進んでしまい，食糧確保という政府の最重要課題が達成できなくなるという恐れが生じたためという（上田信『大河失調』

p.49）。穀物生産量が1998年の5億1230万トンから2003年には4億3070万トンに落ち込んだらしい。森林は増えても食糧が減っては元も子もない，ということだろうか。

　2003年の全国森林資源調査によると，全国の森林被覆率は1949年段階の8％から18.21％まで回復したといわれ，山西省では49年の2.4％から80年代の12％を経て，2003年までには20％になったという。この数字を額面どおり受け取るとして，ではこの緑化によって黄土高原の水土流出を防ぐことができたのだろうか。

　その前に，NPO「緑の地球ネットワーク」による黄土高原の緑化協力についてふれておきたい。

4．NPO「緑の地球ネットワーク」の活動

　私事ながら，筆者はこのNPOに1999年から属している。春・夏のワーキングツアーに個人参加したり，勤め先で緑化協力団を組織したりして，これまで6回黄土高原の植林を行ってきた。拙文は少なからずそのおりの見聞にもとづいている。

　同NPOは，退耕還林政策が採用される以前の1992年1月から，山西省大同市を中心とした地域で，多面的かつ柔軟な緑化活動を展開してきた。苦難に満ちた試行錯誤のさまは事務局長・高見邦雄氏の著書『ぼくらの村にアンズが実った』に活写されているし，活動の概略は「NGO・各種団体による日中環境協力」（『中国環境ハンドブック』2005—2006年版）その他で取り上げられている。その活動のあらましを簡単に紹介しよう。

4-1．地球環境林——采涼山プロジェクト

　草もまばらな荒れ地に，雨で土砂が流出しないよう横長に溝を切って整地し，モンゴリマツ・アブラマツを植え，ムレスズメ・ヤナギハグミを混植。通常年で90％前後の活着率を保っている。筆者が初参加した1999年から始まったプロジェクトだが，そのおり植えた20cmのマツ苗は2006年夏に見たときは樹高2mを超えていた。今では，黄土丘陵緑化の成功モデルとして，中国全土から多くの関係者が見学に訪れている。

4-2．小学校付属果樹園

50ほどの小学校に付設。荒れ地や放棄された畑にアンズやリンゴなどの果樹を植えた。管理は村にまかせ，収益は請け負い農家の収入と教育費にしてもらっている。とくにアンズは前述したごとく乾燥に強く，アワ・キビに比べ5～10倍の収入がある。また木の生長にしたがって根は地中にのびて土壌を保持し，水平方向にのびた枝により雨が地面を直接たたくことも少なくなった。こうして水土流出が防止できている。渾源県呉城郷では，小学校付属果樹園の建設をきっかけに独自にアンズを植え広げ，「退耕還林」のモデルとして高い評価を得ている。

4-3. 地球環境林センター

1995年，大同市郊外に，村から20haの土地の使用権（20年間）を購入して建設。苗畑・見本園・温室・実験室・研修施設・宿舎を備えた緑化協力の拠点となっていた。苗畑では，果樹園に植えるアンズ苗や，マツとの混植に用いる灌木・広葉樹の苗を育てていた。ただし市街地化が進んだため，2010年4月をもって閉鎖。大同市が提供してくれた大同県周士圧鎮に移って，新しい拠点（緑の地球環境センター）を建設中である。

4-4. 霊丘自然植物園（南天門自然植物園）

1998年，大同市の南部に位置する霊丘県上寨鎮南庄村で，山の使用権（100年間）を購入。地元の協力でシバ刈りを排除，ヒツジ・ヤギの侵入を防ぐため周囲をトゲのある木で囲ったところ，マメ科植物や灌木が生え出し，リョウトウナラ・シラカンバなども自生してきた。この地域の極相林はマツやトウヒなどの針葉樹とされてきたが，ナラなど落葉広葉樹が中心であることが確認された。またここでは，地元や周辺，中国内外から寒冷・乾燥に強い樹種100以上を集め，試験栽培も行っている。

4-5. カササギの森

2000年秋にスタート。大同県聚楽郷（じゅらくごう）で600haの土地の使用権（50年間）を購入。谷筋にポプラ・シンジュなど，丘陵上にマツ・イブキ・アンズなどを植えている。先に草を生やして土壌をつくり，それから木を植えて育てる，といった方法を試すことが可能なので，長期にわたる実験林場としての役割が期待できる。

4-6. 白頭苗圃

2004年秋，大同県周士庄鎮に8haの土地を確保。先に述べた「小老樹」の

林だったが，ポプラを伐採して整地し，05年春から育苗が始まった。前述の地球環境林センターは黄土特有の粒子が細かい土壌だから針葉樹の育苗には向いていなかったが，ここは砂地なので針葉樹には最適。モンゴリマツ・アブラマツなどを種の段階から育てている。

4-7. かけはしの森

2006年秋，白頭苗圃の隣接地に10haの土地を確保して，整地。小学校付属果樹園で得たノウハウを生かし，アンズ7種・スモモ2種・ブドウ7種，合計5000本を育てている。08年春にはさらに7haを拡張。日本の各種基金で管理・運営されている。

「緑の地球ネットワーク」は会員600名余の小さなNPOだが，これまで現地に派遣したワーキング＝ツアーの参加者は延べ2800人を超え，5550haの面積に1790万本の木を植えてきた。もちろん植林よりは造林，つまり植えるより育てることの方が重要で，植えた木の管理には地元の協力と，仲介するカウンター＝パートの存在が欠かせない。幸い同NPOには，有能で信用の置ける「緑色地球網絡大同事務所」があり，国際緑化協力の拠点となっている。

黄土高原は，面積51万7000km^2，日本の国土の1.4倍ある。そのうちの5550haに1790万本という植林数は，はたして多いか少ないか。緑化によって樹木が育ち森林が成立したとしても，そもそも植物は水を消費するわけだから，植林によって周辺の地下水位が低下したり，河川から水がなくなったりすれば，緑化自体に意味がなくなるだろう。イアン＝カルダー『水の革命』(p.155)は，「流量や帯水層の涵養が減少するという，植林することによる水資源への悪影響」にふれている。しかし，上に紹介した霊丘自然植物園の場合，自然の植生が復活するとともに山裾の泉の水量が増え，新たな湧き口も見つかっている。

たしかに，上述したごとく三北防護林プロジェクトや退耕還林政策によって，広大な面積で造林がなされており，降雨量の少ない黄土高原においては，水収支の点からみて，問題が出てきそうだ。

緑化を成功させるためには，どこに，どのような種類の樹林を植えればよいのか。たとえば現在，黄土高原で多く植林されている外来樹種のニセアカシアは，前述したごとく成長が速い割に水を多く使用する。これに対し，郷土樹種

のリョウトウナラは光合成速度こそ低いものの，水消費が少なく，乾燥地に適しているとされる（山中典和（編）『黄土高原の砂漠化とその対策』p.222)。

そもそも，黄土高原の森林被覆率が50%を超えていた2000年前，黄河は断流することなく渤海湾に注いでいた。だから，単純計算して黄土高原には50%植林（リョウトウナラなど郷土樹種）可能なキャパシティーがあるといえるだろう。

お わ り に

黄土高原ではここ20年ほど，年間降水量が減ってきているという観測と，さして変化はないという二つの見方が存する。しかし双方が共通して指摘するのは，春の雨が減少し，夏の雨が増加してきているという傾向である。作物の播種・生育期に雨が少ないということはその年の凶作に結びつくが，局地集中的な豪雨となりやすい夏の雨は，当年の作物ばかりか耕作土を押し流す結果，下流の黄河では土砂が年間16億トンも堆積する一方，上流の黄土高原ではせっかく肥料を投入した耕作土が剥ぎ取られ，土壌が劣化して土地生産性が失われるという，間接的な不作をもたらす。

大同地区に限っていうと，1949年段階でわずか0.9%だった森林被覆率は，今でも10%前後といわれる。一方，95年と2003年には8月から長雨が続き，大規模な水土流出が引き起こされた。こうした事実にかんがみるなら，退耕還林政策が提唱したように，水土が流出しやすい急傾斜地では，なお植林を継続すべきだろう。急傾斜地の畑は豪雨によって土地が逃げ，肥料が逃げ，作物が逃げるので「三逃の地」と呼ばれるが，そうしたところでは「退耕」して「還林」するのが賢明であろう。水土流出に対し植林は効果があった，という報告もある。

山西省西南部では清代以前から，呂梁山脈に湧き出る泉水を利用する清水灌漑と，雨水をかき集めて流れる濁水を利用する灌漑が併用されていた。もちろん，前者は水源涵養林，とくに保水能力にまさる落葉広葉樹林の存在を前提とするが，"耕して天に至る"黄土高原の現状では，それを期待するのは時代錯誤といってよいだろう。後者もまた，夏季に豪雨が集中する最近の傾向からいえば，一気に濁水が流れ下ってしまい，困難と言わざるを得ない。いま灌漑が可能なのは，地下水の汲み上げか，大河からの引水ほかないだろう。あとは，

「油より貴重」といわれる春の天水(あまみず)に期待するだけだ。

　黄土高原の山地に植林することは，短期的には水土流出を防ぐことを目的とし，長期的には水源を涵養して清水を湧き出させることである。

　しかし，山西省は幸か不幸か地下資源に恵まれているため，最近の目覚ましい経済発展のもと，採掘された鉱石の種類によっては，同時に汚染物質を取り出すことになりかねない。

　清水とか濁水とかいう段階ではなく，今や悪水・毒水こそ問題とすべきかもしれない。

▶参考文献

　　フレッド＝ピアス（古草秀子訳）『水の未来――世界の川が干上がるとき，あるいは人類最大の環境問題』日経BP社, 2008年
　　原宗子『環境から解く古代中国』大修館書店, 2009年
　　袁清林（久保卓哉訳）『中国の環境保護とその歴史』研文出版, 2004年
　　王星光・彭勇「歴史時期的"黄河清"現象初探」『史学月刊』2002年第9期).
　　汪前進「黄河河水変清年表（公元前1035年―公元1911年）」（『広西民族学院学報（自然科学版）』第12巻第2期) 2006年
　　黄河水利委員会治黄研究組編著（芦田和男監訳, 馮金亭・匡尚富訳）『黄河の治水と開発』古今書院, 1989年
　　渡辺斉『水の警鐘――世界の河川・湖沼問題を歩く』水曜社, 2004年
　　石弘之『地球環境報告Ⅱ』岩波新書, 1998年
　　『中国・高度高原における緑化の可能性調査』緑の地球ネットワーク, 2001年
　　史念海『黄土高原歴史地理研究』黄河水利出版社, 2001年
　　山西省地方志編纂委員会（編）『山西通志』第9巻「林業志」中華書局, 1992年
　　平野悠一郎「森林環境をめぐる政策の動向」（中国環境問題研究会編『中国環境ハンドブック』2005－2006年版）蒼蒼社, 2004年
　　『中国黄土高原における緑化協力――そのなかでわかったこと――』緑の地球ネットワーク, 2005年
　　上田信『大河失調――直面する環境リスク』岩波書店, 2009年
　　高見邦雄『ぼくらの村にアンズが実った――中国・植林プロジェクトの10年』日本経済新聞社, 2003年
　　http://homepage3.nifty.com/gentree/
　　イアン＝カルダー（蔵治光一郎, 林裕美子監訳）『水の革命――森林・食糧生産・河川・流域圏の総合的管理』築地書館, 2008年
　　山中典和（編）『黄土高原の砂漠化とその対策』古今書院, 2008年
　　中尾正義・銭新・鄭躍軍（編）『中国の水環境問題――開発がもたらす水不足』勉誠出版, 2009年
　　井黒忍「清濁灌漑方式が持つ水環境問題への対応力――中国山西呂梁山脈南麓の歴史的事例を基に――」（『史林』第92巻1号). 2009年
　　拙稿「黄土高原史話」1～53（『緑の地球』第79～138号). 2001年より連載中

第2章 黄河流域の水文特性の長期変化

福嶌 義宏（鳥取環境大学）

1. 黄河の概況

　人類が誕生して以来，河川水は飲用や灌漑農業など，文明の発展とその維持のための必須のものとして利用されてきた。とくに乾燥・半乾燥地域は病原菌の繁殖には不向きな環境であり，黄河文明を含むエジプト・メソポタミア・インダスの四大文明の発祥地は，すべて乾燥地帯にある。初期の河川水は主として飲用など各家庭で使われ，穀類や蔬菜の栽培用の灌漑設備がつぎつぎと整えられていったに違いない。しかし，上に述べたそれぞれの文明発祥地の大河川は，洪水時の土砂氾濫によってしばしばその流路を変えることがあり，一方では都市の発展のために水需要が急増して，限度以上の取水ができなくなって，滅んでいった数々の地域文明があったことも事実である。

　さて，半乾燥地を流下する黄河では，3000年以上もの長期間にわたって，途切れることなく，河川水が利用されてきている。ただ，清朝末期から日本を含めた諸外国の侵略による混乱のあと，国民党との内戦に勝利した毛沢東の新制中華人民共和国によって，1950年以降，ふたたび統一的に黄河河川水の利用が開始された。

　新中国は1949年に誕生した。その前の日中戦争は日本軍対中国だけではなく，日本が敗戦する45年までは，中国内では蒋介石率いる国民党軍と毛沢東らの共産党軍との三つ巴の戦いであり，その最中の38年に国民党軍は日本軍の進撃を防ぐため花園口で黄河堤防の右岸側を決壊させ，下流で多くの死者を出したことや，その後の修復に10年あまりの年数を要したと伝えられる。

　いずれにしろ，1949年に毛沢東軍が国内再統一を果たしたさいには，国内の田畑や山林は相当に荒廃していたであろうことは容易に推測できる。しかし，毛沢東は共産主義の先達であるソビエト連邦の支援を得て，さっそく黄河の利

水と治水の策定を開始した。まず，黄河が華北平原へ流入する花園口地点と最下流の利津地点での河川流量測定と，降水量を含む気象観測の開始である。すでにソビエト連邦では，レニングラード（現サンクト＝ペテルブルグ）に水文気象局を設立して，観測者の養成からデータ解析まで始めていたので，中国側からの依頼は受け入れられた。

現在，慢性的な水不足におちいっている天津や北京・済南などに送水するために 3 本の運河で長江の河川水を北部へ輸送する計画は，西部の 1 本を除いて順調に進んでいると聞く。しかし，少なくとも東と中央の 2 水路は黄河の下をトンネルで通すので，黄河への水補給はない。そのうえ，投入した経費面を考えると，華北平原の農業用水用に使えるほど水の価格は安くはないであろう。いわゆる南水北調計画の実施は，けっきょく政治的な判断で決められることになる。

以下の文中においてさまざまな名称が出てくるので，ここに佐藤嘉展氏作成の黄河地図を図 2-1 として示しておく。

2. 利用可能水量の根拠

新中国では，河川の流量測定とともに，春先きの流氷の河川せき止めによる堤防決壊災害と夏の豪雨災害を防ぎ，かつ水力発電と灌漑農地用の貯水を可能にし，さらに黄河下流の天井川を解消するため，土砂調節用のダム計画が立案された。まず最初は，黄河中流部の狭窄部である三門峡での流量と土砂調節効果を期待した 1960 年完成の三門峡ダムの建設であった。下流の華北平原での農業用水の確保も目的とされていた。しかしながら，このダムは建設中にあっても，ダムの湛水面が上流側に位置する西安市のすぐ北側を流れる渭河の河床上昇を引き起こし，局地的な洪水被害を発生させた。これを危惧して，当局は三門峡ダム高を当初の計画より引き下げざるを得なかった。一方，蘭州近くの劉家峡ダム建設では，中国とソビエト連邦の国家間の政治的な関係がこじれたため，ダム建設の指導と援助をしていたソ連邦側の技術陣が全員職場を離れて帰国してしまった。そこで，残された中国側技術者たちは工夫を重ねて，ようやく 68 年に至り，遅れながらも発電設備の設置を含む劉家峡ダムを完成させた。

中国でいったい黄河の河川水をいくら使えるかという問いに対する答えの根拠となったのは，1950年の花園口と利津の年流量比較である。集水域面積75万 km^2，内陸閉鎖地区のオルドスを加えると79万 km^2 の黄河は，多くの流量観測地点が整備されている。49年の新制国家が誕生してわずか1年後には下流の花園口と利津では，観測流量の年量が算定された。この2地点に加えて，60年から私どもは，上流から中流部に至る，タンナイガイ・蘭州・トウダオグァイ・三門峡の4地点を観測地点として選定した。これらの位置は，図2-1に示されている。

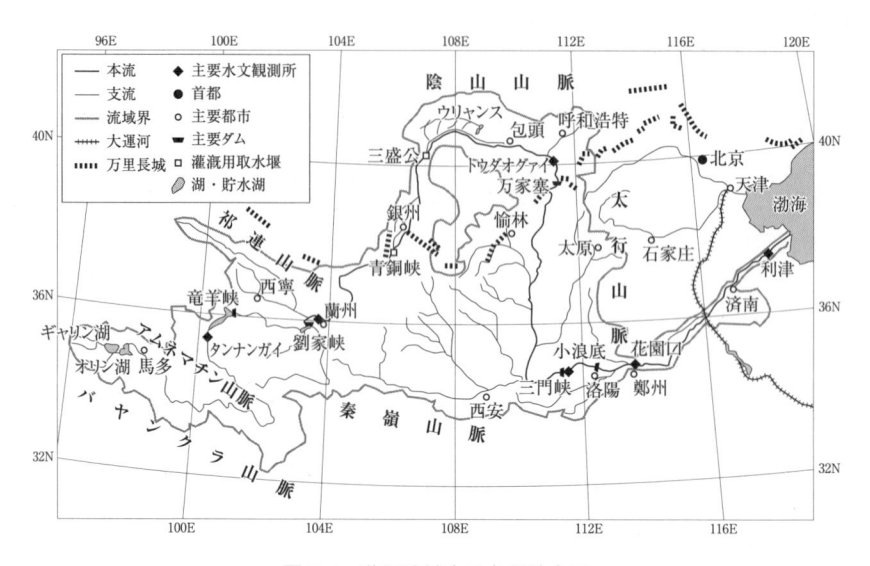

図2-1 黄河流域内の主要地点図

さて，図2-2は花園口と利津地点の年間河川流量を，1950年から最近まで図示したものである。初年度（50年）は，まだ内戦の名残でじゅうぶんな基盤整備がなされていない状態であった。とうぜん，その当時の花園口より上流域における蒸発散量損失や当時の河川沿いの取水の総量は，損失量として除去されている。しかしながら，戦後の混乱した時期でもあり，取水されていた量は多くはなかったであろう。

本図では，初期に利津地点の年流量が花園口流量より多い。これは旧大運河があった東平湖からの流入量があったからで，その後，東平湖に流入するまでの渓流での取水が進んだため流入量は少なくなり，一方では，黄河河床高の上

昇もあって両者間の河床高低差はほぼなくなり，東平湖はむしろ黄河の遊水池としてしか利用できなくなったからである。

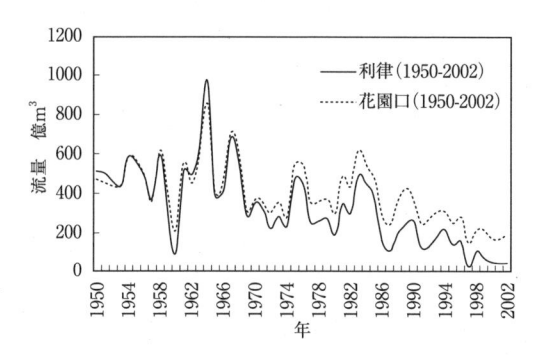

図 2-2　1950 ～ 2002 年の花園口と利津地点の年流量変化
（Jianyao Chen 氏より提供，元データは黄河水利委員会）

　話をもどせば，1950 年当時の黄河の取水可能量は，花園口地点で約 550 ～ 580 億 m^3 と見積もられていた。その時点では，黄河の河川水は各所で旧来の小規模な取水口から引水されていたにすぎず，後に河川水が干上がる「黄河断流」に至るという事態を誰も想像しなかったであろう。

　その後，人口が急激に増加するとともに，食料をはじめ社会基盤の整備が急がれてきた。このことは，資源・エネルギー量の確保と食糧増産を必須なものとした。知られるごとく黄河流域は全般的に乾燥・半乾燥の気候条件下にあるが，小麦やトウモロコシなどの穀類増産が求められるようになったのである。取水量は各省から要求され，その合計は上記の 550 億 m^3 の範囲内であったから，それは要請どおりに許可された。

　なお，源流域から蘭州を経てトウダオグァイまでは黄河上流域と呼ばれる。そこから花園口までは，黄土堆積地域の陝西省と山西省から流れ出る多くの支流を含んでおり，中流域である。

　概していえば，上流域はチベット高原が開削されてできあがったところで，源流から蘭州までは急峻な地形をしているが，蘭州からトウダオグァイまでは比較的平坦で，河川は川幅を広くとって流れ下っている。唐の都長安から始まるシルクロードは，寧夏回族自治区の首府である銀川で黄河を渡ることができた。銀川ではすでに唐の時代に黄河の河川水を一部導水して灌漑農業を行って

いたといわれ，今もその当時の水路が残っている。現在では，この地点は青銅峡灌漑地区と呼ばれる灌漑地面積33万haの大灌漑地域であり，公称62億m^3の河川水が取水され，灌漑地で使用した流水から35.3億m^3がふたたび黄河にもどされているといわれる。

さらに，青銅峡灌漑地区の先には内モンゴル自治区の大屈曲点があり，そこでは河套灌漑地区と呼ばれる57.6万haの中国では二番目に広大な大灌漑地が設定されている。灌漑面積は青銅峡灌漑地よりも広いにもかかわらず，取水量は50億m^3である。これら両方をあわせて，およそ80億m^3が大規模灌漑に供されている。河套地区では，利用した灌漑水の排水と都市・工場廃水はポンプアップして，ウリャンス海という自然湖にもどしている。しかし，公称ではここから黄河へは水をもどしていないことになっているが，すでに硫化水素の臭気がただよう程度に水質悪化が顕著であり，それを解消するために，間欠的に黄河の流水が直接導水され，水質浄化が図られているとのことである。

農業形態として青銅峡と河套地区の違いは，公表されている諸元からLi Huian氏（2003）が提出されたデータを渡邊紹裕氏ら（2006）が再整理された表2-1によって知ることができる。青銅峡灌漑地区では水田稲作を取り入れているので，排水量も多い。なお表2-1にある位山灌漑地区は，下流の山東省に設けられている31万haの灌漑地である。それらの位置関係は，図2-3（渡邊ら，2006）に示されている。概して，黄河流域では，西安近くの渭水盆地と黄河下流だけが冬小麦の栽培も含めて年間利用が可能である。したがって，1980年以降は位山灌漑地区以外では，灌漑地の拡大は認められていない。

青銅峡灌漑地区と河套灌漑地区は乾燥地のなかに造成された人工的な灌漑地である。2000年時点での土地利用の状況を最新の解像度を誇るMODISデータから推測し，このデータは各省の統計データと比較検証されて，土地利用図がMatsuokaら（2007）によって作成され，水文解析にも使われた。

トウダオグァイから三門峡の峡谷部を経て花園口までは，中流部と称される。西安のすぐ北側を流れる渭河（かつて渭水と呼ばれた）や山西省の汾河などの支流は日本から比べれば大河川であるが，他にも無数の河川が黄河に流入している。さらに，本地域は黄砂の一大堆積地でもある。その範囲は甘粛省の一部から陝西省の黄土高原を経て山西省に至るほぼ楕円形状をなし，何度かの氷河期・間氷期に風で運ばれた氷河レスが谷間を埋め，一見して平らな黄土高

原を形づくった。したがって，黄土は水食に弱く，毎年夏の夕立や豪雨で多量の土砂が谷を削り，黄色く濁った黄河の原因となっている。この間，黄河本流は頭道拐から渭河と合流する潼関まで，一気に高度を下げる。壺口瀑布という滝も，この間に形成されている。潼関より下流側は，三門峡ダムの湛水域に近づくにつれ，勾配がゆるやかになって，悠然とした流れとなる。

表2-1　黄河にある三つの大型灌漑地の公表されている諸元
（元データは Huian Li, 2003. 渡邊紹裕らによって作成）

	単位	青銅峡	河套	位山
総面積	10^3ha	624	1190	360
灌漑面積	10^3ha	330	576	310
黄河からの灌漑目的取水量	10^9m^3/年	6.2	5.0	0.89（※）
	nm/年	1880	868	274
還元流出量	10^9m^3/年	3.53	0.53	≒0
	nm/年	1070	92	≒0
塩類流入	10^3t/年	280	215	-
塩類排出	10^3t/年	400	63	-
塩類収支	10^3t/年	-120	168	-

（※）位山ではこれに加えて，6.5億m^{3}を地下水から補給

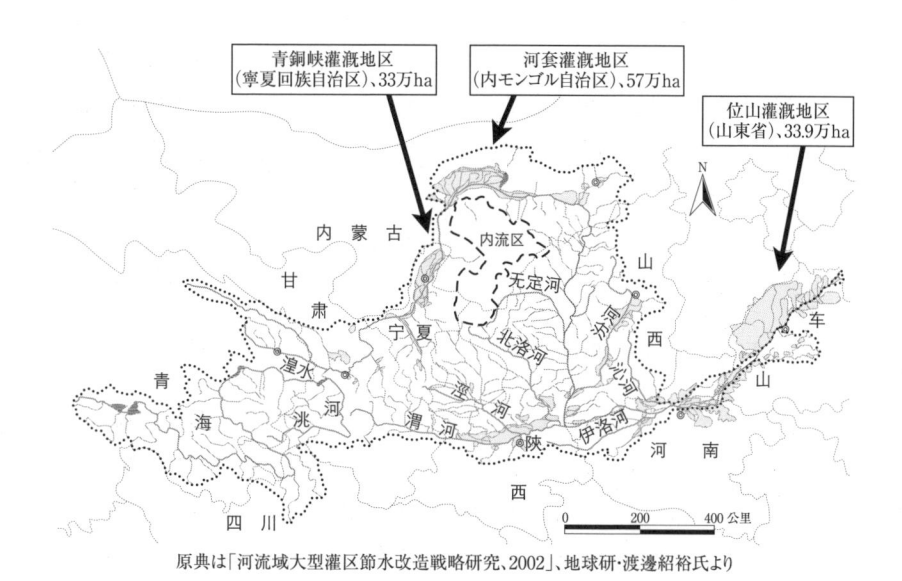

図2-3　黄河流域における三つの大型灌漑地区

　三門峡までは，黄土地帯に堆積していた黄砂に混じって微細な土粒子が豪雨

のたびごとに流出してくるので，黄河は黄濁の度合いを増す。1999年に，三門峡ダムの下流側に小浪底ダムが完成し，おもな機能としては下流の河床調節を可能にするために，人工洪水発生と排砂を備えたゲートが設けられた。その下流側の洛陽（後漢などの首都）では，黄土堆積の影響の少ない河川が北と南から合流している。この地点は，すでに華北平原の扇状地の扇頂部でもある。そして，そこから100kmほど下流側に河南省の中心地，省都鄭州がある。北宋時代の首都はそこから60km東側の開封市であったが，今日では鉄道や道路における東西交通の重要地点として鄭州市の発展がいちじるしい。ここ鄭州には，黄河治水の管理総局があり，かつ花園口地点にも近い。

黄河下流は大きな河川の割には縦断形が急勾配で，花園口から河口まで実際の距離は800km余りであるが，勾配は1/10000と大河川としては急峻である。しかしながら，ところどころに中州が残っており，河川は曲流していて，岸辺に迫る流れには荒々しさが感じられる。河床を構成する土砂石の粒径が0.001mmと微細になってきているところもあり，いまだに天井川から脱し切れていない。

黄河流域の農業を考えるうえでは，「関中」と呼ばれた渭河の下流にある盆地と，以前は「中原」と呼ばれた黄河沿いの地域と，それらを包含する華北平原の下流側が，年間を通して農業生産が可能である。黄河の大型灌漑農地の10年間ごとの発展も，当初は青銅峡や河套地区の拡大化が図られたが，1980年以降は，下流にある位山灌漑地をはじめとする灌漑農地への水供給だけでなく，青島市や天津市への都市用水の供給量も増えている。

3. 長期間の年間水収支シミュレーション

第2節で述べたように，黄河は大流域をもち，各地の地形や気候，水の用途などに大きな相違があるので，通常は上流・中流・下流の3区域に分類されている。その区間内には数点の流量観測所が設けられていることはすでに述べた。私どもはなぜ1997年に「黄河断流」（黄河断流という用語は中国語である。このままでも意味はほぼ理解できるが，正しくは「黄河断流」とは黄河の河床から流水が消失することを意味する）が突然に問題視され出したかを調べ始めた。その背景には，中国科学院地理科学・自然資源研究所の全面的な支援を受けら

れるという好条件が備わっていた。

　結果として，公表されているデータでは図2-4のように黄河断流は決して1997年のみに発生したわけではなく，すでに80年代から徐々に起こっていたことがわかった。ただ，90年代からは断流する距離が上流に及ぶようになってきており，その極限として97年の断流は226日間と，1年間のほぼ2/3も下流は干上がっていたのである。

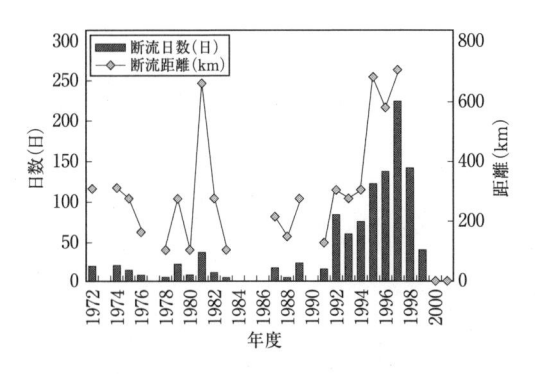

図2-4　黄河断流の経年経過（日数と断流距離）

　河川の下流側で流水がなくなることは乾燥地帯ではごく一般的だが，この現象が長江に次いで中国を代表する大河川で発生したから，世界中が驚いたのである。多くの河川専門家は，黄河を年間16億トンという世界でもっとも多量な土砂を流下させる河川として認識している。とくに華北平原では天井川となっていて，有史以来，洪水氾濫の危険性のきわめて高い河川であることも知られている。

　その河川で流量が低下して，場合によっては流下量が消失する事態が起こるということは，上流から流送される土砂量もなくなることになるのか，もしくは河床に堆積してゆくことを想像させる。中国の河川関係者は，決してこのような事態を期待していたはずはなく，どこかで水利用計画に欠陥があったのではないだろうか，と思うのが大方の見方であった。

　幸い私は，国際的に活躍している中国研究者の知人がおり，このような総合的な課題に取り組む組織体として，2002年度に創設された最後の文部省直轄研究所である総合地球環境学研究所において，上記の謎を探る研究プロジェクトに着手した。

その手始めが，膨大な降水量の観測データベースの作成と最新衛星による土地利用図の作成で，いずれも緯度・経度から1/10のグリッド（黄河流域ではおよそ10km^2）の解像度を想定した。さいわい，NOAA/CPC（米国大気海洋庁／気候予報センター）において，世界の降水データの精度の高い公開用データ作成についての第一人者であるXie博士が，密度が高く，かつ精度も良い中国データを用い，最新の地形補正も取り入れた第一級のデータセットを1日間隔で10年間にわたって作成した（2007）。私どもはまず，この新規データと従来の観測データの検証を行いながら，最終的に，1950（1960）年から2000年までの50（40）年間の黄河流域10kmスケールの降水データ作成を行った。なお，取得した流量データは月積算値であるが，シミュレーションにおける気象・降水データからの流量計算は1時間間隔である。ちなみに40〜50年の間には多雨年や渇水年，寒暖の差が激しい年も含まれていたが，それらは入力データの違いとして，シミュレーション上ではまったく問題は起こらない。

　さて，乾燥地や灌漑農地も含む黄河流域の月ごとに積算された流量から，年観測流量が算定される。この年流量は各区観測所間では，次式

$$P=Q_{in}-Q_{out}+E±\varDelta S \qquad (式2-1)$$

が用いられる。ここで，Pは各メッシュの気象条件の平均降水量，Q_{in}とQ_{out}はそれぞれ上流観測所と当該観測所の流量である。Eは蒸発散量である。Eは近藤・徐（1997）によるバルク法を用い，ポテンシャル蒸発量も，Penman法やPenman-Montheith法が過大に算定される点を改善するために，近藤・徐の方法を採用した。E_{nat}は自然の裸地・草地などに適合可能な葉面積指数を使い，E_{art}は先ほど述べた改良ポテンシャル蒸発量を使った。灌漑地面積はMODISデータと現地での公表された統計データを使っている。$\varDelta S$は期間前後の貯留量の変動成分である。

$$E=E_{nat}+E_{art} \qquad (式2-2)$$

　結局，蒸発散量は日照率から変換した太陽日射量・気温・湿度・葉面積指数・土壌水分貯留量から求めることにした。

$$E=f(R_a,T,H,L_A,S_w) \qquad (式2-3)$$

最終的な水収支は上式に記される。

　ここで，蒸発散量は自然条件と灌漑水や工業・都市用水などの人為的条件によって変化する。R_aは純放射量，Tは気温，Hは湿度，L_Aはリーフ・エリア・

インデックス，S_w は土壌水分である。量的見積りが必要な人為水量は灌漑農地から直接蒸発する値で，工業用水や都市用水は使用後には取水量より若干低下するであろうが，灌漑水の損失に比べると相対的に多くはないと想定した。ただし，北京や天津・青島などの系外へ配水される値は，流域としてはそのまま損失量となる。式 2-2 の E_{nat} は自然条件のみによる蒸発量で，E_{art} は灌漑による水分の豊かな農地からの蒸発散量である。2000 年における大型灌漑農地の面積は MODIS 衛星による推測値で，その前後の面積変化は，前掲の Li 氏（2003）が表示した統計資料から求めたデータを用いた。

　もっとも工夫したのは，灌漑農地からの蒸発散量であった。水で満たされた灌漑農地の蒸発散量は，いわば飽和状態の水面蒸発量で近似可能とみなし，近藤・徐（1997）が提案したバルク法で計算することにした。FAO（国連食糧機関）や米国農務省はペンマン＝モンテイスの地表飽和時の値を使うことを推奨しているが，アルベド効果や地表気温と大気放射との関係に問題があるようなので，結果として推定される蒸発散量は過大に算定されている，と私たちは考えている。これはラフな洪水ピーク流量推定用の合理式（rational 式）は過大な値を算定しがちであるが，計画上使うので実害は少ないとされ，実務者間では問題となっていないのと同様の問題である。灌漑農業技術者には，上記の FAO が推奨する蒸発量推定式は計画時に過大な蒸発量値を算出するので，結果的に灌漑用水の必要量を実態よりも過大に要求することができる。

　さて，本プロジェクト研究は，なぜ断流が 1980 年以降，毎年起こっていたのかを知りたいというのが主目的であるから，できるだけ精度の高い水収支を長期間にわたって算定する必要がある。そのさいの最大のネックは，蒸発散量の推定である。それも，人為的に土地利用が変化しているような場ではなおさら難しい。

　蒸発はおおむね地表より上方の大気境界層までで起こる現象であるが，地表下で土壌水分として一時貯留されるか，あるいは河道へ流出するかは，地質構造や土層の深さなどが関与している。そのモデルは，物理的背景も有する「水循環モデル（英文では HYCYMODEL）」（福嶌・鈴木，1986；Fukushima,1987）が土地利用の形態を問わず，小流域から大流域まで，また熱帯から寒帯まで，多くの適用実績をもっていた（Tanaka *et al*., 1998; Yudi Iman, 1998; Ma *et al*., 2000）。本モデルは計算上の時間間隔は，降水量と他の

気象データの時空間分解能にもよるが，10分程度から1日程度まで，基本的には任意である．さて，黄河流域では降水量と気象データは1日間隔であったから，流出量など出力項目は1時間間隔で計算され，それが1日単位に積算されていった．

それらの40〜50年間の隔年の月間ハイドロ＝グラフと年間水収支の実測値と計算値を図2-5（Sato et al., 2007a&b）に示す．水収支で水平軸から下方に出ている太線は，水収支が負，すなわち計算値が過少であることを意味する．

灌漑農地の面積変動は，2000年は人工衛星MODISからの解析（Matsuoka, 2007）によるが，過去にさかのぼる灌漑農地の面積変化は中国の統計資料によった．

さて，図2-5からどのようなことがわかるであろうか．まず，ほとんどが高標高のチベット草原であるタンナンガイまで（源流域）は，年降水量の変動があるものの，年間水収支は実測値と計算値がほぼ合致している．次いで上流域1は，その主目的が発電と春季のブロック状になって流下する河川氷の阻止，そして最大目的は下流の灌漑農地への季節的な用水配分を配慮して下流の大灌漑農地への水量配分である．1986年完成の大貯水池ダム竜羊峡と以前からある劉家峡ダムが，この40年のあいだに建設された唐乃亥から蘭州までの本区間にある．その比較的標準的な年流量の放流量の季節分布は，佐藤ら（2007a）によって，春から秋までの放流量は平坦化に向かって操作されていることが判明した．しかし，この平坦化は年の水収支には影響はしていない．

蘭州から上流部の末端，頭道拐の流量観測所までは，上流域2である．すでに述べたように比較的平坦であり，黄河は川幅を広くとり，ゆったりと流れている．それを利用して，銀川が長安を起点とするシルクロード上での渡河地点となっていた．銀川周辺は黄河全域のなかでもっとも乾燥した砂漠地帯と呼んでもよいが，そこに人々の往来があり，かつ上流の天候によってはいつでも黄河を渡れる状態でもなかったので，宿場町として発展し，すでに唐の時代に灌漑水路を設けて，農業が行われていた．現在では33万haという広大な灌漑農地が造成されていて，そのうちの1/3は水稲栽培である．河川水そのものがアルカリ質であるから，多くの河川水を取り入れて，利用後はまた黄河にもどすという灌漑方式である．塩類収支からは，この水稲栽培は塩類の洗い出しをねらっているようだ．

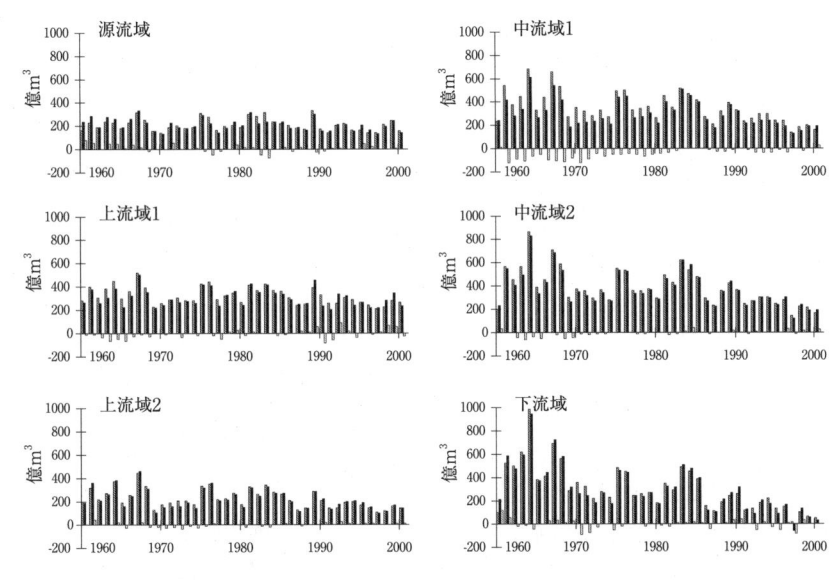

図2-5　モデルによる黄河流量の再現結果（Sato et al., 2007）

　その下流は行政上，内モンゴル自治区の西端部にあたり，河川の屈曲点で，地形的には湿地状になっていたが，そこにも57.6万haの大灌漑地が造成されている。小麦・トウモロコシ・ヒマワリなど水稲以外の作物が栽培されている。もともと遊牧民の家畜の水飲場として重宝されていたところであるが，食糧の自給を国家の重点目標としている中国では，もとの住民であったモンゴル族を農耕民として定着化させるという政策が貫かれたわけである。

　しかしながら，この大灌漑地帯である河套灌漑地区には，すぐ下流にパオトウという鉱工業都市があり，その東の首府フフホトの南部にも，公式記録では面積は不明ながら広大な灌漑農地が広がっている。それらの地域へも一部，黄河の河川水は供給されている。私たちは，衛星から推定された土地利用図を根拠に本区間の蒸発散量を推測し，毎年の水収支を算定した。

　結果は驚くべき数値であった。先に示した二つの大灌漑地による取水量は，およそ年間80億m^3であるが，われわれが他の用途も加味して推測した取水量は100億m^3で，結果としては寧夏と内モンゴルの両自治区は，統計値に近い取水量80億m^3プラス20億m^3が黄河から取水していたのである。さらにそれは2000年だけではなく，過去の面積変化を加味したシミュレーションの

結果と非常に良い対応を示していることもわかった。

　もっとも重大な問題は，黄土高原の多数の支流を含む中流域1にあった。図2-5は上流から下流までの6区間の流量をシミュレートした結果である。それによると，2000年のMODIS衛星を使った土地利用区分で算定された年流量が，2000年では良好であるにもかかわらず，ただ一つ，算定流量が1960年の初期は支流から供給される流量がおよそ150億トンもあったのが，年を経るにしたがって80年までは系統的に低下してきている。そして2000年ではちょうど計算流量と一致するようになってきているのである。

　これは何を意味するのであろうか。この中流域1は黄河流域のなかでも，近年の年降水量が減少傾向にあることはたしかであるが，本計算に用いた蒸発モデル自体は，降水量が低下すれば，土壌の貯留量が低下して，蒸発量も低下する機能を備えている。だから，ここで見られる不一致は土壌水分が低下するなかで，それが蒸発散量に強く影響していないことを意味するのである。そもそも半乾燥地域である黄土高原の黄河中流域の中心域で，毛沢東は新制中国を再建した当時から，土壌の固結性が弱く，浸食されやすい黄土斜面の保護のための水土保持事業として植林を奨励していた。中国科学院に水土保持研究所があり，植林面積を調べてはいるが，日本の経験では，何回植林しても自然林にもどらずに，ふたたび荒廃斜面にもどるところがある。ましてや，貧栄養で山羊や羊の餌場にもなっている黄土斜面で，植林した総面積がすべて回復したとは考えにくい。

　1997年の「黄河断流」が起こってからは，退耕還林還草というスローガンが標榜されるようになった。放牧地帯まで標高を上げた農地をふたたび草地にもどすことと，急傾斜地での農地を林地にもどす政策を全国的に浸透させようとする政策で，とくに黄土高原では傾斜によっては農地でしか利用できず，傾斜地への植林には補助金が出ることや，無秩序な家畜の放牧厳禁などが実施された。国の政策が現場ではどれだけ実際に浸透するかという問題もあるが，とにかく具体的な政策であり，一歩前進といえる事業である。

　片方では，上記の話を聞いていたので，これまで多くの土砂を黄河へ供給していた支流河川のなかから，無定河という支川を選んで，2006年にその河原を車で見て回った。そこへ注ぐ小支流で成功例とされる水土保持事業がなされた現場も見た。ガリ（雨裂）に対しては河床洗掘を防ぐために中国式の床止め

工がほどこされ，渓床が固定されて広くなったもとの河原は，ヒマワリ・コウリャン・リンゴなどの畑地と化していた。明らかに荒れていた支流は，土砂に関しては安定した状況となっていたのである。

ところが，人工衛星 LANDSAT や NOAA 画像では，1980 年頃からの緑に関する明確な NDVI（植生正規化指標）などの変化は読み取れなかったし，80 年代以前の状況は中国側で撮られた写真に頼るしかない。そこには荒廃した黄土高原が多数写っていた。一方では衛星写真で検出できなかった理由には，たしかに緑化は進んだであろうが，それは谷底における個々の森林化や農地化にすぎず，それぞれで規模が小さすぎたからではないか，と考えている。

しかしながら，先ほどの年流量の経年変化からは，やはり黄土高原では緑化は徐々に進行したのではないか，という仮説が立てられる。西安から延安までの道路に沿った緑の木々が鮮やかであったことも実見した。緑化率の増大は蒸発散モデルでは葉面積指数（LAI）の増加として蒸散量を増やす要因として，評価されることになる。

もっとも驚いたことは，この 40 年間で黄河中流での流量損失量が 150 億トンにもなるということである。それは上流域 2 の二つの大灌漑地域の消費量よりも多い。このような見積りは，黄河水利委員会の水収支計画には入っていなかったであろう。「黄河断流」が起こった遠因は，予想もしなかった中流域 1 での水損失にあった，ということになろう。

さて，花園口から利津までの区間では，大規模な灌漑農地として位山灌漑地があるほか，小規模な農地も多く，また青島や天津への都市用水の供給という使命もあった。これらの経年的な流量変化は灌漑水量や各都市への送水量・地下への浸透量を含めて，予想できる範囲内の値であった。

お わ り に

1997 年の「黄河断流」は中国の水資源管理上の汚点であったことと，諸外国に与える環境イメージを悪くしたことから，中国政府は緊急に「新水法」を定めた。そもそも中国の水行政は，国家が一元管理化する点と各省での取水量に罰則規定を入れた点が大きな特徴である。

それにもかかわらず，いまだに黄河の下流河床は天井川であり，かつて北宋

の首都であった開封市は今では黄河水面から 8m も低い。「黄河断流」は各省の取水時期をずらせることで解決したようにみえるが，言い換えればこれは黄河流量の平準化にすぎない。下流の黄河に堆積している土砂石を渤海に流送して河床を低下させるための小浪底ダムによる人工洪水波の発生によっても，図 2-6 を見ると，まだ顕著な成果を出しているとはいえないようである。これは，場所によっては粘性の高い微細な土粒子の洗い流しが難しいこととも関連しよう。

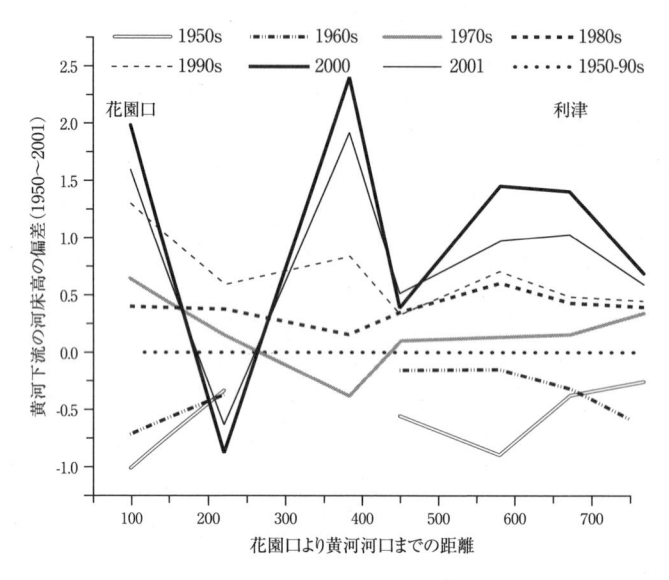

図 2-6 950 〜 2001 年間における花園口から黄河河口までの平均河床高の偏差
（Hongxing Zheng 氏より，元データは黄河水利委員会）

いっそのこと，新しい水路を現在の黄河に沿わせて設けるという方式も検討の対象になるのではないであろうか。現に，黄河下流地域の人口は多く，高密度であり，洪水氾濫が起これば，被害は測りがたいと考えられるからである。

黄河の流水がなぜ「断流」という姿で消失する事態になったのかは，本章でご理解いただけたと思っている。現在では，2002 年に改訂された「新水法」が適用され，節水や過剰使用の禁止と罰則規定が効果を発揮していて，「黄河断流」が起こったとは聞いていない。各省の自主性にまかされていた取水時期も，黄河水利委員会の指導のもとに調整されていて，極端な水不足は起こっていない。また，もっとも多くの流水を使っていた各灌漑地区では，節水努力が

不可欠になっている。年により利用可能な流水量や降水量は変動するので，その都度，割当量は減少を強いられる。

黄河では"河川維持用水"という概念がなく，生態用水をとなえる研究者は存在するが，水利委員会はつねに河川の流水を絶やさないという努力はしているものの，それをどのように土砂管理上の基準としているかは，私にはまだわからない。このことが影響して，下流河床の天井川解消に至っていないのかもしれない。

黄河の流水が減った原因は長期的な降水量減少も関係しているであろうが，それも平均してみれば40年間で100mm程度である。これを多いとみるか，少ないとみるかは，対策方式にかかわってくる。

再度言うが，解析してみてもっとも驚いた点は，黄河中流の黄土高原からの流入水がこの40年間で150億m^3も低下している点である。日本や世界の"森林と水量"の調査では，湿潤値地だけでなく乾燥地でも，緑化すれば明らかに蒸散量が増加するから，河川流量の低下を招くことになる。それが黄河治水に取り込まれていたかどうかはわからない。ただ，黄土高原からの膨大な土砂石の混入は明らかに低下している。

黄河の天井川化に対しては既往最大流量で設計された下流の堤防が中出水でも水位高が既往の値を超えたという事実から，さらなる対策がとられている。一つは堤防の嵩上げであり，小浪底ダムを使った疑似洪水の発生による河床低下の期待である。しかし，今のところその効果は十分ではない。一方では，華北平野を何ヵ所かの区間に分けて，最悪の場合には遊水池化する事業も想定されている。微細粒子と河川のなかに残されている中州をどう制御して河床低下を早めるかは，差し迫った問題であろう。要請があれば，日本から援助すべき重要事項の一つであろうと思っている。

▶参考文献

Jinyao Chen. 2004 未公表

Li Huian. Water use and water saving in Yellow River Irrigation Areas. Proceedings of 1st International Yellow River Forum on River basin Management. The Yellow River Conservancy Publishing House, 322-327, 2003

渡辺紹裕・星川圭介・窪田順平．サブテーマ（六）黄河流域の大型灌区の農業と水利用・新世紀重点研究創成プラン『アジアモンスーン地域における人工・自然改変にともなう水資源変化予測モデルの開発』平成18年3月報告書. 文部科学省研究開発局，pp156-160, 2006

M. Matsuoka, T. Hayasaka, Y. Fukushima and Y. Honda. Land cover in East Asia classified using Terra MODIS and DMSP OLS products. International Journal of Remote Sensing, Vol.28, Nos.1-2, 221-248, Jan. 2007

Xie, P., A. Yatagai, M. Chen, T. Hayasaka, Y. Fukushima, C. Liu and S. Yang. A gauge-based analysis of daily precipitation over East Asia. J. Hydrometeorology, 607-626, 2007

Foreign Agricultural Service, US Department of Agriculture. http://www・fas・usda・gov/psd/

近藤純正・徐健青「ポテンシャル蒸発と気候学的乾湿指標・天気」『気象学会誌』44, pp875-883, 1997年

福嶌義宏・鈴木雅一「山地流域を対象とした水循環モデルの提示と桐生流域の10年連続日・時間記録への適用」『京大演習林報告』57, 162-185, 1986年

Y. Fukushima, A model of river flow forecasting for a small forested mountain catchment, Hydrological Processes, Vol.2, 167-185, 1988

H.Tanaka, Y.Fukushima, C.Li, J.Kubota, T.Ohta, M.Suzuki & K.Kosugi(1998). Water discharge property of evergreen broad-leaved forest basin –Jiulianshan, Jangxi Province, China J. Jpn. Soc. Hydro. & Water Resour., 11-3, 240-252, 1998

Yudi Iman Tauhid. Evaporation in Chtarun River Basin, West Java-Indonesia. 名古屋大学, Master Thesis, 1998

Ma, X., Y. Fukushima, T. Hiyama, T. Hashimoto and T. Ohata. A macro-scale hydrological analysis of the Lena River basin. Hydrological Processes, Vol.14-3, 639-651, 2000

Y.Sato, X. Ma, Y. Fukushima. Application of reservoir operation model to the upper reaches of the Yellow River basin. YRiS News Letter Vol.7, 9-12, May. 2007a

Y.Sato, X. Ma, J. Xu, M. Matsuoka, and Y. Fukushima. Impacts of human activity on long term water balance in the middle-reaches of the Yellow River basin. IAHS Publ. 315, 1-7, 2007b

佐藤嘉展・福嶌義宏・馬燮銚・徐健青・松岡真如．サブテーマ（六）人間活動の影響を考慮した水文・水資源モデルを用いた黄河流域の長期水収支解析・新世紀重点研究創成プラン『アジアモンスーン地域における人工・自然改変にともなう水資源変化予測モデルの開発』平成18年度成果報告書. 文部科学省研究開発局，pp258-267, 2007

Hongxing Zheng. 2006 未公表

第3章 黒部川の連携排砂と黄河の調水調砂
（黄河と日本の流砂制御比較）

角 哲也（京都大学）

は じ め に

　日本の黒部川では2001年から毎年出し平ダムと宇奈月ダムのフラッシング連携排砂を行い，中国の黄河では2002年から毎年小浪底ダムをはじめ密度流の調水調砂試験を行っている。黒部川の連携排砂，黄河の調水調砂試験のいずれも，できるだけ少量の水で大量の土砂を効率的かつ安全に海へ排出するという点で一致しているが，両河川の特徴・水文条件・排砂方法および最終的な評価方法などに相違点がみられる。ここでは，両河川の排砂操作の共通点と相違点について紹介する。

1. 黒部川と黄河の概要

　黒部川は北陸地域に位置し，図3-1に示すように流域面積は682 km^2，流路延長は85 km，落差は2924mで，日本有数の急勾配河川（1/5～1/100）である。さらに，黒部川は，花崗岩を中心とする流域の地質も脆弱な部分が多く，流域内には7000ヵ所もの崩壊地（崩壊面積率：約5%）をかかえる日本有数の荒廃河川であるうえに，年平均降水量も2400～4100mmと非常に多いことから，流域での生産・流出土砂量がきわめて多い。黒部川の年平均水量は26.7億m^3，年平均生産土砂量は0.02億トンである。
　一方，黄河は中国の第2番目の大河で，図3-2に示すように流域面積は75.2万km^2，本川の長さは5464km，落差は4480mである。黄河の年平均水量は580億m^3，年平均土砂量は16億トン，平均土砂濃度は35kg/m^{3}で，中国ひいては世界でも有数の土砂量が多い川である。黄河の大きな特徴は水量が少ないこととその土砂量が多いこと，また水の流出場所と土砂の生産場所が違うとい

う点である。年平均水量の 56% が蘭州以上の上流域から流出し，これに対して，黄河の土砂の 90% が河口鎮から桃花峪までの中流部から生産される。また，竜門から下流の河道に大量の土砂が堆積しているため，平均毎年 0.1m の速度で河床が上昇し，有名な天井川になった。

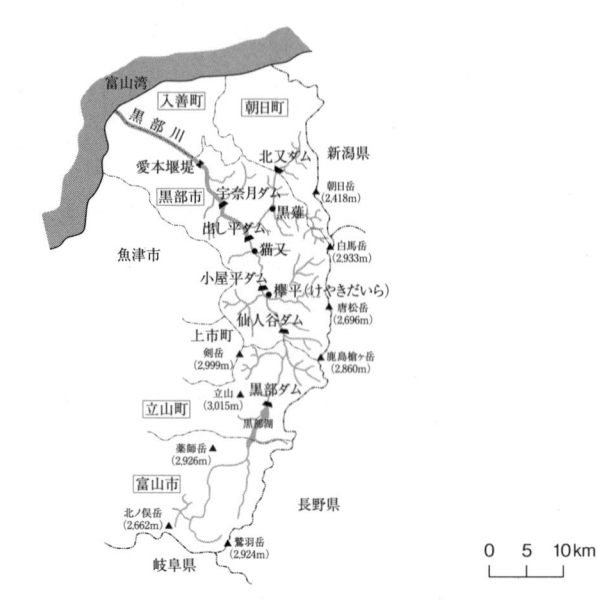

図 3-1　黒部川流域

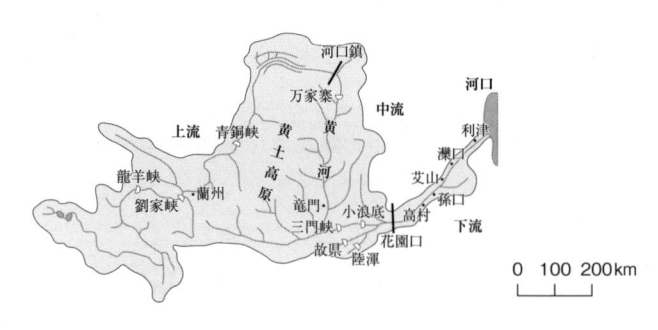

図 3-2　黄河流域

これを最近日本で多く用いられている「土砂動態マップ」で表したものが図 3-3 であり，中流域からの土砂流出がいちじるしいこと，また 1950 年代と 80 年

代を比べると土砂量はおおむね半減したことがわかる。この理由の一つとして，50年代から開始された黄土高原における「水土保持」の効果があげられる。水土保持とは，土砂流出を防止するための傾斜畑の段々畑への改造，急斜面への植林，防砂堤の建設などであり，90年代までに土砂流出のいちじるしい対策必要区域約43万 km^2 の約 31％にあたる 13.4万 km^2 で実施された。その結果，実施区域からの土砂流出量が約 1/10 に減少し，三門峡地点での年間流出土砂量は，17億トン（60年代），13.6億トン（70年代），8.0億トン（80年代）と着実に減少してきた。図 3-4 に黄河の主要地点における水量と土砂量の変化を示す。図 3-5 は黄河の主要な基準点花園口における年間の流量および含砂量（土砂濃度）の変動を示しており，7月から10月までの洪水期に流量が増加し，土砂濃度はその前半に高いことがわかる。ここで，土砂濃度の表記は日本では mg/l，中国では kg/m^3 がおもに使用されており，ここでは kg/m^3 で表記する（$kg/m^3=10^3 mg/l$ で換算される）。

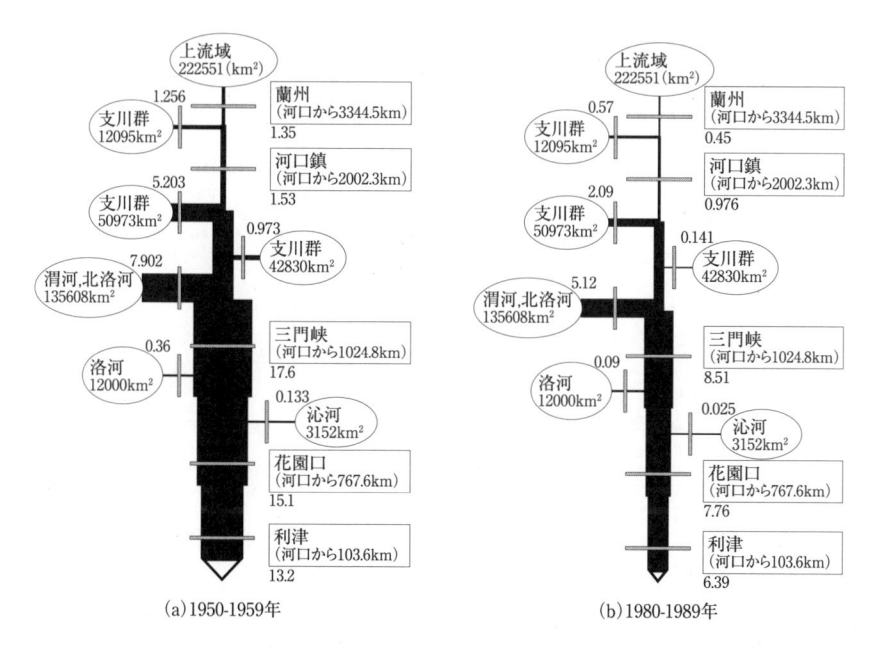

図 3-3 黄河土砂動態マップ（土砂量単位：億トン）
(a) 1950-1959年　　(b) 1980-1989年

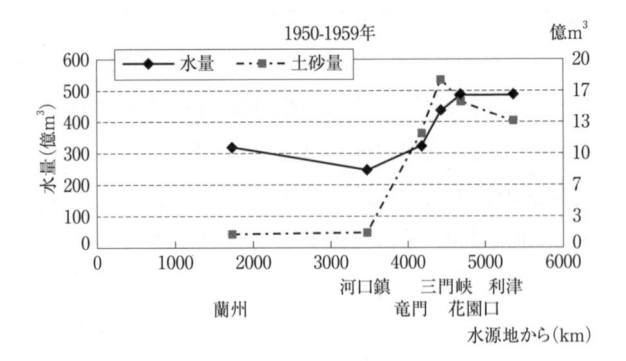

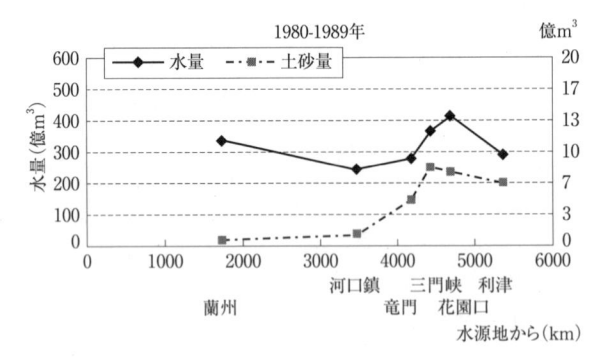

図 3-4　黄河のおもな観測点における水量と土砂量の変化

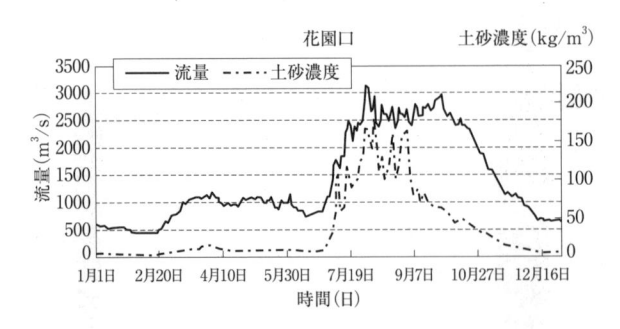

図 3-5　黄河（花園口）における平均流量と土砂濃度の年間変動
　　　　（1950～1987平均）

2. 排砂操作の背景と目的

2-1. 黒部川の連携排砂・通砂

　黒部川流域では，豊富な水量と急流河川であることを利点として，1927年完成の柳河原発電所をはじめとして，小屋平ダム（36年完成, 堤高51.5m, 総貯水容量0.021億m^3），仙人谷ダム（40年完成, 堤高43.5m, 総貯水容量0.0068億m^3）および黒部ダム（61年完成, 堤高186m, 総貯水容量1.99億m^3）などにより水力発電開発が行われてきた。

　黒部川流域の最下流に位置する国土交通省宇奈月ダム（写真3-1, 2001年完成，洪水調節・上水道・発電の多目的ダム）と関西電力出し平ダム（写真3-2, 85年完成）は，貯水池容量に対して流れ込む土砂量がきわめて多いことから，日本では一般的な100年堆砂量の確保によるダム計画ではなく，(1) 洪水調節や発電等のダム本来の機能を持続的に維持すること，(2) 下流河川・海岸への流砂の連続性確保を含む流域一貫の総合的な土砂管理を行うことを目的に，日本で初の本格的な排砂設備（排砂ゲート）を有するダムとして建設された。実際，下流の海岸域では侵食が進行し，離岸堤などのコンクリート構造物でこれを抑えている状況であり，土砂供給の必要性も高い。

写真3-1　宇奈月ダム

写真3-2　出し平ダム

　先に完成した出し平ダムは1991年より単独での排砂を実施しており，また宇奈月ダム完成後の2001年より，両ダムで初めての連携排砂および連携通砂がスタートした。ちなみに「排砂」とは，その年の最初の出・洪水時に，流量ピーク後，ダムの貯水位を低下させ，河川の掃流力を利用して貯水池内に堆積している土砂を排砂設備から下流に流すことであり，「通砂」とは，排砂後の

出・洪水で新たにダムに流入する土砂を，その出・洪水の末期に排砂と同様の操作でそのまま下流に流すことである．

2-2. 黄河の調水調砂試験

1950年以降，黄河流域では治水や利水の目的で大・中・小型ダムが600以上建設されており，本川だけの既存または建設中のダム群の総貯水容量が黄河の年平均水量を上回るようになっている．一方，その黄河では，取水量の増加と降雨の減少による水資源の不足，工場や生活廃水の汚染による環境の悪化，貯水池の土砂堆積による有効容量の減少，下流域の河床上昇による治水安全度の低下などさまざまな問題が発生している．とくに黄河の水量の減少と用水量の増加にともなって起こった断流問題は深刻であった．断流は同時に河川の掃流力の低下による下流部での河床上昇をもたらし，そのため治水安全度の低下が懸念されている．

このような背景により，黄河を管理する黄河水利委員会では"上遮・下排，両岸分滞"という治水対策と"捕捉・排出・放流・調節・掘削"による総合的な土砂管理対策が立案された．すなわち，

"上　　遮"：中流域の水土保持や本川と支川のダム群の調節により，洪水ピーク流量を減らすこと

"下　　排"：下流域の河道を利用して，洪水を安全に海に流すこと

"両岸分滞"：必要に応じ下流の両岸の遊水地を利用して，洪水を処理すること

"捕　　捉"：水土保持や支川のダム建設により，土砂生産の軽減と捕捉をすること

"排　　出"：河道改良などにより，下流河道に流入した土砂をできるだけ海に輸送すること

"放　　流"：土砂を含む濁水を下流域の両側の土地に導水して，土砂を堆積させて利用すること

"調　　節"：小浪底などダム群の調水調砂運用により，水と土砂を調節すること

"掘　　削"：河道に堆積した土砂を掘削し，両側の河道外に排出すること

である．

その一環として，1999年に下流域に小浪底ダムが建設され，その75.5億m^3の堆砂容量を利用して，上流から流れ込む粗い土砂を捕捉し，また10.5億m^3

の調水調砂容量を利用して，水と土砂のバランスのコントロールにより細かい土砂の排出や下流河道の堆積土砂の軽減を行い，さらに 40.5 億 m^3 の洪水調節容量を用いて下流域の治水安全度を向上させることが計画された。そして，2002 年から調水調砂試験を開始し，ダム貯水池内に流入・堆積した細かい土砂の排出特性を把握するとともに，ダム排砂放流操作による下流域の河床洗掘の促進と洪水疎通能力の増加を確認するため下流各断面の応答性を把握し，それをもって今後の小浪底ダムの本格運用操作の根拠にすることが期待された。

3. 排砂方法の比較

3-1. 黒部川

出し平ダムには幅 5.0m × 高さ 5.0m の排砂ゲートが 2 門設置されており，宇奈月ダムにも幅 5.0m × 高さ 6.0m の排砂ゲートが 2 門設置され，両ダムとも貯水池に堆積した土砂を排出する機能を備えている。なお宇奈月ダムでは，高水圧での排砂ゲート開閉にともなう磨耗や閉塞などのリスクを回避するために，あらかじめ貯水位を低下させる水位低下用の放流設備が別に設けられている。

黒部川では貯水位を低下させるフラッシング排砂方式が採用され，環境影響を軽減することを基本として，下記のとおり，一定規模以上の自然洪水の発生にあわせて 2 ダムの排砂ゲートを連携させて全開し，自然状態で放流している。

3-1-1. 連携排砂

長期間ダム湖内に土砂を貯めず，年に 1 回程度，流量が多くかつ濁りも大きい自然の洪水時にあわせて実施する。具体的には，6 月から 8 月までに，出し平ダムで 300 m^3/s，宇奈月ダムで 400 m^3/s のいずれかを上回る最初の出洪水時にあわせて実施する。ただし，融雪期や梅雨期で流量の大きい時期にかぎり，出し平ダムの流入量が 100 m^3/s 以上が継続している状況のもと，降雨により流入量が 250 m^3/s に達した場合に実施する。排砂実施前には，前回の排砂以降にダム湖内に堆積した土砂量を測量により求め，目標排砂量を設定する。

3-1-2. 連携通砂

排砂に加え，土砂の流入が多い大規模な洪水が発生した場合には，その洪水

により新たに流下してくる土砂をそのままダム下流に流す「連携通砂」を実施する。具体的には，6月から8月までに，ダム流入量が，出し平ダムで 480 m^3/s，宇奈月ダムで 650 m^3/s のいずれかを上回る出洪水時に実施する。

3-2. 黄河

小浪底ダム（表 3-1，写真 3-3）には，常用洪水流路（1 門）・開水路洪水吐（3 門）・常用洪水吐オリフィス（3 門）・排砂管（3 門）・発電用導水管（6 門）が設置されており，ダムからの放流量や土砂濃度または土砂粒径も調節する機能を備えている。小浪底ダムから 130km 上流に三門峡ダムが 1960 年に建設されており，三門峡ダムからさらに 1000km 上流に万家寨ダムが小浪底ダムとほぼ同時期に建設されている。万家寨ダムは山西省の黄河導水プロジェクトのコントロール＝ダムである。陸渾ダムと故県ダムは，小浪底ダムの下流で黄河に合流する右支川伊河と洛河に建設されている。これら三門峡ダム・万家寨ダム・陸渾ダムと故県ダム（写真 3-4）は，小浪底ダムの調水調砂運用を補助する役割をはたす。

写真 3-3　小浪底ダム　　　　　写真 3-4　故県ダム

小浪底ダムの初期運用期間内の調水調砂運用の最低水位は 210m，調節容量は 8 億 m^3 以上であり，下流の花園口基準点の流量を 800 m^3/s（下限流量）以下または 2600 m^3/s（上限流量）以上となるようにコントロールする。また 2600 m^3/s 以上の場合，下流河道に土砂堆積が生じない条件により，表 3-2 に示す限界流量と土砂濃度の組み合わせが決められている。

黄河の調水調砂試験では，主として貯水位を低下させない密度流または濁水排砂方式を採用している。ただし，毎回の水文条件によりダム操作などに大き

な相違が見られる。第1回の調水調砂試験では，小浪底ダムが十分な水量を貯めたため，小浪底ダム単独の放流による調水調砂が行われた。第2回では，小浪底ダムの下流に合流する黄河の支川に自然の降雨にともなう"清水洪水"が発生したため，小浪底ダムから排出される高濃度の土砂と下流支川からの清水を合流させて海へ排出する下流支川ダムとの連携による調水調砂が行われた。さらに，第3回では，小浪底ダム上流に位置する三門峡ダムと万家寨ダムの連携操作により，世界初の"人工密度流"排砂が実施された。これは，上流ダム群からの人工放流にあわせて，小浪底ダム貯水池内の堆積土砂に高圧水ジェット（写真3-5）による攪乱を与えて，貯水池内に人工密度流を発生させ，ダムの底部排砂管より排出させたものである。

表3-1 黄河の排砂に関連するダムの特徴

ダム	建設年	ダム高 (m)	総容量 (億m³)	洪水調節容量 (億m³)	堆砂容量 (億m³)	放流設備 名称	規格
小浪底	2001	154	126.5	40.5	75.5	常用洪水流路 非常用洪水吐 開水路式洪水吐 〃 〃 常用洪水吐オリフィス 排砂管 発電用導水トンネル 灌漑用トンネル	幅34.5m×1門 幅100m×1門 幅10.5m×高13m×1門 幅10m×高12m×1門 幅10m×高11.5m×1門 φ14.5m×3門 φ6.5m×3門 φ7.8m×6門 φ3.5m×1門
三門峡	1960	106	96.4	57.0	0.1	底 深 表面越流 発電導水用トンネル	幅3m×高8m×3門 幅3m×高8m×3門 幅9m×高14m×2門 φ7.5m×8門
陸渾	1965	55	13.2	4.8 (小浪底ダム建設前7.08)	1.05	越流洪水吐 常用洪水吐 〃 発電導水用トンネル 灌漑用トンネル 〃	幅25m×1門 幅4m×高7m×2門 φ4.5m×1門 φ6m×1門 φ3.5m×1門
故県	1992	125	11.75	5.4		越流洪水吐 中 底 発電導水用トンネル 灌漑発電導水用トンネル	幅13m×高16m×5門 幅6m×高9m×1門 幅3.5m×高4.213m×2門 φ3m×3門 φ4.5m×1門
万家寨	2001	105	8.96	3.02	4.51	表 中 底 排砂用 取水 発電	幅14m×高10m×1門 幅4m×高8m×4門 幅4m×高6m×8門 幅1.4m×高1.8m×5門 φ7.5m×6門 φ4m×2門

表3-2 黄河の下流河道に土砂堆積が発生しない限界流量と土砂濃度の組み合わせ

組　合　せ	1	2	3	4	5	6
流量（m^3/s）	2600	2900	4000	4400	5600	7000
土砂濃度（kg/m^3）	<20	20〜40	40〜60	60〜80	80〜150	80〜150
継続時間（日）	6	10	11	12	12	11
水量（億m^3）	13.5	25	38	46	58	67

注：5と6の相違は高村基準点以上の高水敷きに浸水が発生しないかまたは発生するかによって決められている。

写真3-5 小浪底ダム貯水池内の堆積土砂に対する高圧水ジェットによる攪乱

4. 排砂実績と評価

4-1. 排砂時のモニタリング

　黒部川の連携排砂と黄河の調水調砂試験の目的の相違により，ダム排砂時の計測項目にも大きな相違が見られる．両者のおもな調査内容を表3-3に示す．黒部川の連携排砂では，土砂管理による環境影響を適切に把握・評価するために，環境調査が重点的に行われている．一方，黄河の調水調砂試験では，ダム排砂

量や下流河床の侵食量に注目し，ダムの放流量と放流土砂濃度を適切にコントロールするために，ダム流入量・流入土砂濃度・下流各断面の流量・水位・水深・流速・土砂濃度など基礎的な水文観測調査がきわめて重要である。したがって，ダム排砂量はもちろんであるが，黒部川の連携排砂はできるだけ自然洪水の形でバランスよく土砂を流すことがおもな評価対象であり，黄河では限られた水でできるだけ効率的に下流河道の侵食量や洪水の疎通能力を増加させることがおもな評価対象となっている。また，黒部川においては，河道区間が短く，排砂による影響がすみやかに河口・海域にも及ぶことから，これらの領域においても詳細な水質・底質・水生生物などの環境調査が行われていることが特徴的である。

表3-3 黒部川連携排砂と黄河調水調砂試験時のおもな調査内容

場所		黒部川	黄河
ダム	水質	水温, pH, BOD, COD, DO, SS	SS（土砂濃度）
	底質	外観，臭気，粒度組成，pH, COD, T-N, T-P, ORP, 硫化物, 強熱減量, TOC, 二価鉄	粒度組成
	測量	断面測量	断面測量
河川	水質	水温, pH, BOD, COD, DO, SS, 濁度, T-N, T-P, SS粒度	SS（土砂濃度），濁度, SS粒度
	底質	外観，臭気，粒度組成，pH, COD, T-N, T-P, ORP, 硫化物, 強熱減量, TOC, 二価鉄	粒度組成
	水生植物	魚類, 底生生物, 付着藻類, クロロフィルa, 付着細粒土砂, 河床構成材料の粒径別分布調査, アユ採補調査	
	測量	断面測量	断面測量，流速，水深
海域	水質	水温, 塩分, pH, COD, DO, SS, 濁度	
	底質	外観，臭気，粒度組成，pH, COD, T-N, T-P, ORP, 硫化物, 強熱減量, TOC, 二価鉄	粒度組成
	水生植物	底生生物, 動・植物プランクトン, クロロフィルa	
	測量		断面測量

4-2. 排砂実績

黄河の2002〜04年の調水調砂試験結果を表3-4に示す。これらの排砂効率（土砂1トンの排出に要した水量 m^3）は，それぞれ 81.7・24.7・1035.7 m^3/t であり，03年の第2回試験の排砂効率が一番高く，04年の第3回試験の排砂効率が非

常に低いことがわかる。これは排砂方法および排砂時のダム操作方法によって左右される。たとえば02年の第1回の調水調砂試験では，花園口基準点の流量と土砂濃度を2600m³/sの上限流量と20kg/m³以下とするように，小浪底ダムの放流量と排砂土砂濃度を調節した。図3-6に小浪底水文基準点の流量と土砂濃度の変化を記録したものを示す。小浪底ダムは調水調砂試験の要求にあわせて7月4日9時から放流量を増大し，小浪底基準点では11時に3480m³/sの試験最大流量に達した。それから3000m³/s以上の流量が約5日間継続し，さらにその後はおおむね2500〜3000m³/sの間で維持され，7月15日9時の試験終了後は試験前の800m³/s以下に低下した。試験期間内では，小浪底基準点において7月7日12時に66.2kg/m³，9日4時に83.3kg/m³の2回目の土砂濃度のピークが現れた。

表3-4 黄河の2002〜2004年の調水調砂試験

実施年／期間		第1回（2002年）7/4 — 7/15	第2回（2003年）8/25 — 9/18	第3回（2004年）6/19 — 7/13
関連ダム		小浪底，三門峡	小浪底，三門峡，故県，陸渾	小浪底，三門峡，万家寨
平均流量（m³/s）	小浪底	2741	1690	—
	花園口	2649	2390	—
	利津	1885	2330	—
平均土砂濃度（kg/m³）	小浪底	12.2	40.5	0.965
	花園口	13.3	31.1	4.51
	利津	21.6	44.4	15.1
最大土砂濃度（kg/m³）	小浪底	83.3	—	—
	花園口	44.6	—	—
	利津	31.9	—	—
小浪底ダム放流量（億m³）		26.1	18.3	45.3
小浪底ダム流入土砂量（億t）		1.831	3.602	0.432
小浪底ダム排砂量（億t）		0.319	0.868	0.0437
排砂率（%）		17.4	24.0	10.2
花園口水量（億m³）		28.2	27.5	46.1
下流河道侵食量（億t）		0.362	0.456	0.642
排砂効率（m³/t）	小浪底ダム	81.8	21.1	1036.6
	全体	41.4	20.8	67.2

注：全体の排砂効率は小浪底ダムの排砂量と下流河道の侵食量の合計を花園口の水量で割ったものである。

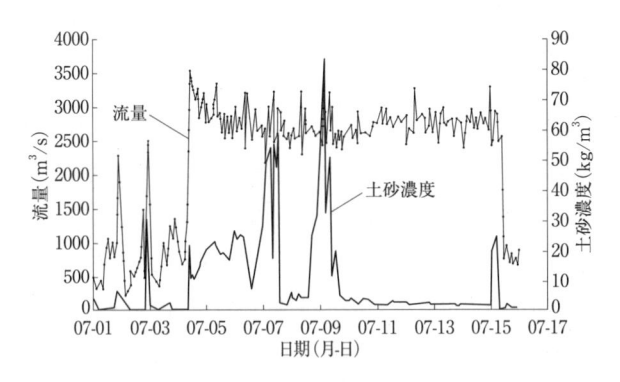

図3-6　2002年7月1～6日の小浪底基準点の流量と土砂濃度変化

　これに対して，2003年の第2回の調水調砂試験では，小浪底ダムの下流の伊洛河支川の清水洪水を利用し，小浪底ダムの排砂ゲートの入口に堆積した土砂および濁水層を排出するとともに，下流河道を洗掘させることに注目し，小浪底ダムは下流支川の働きにより第1回よりも高濃度の土砂排出操作を行った。また第3回の調水調砂試験では，小浪底ダム・三門峡ダムおよび万家寨ダムの放流量・放流時間を適度にコントロールすることによって人工洪水を発生させ，さらに世界初の人工密度流排砂を実施した。第3回の排砂効率が低いのは，人工密度流を発生させる前に，河道の河床低下を促進するため，ダム下流においても高圧ジェットによる河床の撹乱を行うとともに，小浪底ダムから清水を放流した分が含まれているためと考えられる。

　黒部川の排砂実績について，代表的な年である2006年の状況を図3-7に示す。まとまった降雨にともなって出し平ダムの流入量が基準流量300m^3/sに達し，7月1日12時頃から宇奈月ダムとともに水位低下が開始されている。貯水容量の小さな出し平ダムが7月1日21時頃に，その後ややおくれて宇奈月ダムが7月2日3時頃にそれぞれ水位低下を完了し，排砂ゲートを用いて土砂を排出する「自然流下」に移行している。自然流下の継続時間はそれぞれ約12時間であり，その後，排砂ゲートを閉じて水位を回復し，排砂操作を終了している。ダム下流で記録された浮遊土砂濃度（SS）は，各ダムの水位低下操作に連動して上昇しており，おおむね水位低下が完了して自然流下に移行する直前にピークとなっている。下黒部橋は黒部川河口に近い下流部に位置し，宇奈月ダムから約3時間おくれて土砂濃度のピークが到達している。

次に，2001年以降の出し平ダムの排砂・通砂実績を表3-5に示す．実際に排砂を行った洪水イベントは，最大流入量で，排砂で500m^3/s，通砂で700m^3/s程度の洪水がおもに対象となっている．ここでいう排砂量は，前年の排砂期間終了後から排砂期間直前の5月末までにダム湖に堆積した土砂量を測量により求めたものであり，排砂期間外の秋や春の洪水発生状況によりその量が変動している．これに対して，浮遊土砂濃度（SS）は，排砂量が多い年ほど高く，またその年の第1回目の水位低下である排砂時の方が通砂時よりも高くなっており，いずれも妥当な結果となっている．

排砂量と排砂中の使用流量の関係を図3-8に示す．使用流量には，（1）水位低下開始～水位回復完了までと，（2）自然流下開始～自然流下完了の自然流下期間のみ，の2期間で算出した総放流量を用いている．黒部川では，排砂時間（自然流下時間）を目標排砂量に応じてあらかじめ設定しており，おおむね排砂量が多い年ほど排砂中の総放流量も多くなる関係が認められる．図3-7に示した2006年の排砂操作について，上記の（1）と（2）の方法で求めた使用水量と排砂量から排砂効率を求めると，それぞれ0.023と0.011なる．これを黄河で求められている排砂効率（土砂1トンの排出に要した水量 m^3）と比較すると，土砂の空隙率および密度を0.55，2.65t/m^{3}として換算すれば，それぞれ36.6・77.3 m^3/tとなり，表3-4に示す小浪底ダムの実績と同程度の排砂効率が得られていることがわかる．

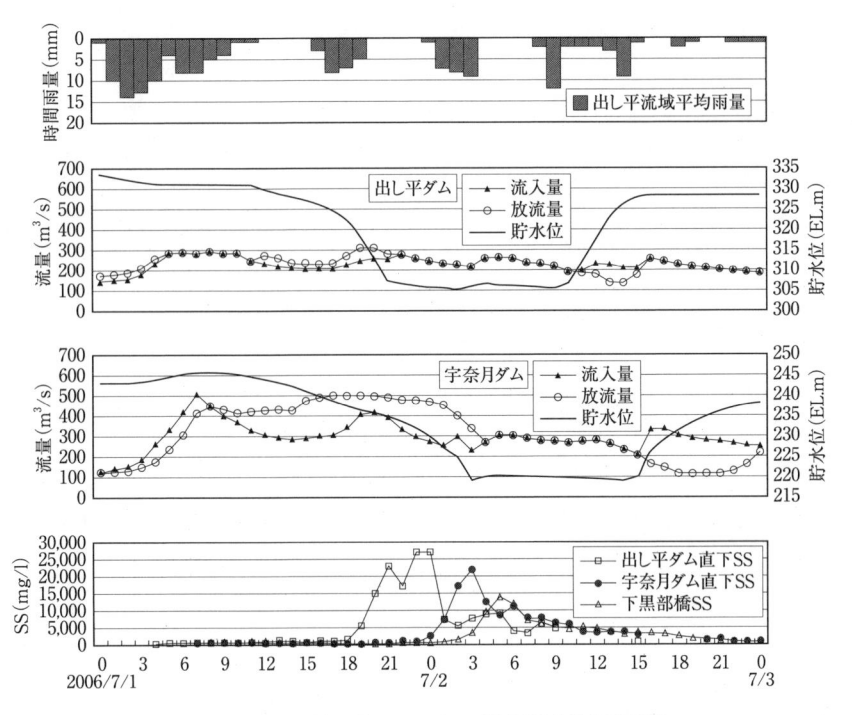

図3-7 2006年7月1～3日の黒部川連携排砂経過

表3-5　出し平ダムの2001〜07年の排砂・通砂実績

	洪水時の最大流入量（m³/s）	洪水時の平均流入量（m³/s）	排砂量（10³m³）	最大SS（mg/l）	平均SS（mg/l）
2001排砂	333	277	590	90,000	15,000
2001通砂	491	273		29,000	6,700
2002排砂	362	215	60	22,000	4,500
2003排砂	777	217	90	69,000	7,100
2004排砂	356	229	280	42,000	10,000
2004通砂	1,152	281		16,000	7,300
2005排砂	958	290	510	47,000	17,000
2005通砂1	835	275		90,000	16,000
2005通砂2	790	250		40,000	7,300
2006排砂	308	246	240	27,000	6,500
2006通砂1	378	203		12,000	2,500
2006通砂2	685	264		27,000	5,200
2006通砂3	529	196		7,400	1,800
2007排砂	418	245	120	25,000	3,500
排砂の平均	502	246	270	46,000	9,100
通砂の平均	694	249		31,600	6,700
全データの平均	598	247	270	38,800	7,900

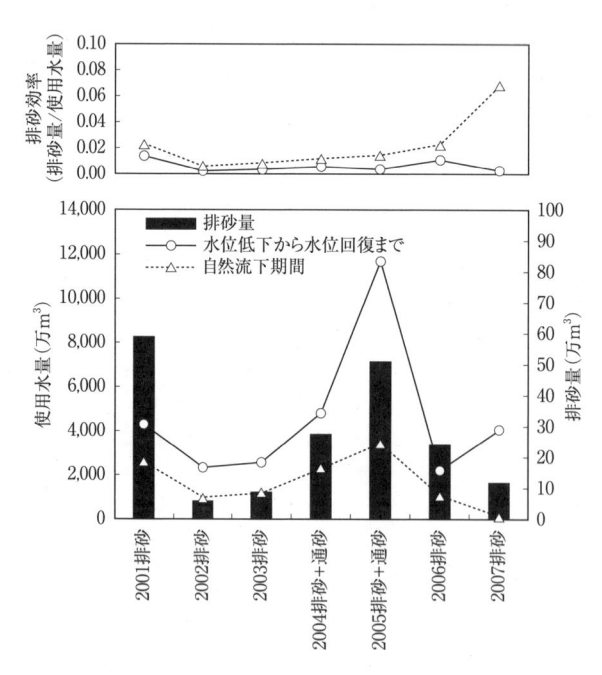

図3-8　出し平ダムの2001〜07年の排砂・通砂時の排砂量・使用水量・排砂効率

50　第1部　黄河に学ぶ

4-3. 排砂効果

　黄河の3回にわたる調水調砂試験で，小浪底ダムは5.8億トンの土砂流入に対して1.2億トンを排出し，排砂率は約20%であった。図3-9にその間の貯水池の堆砂縦断形状の変化を示す。2004年の第3回の調水調砂試験では，ダム堤体から70〜110km上流の区間で堆砂高が平均20m低下するとともに，デルタの頂点が23km下流に移動し，堆砂形状の調整とダムの有効容量の回復が実現している。

　一方，下流河床では1.46億トンの土砂が洗掘され，本川の洪水疎通能力は試験前の1800m^3/sから2900 m^3/sまで上昇した。図3-10，図3-11に花園口の河道断面変化と水位〜流量関係の変化を示すが，河床低下により同一水位時の流量が増加したことがわかる。表3-6に各水文観測所における流量2000m^3/sの水位変化を示すが，このような河床低下は下流河道にも及んでおり，2002〜04年では，水位は平均0.95m低下し，とくに夾河灘と高村観測所の低下幅は1m以上である。また，小浪底ダムと下流河道から排出された土砂は，黄河の河口に達して大規模な陸地を形成し，同時に河口の環境改善にも大きな効果があったと評価されている。

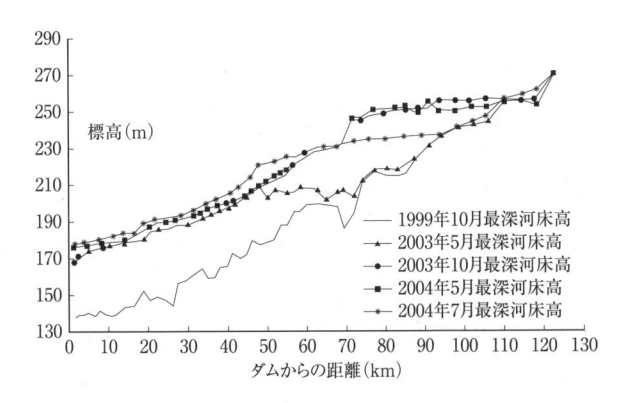

図3-9　小浪底ダム貯水池の堆砂縦断形状の変化

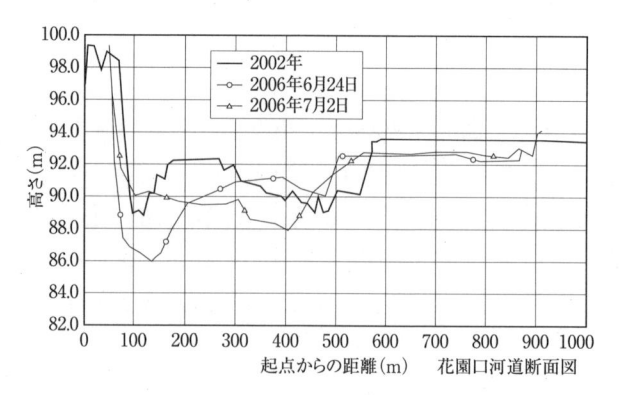

図3-10 花園口の河道断面変化

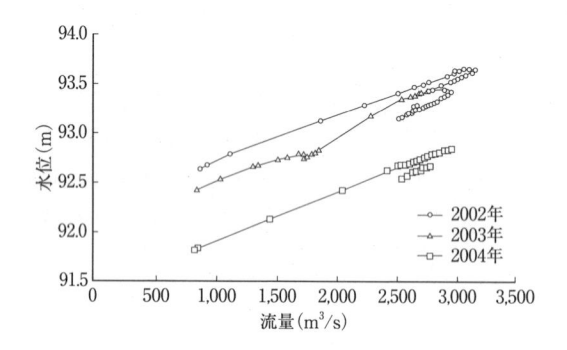

図3-11 花園口の水位〜流量関係の変化

表3-6 各水文観測所の同流量（2000m^3/s）時の水位変化（m）

水文所	1999年5月 ①	2002年 ②	2003年 ③	2004年 ④	②-①	④-①	④-②
花園口	93.67	93.19	92.79	92.34	-0.48	-1.33	-0.85
夾河灘	76.77	76.93	76.88	75.90	0.16	-0.87	-1.03
高村	63.04	63.45	63.06	62.27	0.41	-0.77	-1.18
孫口	48.07	48.54	48.42	47.64	0.47	-0.43	-0.90
艾山	40.65	41.19	41.12	40.40	0.54	-0.25	-0.79
濼口	30.23	30.65	30.57	29.68	0.42	-0.55	-0.97
利津	13.25	13.5	13.48	12.57	0.25	-0.68	-0.93
平均					0.25	-0.70	-0.95

　黒部川におけるフラッシング排砂による効果は，下流河川・河口部および沿岸域の各区間で評価を行うことが必要である。また，出し平ダムおよび宇奈月ダムの完成年が異なることから，

(1) 出し平ダム完成（1985 年）以前
(2) 出し平ダム排砂開始（1990 年）以前
(3) 宇奈月ダム完成（2000 年）以前
(4) 連携排砂開始以降

の段階ごとに検討を行う必要がある。さらに，評価すべき事項としては，

(1) 物理環境（河床構成材料・河床高（平均および最深）・河道内土砂移動量・汀線の変化など）
(2) 水環境（水質・底質など）
(3) 生物環境（付着藻類・底生動物・魚類・鳥類など）

の各観点があげられ，黒部川ダム排砂評価委員会でも検討が進められているが，ここではおもに物理環境について紹介する。

　図 3-12 に出し平ダム・宇奈月ダムを含む黒部川水系のダム群の堆砂量の経年変化を示す。出し平ダム上流に位置し，排砂ゲートを有する仙人谷ダムと小屋平ダムはほぼ堆砂平衡状態になっているが，黒部ダムは堆砂が進行している。一方，出し平ダムは，当初堆砂が進行したものの，1995 年の大洪水を契機に本格的な排砂が開始され，現在は総貯水容量 900 万 m^3 の約 45％の堆砂量で，ほぼ平衡状態に達している。この様子は，図 3-13 に示す 2004 年の排砂操作前後の出し平ダムの堆砂縦断形状の比較からも確認される。排砂を行うことにより，前年の秋から春にかけて堆積した土砂（図の 500～2000m 区間に堆積した土砂）が削られて，排砂ゲートから排出されている。なお，95 年 7 月の大洪水では大量の土砂が流入し，一時は図の点線の部分まで堆砂が進行した。

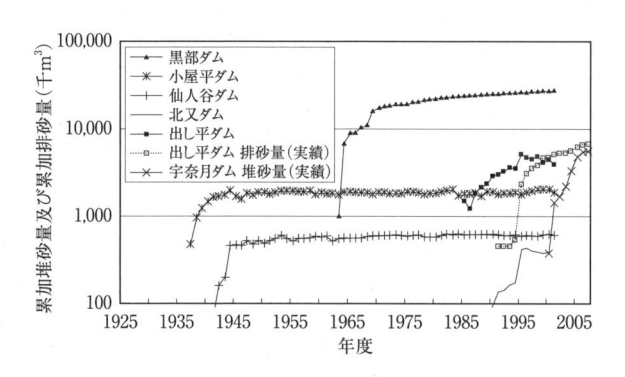

図 3-12　黒部川水系のダム群の堆砂量変化

次に，宇奈月ダムは出し平ダムと連携して排砂操作が行われているものの，ダム完成後間もないために，出し平ダムからの排砂および残流支川の黒薙川からの流入土砂のうち，おもに細粒土砂のみが排出され，粗粒土砂はほとんど堆積している状況である。一方，2006年以降は宇奈月ダムの堆砂進行がやや抑えられてきており，ダム堤体直上流部まで粗粒土砂の一部が到達し，細粒土砂に加えてこれら粗粒土砂も排砂ゲートを通じて下流に通過し始めていることが考えられる。

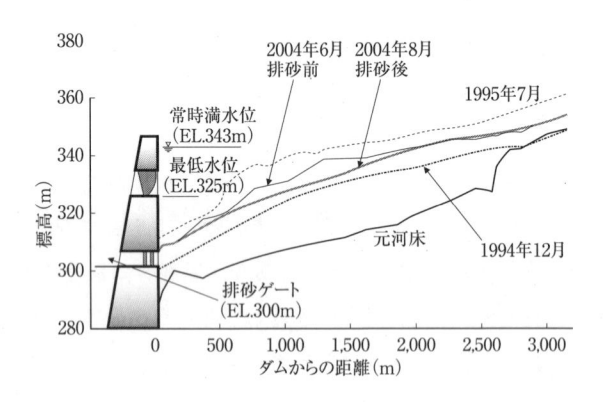

図3-13　出し平ダムの堆砂縦断形状の変化（2004年排砂前後）

　黒部川では，排砂量の予測および下流河道に対する影響評価を行うために貯水池の堆砂・排砂を考慮した1次元河床変動モデルが構築されている。図3-14は，排砂中のSS濃度の観測値や貯水池堆砂量変化などの実測データを加味して補正を行った2006年7月の粒径別土砂収支を示している。

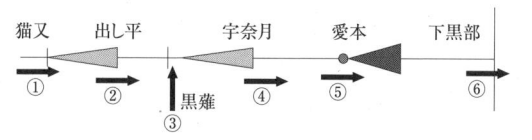

```
猫又    出し平    宇奈月    愛本    下黒部
 ①      ②    ↑   ④    ⑤     ⑥
            黒薙
             ③
```

10^3m^3

粒径範囲	①	②	③	④	⑤	⑥
70mm<	37	93	50	0	4	0
2-70mm	54	165	108	18	60	80
0.2-2mm	123	279	213	479	386	312
<0.2mm	201	371	97	513	564	556
全体	416	909	468	1,010	1,013	948

図 3-14　黒部川下流部における粒径別土砂収支（2006 年 7 月）

　これによれば，出し平ダムは，新規流入量約 42 万 m^3 を加えた約 91 万 m^3 の土砂を排砂し，宇奈月ダムは支川黒薙川からの約 47 万 m^3 を加えた約 138 万 m^3 の流入土砂に対して，粒径 2mm 以下の細粒土砂を中心に約 73％の 101 万 m^3 の土砂を通過させている。粒径 2mm 以上の粗粒土砂の通過量は約 2 万 m^3 であり，現在は 90％以上が宇奈月ダムに捕捉されている計算になる。

　宇奈月ダムから下流の河道においては，宇奈月ダムからの排砂量とほぼ同様な通過土砂量があると推定される。このうち，0.2mm 以下のウォッシュロード成分はそのまま河口から海域に流出するのに対して，0.2-2mm の土砂の一部が河床にトラップされる一方，河床材料である 2mm 以上の土砂が下流に掃流されているものと考えられる。今後は，宇奈月ダムからの粗粒土砂の流出が増加し，さらに下流へ供給されるようになると予測される。

　黒部川下流域では，河口から 6km 区間が網状砂州，6 〜 13km 区間は単列砂州が形成されている。図 3-15 に出し平ダム完成前の 1980 年を基準とした各区間の平均河床高の経年変化を示している。下流河道区間全体に河床低下が進行しているが，出し平ダムの排砂開始後に最下流区間を中心に河床上昇に転じたことがわかる。その後，宇奈月ダムの完成による一時的な河床低下が認められるが，連携排砂の開始により最下流部を中心にふたたび河床上昇の傾向が出てきている。これを河床構成材料（代表粒径 D_{60}）で見てみると，図 3-16 に示すように出し平ダムの完成後は粗粒化傾向にあったものの，出し平ダム排砂開始以降は全区間において細粒化に転じており，宇奈月ダムの完成によっても影響を受けず継続している。これはおもに，連携排砂による砂成分の供給による効

果と考えられる。

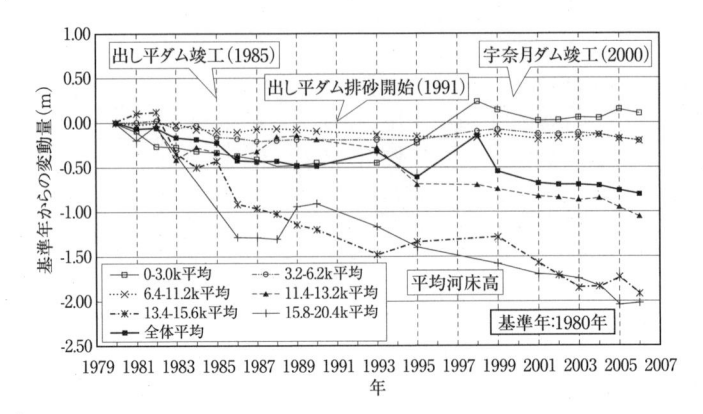

図3-15　1980年（出し平ダム完成前）を基準とした各区間の平均河床高の経年変化

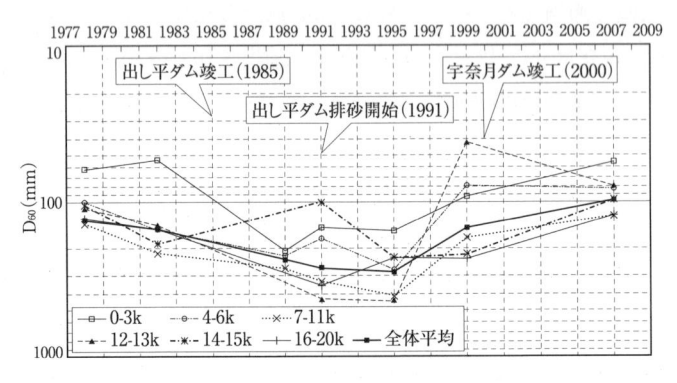

図3-16　1980年（出し平ダム完成前）からの河床構成材料（代表粒径D_{60}）の経年変化

なお黒部川では，排砂にともなって生じる河川環境影響の緩和技術の開発にも取り組んでいる。その代表的なものが，「すすぎ放流」と「魚類退避場所（やすらぎ水路）」の設置である。「すすぎ放流」とは，排砂直後に下流河道に局所的に堆積している細粒土砂を濁りの少ない水を用いて洗い流すもので，2007年は，自然流下終了～水位回復後に約300m³/s（最大流量416 m³/s），3時間の放流が実施された。この結果，排砂直後に泥分がおもに堆積していた面積割合が減少し，また表層の粒度分布も大きくなるなど，すすぎ放流にともなう洗浄

効果が確認された。

　一方，「やすらぎ水路」とは，排砂にともなう一時的な河川内の土砂濃度の増加に対する魚類の退避用施設として，旧来の霞堤などを利用して河道と並行するようにつくられた小水路である。ここには，排砂中も扇状地内の農業用水の排水や湧水が供給されて，本川よりも低濃度が維持される仕組みとなっている。

　現在，下流河道に左右両岸合計で9ヵ所が設置されており，2003〜07年に実施された調査では，やすらぎ水路内に排砂中に退避していたアユをはじめとする計6目11科21種644尾の魚類が採捕された。とくに採捕尾数が多かった水路では，本川の平均SS濃度2600mg/l（SSピーク値3.7万mg/l）に対して，63mg/lと低濃度が維持されたことと，本川の水温11.2℃に対して14.5℃と比較的暖かい水温であったことなどがその理由と考えられており，今後の参考になるデータとなっている。

お わ り に

　ここでは，黒部川の連携排砂と黄河の調水調砂試験の比較を行った。現在の両者の操作方法は，両川の特性にあわせて，適切な排砂方法が採用されていると考えられるが，将来宇奈月ダムおよび小浪底ダムの堆砂が計画堆砂形状に近づくにつれて，土砂濃度や排砂効率はもとより，排出される土砂の粒径なども大きく変化してくることが予想され，これにあわせた排砂方法を工夫していく必要がある。

　小浪底ダムを中心とする黄河の調水調砂は，2002〜04年の3回の試験にもとづき，05年から正式運用へ移行している。小浪底ダムの調水調砂運用は，上流からの水の流出と中流からの土砂生産のバランスを調節することにより，下流域の治水安全度の向上と黄河流域の総合的な土砂管理を実現するうえで，重要な役割をはたすものと期待される。

　黒部川の連携排砂は，排砂に適する季節および一定規模以上の自然出水の発生を実施条件として考慮することにより，大きな環境影響をもたらすことなく年1回程度有効に実施されている。その結果，ダムにおける土砂の通過が確保され，また下流河道では，ダムからの土砂供給により洪水前後の砂州移動やみお筋変化が活発に行われており，ダム貯水池の持続的管理を含む流砂系総合土

砂管理の一つの形が見えてきている。

　また黒部川については，排砂にともなう環境影響を緩和する技術開発も意欲的に取り組まれており，ダムからの土砂排出と河川環境の調和に関する日本からの発信として，その効果の検証と今後の発展が期待される。黒部川の場合には，ダムから河口〜海域までの距離が短く，土砂排出にともなうこれら水域に対する影響についても種々の調査が実施されており，今後は，物理環境・水環境および生物環境に関する知見の蓄積と，排砂方法のさらなる改善へのフィードバックが重要である。

▶参考文献

角哲也「土砂を貯めないダムの実現——流砂系総合土砂管理に向けた黒部川の挑戦」『土木学会誌』Vo1.88, No.3, pp41-44, 2003年

国土交通省 北陸地方整備局 黒部河川事務所ホームページ, http://www.kurobe.go.jp

黄河網. http://www.yellowriver.gov.cn

汪崗・範昭『黄河水沙変化研究』第一巻（上冊），（下冊）．黄河水利出版社, 2002年

趙文林『黄河泥沙』黄河水利出版社, 1996年

中国水利部黄河水利委員会編集『黄河首次調水調砂試験』黄河水利出版社, 2003年

李国英『治理黄河思辨与践行』中国水利水電出版社, 黄河水利出版社, 2003年

李国英「黄河第三次調水調砂試験的総体設計与実施効果」『中国水利』No.22, pp13-15, 2004年

角哲也「日本における貯水池土砂管理」第3回世界水フォーラム，『流域一貫の土砂管理セッション報告書』(財) ダム水資源地環境整備センター, pp103-118, 2003年

進藤裕之「黒部川におけるダム排砂」第3回世界水フォーラム『流域一貫の土砂管理セッション報告書』(財) ダム水資源地環境整備センター, pp153-163, 2003年

角哲也・金澤裕勝「黒部川のフラッシング排砂における環境調査」『大ダム』No.197, pp121-135, 2006年

角哲也「貯水池土砂管理の現状と将来」『電力土木』No.338, pp.3-8, 2008年

角哲也・中村伸也・林久一「黒部川のフラッシング排砂効果と環境対策」『大ダム』No.210, pp132-136, 2010年

第4章 「海洋のウツロ」（感潮囲繞水域）を利用した黄河の治水と水質浄化の提案

赤井 一昭（「海洋の空（ウツロ）」研究グループ）

は じ め に

　黄河下流部には大量の土砂が堆積し，河床が上昇して，洪水氾濫の危険が増している。著者らはそのような河口堆積を解決する方法の一つとして，河口付近の感潮域に「海洋のウツロ」（貯水池）を設け，潮汐作用を利用して河床を洗掘させることを提案している。一方，河口付近の水域の一部を石積み堤で囲うことにより，高濃度の濁水や汚染水を浄化するとともに，陸地や干潟の造成を行う手法についても提案している。
　ここでは，それらの概要を紹介するとともに，それらを黄河下流部の治水と環境改善策として利用することを提起したい。

1.「海洋のウツロ（A）」（貯水池型）の潮流発生機能を利用した治水と航路の維持

1-1. 基本的な考え方

　簡単に述べると，図4-1に示すような，直線水路で河口部に連結された「海洋のウツロ（A）」（貯水池）を考える。ウツロ（A）に出入する潮流を概算するために，それらのあいだの水位変化の遅れが無視できるものと仮定すると，潮汐の半周期のあいだにウツロ（A）に出入りする水塊の体積 V は，

$$V = S \cdot \Delta H$$

で表される。ここにいう S はウツロ(A)の広さ，ΔH は潮差である。したがって，水路を流れる平均流量は，

$$Q = V/(T/2) = 2S \cdot \Delta H/T$$

となる。ここにいう T は潮汐の周期である。水路内の平均流速は，

$v=Q/A$

である。ここにいう A は流れの断面積で，水路幅 B と水深 h との積で表される。

$A=B \cdot h$

これらを順次代入すると，次式が得られる。

$v=2S \cdot \Delta H/(T \cdot B \cdot h)$

ここで，流速の時間変化が正弦関数で近似できるものとすれば，その最大値は平均値の $\pi/2$ 倍となり，それがある限界値 v_c を上回ると土砂が前後に動くことになる。

また，上げ潮時と下げ潮時では水面勾配が異なり，下げ潮時の水面勾配の方が大きいことから，土砂の流送量は遡上よりも流下の方が大きくなり，v が v_c を下回るようになるまで，河床は次第に洗掘されることになる。

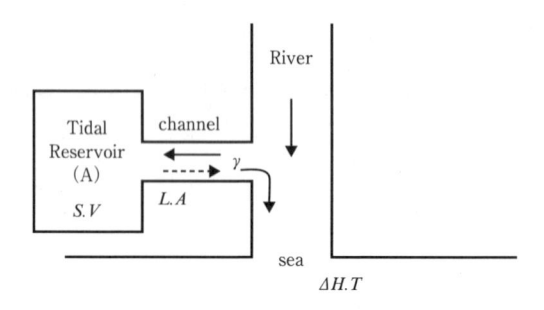

図4-1　海洋のウツロと河口部間の潮流

1-2. 土砂流送能力を確保するためのウツロ（A）の広さと，河床洗掘が遡上するための水路接続位置

以上の式から，土砂を流送させるのに必要なウツロ（A）の最小面積は次のように表される。

$S_{min}=(1/\pi) \cdot (h/\Delta H) \cdot B \cdot T \cdot v_c$

この条件が満たされれば，図4-1における水路の接続位置よりも下流の河道が洗掘され，それにともなって水位も低下することが期待されるが，洗掘がさらに上流の河道へと遡上するためには，上流側の河道の水面形がせき上げ背水から低下排水に転じる必要がある。長時間のうちには下流側の水位が海面の高さまで下がることが期待されるので，等流水位が海面よりも高くなるような位

置に水路を接続させれば，河床洗掘が上流部へも及ぶことになるであろう（図4-2）。

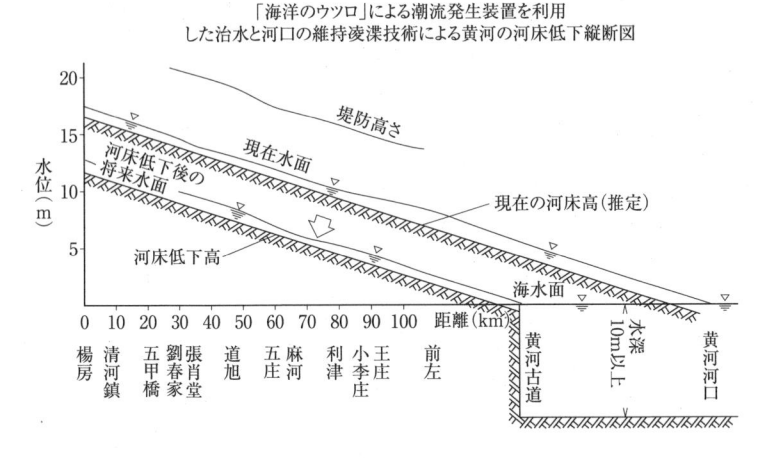

「海洋のウツロ」による潮流発生装置を利用した治水と河口の維持浚渫技術による黄河の河床低下縦断図

図4-2 黄河河口を対象とした河床低下概念図

1-3. ウツロ（A）への土砂の流入を防止する条件

上記のシステムにおいて，水路の長さ L が不十分であると，土砂がウツロ（A）内に流入することが懸念されるが，これがじゅうぶんに長ければ，土砂は単に水路内を往復するだけで、ウツロ（A）へは流入しないことが期待できる。それに必要な水路の長さは，次式で与えられる。

$Lc = V/A = S \cdot \varDelta H / (B \cdot h)$

水路はかならずしも直線である必要はなく，折り返し型や渦巻き型であってもよい。

しかし，水路が長くなると，ウツロ（A）の水位変化と外海の潮位変化とのあいだに応答の遅れが生じるので，注意を要する。また，水路長を長くしても，拡散による土砂の移動はなお存在することにも注意が必要である。

2.「海洋のウツロ（B）」（沈砂池型）への土砂の誘導堆積（図4-3）

河口部において，浮遊土砂を所定の場所にみちびき，堆積させることができ

れば，土地の有効利用の観点からも益するところが大きい。

浮遊砂の堆積を促進させるためには，流速を減少させ，乱れを抑制する必要がある。そのような目的のために，感潮水域を石積み堤で囲む「海洋のウツロ(B)」(沈砂池)の方法が考えられる。そのような石積み堤で囲まれたウツロ(B)の内部では，波浪などによる乱れが抑制され，土砂が堆積しやすくなる。また，ウツロ(B)の外部においてつねに波浪や潮汐による撹乱があると，高濃度の土砂が上げ潮時に石積み堤の間隙を通ってウツロ(B)に流入し，沈殿して濃度の低くなった水が下げ潮時に外部へ流出することになる。

流入時と流出時の濃度差をΔCとすれば，1周期Tのあいだにウツロ(B)に堆積する土砂量V_sは，

$Vs = \Delta C \cdot V$

で表され，ウツロ(B)の底面は

$\Delta z = V_s / S = \Delta C \cdot V / S$

だけ上昇することになる。これに

$V = \Delta H \cdot S$

を代入することにより，

$\Delta z = \Delta C \cdot \Delta H$

が得られる。したがって，深さhのウツロ(B)を埋没させるのに要する時間は

$D = h / (\Delta z / T) = h \cdot T / (\Delta C \cdot \Delta H)$

となる。

濃度差ΔCは，ウツロ(B)の静穏度・土砂の粒度・水質など種々のパラメータによって支配されるので，それについては今後解明する必要がある。

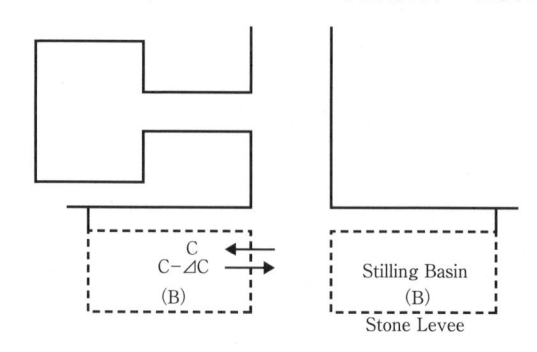

図4-3 沈砂池型の海洋のウツロ(B)

3. 黄河に適用する場合の諸元の概算と期待される効果

3-1. ウツロの規模
黄河河口部の洪水流量以上の流量を発生させるものと仮定する。

潮汐差 2.0m

洪水流量 22000m³/s

ウツロの広さ約 1200km²

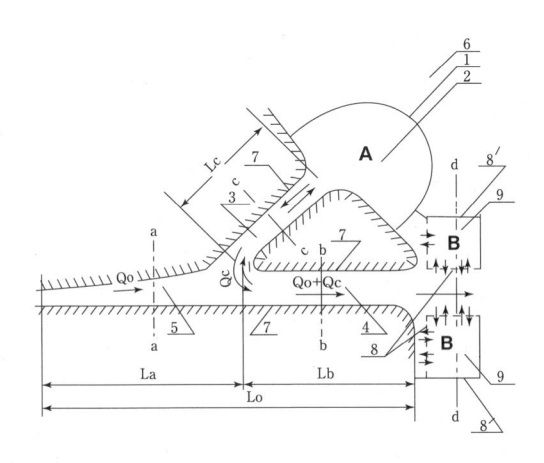

図 4-4 中国特許第 608805 号の図（「海洋の空（UTSURO）による潮流発生装置を利用した治水および水利システム」）

3-2. 締切り堤
　締切り堤は，水深の浅い場所や，できるだけ陸地などを利用して，延長の短い場所を選び，波浪や潮流の少ない場所とする。

　そのうえで，人工的に潮流を発生させることによって，水路を洗掘し，「海洋のウツロ」締切り堤の堤体やその補強に利用する。

大堤防（水深 5～11m）	延長約 80km（幅 2～5km）
締切り堤（水深 0～5m）	延長約 70km（幅 2～5km）
合　計	約 150km

3-3. 埋立て地および干潟

黄河の流出泥水を利用して，計画的に沈降浄化し，陸地や干潟を造成する。

埋立て地および干潟の面積	約 650km²
「海洋のウツロ」の締切り堤	約 600km²
合　　計	約 1250km²

3-4. 堤体の延長

	潮流発生用（ウツロA）	埋立て・干潟（ウツロB）	計
矢板堤	約 50km		約 50km
捨石堤	約 250km	約 250km	約 500km
区割堤	約 150km		約 150km
防潮堤	約 150km	（約 250km）	約 150km

3-5. 水路の掘削

黄河の放流路（幅員 2km，水深 15m 以上）	延長約 50km
汚濁防止水路（幅員 2km，水深 15m 以上）	延長約 80km
小　　計	延長約 130km
勝利油田積出し港の拡張（幅員 2km，水深 15m 以上）	延長約 90km
旧河口水路（幅員 2km，水深 15m 以上）	延長約 30km
旧河口水路（幅員 2km，水深 15m 以上）	延長約 20km
小　　計	延長約 140km
合　　計	延長約 270km

3-6. 土砂の収支

河口部水路の洗掘（270km × 2km × 平均 15m）= 81 億 m³

上流部の河床低下（幅 1km × 5m × 200km）= 10 億 m³

流出砂泥（年間 10 億 m³ × 5 年）= 50 億 m³

　流出計　141 億 m³

大堤防（平均 9m+3m）× 4（3～5）km × 80km = 38.4 億 m³

締切り堤（平均 4m+3m）× 4（3〜5）km × 70km= 19.6 億 m^3
埋立て地および干潟（平均 9m+3m）× 650km^2=78.0 億 m^3
　埋立て計　136.0 億 m^3
　土砂収支　5 億 m^3

　これらの技術を黄河に適用してこの機能を十分発揮させた場合，次のような効果が期待できる．
1) 潮流発生用ウツロへの黄河の濁水の流入防止
　　ウツロ（A）に黄河の濁水が流入して，ウツロの機能を低下させないため，ウツロの汚濁防止水路の延長 L をじゅうぶん長くして，潮流の流速×流入時間 $<L$ を満足させる．
2) 河口部の洪水疎通能力の確保
　　ウツロの規模を大きくし，黄河の洪水流量に匹敵する潮流をつねに発生させることにより，河口の洪水疎通能力を確保する．
3) 黄河河口部における大水深の巨大な港の開発
　　大水深の潮流発生水路（100km）は，勝利油田の積出し港を整備するなど，采州湾に巨大なオイル等の物流基地を開発する．
4) 莫大な洗掘土砂の利用
　　洗掘された莫大な土砂は泥水として河口に輸送し，別のウツロ（B）を計画的に配置し，沈降浄化するとともに，干潟や陸地を造成し，ウツロの堤体の構築や補強資材に利用する．
5) 上記システムの巨大水質浄化システムとしての利用
　　当面はウツロ（B）の濁水の沈降浄化や接触酸化作用に期待するとともに，将来はウツロ（A）の閉鎖性水域を利用した，高度浄化システムにより，水を清澄にし，サンライト＝ホールとして，レジャー・水産資源場など巨大な海洋都市を建設する．

　以上のように，このシステムには多くの機能があり，その効果が期待されるが，それを現実のものとするためには，さらに詳細な水理機能の検証のほか，構造強度・費用・周囲に及ぼす影響など，種々の観点からの検討が必要である．

▶参考文献

赤井一昭・芦田和男・澤井健二・陳吉余・陳邦林・徐海根・呉徳一・汪崗・李澤剛・馮金亭「海洋の空：潮汐力を利用した河口堆積制御と土地開発の考え方」Advances in Hydro –Science and –Engineering, 1995 年

第2部
黄河の健康な生命の維持

李　国英
教授級高級工程師
水利部黄河水利委員会主任

概　　要

　河川は人類の文明を育んできた。しかし，その河川は文明の発展によって悪影響を受け，結果として人類はその大きな代償を支払うことになる。
　ある時期以降，黄河は低水路における堆積，委縮（瀬切れ），「二級懸河」（天井川），水資源の供給矛盾，水汚染の深刻化などの問題をかかえているが，これらはいずれも黄河の生存の危機を反映している。
　そこで，著者は，黄河治水の終極目標は黄河の健康な生命の維持にあると考え，「1・4・9・3」（一つの終極目標，四つの主要目標，九つの治水施策，三つの黄河）という治水体系を構築する。同時に，調水調砂（流水・土砂調節），黄河の洪水制御・利用・人工洪水，粗泥砂を制御する「三道防線（三つの防御線）」など，黄河の流水・土砂制御システムについて解説し，さらに黄河下流河道の改修方策を述べる。

第1章 河川の生命概論

✼

1. 人類の文明を育んできた河川

　火星は太陽系の4番目の惑星であり，地球にもっとも近い星である。古代の天文学から近代の宇宙航空科学に至るまでの探究によって，火星に生命が存在する可能性は否定できない。太陽系の惑星のなかで，火星はもっとも地球に類似している。火星の1日は24時間37分で，地球の1日の時間に非常に近い。また，火星の黄道と赤道との夾角は24°で，これも地球に非常に近い（23°27'）。これらにより，地球の寒暑に相当する四季の変化が想定できる。

　しかし，これらは火星に生命が存在する条件にはならない。生命の存在を判断するさいにまず必要なのは，火星に水が存在することを立証できるか否かである。なぜならば，生命は酸素がなくても存在できるが，水がなければ存在できないからである。地球の早期の生命は，酸素のない環境で生きていた。火星を回る宇宙船から撮影された画像によると，火星の表面に干上がった河道が認められる。したがって現在，あるいはこれからも，火星は太陽系において人類が探査すべき宇宙生命の重要な課題となっている。

　2003年6月11日と7月8日，フロリダから発射されたアメリカの"spirit"号と"opportunity"号火星探査機は，206日間にわたって4.8億kmに及ぶ宇宙の旅を経て火星に着陸した。その使命は，火星に水が存在しているか否かを確認することであった。

　今日の人類が祖先よりどれほど進化しようと，今日の人類の探求する課題がどれほど深遠であろうと，人類の生存と発展に欠かすことができないもっとも基本的な条件が水であることに変わりはない。生命は地球に誕生したそのときから水と深いかかわりをもっている。生命のいかなる現象も水と密接に関係し，生命の進化のいかなる段階も水と切り離すことはできないのである。水がなけ

れば，生命現象もない。水は生命の一部であるだけでなく，生命の生存空間でもある。

　人類の自然環境改造力は，社会の生産力の発展にともなって絶え間なく増進してきた。最初は，自然への認識力と支配力が低く，受動的に自然に順応してきた。水を利用するために，河の傍らに居住するほかなかった。交通手段としても，天然河川の力を頼りに，木をけずって舟をつくったのである。人類が遊牧生活から住居を固定して農業生産に従事し，農耕文明の花を咲かすことができたのも，河川のおかげである。

　世界四大文明すなわち古代エジプト・古代バビロニア・古代インド・古代中国のいずれの文明も，河川の流域で生まれてきた。人類の今日に至る哲学・自然科学・文学および芸術などを含めたすべての豊かな文化遺産は，これら古代文明を源流としている。

　水が生命を育んできたというなら，河川が人類文明を育んできたといえよう。

　古代エジプト文明の範囲は，アフリカ北東部のナイル川流域とアジア南西部のシナイ半島に位置する現在のエジプトに比べると，やや狭かった。それは，ナイル川の第1瀑布以北および地中海沿岸に分布する狭くて長い河谷が主であった。エジプトは，東は紅海およびアラビア砂漠，西はリビア砂漠，南はヌビア（現在のスーダン），北は地中海と，それぞれ隣接している[1]。ナイル川は赤道南部の東アフリカ高原にあるブルンジ高地を源流とし，その本川がブルンジ・ルワンダ・タンザニア・ウガンダ・スーダンおよびエジプトを流れて，最後に地中海に注ぐ（図1-1）。支川はケニア・エチオピア・コンゴおよびエリトリアを下る。ナイル川本流の全長は6670kmで，世界でもっとも長い河川である。白ナイル川と青ナイル川が，スーダンの首都であるハルツームで合流する。ハルツーム以下がナイルの主流となり，エジプト国内におけるその長さは約1200km。ナイル川の流域面積は約287万km^2で，アフリカ大陸の面積の1/9以上を占める。エジプトのアスワンと河口部での年平均流量は，それぞれ840億m^3と810億m^3である。含砂量の多いナイル川の土砂はおもに青ナイル川から来ており，アスワンでの年平均送砂量が1.34億トン，平均含砂量は1.68kg/m^3で最大5〜6kg/m^3に達する[2]。

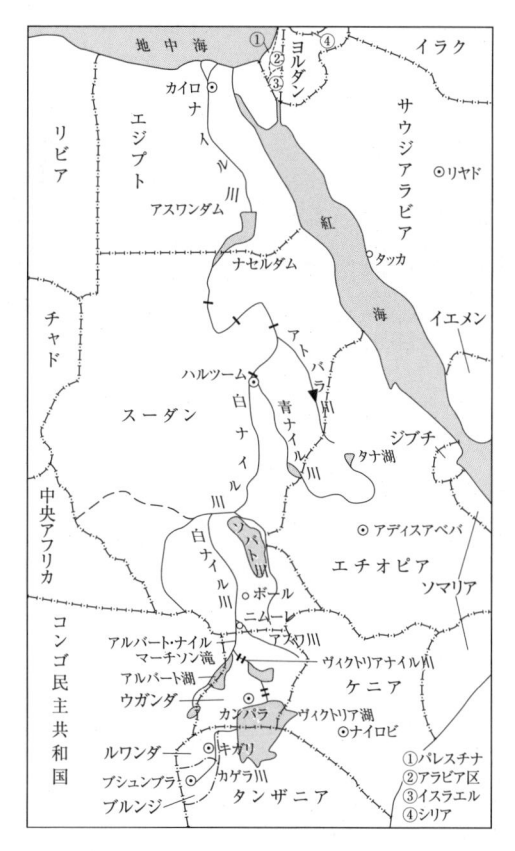

図1-1　ナイル川流域図

ナイル川

　古代ギリシャの歴史家ヘロドトスは，エジプトはナイルの賜物であると言い残している。ナイル川流域には，二つの降雨集中地域がある。一つは流域南東部にあるエチオピア高原である。夏季には北アフリカとアラビア半島の上空が低気圧におおわれ，インド洋からの南東恒信風が赤道を越えて南西風となる。これがギニア湾から流れてくる高温多湿の気流と合流して巨大な南西気流となり，高原に沿って上昇し，7月から9月の大降雨期を形成する。この区域における年間降雨量は 1000〜2000mm である。もう一つは流域南部の東アフリカ北西部で，赤道に位置することから太陽光の輻射熱が強く対流が盛んで，そのうえギニア湾からの湿った気流の影響を受けている。したがって，この地域は降雨量が多く，年間降雨量が 1200〜1300mm に達する。この二つの降雨集中地域の北部にあるハルツームから河口までの大地は，ナイル川本流河道を除いて熱帯砂漠となる。降雨が少なく，年間降雨量がわずか 25〜200mm である。しかも降雨は冬季に集中している[2]。このような気候条件のため，夏季にはナイル川上流地域に大雨・豪雨が降り注ぎ，その洪水が下流河道を通過するさい，沿岸の盆地とデルタに氾濫を引き起こす。

　ナイル川の氾濫後，洪水によって運ばれてきた上流の土砂と植物片が両岸

に堆積し，農作物の生長に適した肥沃な黒土層を形成する。その結果，乾燥気候で日照がじゅうぶんなナイル川下流地区は，農作物の生長に適する土地となった。このような気候特性のおかげで，生産がきわめて乏しかった時代でも，人々は過度にほかの手段に頼ることなく，居住することが可能だったのである。

　紀元前 4000 年頃，ナイル川が定期的に氾濫することを発見したエジプト人は，氾濫と次の氾濫の間隔を 1 年と定め，さらに 1 年を 12 ヵ月，毎月を 30 日と分け，6000 年前に太陽暦を完成させた。ナイル川の水位が人々の生命と生活に深くかかわっていたため，エジプト人は水位観測の方法を発明した。同じく紀元前 4000 年頃，彼らによって発見された銅が，しだいに石器にとって代わってゆく。エジプト人はこの堅硬な金属で労働用具をつくり，それによって生産力を飛躍的に高めることができたのである。

古代エジプト王国時期の農耕生活が描かれた浮彫

古代エジプトの太陽暦

　紀元前 3300 年頃になると，ナイル川の下流部に都市が形成されるとともに，象形文字が出現した。エジプト人は，ナイル川沿岸の草茎を薄片状に裂いてつくった紙に，先端をけずって尖らせた葦茎に顔料をつけて字を書いた。土地の測量と水利施設の建設のため，彼らはまた十進位計算法を用いて三角形・長方形・円形と梯形の面積および円周率の近似値を計算した[3]。

　このように，ナイル川からもたらされた特有の自然の恵みが，エジプト人の生存と生産の基本的需要を満たし，経済と社会の発展を大きくうながしただけでなく，エジプト文明の創立にきわめて重要で不可欠な条件を与えたのである。

　古代ギリシャ人が呼んだメソポタミアとは，2 本の川のあいだに広がる土地

のことであり，ペルシャ湾に注ぐユーフラテス川流域とチグリス川流域のことを指す。これはおおよそ現在のイラク全域に相当する。ユーフラテス川はトルコ東部にあるアナトリア高原を源流地とし，湾曲してゆるやかに南流する。ビレジッキの南でシリアに入り，ウクラサワーブでイラクに入る。南東ではキト～クルナ間を下り，長さは2750km，流域面積は67.5万 km^2 で，年平均流出量は324億 m^3 である。一方，チグリス川はトルコ南東山間部のゴルジュク湖を水源地とし，シリアの北東国境からイラクに入る。南東ではモスル・バグダッド～クルナ間を下り，長さは2045km，流域面積は37.5万 km^2 で，年平均流出量は366億 m^3 である。ユーフラテス川とチグリス川の合流後の長さは193kmである（図1-2）。両流域の面積は105万 km^2，河口部での年平均流出量は473億 m^3 である[2]。

図1-2 ユーフラテス川，チグリス川流域図

ユーフラテス川とチグリス川はいずれも多砂河川であり，河口部に砂が堆積することによりメソポタミア平原が形成される。春の融氷・融雪と降雨が両流域上流の水源補給となり，4〜5月に水量はピークを迎える。その中・下流に位置するメソポタミア平原は乾燥地域に属し，年降水量が100mm未満で[4]，自然条件はナイル川と酷似している。メソポタミア平原は人類の居住および農業生産に適している。紀元前7000年頃，両河流域の北部山麓で人類が居住を始め，原始的農業と牧畜業を営んでいた。紀元前5000年頃には，シュメール人が両河流域の南部地区に居住を始め，世界でもっとも早いシュメール文明を産み出している。

　この地域の乾燥した気候と低い生産力という限られた条件下，シュメール人は葦を使って簡易で実用的な住居を建てた。紀元前4500〜3500年頃になると，彼らは銅製の道具と陶輪を使って大麦と小麦を生産し，牛と羊を飼い，集落をつくった。紀元前3500〜3100年頃には，農業において人類史上で初めて牛犂を使用し，田畑をすき起こしたのである。同時に，都市を中心とする都市国家が誕生した。シュメール人が人類史上最古の文字である楔形文字を発明したのもこの時期である。紀元前3200年頃，シュメール人はさらに泥板刻字の技術を開発した。そして紀元前3100年〜2900年頃，彩陶の出現が大きな契機となって商業や貿易が発展し，豊かなユーフラテス川・チグリス川流域は貿易の発祥地となった。この時期にシュメール人は十進法と六十進法を発明し，紀元前2334年に，人類史上初の定刻がこの地域で誕生した。同じ時期，両河の本流からの引水によって灌漑の規模が拡大し，干上がった広大な土地が豊かな穀倉地帯に変化し，農業生産のレベルが大いに高まった。それと同時に，交通の発展と度量衡の統一によって商業が盛んになり，対外貿易がインダス川流域にまで拡大した。紀元前1894年，バビロニア王国が成立し，第6代国王ハムラビ（紀元前1792〜前1750年）が両河流域を統一した。バビロニア王国の経済力を増強するため，ハムラビは水利工事を起こし，農業生産を発展させ，王国の最盛期をつくり上げた。『ハムラビ法典』は彼が制定した人類初の完全な法典である。バビロニア人はまた，シュメール人の知識を学習して，早期の科学と天文学を形成した。彼らは60の数をもとに記数システムを設計し，六十進位法を用いて時間と円周を計算した。たとえば，円を360度（60×6）に分け，1時間を60分間に分けるなどの制度は，今日に至るまで全世界で採用されている。

世界最古の文字である楔形文字

　両流域の恵まれた自然条件が早期のシュメール農耕文明とバビロニア王国の繁栄をもたらしたことは明らかである。
　インダス川流域も古代文明の発祥地の一つである。すでに紀元前3000年頃には発達した農業・商業・手工業が出現し、メソポタミアとエジプトよりも早く青銅器時代に入った。
　インダス川はヒマラヤ山脈西部にある中国チベット自治区内のカイラス山脈北麓の獅泉河を源流とし、南東から北西へとカシミールを流れてから、南西方向にパキスタンを下り、カラチ付近でアラブ海に注ぐ。ジェーラム川・チェナーブ川・サトレジ川など左側支流の上流部分は、インド領内にある。カブール川・グマール川など右側の何本かの支川は、アフガニスタン領内にある（図1-3）。インダス川の流域面積は103.4万 km^2、本川長は2900km、年平均流出量は2070億 m^3、年間送砂量は5.4億～6.3億トン、平均含砂量は3kg/m^3 である[2]。

図1-3 インダス川流域図

　インダス川流域の地形条件と気候・水文条件は，インダス文明を育むことになった。地形条件からみると，インダス本川の上流と左岸支川の上流は高山地域にあり，山高谷深で落差が大きい。その本川下流および河口部はインダス平原にあり，世界最大の洪積平原の一つである。インダス平原はヒマラヤ南麓からアラブ海まで延伸し，幅のもっとも大きいところでは560kmに達し，もっとも狭いところでも161kmに及ぶ。東西方向の平均幅が320km，面積が約26.6万km^2に達する肥沃な土地である。とくに上インダス平原（本支流合流点）では，川と川のあいだに広がる広大な土地が河床より5〜20m高くなっている。洪水時に大量の土砂が堆積し，新しい洪積層と浅瀬をもたらす。
　そのため上インダス平原は人類の居住と農業生産に適しており，地盤が低く洪水氾濫をくり返す下インダス平原とは，いちじるしい対照をなす。
　気候と水文条件だけ見ると，インダス川流域は亜熱帯気候に属し，はっきりしたモンスーン気候の特徴をおびている。しかし，北東部に聳え立つヒマラヤ山脈の影響で，乾燥・半乾燥，熱帯・亜熱帯の間の気候特性となっている。
　7〜9月（年間降水量の90%を占める）を除いて一年中暑く乾燥しており，年間降水量はわずか300mmで，水分の蒸発が激しい。インダス川上流では融

雪がおもな水量補給源であるため，年間流量の変化が小さく，農業灌漑に良好な流量条件となっている。

改めて述べると，インダス文明は紀元前 2500 年頃に誕生している。人々は雨季の河川氾濫でもたらされた大量の土砂と肥料を利用して，インダス川河道に大麦・小麦・トウモロコシ・マクワウリ・稲・胡麻などの農作物を植えていた。人類史上でもっとも早く綿花栽培が始まった地区でもある。同時に，水牛・バイソン・ヤギ・メンヨウ・豚・犬・象・駱駝・ロバなどの家畜が飼われ，数学においては二進位と十進位などの計数法がつくられた。行政上，パキスタン南東部シンド地方ラールカナー地区およびパキスタン東部パンジャブ地方のラヴィ川左岸に位置する，当時としては世界最大の都市であったモヘンジョ＝ダロとハラッパが，ともにインダス平原に建設された。二つの都市はいずれも面積が約 2.5km^2 で，人口は 3 万～ 4 万人であった。

シュメールの各都市と違ってモヘンジョ＝ダロは，城内が碁盤目状に区画されており，各家ごとに中庭・倉庫・井戸・トイレを有していた。これは都市の計画と管理が徹底していたことを示すものである。ハラッパでは，密封の排水システムが建造され，ゴミを滑り落とす集積台も設置されており，当時として最先端のゴミ処理システムを有していた。このことからも，インダス川流域は当時かなり高度な文明に達していたことがわかる。

古代モヘンジョ＝ダロ住宅の下水道遺跡

黄河は青蔵高原のバヤンカラ山北麓，海抜 4500m のユエグズオンリエチュー盆地を源流地とし，青海・四川・甘粛・寧夏・内モンゴル・陝西・山西・河南・

山東の九つの省と自治区を流れ下り，山東省墾利県で渤海に注ぐ。本川の長さは 5464km，流域面積は 79.5 万 km² である。年平均流出水量は 580 億 m³，年平均送砂量は 16 億トン，平均含砂量は 35kg/m³ である。河源地から内モンゴル自治区トクト県河口鎮までの上流域では，河道長と流域面積がそれぞれ 3472km と 42.8 万 km² で，おもに青海高原と内モンゴル高原を流れている。河口鎮から河南省鄭州市の桃花峪までの中流域では，河道長と流域面積がそれぞれ 1206km と 34.4 万 km² であり，世界で最大の面積を有する黄土高原を流下し，黄河の土砂の主要産出区間である。桃花峪から河口までの下流域では，河道長と流域面積がそれぞれ 786km と 2.3 万 km² であり，黄河の洪積平野を流れ下る（図 1-4）。

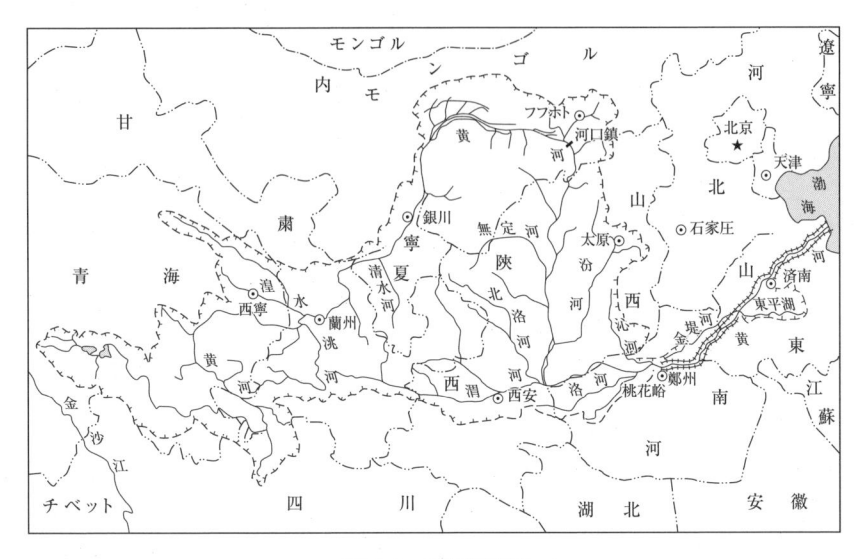

図 1-4　黄河流域図

　農耕および定住集落の出現が文明の始まりだとすれば，黄河流域における早期文明の起源は紀元前 6000 年頃であろう。1958 年に渭河のほとりで発見された大地湾遺跡（甘粛省泰安県）は，炭素 14 の測定結果によって今から 7800 年前のものであることが判明している。遺跡からは彩陶が大量に発見され，図形と文字の中間段階にある符号が描かれていた。これを中国の文字の起原とみなす考古学者もいる。このほか，多くのキビとアブラナの種，猪・犬などの家畜および石鏟（シャベル）・石刀といった原始的な農具が発掘され，そのころ原始農業がかなり発展していたことがわかる。また，多数の原始的な家屋によっ

て構成される原始村落が存在していたことも推定される[5]。

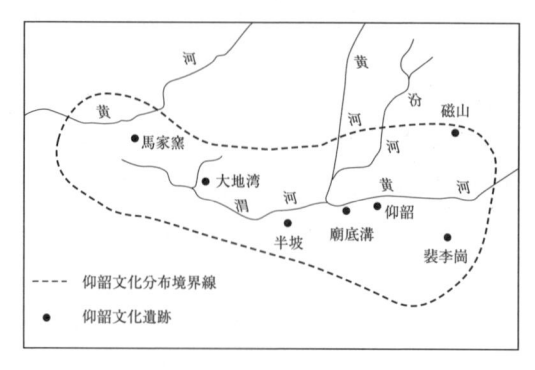

図 1-5　仰韶文化遺跡図

　紀元前 5000 〜前 3000 年頃に大地湾原始農耕文化が黄河中流の広大な地域に広がり，有名な仰韶文化（河南省西部の澠池県仰韶村で最初に発見）を創出した（図 1-5）。この時期に農業と家畜の養育がさらに発展していった。

　紀元前 2500 年頃，黄河中流域に伝説上の聖王たる堯をいただく原始国家が誕生し，紀元前 2070 年頃に中国で初めての王朝である夏が成立した。それより 400 年後，すなわち紀元前 1600 年頃，夏を滅ぼした商（殷）は歴史記録にしるされた最初の王朝である。商は中国北部を 550 年余り支配し，遷都をくり返したが，首都はその間一度も黄河中流地域を離れたことがない（図 1-6）。

　中原地区は黄土洪積平原であり，土壌が肥沃で農業生産に適していた。商の時代に中国ではすでに成熟した文字（甲骨文字）がつくられ，これが今日の漢字に発展した。商は青銅器の全盛期でもある。器種が豊富で，豪華絢爛たる優品が大量に製造された。

　紀元前 1046 年に，商は周にとって代わられた。周は渭河高原の古い部落の一つとして出発したが，西周王朝の統治は 275 年間に及んだ。しかし，紀元前 771 年に西周が滅亡したことをきっかけに，中国は春秋戦国時代に入った。春秋時代（紀元前 770 年〜前 476 年）の十二諸侯は，呉と楚以外は黄河の中・下流域の人々であった。また戦国時代（紀元前 475 〜前 221 年）の七雄は，楚以外はほとんど黄河の中・下流域の国々である。その後，秦・漢・隋・唐・北宋などの王朝も，それぞれ黄河中・下流域に都を営んだ。

　黄河の中・下流地区は，新石器時代以来，文明が絶え間なく発展し続けてき

たという点では，中国のほかの地区と比較にならない。それゆえ，黄河流域においてこの地区は中国古代文明の揺りかごと言われている[6]。

黄河の中・下流地区が中国古代文明の揺りかごたり得たのは，それに適した自然条件がそこにあったからである。

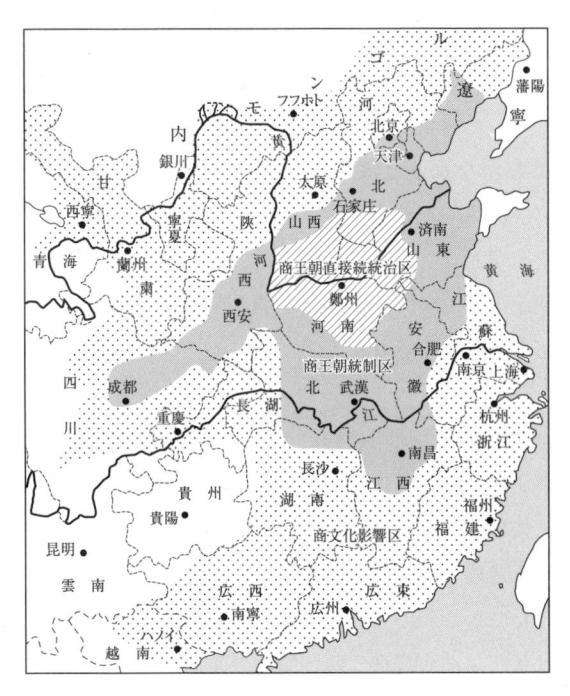

図1-6 商（殷）王朝範囲図

1) 気候条件

明確な四季・十分な日照・短い無霜期・雨熱同時といった気候的特徴が，人類の活動だけでなく，農作物の成長にも適していた。

2) 耕作条件

黄河の中・下流地区，とくに黄河中流にある黄土高原は，植生が破壊される以前は植生が豊かであった。土壌中の腐食層が厚く，カリウム・リンなど天然の肥力に富み，原始的な農業生産に適していた。

3) 居住条件

厚さ100〜200mに達する黄土層におおわれた黄土高原では，簡単な道具で

洞窟が掘られ，人間の住居とされてきた。黄河中流地区の降雨量は多くはなかったが，そこでは容易に手に入る草や農作物の茎を使用して簡易な住居が建てられ，生存の需要が満たされた。

4）灌漑条件

太古においては人口が少なかったため，天候および主要作物の自然生長に依存して，低い生産量でも人々は生存需要を満たすことができた。ところが，戦国後期から秦・漢にかけて人口が増えたため，栽培面積と生産量の増大が必要になった。こういった需要が灌漑を主とする水利事業の発展をうながした。渭河とその支川の豊かな水量と水砂の条件が，灌漑農業の発展を支えたのである。まず第一に，河川勾配が大きいことが，上流につくられた取水口から下流への自然灌漑を実現した。第二に，相対的に豊富な水量が，灌漑面積がそれほど大きくない状況下において用水供給を満たすこととなった。第三に，高い水中含砂量が土壌改良に利用された。

5）河川運輸

黄河・渭河は関中地区の河川運輸にきわめて便利な条件を与えていた。考証によると，西漢（前漢）時代に関中から運ばれた食糧は，前期には年間数十万石であったが，後期からは年間数百万石に増大した。河川運送を確保するために，巨大な費用を造船と築倉に投入していた。これによって河川運送は当時非常に重要であったことがわかる[7]。東漢（後漢）になると，洛陽を中心に，東は斉・魯，南は長江・淮河流域，西は関中の河川運輸網が直結された。

以上述べたように，人類が創造した世界の四大文明とは，実際その存続の基盤であったナイル川流域，チグリス・ユーフラテス川流域，インダス川流域および黄河流域の河川文明といえるだろう。歴史的にも，これらの河川がなければ人類文明の存続と発展はなかったと証明されている。河川こそ人類文明の起源であり，人類文明を育んできただけでなく，人類文明の成長に潤いを与え続けてきたのである。

2. 人類が河川に及ぼした影響とその代償

エンゲルスは人類にこう忠告した。「われわれは自然界に対する勝利に，過度に陶酔してはならない。このような勝利に対して，自然界はいずれわれわれに報復するであろう。このような勝利は，最初こそわれわれの期待どおりの結果をもたらすが，将来または遠い将来に起きる予期せぬ影響は往々にして最初の結果を打ち消すであろう」[8]。

エンゲルスの忠告に照らしてみると，人類と河川の関係は，毛と皮のような関係であろう。すなわち「皮の存せざれば，毛はたいずくんぞ附せん」という諺が，これを意味する。人類は自己の生存基盤である河川を大切に保護する自覚をもたなければならない。人類が河川を整備開発するさいには，でき得るかぎりの生態系への認識，生態系への倫理と責任を樹立する必要がある。それを共同遵守すべき道徳規範と行動原則にしなければならない。

しかし，古今内外における人間と河川の関係史を総合的にみると，かならずしもそうでないのである。今日に生きる人々にしても，認識のレベルや狭い局所的な利益から，河川に対して依然として人間中心的な価値観を脱出できないでいる。河川の負荷能力を無視した開発利用が，人類の生存基盤である河川を災難に遭わせてきたのである。

2-1. 孔雀河の断流と楼蘭古国の滅亡

楼蘭古国は，現在の新疆ウイグル自治区バインゴリンと内モンゴル自治区チャルクリク県の北境，ロプノールの西，孔雀河の南に位置する（図1-7）。早くも紀元前1世紀，楼蘭古国はすでに農業が盛んなオアシスであった。楼蘭城がその政治・経済と文化の中心であり，東は敦煌に通じ，北西は焉耆・尉犁に至り，北西はチャルクリクやチャルチャンに接していた。古代「シルクロード」はこの楼蘭で南・北両ルートに分かれる。

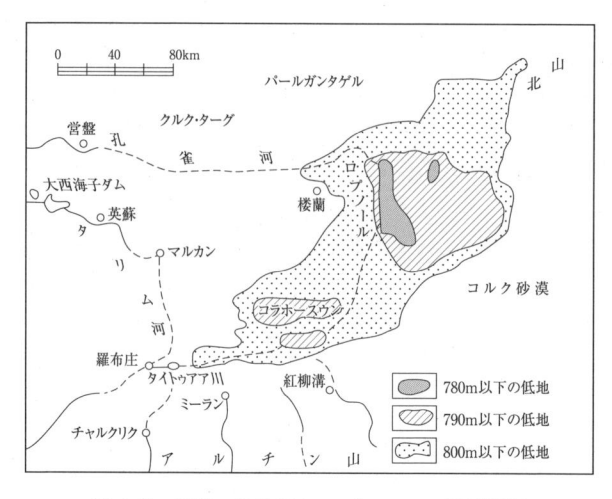

図1-7 楼蘭・孔雀河とロプノールの位置関係

　すなわち，「シルクロード」は長安から出発し，灌漑農業が盛んな河西走廊を経て，現在の新疆に入った後，楼蘭で分かれ，それぞれタクラマカン砂漠の南北両縁にある河道オアシスに沿ってのびてゆく。西に向かってそれぞれパミール高原の険しい峠を越え，中央アジ・南アジア・西アジアおよびヨーロッパ諸国に通じていた。歴史上，タリム河と孔雀河とが下流で合流し，孔雀河の三角州を経てロプノール湖に注いでいた。チョアルチェン河南部からはタイトゥーマ湖に注ぎ，ガラホシュン湖を下り，ロプノール湖に流れ込んでいた。ロプノール湖は，広い水域を有する湖であった[9]。

　当時の楼蘭には，北には清らかで透きとおった孔雀河，東には煙波広々と漂うロプノール湖があり，人々は湖で魚を捕り，生い茂る胡楊林で狩猟をして大自然の恵みを受けていた。また，商人が集まり，経済が繁栄し，東西文化がここで融合し，楼蘭古国は一時繁栄をきわめていた。『水経注』河水篇には「注濱河はまた東して鄯善国の北を逡(す)ぐ。伊循城に治し，故の楼蘭の地なり」と記されている。ここでいう注濱河とは孔雀河（卡牆河）のことで，伊循城とは楼蘭のことである。

　西漢（前漢）になると中央政権が新疆を支配し，西へ勢力を拡大した。これにともなってタリム河下流のロプノール湖地区が人類の活動によってダメージを受け始めた。耕地や水路を掘り開いて引水することにより，河川の水量が減

少し，河道が西へと遷移していった。これと同時に，ロプノール湖にもいわゆる移動現象が起きてきた。『水経注』河水篇に「敦煌の索勱(さくばい)，字(あざな)は彦義，才略有り。刺史毛奕(もうえき)，貳師(じし)将軍に奉行す。酒泉・敦煌の兵千人を将い，楼蘭に至りて屯田し，白屋を起(た)て，鄯善・焉耆・亀茲三国の兵各千人を召して，注濱河を横断(ふさぎと)む。河の断がるる日，水奮し勢激しく，陵に波うち堤を冒(ふさ)す」と記載されている。文中では，索勱が軍勢をひきいて楼蘭へ農地の開墾におもむき，水路を掘り開いて水を引き，田畑に灌漑するために注濱河（孔雀河）をせき止めた，と述べている。これが孔雀河水資源の大規模開発に関する最初の記録である。隋唐時代に，土地開発や引水灌漑がさらに進み，鄯善住民が孔雀河とタリム川をせき止め，河流を南流させて田畑の灌漑を行ったため，河川水が二度と古ロプノール湖に流れ込まなくなった。孔雀河の断流は，古ロプノール湖およびその南西部にある楼蘭国を含めた地域を砂漠へと変化させた[10]。楼蘭居住民は次々とやってくる黄砂になす術もなく故郷を逃れ，他郷に放浪した。紀元542年，最後の楼蘭人が東遷したのにともない，楼蘭の古国は完全にロプノール湖左岸の砂漠に埋もれてしまったのである。

楼蘭遺跡，楊洪 撮影

2-2. タリム河の断流と二大砂漠の合体

タリム河流域はコンロン山脈とアルチン山脈に南を，パミール高原に西を，

コルク砂漠に東を囲まれ，その流域面積は102万km^2（うち国外2.4万km^2）に達する。地形は西高東低である（図1-8）。このような地形の特徴によって，タリム河流域は，タリム盆地に囲まれるアク河・カシュガル河・ヤーカン河・ホータン河・開都河すなわち孔雀河・ディナ河・フェイガン河・クチャ河・クリヤ河・チョアルチェン河など，9大水系144河川からなっている。タリム河は全長1321kmで，典型的な内陸河川であり，流域の年平均流出量は398.3億m^{3}である。

タリム盆地の中央に位置するのは，中国で最大，世界第2位の移動性砂漠であるタクラマカン砂漠である。かつて豊かだったタリム河は，乾燥して暑さが厳しいタリム盆地に広大なオアシスを点在させ，潤いを与えつづけてきた。ヤーカン河オアシス・アクス＝オアシス・フェイガン河オアシス・ホータン河オアシス・孔雀河三角洲オアシス・カシュガル＝オアシス・カラシャール盆地オアシスとタリム河河谷オアシスがその代表であった[11]。とくに，タリム河本川両岸に生い茂った胡楊林がタクマラカン砂漠の周囲に分布し，砂漠の中で壮大な緑の回廊をなしており，砂丘の移動をかたく固縛していた。

タリム盆地は完全に閉鎖された内陸盆地で，気候は極端に乾燥しており，盆地の周辺地帯の降水量は50〜80mm，南東部はわずか20〜30mm，盆地の中心はわずか10mmである。これに対して，蒸発量は2000mmにも達している。タリム河の興衰がタリム盆地全体の生存と発展にかかわっている。この河こそタリム盆地の北側にある重要な町とオアシスを守る緑の障壁であり，内地から新疆へ通じる戦略的な重要通路の「緑の回廊」なのである。同時に，新疆南部の「西水東輸」によってタリム盆地東部の生態系を維持するための唯一の送水ルートであり[9]，タクラマカン砂漠とコルク砂漠を阻止する天然の障壁でもある。

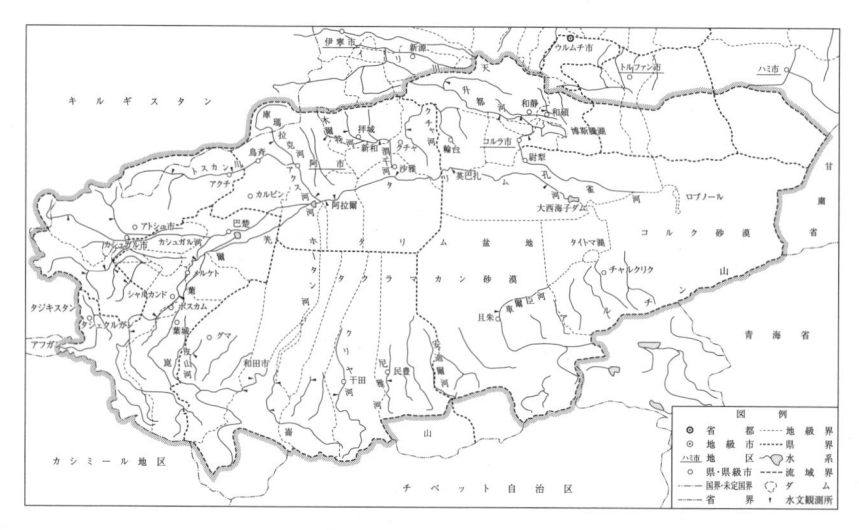

図1-8 タリム河流域図

　タリム河流域はもともと光・熱と土地資源が豊富であり，農業発展の点でみると，水さえあれば安定した高い収穫を保障する肥沃な土地を築き上げることができる。人口の急激な増加にともなって，土地を開墾して食糧をつくる需要がますます増大し，タリム河の水資源の利用も急激に増加してきた。タリム河流域の気候条件は，食糧生産だけでなく綿花の生産にも適している。食糧価格を大きく上回る綿花の経済的利益に駆り立てられ，綿畑を開墾する意欲がさらに高まった。一時期，タリム河流域での開墾と引水は無秩序な状態になっていた。タリム河上流のアクス河・ヤーカン河・ホータン河の3源流地区において，人口は1950年の156万人から98年の392万人に，灌漑面積は50年の522万畝（1畝は666.7m^2）から98年の1459万畝に，灌区用水量は1950年の50億m^{3}から98年の153億m^{3}に増加した。統計によると，タリム河流域全体では，永久的な引水基幹センター232ヵ所が建設され，総引水量は4463m^3/sにも達している。引水が無料であるうえ，管理が粗末なので，数多くの引水口から引かれた水が部分的にしか農業灌漑に利用されず，かなりの部分が利用されないまま溢れ散っている。

　長期間の掠奪的な開発によって，タリム河9水系におけるチョアルチェン河・クリヤ河・ディナ河・カシュガル河・開都河すなわち孔雀河・フェイガン河でそれぞれ本川への断流現象が起きており，本川と地表水が連なっているの

はホータン河・ヤーカン河・アクス河という3源流のみとなっている。実際には，ホータン河とヤーカン河は現在では季節的な河川になっていて，洪水期にのみ本川に流れ込んでいる。

　実測データによると，タリム河の3源流のアクス河・ヤーカン河・ホータン河から本川へ流れる水量が急激に減少している。タリム河本川の下流にあるチャラー観測所を例にすると，1960年代の年平均流量が12.4億m^3であったのに対して，90年代には2.7億m^3に激減している。72年以降，タリム河下流のダーシーハイズ以下の363km区間は，長年にわたり断流が続いている。さらに断流区間は上流へのびて，72年からは尾閭タイトマ湖が干上がっている。

タリム河の断流，俞涛 撮影

　長期に及ぶ断流が，タリム河沿岸地区において地下水位の急激な低下をもたらしている。アルカン付近の地下水位の観測結果では，1973年の7.00mから，97年の12.65mに下り，下げ幅は5.65mに達する。同時に，井水の硬度も84年の1.3g/lから98年の4.5g/lに上昇している。また，胡楊林の生長が必要とする地下水位の深さは8m前後であるため，地下水位の下降がタリム河両岸の胡楊林の大規模な死滅事態をもたらした。胡楊林の面積は，上・中流では

1950年代の600万畝から現在の360万畝に，下流では81万畝から11万畝に減少していて，大規模な緑の植生が荒涼たる砂漠へと変わり，タリム河下流のアルカン地区における砂漠化面積は94%にもなった。戦略的な意義をもつ「緑の回廊」は壊滅に瀕していて，この回廊によって分断されていたタクラマカン砂漠とコルク砂漠が接続する勢いが強まっている。東部のコルク砂漠がこの数年間で「緑の回廊」に60km迫っていて，現在でも年間3～4mの速度で西と南西方向へ移動している。一方，タクラマカンの「千里風砂線」も年間5～10mの速度で「緑の回廊」へ接近し，二大砂漠の部分区間がわずか2kmしか離れず，合体した区間も出現している[11]。土地の砂漠化が急激に進んだため，タクラマカン砂漠の南縁に位置するチラ県では，砂漠が間近に迫り，県城の南への移転を3回もくり返している[11]。「緑の回廊」に建設された国道218号線も，多数の箇所で砂漠に埋もれている[9]。このままでは，美しい新疆東部は，歴史上栄えた楼蘭古国という一国が消滅したことに止まらず，そのものが生命のない死の砂海になる危険を孕んでいるのである。

2-3. 黒河の断流とエチオナ＝オアシスの衰微

　黒河は中国西北地区で第二の大きさを誇る内陸河川である。祁連山の中部北麓を源流とする二股の支川からなる。東支川は山前水系に合流し，河西回廊にある張掖盆地を流下し，流れを集め，正義峡口を通過した後，北へ流れる。西支川の討頼河は山前水系に合流し，金塔盆地に注いだあと鼎新で流出する。東西両支川が合流した後を弱水といい，それが北流して内モンゴルのエチオナを流下した後，居延海に注ぐ（図1-9）。居延海は内モンゴル高原西部にあるバダインジャラン砂漠の西北縁に位置するが，これが弱水水系の尾閭湖である。歴史上，下流に流れる水量が豊富であり，弱水尾閭地区に巨大な扇状地が形成され，エチオナに天然のオアシスを育んできた。ここが内モンゴル西部居住民の活動の中心地であった。18世紀後半，モンゴル＝トルフト部落がロシアの残虐な支配にたえられず，幾度も苦難に遭いながら，ボルガ河から万里の旅を経てここに帰ってきた。故郷に復帰する人々を厚遇するため，清朝は彼らの一部をこの水草豊富なオアシスに定住させた。

　1950年代に，弱水は内モンゴルで東西に分かれ，東支流のナリン河は東居延海（面積35km^2）に注ぎ，西支流のムリン河は西居延海（面積267km^2）に

注ぎ込む。二つの湖は 30km 離れているが，洪水時期には水流がつながる。

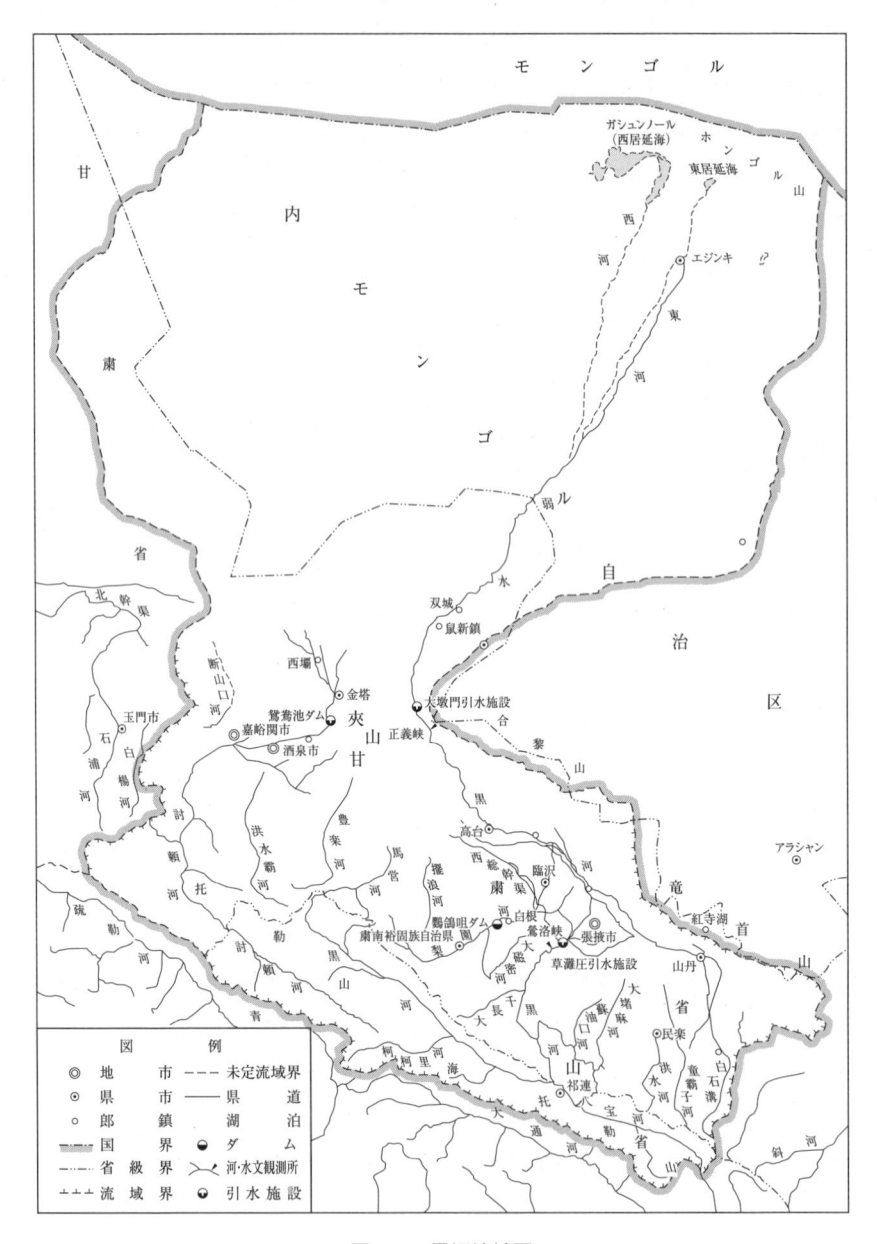

図 1-9　黒河流域図

1950年代初期，黒河中流地区の人口は55万人で，灌漑面積は103万畝であり，全流域における生産と生活の用水量は15億m^3であった。60年代半ば以降，黒河中流地区において大規模な土地開墾が行われ，換金作物の生産地として発展し，現在人口は121万人に達している。灌漑面積は334万畝に拡大し，全流域における生産生活の用水量も26.2億m^3に増加している（うち中流地区は24.5億m^3）。灌漑面積の拡大の過程で，いくつかの中・小河川が祁連山扇状地の先端で消耗し尽くし，天然河道が干上がってしまった。もともと統一されていた水系が分断され，別個の水系となっているのである。大量の水資源が中流オアシスで乱用され，黒河本川の水量にいちじるしい減少をもたらしている。統計によると1950年代，下流に流れる水量は12億～13億m^3だったのが，60年代に11億m^3，70年代に8億m^3，80年代に5億m^3，90年代には2億m^3弱となり，断流日数は200日余りに達し，河道尾閭の涸れる長さは増加傾向にある。

涸れた黒河河道，黄宝林 撮影

　下流へ流出する水量が急激に減少したため，西居延海は1961年に涸れ，東居延海も72年に完全に涸れた。これにともなって下流の三角州地区の地下水

位も下降し続け,水質硬度が明らかに上昇しており,植生の減退とオアシスの砂漠化が日増しに進行している。90年代と80年代を比べると,植生の被覆率が70%を上回る林地面積が288万畝減少し,年平均で20万畝余りが減少している。胡楊林の面積は50年代の75万畝から,現在の34万畝に減っている。現存する天然喬木は,まばらな樹林が主である。森林においては,成樹林と未成樹林の比例バランスが崩れ,病腐残林が多く,生存力はきわめて低い。ここ20年間,下流三角州地区において,被覆率が70%を上回る灌木草地は78%減少し,その被覆率が30%を下回る荒れた草地・岩石・砂漠の面積が68%に増えている[12]。

黒河下流の胡楊林の死滅

草地植物群落が,原来の湿生や,中生性草地群落から砂漠草地群落に代わっている。エチオナ=オアシスの衰微がアラシャン高原を完全にバダインジャラン砂漠の支配下に至らしめているのである。砂漠化面積の増加は,砂塵暴(砂嵐)の被害の拡大をもうながしている。1993年5月5日,西北地区に発生した巨大な砂嵐の大きな原因の一つとなったのが,アラシャン地区の砂漠地帯である。砂嵐は,甘粛省の河西回廊,寧夏の大部分および内モンゴル西部で死者85人,負傷者264人および家畜死傷120万頭もの被害をもたらし,道路・鉄道運送や給電線の中断などで,経済的損失が5.5億元に達した[12]。

1998年4月15日,アラシャンで起きた風力およそ12級の強大な砂嵐は,地表の土を10cm余りけずり去り,10万畝余りの農地を砂で1m埋め,34万

頭の家畜を行方不明たらしめ，アラシャン地区に直接的な経済損失 2.1 億元の被害をもたらした。この砂嵐は華北の大部分にも影響を及ぼし，その前線が長江以南の地区にまで達している[11]。2000 年には，中国北方地区が前後 8 回の砂嵐に見舞われ，その影響は北西・華北・東北ないし華東部分に及び，被害面積は 200 万 km^2 に達している。これもアラシャン地区が重要な砂源地であった[12]。

アラシャン地区で近年もっとも強い砂嵐が起きたのは，2004 年 5 月 17 日である。浮遊砂濃度が $253.23mg/m^3$，最小視野はわずか 100m であった。

猛威をふるう砂嵐

2-4. 石羊河の断流と下流生態系の崩壊

石羊河流域は，河西回廊の東部，トングリ砂漠とバダインジャラン砂漠のあいだに位置する。石羊河は源流の多い河である。祁連山北麓に，東から西に大靖河・古浪河・黄羊河・雑木河・金塔河・西営河・東大河・西大河など 8 本の大きな支流と，柳条河・馬営溝など長さが 3km 以上の小さな支流が分布している。各支流は山を出てから葵旗付近で石羊河に合流し，甘粛省民勤県に入って尾閭民勤県市街地の北方 90km の青土湖に注ぐ（図 1-10）。

西漢（前漢）時代から石羊河流域が開発され続けた過程において，数多くの支流が恒流水から季節性の間歇河となり，オアシス農地を灌漑するため灌漑水路に改造された支流もあった。統計分析によると，西漢末年，石羊河流域の耕地面積は約63.5万畝あり，唐代になると110万畝となり，現在は625万畝に増えた。石羊河流域においては，下流にあった広大な土地の砂漠化を代償に，上・中流地区の耕地面積を拡大してきたのである。このような石羊河上・中流地区の耕地の拡大過程は，同時に石羊河の衰微過程でもあった。

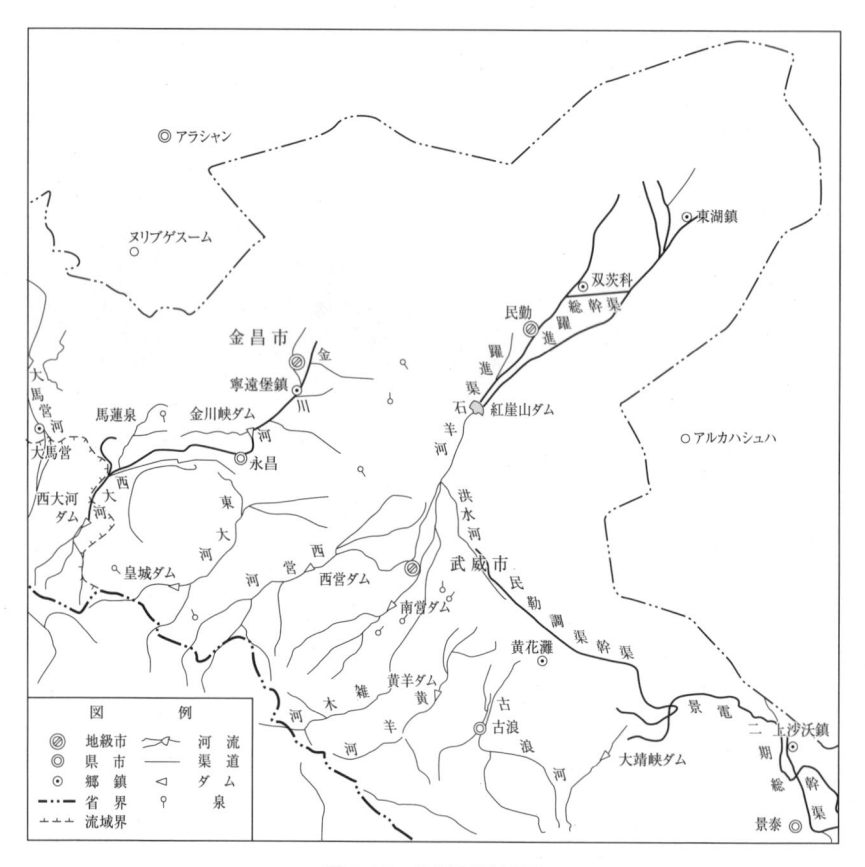

図1-10　石羊河流域図

　1924年に青土湖に流れていた石羊河は尾閭区間で断流し，57年には青土湖が干上がるという現象が起こった。50年代末，葦が生い茂っていた湖泊湿地は，オアシスの地表水の減少による地下水位の大幅な下降によって，中生性植

物がしだいに死滅し，湖全体が砂漠化するに至った。さらに100km^{2}余りの広さがあった青土湖は最近数十年のうちにすべて砂漠化し，水域景観も完全に乾生植物の砂漠景観に変わった。現在の青土湖は完全に厚さ1～3mの砂丘におおわれ，農区の境界線には13kmにも及ぶ風砂線が形成されている。

　実測データによると，石羊河下流の民勤オアシスに入る水量は，祁連山を源流とする古浪河・黄羊河・雑木河・金塔河・西営河・東大河の年間流出量と密接な関係にある。

　上記6本の河川の平均流出量は13.7億m^{3}で，1960年代以前，民勤オアシスに流入する水量が河川全体出水量の30％～35％を占めていた。70年代になると，永昌白家嘴で大型多金属硫化銅やニッケル鉱が発見されたため，20万人に近い金川区で人工オアシスが建設され，ニッケルの都市として急速な発展をとげてきた。そのため上・中流において水の大量消耗が生じ，下流にある民勤オアシスに流入する水量は減り続けてきた。2000年現在，その水量は1億m^{3}を下回り，6本の河川の総出水量の7.5％を占め，60年代より75％減少している（表1-1）。

表1-1　石羊河（六河）民勤オアシスに入る流入量の変化

年	六河年間流出量		上中流年間消費量（億m^3）	下流民勤への年間流入量	
	数値（億m^3）	平均値との比（％）		数値（億m^3）	六河に占める割合（％）
1957	13.31	97.2	8.67	4.64	34.9
1969	13.05	95.3	9.11	3.94	30.2
1976	14.04	102.5	11.36	2.68	19.1
1980	13.00	94.9	10.79	2.21	17.0
1990	14.09	102.8	12.39	1.70	12.1
2000	13.03	95.2	12.05	0.98	7.5

　民勤オアシスに流入する水量の減少に起因する尾閭河道の衰微と枯渇が，砂棗林13.5万畝，白茨35万畝，さらには紅柳などの天然植物の枯死を引き起こし，58万畝の林地の砂漠化および395万畝の草場の退化をももたらしている。オアシス周辺の流砂は年平均8～10mの速度でオアシスに侵入し，民勤県における砂嵐の年平均日数は139日，最多時には150日にも達している。なかでも8級以上の強風日数は70日，強い砂嵐の日数は29日にも及んでいる。

　地表水の流出が急激に減少した状況下で，人々の生活環境と経済発展の需要を維持するために，石羊河下流地区では地下水を過度に汲み上げざるを得な

かった。過度な汲み上げは地下水位を年間 0.5〜1.0m 下降させ，下降 10m 余りの大漏斗状分布をオアシスに 4 ヵ所出現させることとなり，それらの総面積は 1000km^2，水位下降の影響範囲は 6000km^2 にも及ぶ。とくに民勤オアシスの下流では，地下水位が 1970 年代より 10〜20m 下がり，その下降が 40m に達している箇所もあった。地下水の過度な汲み上げや蒸発・濃縮によって，地下水の硬度が年間 0.1g/l の速度で上昇し，苦くて塩辛い水面が日増しに拡大し，民勤の 2/3 の人畜の飲用水確保に困難をきたしている。

民勤県中渠郷内の枯木，劉泉龍（新華社）撮影

　土地の砂漠化と地下水硬度の上昇が原因で，民勤県ではすでに 2.6 万人が生態難民の状態となり，家を離れ，親戚や友人の家に身を寄せている。青土湖周辺の村落では人々が姿を消し，崩れかけた垣や壁だけが残されている。

移転を余儀なくされた農民が残した残壁,劉泉龍 撮影

　民勤オアシスの存在は,バダインジャラン砂漠とトングリ砂漠との合体を阻止し,河西回廊の生態系を守る最前線防壁であった。ところが現在,民勤オアシスは砂漠におおわれつつあり,北西部にあるバダインジャラン砂漠と南東部にあるトングリ砂漠が合体しつつある。迫る流砂の勢いにはなす術もない。今や民勤オアシスの生態系は崩壊状態にある。涸れている石羊河の河床から猛威をふるう砂嵐と乾熱風が中流地区の生態系を攻撃している現在の状況で,もし上・中流地区における用水量増加の傾向が有効に制御されなければ,民勤オアシスが完全に消滅すると同時に,中流地区の生態系は完全に壊滅するであろう。

2-5. 遼河の断流と流域の生態危機

　遼河は河北省内にある七老図山脈の光頭山に源を発し,南西から北東へと流れ,内モンゴル自治区蘇家堡付近で左支流である西ラムロン河を受け入れて,西遼河となる。西遼河は西から東へと流れ,通遼市で左支流である新開河を受け入れてから,吉林省内で南へ折れ,遼寧省昌岡県福徳店で東遼河に合流して

遼河となる。その後，南西方向に曲がり，左岸の招蘇台河・清河・柴河・泛河と右岸の柳河などの支流を受け入れて，台安県六間房で二股に分かれる。一つは西流で双台子河といい，右岸の統陽河を受け入れて盤錦市で遼東湾に注ぐ。もう一つは南流で外遼河といい，左岸の渾河・太子河を受け入れて大遼河となり，営口で遼東湾に注ぐ。1958年，台安県六間房付近で外遼河がせき止められ，渾河・太子河が大遼河に集まり，海へ流出した。これにより，双台子河と大遼河はそれぞれ独立した水系になっている（図1-11）。

　遼河流域は面積が約22万km^2で，石炭・鉄・石油など地下資源が豊富である。撫順炭砿や鞍山・本渓鉄鋼企業，遼河油田など大型国有企業があり，中国のもっとも重要な工業地の一つとなっている。西遼河流域では牧畜業が盛んであり，遼河の下流は遼寧省の水稲生産の集中地区である。流域内の年平均地表流出量は134.4億m^3で，地下水量は23.2億m^3，地表水と地下水の重複計算量43.7億m^3を差し引いても，水資源の総量は213.9億m^3である。地表水の流出の分布は時間的にも空間的にもばらつきがいちじるしく，7・8月わずか2ヵ月間の流出量が全年の50%を占める。しかも，つねに洪水のかたちで出現し，非増水期の河道では水量が少ない。にもかかわらず，千年・万年来，遼河はその甘い「乳汁」で数多くの北方少数民族を育み，今日の重要な東北工業・農場基地を築き上げ，カルシン草原と遼東半島の母なる川となっている。

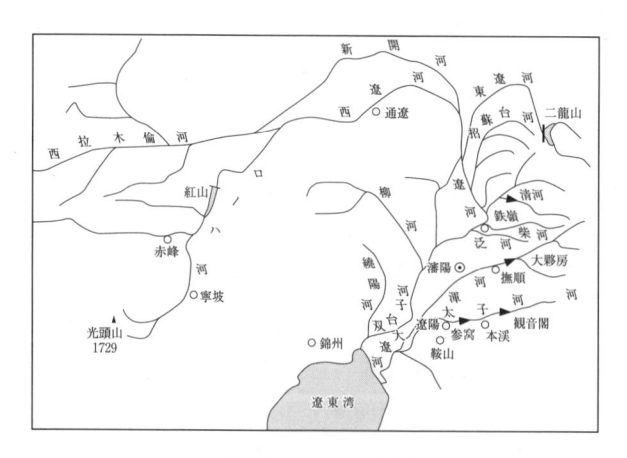

図1-11　遼河流域図

歴史上，遼河では洪水災害が頻繁に発生しており，各主要河川では100年に

1回の洪水が起きている。統計によると，800年間に起きた洪水氾濫は81回にのぼり，平均10年に1回であった。洪水氾濫が起きるたびに，甚大な被害と損失がもたらされた。新中国が成立した後，遼河流域の治水と開発を強化するため，本川・支川に大型・中型ダム81基が相次いで建設されている。上流の通遼市だけで中・小ダムが105基あり，総容量は64億m^3に達している。ダム群の建設によって，遼河の洪水に対する制御能力は大幅に向上した。同時に，水資源の利用にきわめて便利な手段を提供している。しかし，長いあいだ人々の生態系保全に対する意識が希薄だったため，遼河の水資源利用において工業・農業生産を最優先した結果，水資源の開発利用率が70％（実際年間水供給量は151.8億m^3で，全流域水資源総量213.9億m^3の71％を占める）を超え，河川水資源の開発利用の限度を大幅に上回って，流域全体における水資源のバランスを崩すことになったのである。1980年代以降，遼河は季節的な河川となってしまった。21世紀になると，工業・農業用水量がさらに増加し，遼河本川（福徳店水文ステーション）に発生した断流日数は2000年に138日，01年に142日，02年に187日，03年に127日，04年に99日に及んだ。

　こうした遼河の断流は，以下に示すような問題を引き起こしている。

1）コルチン砂地とホンサンダークー砂地の連結

　コルチン砂地とホンサンダークー砂地は内モンゴル自治区中部の遼河左岸に位置し，面積は5.06万km^2である。東は遼寧・吉林両省，南西は北京・天津・唐山地区に隣接する。ホンサンダークー砂地は内モンゴル自治区中部の遼河左岸に位置し，面積は2.38万km^2であり，北京にもっとも近い砂源地である。遼河の断流が内モンゴル自治区の赤峰市区間において，河床上の細砂と両岸砂地につながっている。現在，コルチン砂地は150m/年の速度で瀋陽を中心とする東北地区の都市群と，北京を中心とする華北省地区の都市群に迫っている。ホンサンダークー砂地は1.8km/年の速度で拡大している。この二大砂地が合体すると，より深刻な生態系問題が引き起こされるであろう。

2）砂漠ダムの砂漠化

　コルチン砂地に位置する莫力廟ダムは，容積が1.92億m^3で，水面面積が40km^2である。ダム湖周辺には164種の鳥が生存しているが，そのうち2種が国家一類保護珍禽に，12種が二類保護珍禽に指定されている。野生植物は118種ある。1999年以来，西遼河の継続的な断流によってこのアジア最大の砂漠

ダムはすでに干上がり，ダム底部での砂漠化の開始で，ダム湖に生息していた 25 種魚類と水生生物が全滅した。ダム底には，魚の死骸が 1m 以上の層をなして堆積している。また長いあいだダムに生息していた 90 種余りの鳥類も，他所に飛び去ってしまった。

3）中・下流における流出減および地下水の過度採掘

　遼河上流における水資源利用のマイナスが，中・下流域に流入する水量の大幅な減少をもたらしている。現在の遼河中・下流地域における経済社会の発展レベルを維持するとなると，当地区に毎年約 30 億 m^3 の水不足が見込まれる。東北地区の工業の中心である瀋陽・鞍山・本渓・撫順・営口・鉄嶺・盤錦など，遼河中・下流に位置する大・中の都市は，例外なく全国水不足ワースト 100 にランキングされるのが確実であろう。統計によると，現在の遼河流域における地下水の採掘超過は 10.8 億 m^3 に達し，瀋陽・遼陽・通遼などでは，地下水採掘の大幅超過が原因で大規模な地下水面の漏斗状分布が出現している。

4）河口地区における海水の逆流

　1980 年代に遼河が海に流す年平均水量は約 50 億 m^3 あったが，現在はわずか 30 億 m^3 しかない。海に流れ出る水量の減少（上流では涸れる区間もある）によって，遼河河口の盤錦地区では，地下淡水資源への補充が得られなくなり，海水がその虚に乗じて入り込むことによる地下水の塩分増加が，生産や住民生活に支障をもたらしている。海に流れ出る量の急激な減少によって，海水が地下水に侵入し，河口にある盤錦市は付近の山間部に新しい水資源を探し求めざるを得ない現状である。さらに深刻なのは，海水の浸入によって発生する地下水の塩化は，取り除くのに長い時間がかかる，という事実である。

断流の遼河の中の農作物，張領（新華社）撮影

内モンゴル通遼市にある枯渇した莫力廟ダムと湖底の砂化，張領（新華社）撮影

2-6. 海河水系の断流と流域生態系の破壊

　海河流域は，北は燕山山脈，南は黄河，西は太行山脈，東は渤海のあいだに位置し，面積が約32万km²であり，北京・天津市全域，河北省の大部分，山西省の東半分，山東・河南両省の北部および内モンゴル自治区と遼寧省のそれぞれ一部を含む（図1-12）。

　中国7大江河のなかで，海河はもっとも早く断流が起きた川である。早くも1950年代から60年代中期にかけて，その上流に数多くのダムが建設された。ほとんどの山の出口部にダムが建設されたのである。1960年代中期～80年に，下流地区では平原を切り開いて川の数を減らしてきた。1980～2000年には，都市給水プロジェクトと大規模な地下水探掘が行われた。

　ここ50年来，海河流域の総人口は倍増し，1.26億人にも達している。一方，灌漑面積は6倍増加し，1.0億畝に達している。GDPの増加率は33倍で，これは1.2億元に相当する。総用水量は4倍増加し，91億m³から403億m³に増えた。流域水資源の開発率はすでに98%に達している。

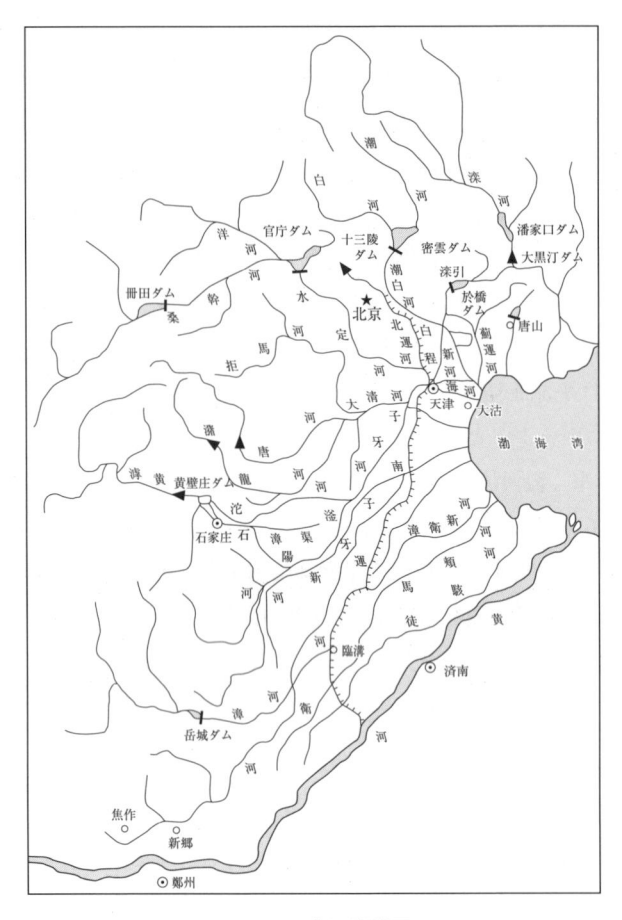

図 1-12　海河流域図

　現在，流域内 21 本の自然河川あわせて 3364km の河道のうち，涸れた河道の長さは 2189km に達し，全体の 65% を占める．なかでも，そのうちの 10 本は涸れる日数が年間 300 日を超える．流域内にある白洋淀など 12 の主要平原湿地の水面面積は，1950 年代の 2694km^2 から現在の 538km^2 にまで，80% 減少するとともに，大量の水生生物が死滅している．海に流出する水量は，50 年代に 241 億 m^3 あったのが，2000 年には 8 億 m^3 に急減している[13]．上流本川の水が途中で抜き取られ，下流河道が涸れたためである．華北平原に古くから存在していた大量の低湿地と湖沼はほとんど消え失せ，環境水文特性が一変して，華北地区に明らかな気候乾燥化をもたらした．

降水の減少と上流のせき止めによって干上がる盧溝橋付近の永定河,王彤彤 撮影

　河川の断流や湖沼の枯渇によって,人々は社会経済の発展に不可欠な水資源を地下水に探し求めた。連年地下水の過剰採取(海河流域全体で1000億m^3余り)を続けた結果,海河流域で面積が9万km^2に及ぶ,中国でもっとも広大な漏斗状地下水面が出現している。流域内に形成された30余りの漏斗状の地下水面は河北省・天津市・山東省徳州市のそれとつながっている。海河流域の山麓や平原では,1000km^2余りに及ぶ浅層地下水脈が消え,地下水の埋蔵水深が105mに達した。

　北京小平原における1961～95年までの35年間の地下水の採掘累積超過は40億m^3に達し,面積は2660km^2に及び,これは平原面積の41%[15]を占める。地域的に地下水位の低下が現れ,2000km^2余りに及ぶ地下水面の漏斗状分布が形成されている。70年代以降,地下水の過剰採掘のため,北京近郊の第4紀層における地層が薄い区域では,盧溝橋・豊台および玉泉路などの水含有層が枯渇または半枯渇状態に瀕している。75年には,長期間にわたって北京市内の川と湖に水を供給し続けてきた玉泉山の泉水が,完全断流となった。地下水の過剰採掘で,地下水による水資源が減少している。分析によると,現在,60年に比べて北京市平原地区全体の地下水量が58億m^3減少し,80年に比べると38億m^3減少した。同時に,地下水の過剰採掘によって地盤沈下や市政施設の破壊も起きている。現在,市全体で半数以上の地下水井戸が涸れたた

第1章　河川の生命概論

め，井戸が廃棄される一方，都市の外縁地区で深層地下水を採取して生活と生産が維持されている。現時点で，全市の地盤沈下面積と最大沈下量がそれぞれ800km^2，850mmに及び，地盤沈下が依然として続いている。

2003年現在，河北省における地下水の開採量は，1950年代の28億m^{3}から173.21億m^{3}に増え，水供給量は全省の総用水量の74.5%を占める。都市部の生活や工業用水の81.99%，農村用水の96.7%が地下水に依存している。90年代だけで，累積開採量が996億m^{3}に達している。地下水の過剰開採によって，滄州・青県・黄驊・任丘・冀棗衡・廊坊・覇州においては，深層地下水面の下降による七つの漏斗が形成されている。なかでも，衡水市を中心とする冀棗衡の地下水位下降漏斗の静水位は，地表から最大97.84mに下降している。七つの漏斗地盤の総面積は，4.4万km^{2}に達している。深層地下水位の下降によって広い地域で地盤沈下がもたらされ，河北省における平原地盤沈降幅が0.2mを超える面積は4.8万km^{2}で，0.5mを超える面積は6430km^{2}であり，1.0mを超える面積は755km^{2}に達し，2.0mを超える範囲に至っては滄州市の市内全域に及ぶ。

統計によると，地下水の超過開採による大規模な地下水位の下降が，河北省の土壌水不足の面積を50%以上増やし，平原区の土壌の大面積乾燥化または砂漠化をもたらした。張家口・承徳地区などの一部分では植物が枯れ，砂塵が舞い上がる天気が増えている。

地盤沈下によって鉄道路盤・橋梁・堤防および地下排管の損失がもたらされ，建築物にひび割れが生じて安全が脅かされている。1960年代に邯鄲で地面に裂け目ができたのを発端に，平原地区ではすでに裂け目が200ヵ所見つかっており，その被害は35の県と市に及ぶ。裂け目の長さは数mから500mがほとんどで，数千mになるものもある。もっとも幅が広いものは2mに達し，推定の深さは約10mである。白洋淀千里堤や滹沱河北大堤の堤防を横切る裂け目も見つかっている[15]。さらに深刻なのは，地下水の汚染である。地下水下降漏斗区のとくに枯渇区では，地面汚水によって汚染されやすく，いったん汚染されると長期間取り除くことができない。統計によると，海河流域における272億m^{3}の地下水資源のうち，172億m^{3}が程度の差こそあれ汚染されている[14]。環渤海・平原区における地下水の過剰な汲上げが水理条件を破壊し，大規模な海水の地下水層への侵入をまねき，地下水の塩分含有量を増加させ，

水質の悪化，水源井戸の廃棄および耕地の塩分アルカリ化をもたらしている。

最新の測定では，秦皇島市港区と撫寧県における海水侵入の面積は55km^{2}であり，侵入の最内部が65kmに達している撫寧県では，海水の侵入によってもたらされた土壌の塩分アルカリ化面積が2.7km^{2}に及び，34％のポンプ井戸の水が塩辛くなっている。

河道の長期間の断流によって，もとの河川がほとんど排水溝化している。もっとも深刻なのは，町または郊外工場区を流れる河道が全部排水溝となり，自然の流出がないため，汚水が希釈されることなく，広大な平原は「すべての川は涸れ，すべての水は汚れ」という劣悪な環境に一変していることである。町や工業地帯から排出された汚水すら，下流農田への灌漑に利用されている。統計では，海河流域における汚水灌漑面積は100万畝に達し，これは総流域灌漑面積の10％以上を占める[16]。長期間にわたる汚水による灌漑で，誘癌物質が地下水・食糧・野菜・魚類など食物連鎖を通じて人体に吸収され，汚水灌漑区における人々の寄生虫・腸道疾病の発症率と腫瘍による死亡率を大幅に高めている。汚染水の長期飲用によって，沿岸に居住する青年の肝臓機能の不合格率が基準を3〜4倍上回り，毎年徴兵の任務を達成できていない[11]。河北省では，汶河の水汚染を受けている南郊村と汚染を受けていない城郎村との比較調査の結果，前者の平均寿命が後者より10才以上短く，また5年以内の癌による死亡者数については，前者が後者より7ポイント高いことが明らかになった。天津市では，汚染灌漑区と非汚染灌漑区の3万人の5才以下の児童に対するサンプル調査が実施された結果，前者の急性下痢の発症率は後者より1.44ポイント高く，死亡率は2％高いことがわかった。山東省徳州市では，汚染水灌漑区にある貧困家庭について調査した結果，病気を患っている者が多く，原因は医療負担が重すぎることにあることがわかった。

2-7. 淮河の汚染と住民の基本的な生活条件の悪化

淮河は黄河と長江のあいだに位置し，河南・安徽・江蘇および山東4省にまたがって，流域面積27万km^{2}を有している。そのうち，流域面積が1万km^2，2000km^{2}を上回る一級支川がそれぞれ4本と16本あり，1000km^{2}を上回る一級支川が21本ある。左岸には大きな支川として洪汝河・沙潁河・西淝河・渦河・澮河・淙潼河・　　　汴河などがあり，右岸には史灌河・淠河・東淝河・池

などがある．流域内には，鄭州・開封・許昌・漯河・平頂山・周口・商丘・阜陽・蚌埠・淮南・淮北・徐州・揚州・淮陰・塩城・臨沂・済寧・棗庄・連雲港など33の都市があり，蒙城・渦陽・兗州・滕州・項城・淮安・蘭考・曲阜・盱眙など182の県がある．人口は1.7億人，人口密度が630人/km^{2}で，中国において人口密度がもっとも高い流域である．沿海部は中国の重要な食料・棉花生産基地で，工業が比較的発達している地区でもある．「千里歩いても淮河両岸に勝るところはない」というのは，かつての淮河流域の豊かさを語った言葉である．

図1-13 淮河流域図

淮河流域は2億畝近くの耕地面積を有し，従来農業生産を主とし，工業基礎が弱かった．しかし，1980年代以来，流域で製紙・醸造・化学工業・皮革・メッキなど，水消耗が大きく水汚染のひどい業種が急速に発展し，これにともなって廃水・汚水の排出量も急上昇している．劣悪な設備と遅れた製造工程に加え，処理措置がないため，大量の高濃度工場廃水や汚水が直接淮河本・支川に排出されることによって，魚・エビや植物の死滅を引き起こしている．同時に，淮河流域の中・小の町の急速な都市化にともなって，都市部の汚水も直接淮河

本・支流に排出されるようになっている。このほか，農作物に使用した化学肥料や農薬などの残存汚染物質が水とともに淮河本・支川に流れ込む。50年余りにわたる淮河の治水整備において，5300余りのダムが建設され，4364余りの水門が整備・建設され，1.5万km余りの堤防が改修されている。

蘇北灌漑水路大プロジェクトの完成で，新しく海への水路ができたことに加え，河南・安徽・江蘇・山東4省の水系が整備されたことで，淮河は高度な人工制御河川となり，流量が直接水質に影響を及ぼすことになった。ここ数年，夏季における淮河流域の持続的な干魃によって各水門が閉じられたため，下流部の断流が河川の水量に対する汚染物質の量を増大させ，水流の自浄能力が極度に下がっている。かつて水流清澄で水量豊富だった淮河は，名実ともに大量の汚染物を受け入れる排水溝となっている。水は飲むことはおろか，利用することもできない。長期間積み重ねてきた工業と生活に起因する汚染で，河川全体の2/3を占める区間は，使用不能の状態におちいっている。河川沿いに居住する何千万もの住民の飲用水が，基準を満たしていないのである。地区にまたがった汚染問題は住民のあいだにトラブルを引き起こし，上級政府機関への直訴が相次いで，普通の生活や生産秩序に悪影響をもたらしている[17]。

淮河の支川である穎河の汚染状況，劉兵生 撮影

20世紀最後の20年間，淮河およびその支川で160件の汚染事故が起き，とくに重大な事故が6件起きており，被災地区の民衆の健康と正常な暮らしおよび生産に測り知れない損失をもたらしている[17]。1982年5月から89年2月にかけて，淮河では大きな汚染が3件起きており，これは平均2年に一度の頻度となる。90年代に入ってからは，水汚染の事故が毎年発生しており，しかも年間2件以上も起きている。90年代初期，淮河の16本の主要支河は，半分以上の区間で国家V類地表水基準を超え，いかなる利用価値も喪失してしまったのである。

　1993年の国家環境保護局による『中国環境状況会報』では，「淮河流域の水質汚染が深刻である。枯水期において水質の汚染がひどく，基準を超える区間は82％を占める」と指摘されている。94年7月，淮河では全国に衝撃を与える超重大な水質汚染事故が起きた。事故当時，淮河流域の干魃が続いていたので，主要水門は全部閉じられていた。7月中旬に集中的な大豪雨が降り出したため，主要水門が開かれ，集中排水が行われた。そのさい，上流河道に蓄積された2億m³に及ぶ汚水が排出され，幹流河道で70kmにわたる汚染帯が形成されたのである。とくに中・下流域での汚染量が大きく，汚染物質の毒性が強く，汚染水塊の滞留時間が長いといった重大な汚染をもたらしたのである。大量の汚水が洪沢湖に流入してより，湖の水質が急速に悪化し，魚・エビ・蟹・蛙が大量死し，地元の魚民に莫大な損失を与えた。汚染水塊の流下がとどこおったため，都市住民の飲用水源とする上水処理能力が限界を超え，市民の飲用水の確保が難しくなり，一部の工場が操業停止をせまられた。統計によると，この汚染事故によって，淮河沿いの漁業に壊滅的な打撃がもたらされ，洪沢県だけで経済損失が2億元を超え，淮南・蚌埠・盱眙などの都市では数万人の市民が汚水を飲用したため，皮膚病と腸道伝染病をわずらった。災害後，水質が回復したとされる河川の水源の調査結果では，129種類の厳重制限伝染物質のうち，95種類が依然として検出されたのである。そのうち，誘癌物質が67種にのぼっている。1996年9月には，安徽省蚌埠市がふたたび水汚染の災いを経験した。各家庭の蛇口の水が臭いこともあって，水を売る掛け声が町中に響きわたった。ミネラルウォーターが不足しプラスチック缶が売り切れる状態で，目の前に流れる淮河をかかえながら飲み水に困ったのである。蚌埠では一時水道代が高騰し，市民の不満は頂点に達した。96年から2003年にかけて，淮河

流域の GDP は 134% 増加した。同時に，水質汚染も同じ勢いで拡大している。2002 年の検査分析によると，淮河の深刻な水質汚染でⅤ類を超える区間は河川全体の 41% を占める。淮河流域 33 省の省境にある湖面および淮河本川・大運河など主要河川の水質に関する 03 年の調査では，Ⅴ類を超える汚染の深刻な事例が全体の 51.5% を占めた。

　観測によると，地表水がⅤ類を超える地区では，地下水もひどく汚染され，消化器官疾病と肝臓癌・胃癌・食道癌をわずらう人数の割合がほかの地区よりいちじるしく高く，青・中年の癌による死亡者数も非常に高い。奎河のほとりにある安徽省宿州市にある村では，奎河の水質汚染のため，村人が奎河水の使用を恐れ，井戸を掘って地下水の利用を始めた。しかし，地下水も汚染されていたため，最近 3 年来，癌による死亡者数が村全体の 13% を占め，とくに年齢 40 〜 50 歳代の死亡率が高く，80% が肝臓癌である。奎河の汚染によって住民の健康が深刻な被害を受けているだけでなく，地元の経済もダメージを受けている。長年のあいだ村では，水稲の品質が悪く異臭もあるため，米の買い上げがほとんどされていない。淮河上流にある二級支川である黒河もひどく，すでに「害河」に変わっている。1990 年代に河南省某県区間に対する調査結果では，人の死亡率が平均より 1/3 も高かった。大人 3 人のうち 1 人に脾臓腫があり，児童 10 人のうち 9 人に肝臓異常が見つかっている。また，6% の新生児が先天性畸形であり，川沿いの村々には数年にわたり徴兵の条件を満たす若者が一人もいない[18]。

　淮河の水質汚染は，川沿いの人民の健康および生存条件に大きな脅威をもたらしている。

2-8. 中央アジア，アム川の断流とアラル海の生態被害

　アム川は中央アジアで最大の河川であり，アフガニスタンとカシミールの境界にあるヒンズークシ山脈北麓，海抜 4900m のウェイルーフスジ川を源とし，本川の長さは 2540km，アフガニスタン・タジキスタン・トルクメニスタンとウズベキスタンを流れ，最後はアラル海に注ぐ（図 1-14）。流域面積 46.5 万 km^2 であり，水資源 679 億 m^3。流域にある山脈はほとんど東方向から西へとのび，ゆるやかに低くなっていく。このような地形が，西側から湿った気団を山奥へ侵入させている。この飽和に近い気団が横断山脈にぶつかり，水分が凝

結して，高地に大量の降雨をもたらす。山地の年間降水量が 1000 ～ 2000mm に達するのに対して，平原地区は 100mm しかない[2]。

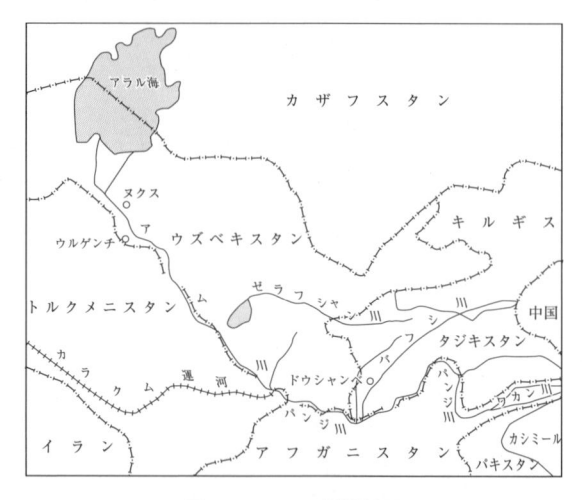

図 1-14 アム川流域図

　アラル海は中央アジア最大の内陸湖であり，世界で 4 番目の大きさの湖である。1960 年代以前，アラル海は南北長 428km，東西幅 235km，最大水深 67m，平均水深 16.1m，水面面積が 6.35 万 km^2 あり，貯水量は 10640 億 m^3 に達していた[19]。

　ソビエト政権が帝政ロシアを倒した後，全国的に計画経済が断行された。農業生産面で，まず国家計画委員会の注意を引いたのが中央アジア地区，とくにアム川とシル川（アラルに注ぐもう一つの河川）流域で，土地資源と水資源が豊かであるうえ，長い日照時間と無霜期をもつため，綿花生産に適していた。それゆえ，綿花生産をめぐる巨大プロジェクトが実施されたのである。1937 年，ソ連は綿花の輸出国となった。47 年以降，トルクメニスタンとウズベキスタンにおける農業機械化の実現によって，綿花・小麦・トウモロコシなどの農作物の作付面積がさらに拡大し，砂漠が農地化されたが，一方で乱暴な耕作と灌漑によりアム川を灌漑区に引いた水資源の利用率は 40% 以下で，60% 以上の水が強い蒸発や水漏れで消えていった[20]。56 年，ソ連はこの地区でカラクム灌漑用水路を建設した。この用水路はアフガニスタン国境におけるアム川の引水から西へカラクム砂漠を通り抜け，イラン国境付近のトルクメニスタン

の町であるアジュカバードを終点に，全長は873kmに達するもので，灌漑面積（トルクメニスタン国内分）は360万畝である[9]。その後，ソ連はさらに3本の灌漑用水路を掘り，多くの水をウズベキスタンとカザフスタンの砂漠へ送り，灌漑面積が一気に数百万haに増加したが，水は砂漠に消えてしまい，ふたたびアラル海に到達することはなかった[20]。

水資源の過剰利用によって枯渇しつつあるアラル海，David Turnley 撮影

統計によると，1950年代，毎年アム川から平均61%の水を引いていたのが，70年代には68%に増加した。80年代になると，アム川の水のアラル海への断流は半数以上の年に出現した。89年には，アム川は完全に断流している[9]。

アラル海に流れ込む水量に大幅な減少が起こり，1957年からアラル海の水位のいちじるしい下降が始まった。それにともなって水域面積がしだいに縮小し，貯水量が減少し続けてきた。さらに水分蒸発が激しいこの地区では，湖水の硬度が急速に増加し（表1-2），一連の人為による災難が起きている。

表1-2 アラル海の変化

年	水位 (m)	湖面面積 (万km^2)	貯水量 (億m^3)	硬度 (g/L)
1960	53.4	6.35	10,640	10
1970	51.3	5.70	9,307	
1980	45.5	4.77	6,022	
1990	38.5	3.65	3,243	30

　表1-2から明らかなように，1960年代から90年代にかけて，水位の下降，面積の縮小および貯水量の減少は，それぞれ14.9m, 42.5%, 69.5%となっている。もともと海浜の町であったものは，現在では海岸から50kmも離れている。近年の勢いのままでは，今後10年〜20年でアラル海の大部分が消滅し，その存在は単なる地理上の記号として古い地図に残されるだけになるだろう[21]。

　湖水位の大幅な下降や湖水面の急速な減少により，1960年代以来，涸れた湖底面積は2.7万km^{2}に達し，その9%が砂漠化し，塩や殺虫剤の残留物の堆積地となっている。この地区では，砂嵐の被害のほか，湖底露出による塩塵などの被害も受けている。毎年，干上がっている湖底から強風によって吹き上げられる塩塵が4000万トン余りもあり，有害物質とともに400〜800km吹き飛ばされ，風下側の人畜の呼吸器疾病や癌の発症率の急速な上昇を引き起こしている。とくにアラル海沿岸に生活する300万の住民は，飲用水の悪化や空気中に含まれる塩塵量の増加といったきわめて劣悪な生活環境で生活している。最近15年来，腸チフス・ウイルス性肝炎・腸道病などの疾病の発症率が過去に比べ明らかに増加傾向にあり，他の地区よりもはるかに高い。そのなかでもアム川下流のデルタ地帯では，生物体内の蓄積量がもっとも高く，母乳による乳児の死亡率が100%を超えている[20]。

　アラル海の広大な水面は湖周辺の気候調節の機能を有しており，その影響範囲は300kmに及ぶ。湖水面の大幅な縮小がその調節の機能の低下をまねき，沿岸局所的な気候から大陸性気候に変わり，具体的には気温の差の増大，空気の乾燥，気温の上昇および無霜期の短縮などの現象が現れている。国連環境部門の報告書では，次のように指摘されている。「チェルノブイリを除いて，地球上にアラル海周辺ほど，生態災難の被災範囲が広く，被災人数が多い地域は存在しない」。

　統計によると，現在では無霜期が170日と短くなり，これは綿花栽培が可能

な200日を下回る。そのため，多くの灌漑区では綿花の作付を止め，水稲に切り替えた結果，灌漑用の水量の大幅な増加が引き起こされた[20]。もし，灌漑区の農作物をすべて水稲に変えたら，アム川とアラル海により深刻な災難を与えてしまうだろう。

2-9. ヨーロッパ，ライン川の汚染と災害

ライン川はスイス中部のアルプス山脈北麓を源とする川で，スイス・リヒテンシュタイン・オーストリア・フランス・ドイツ・オランダの6ヶ国を流れ，オランダのロッテルダム付近で北海（大西洋）に注ぎ，全長1320kmである。流域はルクセンブルク・イタリア・ベルギーなどの国を含めて，面積が22.4万km^2で，人口6000万人である（図1-15）。流域のほとんどがドイツ国内（流域面積18.5万km^2）にある。年間流出量は790億m^3で，年間送砂量は350万トンである。

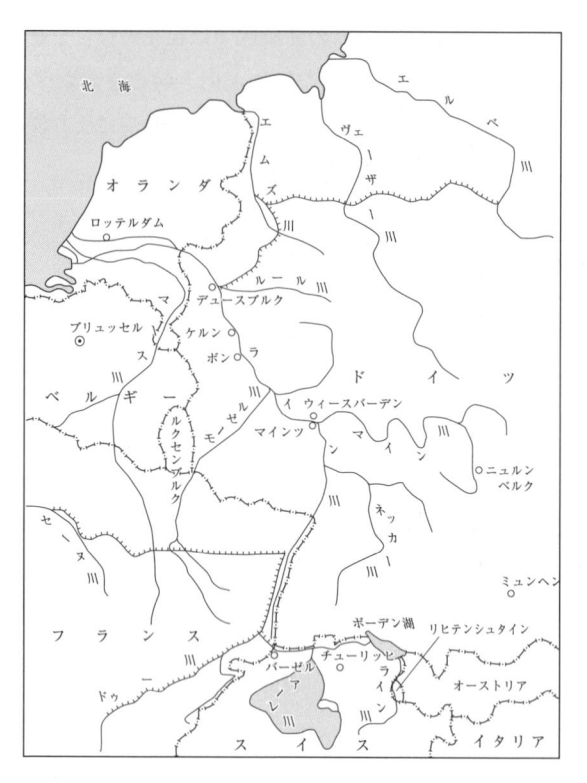

図1-15　ライン川流域図

　ライン川は，世界で航運がもっとも発達した河川の一つであり，世界でもっとも著名な「鎖状産業密集地帯」でもある。河口に位置するロッテルダム港は，輸送量が世界最大であり，「ヨーロッパの玄関口」と呼ばれる。ドイツのデュースブルクは世界最大の河川港であり，ドイツの鉄鋼産業の中心である。長年，ライン川沿いにはバーゼル〜ミュールーズ，フラボ〜ストラスブール，ライン〜ネッカー，ライン〜マインツ，ケルン〜ルールおよびロッテルダム〜欧州港区という六つの世界で著名な工業地帯が形成され，ヨーロッパないし世界で重要な化学工業・食品加工業・自動車製造・製錬金属加工および造船業の中心となっている[9]。

ライン川の沿岸に密集する町，劉小島 撮影

　第二次世界大戦後，ヨーロッパ経済の急速な発展にともなって，ドイツでは多くの新興工業が創出され，新しい都市が建設された。それと同時に，汚水が未処理のままライン川に排出されたため，ライン川はしだいに汚染されていった。その後の数十年間，ライン川の水質は悪化の一途をたどる。1960年代から70年代初期にかけて，中央ヨーロッパの経済復興にともない，ライン川に排出される汚水量はピークに達した。ライン川の流量は西欧諸国のすべての河川総流量の0.2%しかないのに対して，その流域で西欧諸国の化学工業の20%を占める[18]。同時に，高度な集約農業地区でもあり，作物生産量と農業化学製品の投入量が世界トップレベルである。毎日，5000万〜6000万m^3の工・農業廃水と生活汚水がライン川に排出され，実際にライン川はすでにヨーロッパ最大の排水溝となった。

　深刻な汚染が生態系の破壊を引き起こす。1965年に，上流では，無脊椎動物が絶滅に瀕し，95種の鳥類のうちの12種が絶滅し，他の12種もその数を減らした。71年の渇水期には，水汚染が深刻で，CODが30〜130mg/l，BODが5から15mg/lに達し，溶存酸素が1mg/lを下回る川の区間もあり，ほとんど自浄作用が失われていた[18]。統計によると，ライン川流域に生活する

第1章　河川の生命概論　115

6000万人のうち，約2000万人がライン川の水を飲用している。水質基準値を大幅に超える水の汚染は人体に甚大な危害を与え，70年代には，ライン川沿いにおける癌の発症率が急上昇を始めた。同時に，硫酸塩・硝酸塩・リン酸塩の濃度の急上昇にともなって，ライン川の水を水源とする湖やライン川本・支川における水流のゆるやかな区間においては，浮遊植物が大量に増殖し，藻類が大発生した。魚の種類は河川水のきれいさの「指標」である。30年代にライン川に52種もいた魚が75年には29種類に減った。しかも，その多くは絶滅に瀕している。ライン川の水の酸素含有量は平均90%から40%に減少しており，このままでは数年後，「ライン川は死亡した」と生物学者に宣告されることになるだろう[20]。

2-10. アメリカ，コロラド川の過度な開発と汚染による「瀕死河川」化

コロラド川はアメリカ南西部乾燥地区の最大の河川であり，ロッキー山脈のブランカ山（海抜4373m）の西麓を源とする。本川は北東から南西へと，コロラド・ユタ・アリゾナ・ネバダ・カリフォルニアなど5つの州とメキシコ北端を流れ，カリフォルニア湾（太平洋）に注ぐ。支川はさらにワイオミング・ニューメキシコ両州を流れる。流域面積は63.7万km^2で，本川全長は2320kmであり，そのうちメキシコ国内部分が145kmである[2]（図1-16）。

源流域からリーズフェリーまでが上流で，長さ1030kmであり，河道弯曲部が多く，「山高く谷深し」である。ロッキー山脈には降水が多いうえ，氷雪の融水による補給によってコロラド川上流地区は水資源が豊富である。リーズフェリー観測ステーションでの平均実測流出量は185億m^3，最大年間流出量が296億m^3（1917年），最小年間流出量が69億m^3（1934年）である。

中・下流の大部分の地区は乾燥・半乾燥地区に属し，年平均降雨量が100mm以下である。そのうえ，蒸発量が大きく，滲透漏れ，他所への引水などの原因で水量が減り続けている。

1922年11月，合衆国商務省長官フーバーの指示のもとで，七つの州の代表による15日間17ラウンドにわたる交渉の結果，歴史的な意味をもつ「コロラド川協議調印」が達成された。当時，各州の水の実際需要量および将来の需要量の見込みにもとづいて，コロラド川への使用権に関して初めて州際配分が決められたのである。協議では，コロラド川を上・下両区域に分け，それぞれの

区域に 92.5 億 m³ の水資源の使用権が認められた。また，それにあわせて 18.5 億 m³ の水資源を，下流に位置するメキシコに配分する決定がなされた[14]。この協議はおもに水資源の使用をとり決めたものであり，環境への取り組みは対象外である。35 年に，アメリカはコロラド川に初のダム（通称フーバー＝ダム）を建設した。その後，本川に前後 11 基のダムを，支川に 95 基のダムを建設した。本・支川ダムの総容量は 872 億 m³ であり，コロラド川の年平均流出量 185 億 m³ の 4.7 倍に相当する。アメリカ南西部は乾燥地帯で水が不足しており，コロラド川がその生命線である。このほかに，コロラド川の本・支川には数多くの引水プロジェクトが建設されている。上流にはフライパン川・アーカンソー川引水プロジェクト（灌漑農地 165 万畝），サンファンチャマ＝プロジェクト（灌漑農地 55.5 万畝），ナバホインディアン＝プロジェクト（灌漑農地 67.5 万畝），コロラド川・ビッグトンプソン＝プロジェクト（灌漑農地 420 万畝）がある。下流には，サウスダコタ＝プロジェクト，コロラド＝アクエダクト，全米運河（灌漑農地 300 万畝），中央アリゾナ＝プロジェクト（灌漑農地 233.5 万畝），サルトリバー＝プロジェクト（灌漑農地 160.5 万畝）とジラ＝プロジェクト（灌漑農地 64.5 万畝）などがある[2]。これらの大規模な引水プロジェクトの水供給用途はほとんど農業灌漑であり，年間引水量が約 95 億 m³ で，流域内の七つの州の土地に水を与えている。このほかに，都市給水と工業用水にも供給され，その年間用水量は 28 億 m³ である[2]。コロラド川による給水・引水プロジェクト＝システムが完成した後，供水能力は実際の需要量を上回っている。96 年，供水量は 165 億 m³ に達し，水資源の開発利用率が 90％ に達した。97 年に一部の州では，余剰水量を超過採掘された地下水の補充にまわしている。また一部の州では，22 年の協議分より多くの水量が使われている。とくに先住インディアンの水の権利に対する意識が目覚めたため（22 年の協議では実際の水の需要が少なかったので，インディアン保留地への水の権利が考慮されなかった），初めて需要が供給を上回る事態となった。近年，毎年約 12 億 m³ の水不足が発生している[14]。そのため，コロラド川がカリフォルニア湾に達する前に全部汲み上げられてしまい，水が完全に「飲み干されてしまう」。

　コロラド川水資源の過度な開発は，下流河道と河口地区に，以下のような事態を引き起こしている[14]。

第 1 章　河川の生命概論　117

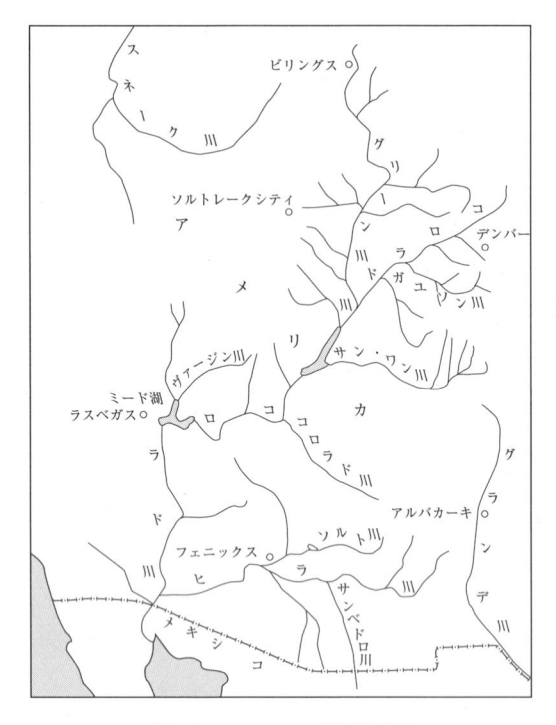

図1-16　コロラド川流域図

リーズフェリー付近のコロラド川

1) 河道の萎縮。

　流域内に建設されたダムの総容量が河川の年平均流量の数倍に達し，洪水が完全に制御されたため，自然状態の洪水過程はもはや再現されない。自然にできていた，洪水過程に適応した河道は，洪水が起こらなくなったため，河道の萎縮が不可避である。

2) 河道における環境・水質の悪化。

　河口地区においては，通常水質の悪い灌区からの排水は少量である。過去には上流からの大量の水でそれを希釈し，塩水を薄めることができていた。ところが，現在では灌区からの排水を希釈する水量がなくなったため，アメリカとメキシコ国境付近での河川水の塩分含有量が1500mg/lにものぼる。灌漑水としてそれを用いたメキシコ灌区の農産物が大量に枯れた。

3) 下流における湿地面積の大幅減少。

　野生生物が生存環境を失い，絶滅に瀕している生物は少なくない。

　このほかに，コロラド川自身の汚染が非常に深刻である。以下のような3種類の主要な汚染源が，地下水として河川に滲透している。

　第一の汚染源は，浄化槽の硝酸塩素によるものである。カリフォルニア・アリゾナ両州の河沼にある新興都市は，アメリカが使用する浄化槽のもっとも集中する地域である。浄化槽システムの超負荷によって多くの硝酸塩が地下水に滲透し，コロラド川に流入する。ハバス湖地区にある観測井戸の記録によると，硝酸カリウム含量はアメリカ環境庁が定めた安全基準の4倍以上である。硝酸カリウム含量の高い水を飲用すると，乳児の血液に酸素欠乏が起こったり，癌になったりする危険がある。分析すると，2001～05年の間で，約545トンの硝酸塩が地下水に滲透している。

　第二の汚染源は，ロケット用燃料に含まれる過塩素酸類である。過塩素酸類はネバダ州ヘンダーソンにある工場から出ている。冷戦時代ここはロケット燃料製造工場で，現在も操業が続いており，毎日180kgもの過塩素酸類が工場からミード湖に流出している。測量によると，この物質はミード湖での濃度がすでに24ppbに達している。この高い過塩素酸類成分は人体の甲状腺機能に影響を与え，ホルモンのバランスを崩すこともある。

第三の汚染源は，放射性廃棄物である。この種の廃棄物はユタ州モアブ付近のアトラス砿業企業から出ている。ここにはかつて1200トンもの放射性物質が貯蔵されていた。測定によると，この企業の近くの河川水中のウラン濃度は16.6倍も増えている。一方，コロラド川下流のハバス湖の入口では，放射性物質の含有量の増加が観測されている。ここでは1600万住民の飲用水がここから取水されている。アメリカ科学院はこう警告している，「これからの一定期間において，コロラド川の水を飲用するすべての住民が放射性物質に触れるであろう」[23]と。

　コロラド川の水資源の過度な開発と河川に大量の有害物質・放射性物質が含まれることを考慮し，アメリカ河川協会は1000にのぼる河川関連機関，環境保全組織および地方政府・納税者からの意見にもとづいて，コロラド川を2004年全米「危険河川」リストの1位にランキングした（その次の順として，ビック＝サンフラワー川・モスキート＝クリーク（蚊川）・テネシー川・アルゲニー＝モノンガヘラ川・スポケーン川・ホーソトニック川・ピース川・ビックダービー川・ミシシッピ川[24]）。

　そもそも河川は独立した水文・地理と経済的単元であり，人類の経済と社会発展において重要ないし主導的な役割を果たし，その影響は深く長い。

　世界の河川の治水と開発史を概観すると，主観的にみても客観にみても，河川に対する開発・利用ないし加害が多く，尊重・愛護・関心・優しさが少ない。その結果，ほとんどの川は「病気状態」にあり，なかには「重篤」のものもある。統計によると，全世界で長さ1000km以上，平均流量1000m^3/s以上，流域面積10万km^2以上という三つの条件を満たす独立水系は336本ある[2]。最近，「21世紀水資源世界委員会」という国際組織が，ある調査報告書において「現在，世界の河川のなかで健康なものはたった2本しかない」と指摘している。それは，南米のアマゾン川とアフリカのサハラ南部にあるコンゴ川である。アマゾン川は世界で最大流量・最大流域面積をもつ河川であり，沿岸に住民密集地や工場が少ない。一方，コンゴ川も周辺には大規模な工場地帯がないのである。

マナウス付近のアマゾン川，董保華 撮影

3. 河川生命概念の構築

　人類が河川に与えた傷害とそれによって支払われた重い代償は，河川の寛容と忍耐力には限界があり，河川に対する過度な開発・掠奪ないし加害がその限界を超えると，河川が自身なり人類に対して容赦なく報復し，人類による「支配」と掠奪に反撃することをわれわれに思い知らせている。河川のこのような強烈な反撃によって，人類はしだいに次のような認識に至っている。つまり，長い歴史のなかで，伝統的な価値観の致命的な弱点は，ひたすら経済の成長を追求し，経済発展の根幹である生態系を無視し，経済活動を孤立させ，非線形運行の生態系のなかで永久的な経済成長を実現しようとすることである。無数の事実で明らかなように，過度に人類によって奪われた河川が，人類に対してその代価を請求している。人類は妥当なかたちでその補償を返済しないと，生命の代償を支払うことから逃れられないだろう。

　地球上に生命が誕生してから38億年もの進化を経て，今日の多彩な生命の世界がつくられた。絶え間ない進化の過程において，さまざまな生命が地球全体に生息し，活力溢れる生物圏が形成されてきた。太陽系における地球の独自性とは，多様な生命に富んだ生物圏の存在にある。

　伝統的または狭義な生命科学では，河川が生命の多様性に富んだ生物圏できわめて重要な役割を果たしているにもかかわらず，河川は生物学者によって生

命の概念から排除されてきた。一般的な科学概念としての生命は，19世紀初期に提唱された。その本来の主旨は，生命という概念を用いて生物と非生物を区別することであった。したがって伝統的または狭義な生命概念は，「生物は自然界で生命をもつ物体であり，植物・動物と微生物がそれに該当する。生物個体は物質とエネルギーの代謝によってその生長と発育を営み，一定の遺伝と変異の規則にもとづいて繁殖をくり返すことによって，その種族の増殖と進化をはたす。生物体の主要成分は，遺伝情報をもつ核酸（デオキシリボ核酸・リボ核酸）と構造的にも機能的にも重要な働きをもつ蛋白質である」[25]。このように生物の特性に着目して，かく提唱されたのである。さらに，「生命は高分子の核酸蛋白質とその他の物質からなる生物体がもつ特有の現象であり，外部の物質を自身の体の形成と繁殖に取り入れることができ，遺伝の特徴にしたがって生長・発育・運動をくり返し，環境の変化時にその適応能力を現すものである」[25]。今日，上記の生命の定義は事実上，生命科学者に広く受け入れられていない。なぜかというと，生命と非生命の本質的な区別とは何かといった生命科学のもっとも基本的な問題について，いまだに完全な解釈に至っていないからである。生命科学の分野では，「生命とは何か」という問いに答えを求めるのは，哲学者に「人とは何か」，あるいは美学者に「美とは何か」という問いに答えを求めることに匹敵する。

　現代自然科学の発展の趨勢と20世紀生命科学の急激な発展を背景にして，現代生命科学の発展は二大傾向，すなわちミクロとマクロの両極に向かうと予想される。ミクロとは伝統的または狭義な生命研究分野のことであり，マクロとは現代的または広義な生命研究分野のことである。マクロ的生命研究は生態系をその研究対象に取り入れ，人類を研究の主体として，その生態・経済・社会と制度の総合効果を研究の重点に置き，理論と制御政策の総合的な研究のもとで，自然科学を社会科学に結びつけた総合的な研究を行い，定量化・モデル化・プロジェクト化およびシステム化の方向へ発展するものである[26]。

　現代的または広義な生命科学において，河川に生命の意義を与え，河川生命の概念を樹立させることを筆者は提案する。

　河川生命は二つの意味をもっている。一つは，人類の生存と発展に対する生命支援システム的な作用のことである。もう一つは，河川自身が生命的な属性をもっているため，河川を生命体とみなすことを前提に，人間と河川生命体の

相互関係を築くことである。一つ目については，本章の第1節・第2節において正・反両面の実例を通して証明されている。ここでは主として二つ目の意味について解説する。

1) マクロの尺度において，河川は生命運動における物質・エネルギー・情報という三者間の変化・協調と統一を完全に体現している。

　生命の運動過程は，エネルギー移動・物質循環および情報伝達の三大基本機能をもっている。なかでもエネルギー移動と物質循環は生態系でもっとも重要な特徴であり，生態学におけるもっとも重要な二つの規則でもある。二者は相互依存・相互制約の関係にある。

　生物の生命の世界では，太陽放射エネルギーが緑色植物（生産者）の光合成作用によって化学的エネルギーへ転換されて体内に貯蔵された後に，生態系の栄養構造のなかで流動する。生産者によって固定された総エネルギーは，動物・植物の死体の分解者に利用され，呼吸作用を通じて各栄養段階で流動する。この部分のエネルギーも，流動のなかで生産者と各段階の消費者の呼吸作用によって，かなりの部分が消費される。このように，各栄養段階でその次の段階にある生物に消費し尽されない生物が存在するため，エネルギーは流動過程で少なくなってゆく。そして最終的に完全に消費される。生態系に必要不可欠なエネルギーの注入は，しだいに減少するという規則によって，一方向的に生態系で流動する。以上を生命のエネルギー流動過程という。この過程にともなう物質循環過程も往々にしてある。すなわち，簡単な無機物が複雑な有機物に合成され，食物連鎖の各栄養段階で移動する。そして最後に，動植物の死体が簡単な無機物に分解され，生物体を構成する基本元素がもとの無機環境へもどり，さらなる循環のなかに入ってゆく[27]（図1-17）。

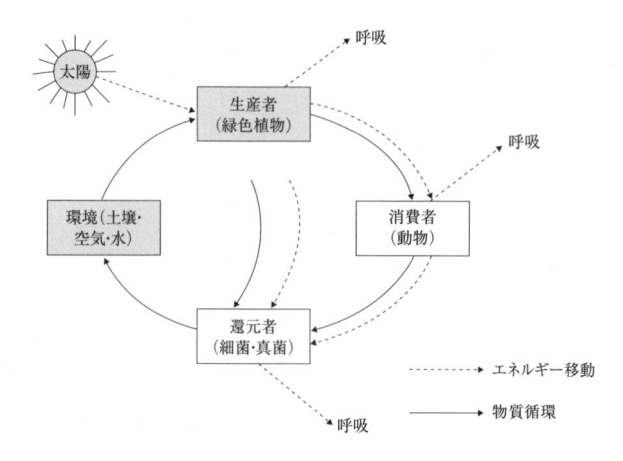

図 1-17　マクロ尺度における生命運動のエネルギー移動と物質循環

　河川を軸とする水文循環過程も，同じエネルギー流動と物質循環の特徴をもつ。水文循環は地球上でもっとも主要な物質循環であり，地球環境の形成・変化および人類の生存にきわめて重要である。地球水圏における各水体間の水分交換と更新を実現させ，特定の地区の気候特性に影響を及ぼし，水を重要な地質営力として地球化学物質の移動を実現させている。

　水文循環過程において，河川はその核心にある。大気降水の受け皿として大気降水を受け入れる。一方，地下水と潜流を受け入れると同時に，輸送ルートとして大気降水と露出した地下水および潜流を末端の海洋または湖沼に送る（図 1-18）。

　太陽の放射は生物に生命運動のエネルギーを与える。同様に，水文循環システムを動かすエネルギーも，太陽の放射エネルギーである。陸地と海洋の水が太陽放射エネルギーを吸収して，自身の位置エネルギーに換える。さらに地球の引力を克服し大気中に蒸発するが，地球の引力を受けて地上に降り，地表流出を形成する。位置エネルギーの一部は降水過程で散失するが，一部は河川水の流動エネルギーになると同時に，一定の位置エネルギーを保持する。地球上における絶え間ない水循環は，つまり太陽放射エネルギーから河川流動エネルギーに転化する過程である。地球引力の作用によって河川水は絶え間なく上流から下流へと流動するが，流動摩擦・河床侵食・土砂輸送などによって水のエネルギーはしだいに消耗される。生

態系におけるエネルギー流動過程と同様，河川の水エネルギーも逓減の法則に従って一方向に河道を流れる。

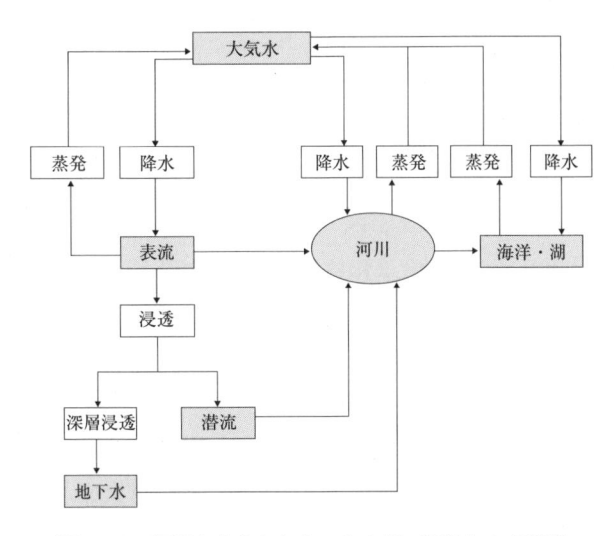

図1-18　河川を中心としたエネルギー移動と水文循環

2) 河川に生命の意義を与えなければ，河川の主体的な地位を確立し，人類中心主義的な価値観を変えることはできない。

ここでいう価値とは哲学上のもので，関係範疇に属しており，すなわち一定の価値関係においてのみ存在するもので，伝統経済学でいうところの商品価値ではない。人と自然のあいだに一種の価値関係が構成される。この関係においては，人が価値の主体で，自然が価値の客体である。価値とは自然がある種の属性をもって人の需要を満たす有用性のことである。価値基準は明らかに人にとって有用か否かにある。しいていえば，人間に有用なものが価値あるものである。逆に人間にとって無用なものは価値のないものである。このような価値観を人類中心主義的価値観という[28]。すなわち，人類が自然界の中心と主宰者であり，自然に対して「征服」や「支配」という横柄な態度をとり，世界中のすべてのことを自身の利益損得で判断し，自然界と環境の価値を無視する考え方である。人類中心主義の価値基準のもとでは，人類があらゆる手段を用いて自然を占有する。その結果，伝統的な経済指標は上昇したが，生態系は深刻

第1章　河川の生命概論　125

に破壊され，最終的に人類自身が地球規模の危機に直面することになる。

　人間本位的な行為がもたらした生態系の急激な悪化に直面して，人類は本当に人間こそが価値の主体であるかどうかを考え直すべきである。

　客体がある種の属性をもって主体の需要を満たす有用性を価値と定義するならば，自然界で価値の主体になるのは決して人類だけではないはずである。たとえば，河川を中核とするエネルギー流動や水文循環過程において，液体または固体の水体が太陽放射エネルギーを吸収して気体に変化する。それは大気に混合し，大気とともに循環しながら，一定の気象条件下でふたたび気体から液体または固体にもどって，地上または海上に降下する。河川と地表勾配の関係では，河川の流れが価値の主体であり，地表勾配が価値の客体である。したがって，水体であるか河川であるかにかかわらず，その内面の価値を所有するのである。

　河川が価値の主体になる以上，人類中心主義と物質主義の価値観が批判されるべきである。人間の需要と人間の価値を重視すると同時に，河川の需要と価値も重視されなければならない。河川の内面的価値を認めることを出発点として，河川の存在を認め，その生存権利を尊重することは，人類の重要な道徳の規範となるべきである[28]。

　人にとって生命は一度しかない。だから人類は，自己の生命が何より重要であると考えがちである。しかし，河川が人類文明の発展の基礎であり，かつまた人類が被害を与えた河川からの報復によりもたらされた致命的な被害を考慮するなら，河川倫理意識を樹立し，河川に生命の意義を与えるべきであり，河川の生命に危害を与えるいかなる行為も不道徳とするべきである。

　表面的には河川倫理にかかわるのが人と河川との関係のように思えるが，じつはそれは依然として人と人との関係であり，行為者と他者との関係であり，現世代人とその子孫との関係である。流域に生活する人々にとって，一部の人が私利私欲のため過度に水資源を使用することは，他の人の利益を損なうことになり，不道徳といえる。上流に生活する人々が大量の廃水・汚水を直接河道に排出すると，下流区で生態系破壊を引き起こす。その廃水・汚水が地下に浸透すると長期間滞留するため，子孫の利益を損ない，不道徳である。流域に生活する人々が河川の水資源を丸ごと食い潰してしまうと，河川沿いの生態系が壊滅的な打撃を受け，その影響がさらに広い範囲に及び，これも不道徳である。

もちろん，河川を生命体とみなすことは，河川の治水整備・開発における人類の行為をすべて制限するというわけではない。人類による河川保護，その存在の維持の根本目標は，やはり人類自身の全体的かつ長期的な利益にあるのであって，河川の利益だけのためではない。このような立場から，人類と河川の利害関係を考えるさい，人類自身にかかわるすべての損益を捨て去ることは不可能である。といって，人類中心主義を極端に推し進めることを防ぐ必要があると同時に，盲目的な人類活動を超えてはならないある「底線」に抑え込まなければならない。つまり，すべての河川が経済社会システムを支える能力には限界があるのと同様に，人類による河川の開発利用にも限度があることを認識しなければならない。一連の水利工事プロジェクトを通じ河川の洪水をうまくコントロールすることをもって，河川の治水整備が完全に成功したと考えてはならないし，一連の水利工事措置を通じて河川の水資源を丸ごと「食い潰してしまう」ことをもって，河川の水資源の高効率利用とみなしてはならないのである。河川の生命の核心は水であり，その命の脈動は流動にある。河川が中断することなく流れることこそがその「脈動」を表すのであり，中断なく流れる過程が維持されてこそ，河川沿いや下流地区の生態系を維持することができるのである。河川における適時な洪水過程の存在がその元気で生命力に溢れるシンボルであり，適時な一定規模の洪水過程の存在こそが，河道の萎縮を防ぎ，河川に健康な生命を維持させることができるのである。

　人類は河川の尊厳を維持し，河川の生存権を尊重すると同時に，河川による負のフィードバックへの制御システムを確立する必要があり，人と河川における主体と客体の関係を換え，人と河川とが調和のとれる関係を築き上げるべきである。

　現在，世界的にみて，河川を治める基本方法や技術は日増しに進歩しており，人間がほしいままに河川をコントロールできるといっても過言ではない状態になっている。このまま発展を続けたら，将来，全世界の河川がすべて人類のコントロール下に置かれる日は必ずやってくる。直言をはばからなければ，河川を治める目標において，人々は治める過程をより重視し，人類の河川治水における価値を大々的な建設工事の過程を除いては体現できないというように感じ，河川を完全征服する勝利の喜びに陶酔する傾向があるのではないだろう

か。逆に，今日に至っては，いまだに世界的に河川の治水管理の最終目標について一度も真剣に議論されたことはない。もちろん，河川の治水管理の究極目標を定義することが困難なのは，世界中の河川に個性や特殊性があるからである。しかし，河川の生命という視点から，共通する答えを見出すことはできる。すなわち，それは「河川治水の究極の目標は河川の健康な生命維持」ということにほかならない。河川の個性や特殊性をその究極目標に反映させるには，それぞれ異なる健康な生命の指標または構造体系を制定することが必要である。

新疆カナス湖臥龍湾，董保華 撮影

4. 国内外における河川再生

1997年8月に日本の岐阜県で開催された世界河川会議では，地球環境に優しい21世紀における河川および流域のあり方をめぐって議論が行われた。参加国のあいだで，河川および流域の持続可能な発展についての経験が相互に交わされ，そこで発表された「長良川宣言」では，全世界の人々が地球全体の環境と流域の持続可能な発展にかかわる広い視点から，人類と流域の関係に注目し，人類と環境の共存および流域の持続可能な発展のために努力することが宣言された[2]。

4-1. アメリカにおける自然再生

アメリカでは早期の治水開発戦略として，コロラド川に対し，「洪水の完全

制御，および水資源を使い果たす」という戦略がとられてきた。それが数年後に河道萎縮をもたらし，河川環境と水質の悪化をまねき，さらに下流の湿地面積の減少，野生生物の生息環境の喪失，数多の生物が絶滅する危機などの問題を引き起こした。これらの問題に対して，アメリカ農地開墾局局長であるダン＝ビルドは「世界のいかなる地区でも，われわれがコロラド川とコロンビア川にしたことをくり返すなら，それは大変な過ちである」と言っている。

コロラド川を再生するために，アメリカは現在，次のような対策を検討している[14]。

1）環境用水を増し，新しい用水協議を行う。環境への用水確保を実施し，下流への引水を禁止する。

2）人工洪水を起こし，下流河道の萎縮を食い止め，下流河道の環境改善に取り組む。

3）汚水処理プロジェクトを継続し，実行する。

コロラド川上流のフーバー＝ダム上流にあるグランドキャニオン＝ダムは基本的にコロラド川源流地からリーズフェリーまでの上流地区（図1-19）をコントロールし，ダムでの流域面積は28.1万 km^2 で，最大年間流量は260億 m^3（1984年），実測値最大流量は1705m^3/s（1965年）である。グランドキャニオン＝ダムはコンクリートアーチ＝ダムで，最大高が216.4mである。ダムの平常貯水位と総容量および有効容量はそれぞれ1128m，333億 m^3 および257.5億 m^3 である。プロジェクトには，航運・発電・灌漑・洪水防止および水産養殖などの総合的効果がある。1957年に着工し，64年に第一機械設備による発電が開始され，65年に8基の発電設備が全部稼動を始めている。

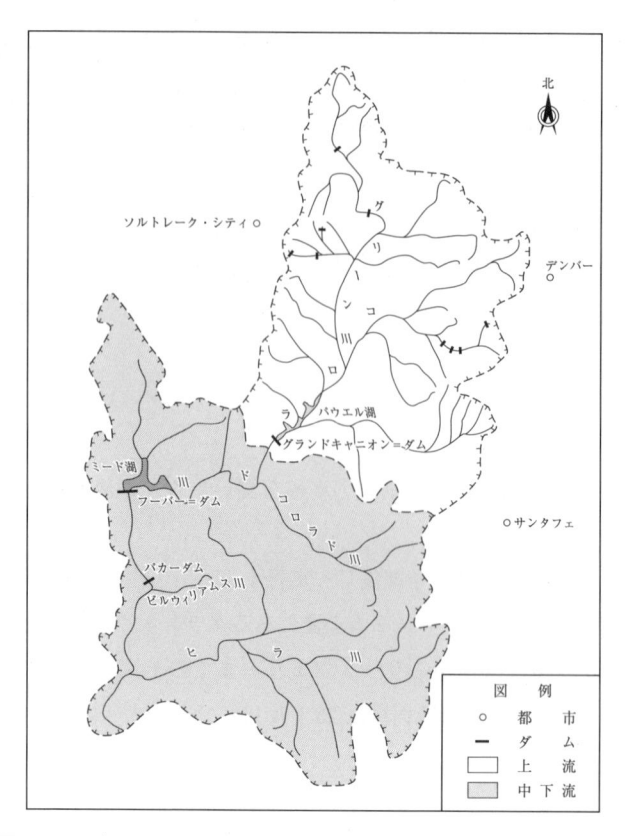

図1-19　グランドキャニオン＝ダムのコロラド川上流における位置

グランドキャニオン＝ダム

この水利基幹工事の運行後，ダムが巨大な調節能力をもつため，ダム上流側の天然洪水は発電のため調節された後，均一な流量となって下流へ排流された。統計によると，建設前のダムにおける日平均流量が850m³/sを上回る時間は年間総時間数の18%を占めていたが，工事運行後には3%に下がっている。ほとんどの時間で，発電所を通過してからの日平均流量は340〜453m³/sと安定している（図1-20）。

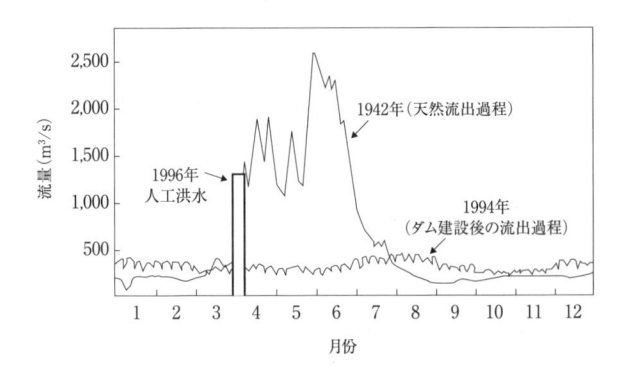

図1-20　グランドキャニオン＝ダム建設前後における排流過程

　グランドキャニオン＝ダムの運用開始後，発電の要求を満たす運用方式を採用するため，90%の土砂をダム湖に堆積させた。ダム建設前の天然状態に比べ，排流された水が非常に澄んで透き通っている。また排水孔がダム堰堤の下部にあり，排出される水流はダム底層水であるため，下流側の水温が年間を通して約8℃に保たれ，自然状態下における季節にともなう温度の変動がなくなった。以上のように，水流の自然の特性と河道の自然地理的特徴が変わることにともなって，コロラド大峡谷の生態系の変化が引き起こされている[29]。

　大峡谷の自然景観と生態系を回復するため，アメリカ農務局は1982年から，ダム放水がグランドキャニオン＝ダム下流側のコロラド川河床ならびに水生資源に及ぼす影響について，「グランドキャニオン峡谷環境研究計画」を始めた。この研究計画の一部として，アメリカ地質調査局は89年に，関連実測データの収集とシミュレーション研究を始めた。その目的は水流と土砂の数値モデルを構築し，土砂の挙動とグランドキャニオン＝ダム放水との相互影響への予測を試みるものである[30]。96年3月，グランドキャニオン＝ダムで下流河道の

自然景観と生態系の回復を目的とする人工洪水試験が行われた。試験過程の設計は，完全にグランドキャニオン＝ダム建設前の融雪で引き起こされた洪水のパターンと発生時間を再現したものである。人工洪水ピークを放流する前，小流量227m^3/sを3日間流した後，1275m^3/sの洪水ピークを8日間流した。その後さらに，227m^3/s流量を3日間流した（図1-20）。試験後のダム下流側109km地点の河道断面の変化を図1-21に示す。

　この試験の後，アメリカは2回目の試験を適時に行うことを決定している。2回目の試験では，グランドキャニオン＝ダムにおける人工洪水の放流時間と，上流右岸のパリア川およびダム下流左岸の小コロラド川の洪水時間とを一致させることが計画されている。

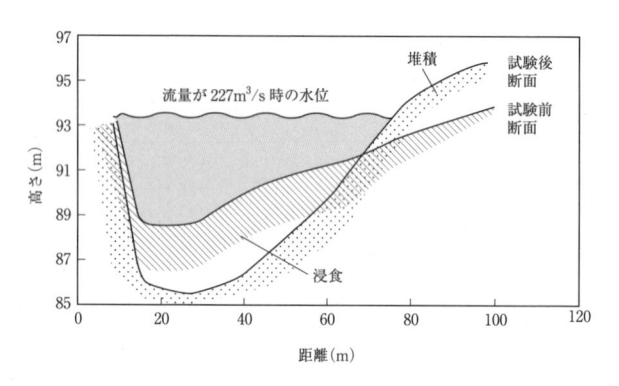

図1-21　グランドキャニオン＝ダムによる人工流量ピークによる下流河道断面への侵食効果

4-2. ヨーロッパ連合における河川再生

　2000年12月22日，ヨーロッパ連合は，その加盟国ノルウェーとヨーロッパ委員会による共同制定の『水枠組み指令』を正式に公表した。このガイドラインは，専門家・利益関係者および政策決定者のあいだで5年余りの時間をかけて議論と協議のすえ達成されたものであり，ヨーロッパ連合水政策の「共同行動戦略」といわれている。その目的は，河川と地下水保全の枠組みを構築することにあり，15年までにヨーロッパで良好な水質状態を確保すると明確に表明している。そのため，加盟国は次のようなスケジュールで重要な行動を実施に移すように求められている。

1) 04年までに，流域の水資源状況と経済社会の発展状況にもとづいた流域の特徴を確定し，流域分区の保護面積を算定する。

2) 06年までに，ヨーロッパ連合委員会による生態系状態の分類を相互検証する。

3) 06年までに，操作機能強化の監視ネットワークを構築する。

4) 09年までに，有効な監視と流域の特徴に対する合理的な分析にもとづいて，『水枠組み指令』で提案されている環境目標実現のための行動計画を制定する。

5) 09年までに，『流域管理計画』を制定・公表する。

6) 10年までに，水資源の持続可能な利用に必要な水価格政策を執行する。

7) 12年までに，操作可能な計画の実施を確保する。

8) 15年までに，措置計画を実施し，環境目標を実現する。つまり，ヨーロッパ連合で良好な水質状態を獲得する。

『水枠組み指令』の要求にもとづいて，ヨーロッパ連合は2009年までに『流域管理計画』を制定し，公表することになっている。そのためヨーロッパ連合は，各加盟国に対して，06年までに流域管理計画の作業概要とタイム＝スケジュールの作成，07年までに流域の重大水管理問題に関する概要，08年までに『流域管理計画』初稿の提出を求めている。各加盟国の計画作成の指導のため，ヨーロッパ連合は『計画過程マニュアル』を出している。このマニュアルでは，水資源計画の原理および政策決定過程，計画過程における考え方，『水枠組み指令』の計画過程に対する具体的な要求，計画過程における全体的な観点と作業の流れといった四つの主要部分について，『流域管理計画』編制過程および内容が解説されている。そのなかでも，『流域管理計画』編成においてはじゅうぶんに「一体化」を体現するように強調されている。以下に一例をあげる。

1) 環境要素の一体化。

重要な水生態系の高度な保護と水の良好な状態の確保のため，環境要素には水量・水質・生態が同時に包括されなければならない。

2) 水資源の一体化。

水資源は流域範囲内の地表水・地下水・湿地および近海水域を含む。

3) 用水・水機能と水資源価値の一体化。

用水は環境用水・生活用水・経済発展用水・運輸用水・レジャー用水と社会

公益性事業用水を含む。

4-3. ヨーロッパにおけるライン川の再生

ライン川を「瀕死状態」からよみがえらせるため，ライン川保護国際委員会（ICPR）は，それぞれ汚染防止・洪水防止などの面で確実な行動をとっている。

(I) 汚染防止

(1) 汚染源処理

ICPRの規定によると，20世紀末までには，ライン川に排出される汚染の90％が生物処理されなければならない。農薬と除草剤の大量使用による農業の面源汚染（毎年約1000kgの銅含有の殺虫剤・除草剤などがライン川へ排出）に対して，ICPRは農薬使用の制限と環境に優しい農薬への切り替えという措置をとっている。同時に，危険物を運搬する船に対して，二重船壁の特殊船の使用，船の排水，残油およびゴミは厳格に処理されなければならない，という規定を設けている。

ICPRは実権をもたない国際組織であるため，ライン川をきれいにする任務はライン川沿岸諸国に分担されることになる。これらの諸国には準拠すべき法律があり，しなければならないのはそれらの法律条項を実行に移すことである。たとえば，ドイツにおける一連の水資源保護の法律では，水源の保護と利用，廃水処理および洪水防止などについて規定されている。このほか，廃水排出・化学肥料の使用・ゴミ放置（地下水への影響）・地下水の監視観測などについても，具体的な法律規定が定められている。一方，オランダで実施されている『地表水法』では，水質保護について明確な規定が定められている。ドイツやオランダでは，洗剤の使用制限，洗剤中の燐含有量の削減，汚染された土砂の洗浄または埋め込みなどのように，水質保護の重点を汚染源の処理に置いている。また，汚水排出の許可制を導入し，産業廃水や生活汚水の河川への排出についてきびしく制限しており，船舶からの廃水と排泄物の排出も禁止している。

(2) 監視観測システムの設置およびそれによる厳格な管理

ICPRは，ライン川には水環境観測システムを用いて水環境管理に技術的なサポートをする必要があると考え，ライン川国境と国内州境に水質観測システムと予警報の設置を強く求めてきた。現在，ライン川本・支川にすでに9カ所の国際観測ステーションが建設されている。また，ドイツの各州にも州内観測

システムが設置されている。そのおもな目的は，不法廃棄行為と汚染事故の監視である。ICPRの観測部署からは毎年，管理部門に観測公報が提供されている。

　これらの観測結果はすべて公開され，国民がインターネットを通じて簡単に調べることができる。観測結果によって基準値を超える排出企業のリストが公表され，その企業は政府から是正するようにきびしく指導される。是正を怠った場合，政府は排出許可証と生産許可証を没収し，操業停止および罰金を課すことになっている。処罰が重いうえ，リストに載せられることで企業はイメージダウンと製品販売にダメージを受けるため，各企業の環境意識が高く，積極的に環境政策の遵守に取り組んでいる。

　1987年，ライン川2000年行動計画に署名したさい，参加国にはすべての汚染物質に対して95年までに50%以上の削減率が要求されていた。しかし以上の措置により，実際は計画より3年早く，すなわち92年にすべて達成された。

整備後のライン川，宋亮 撮影

（Ⅱ）伝統的な洪水防止措置

　ライン川の伝統的な洪水防止措置は，堤防の嵩上げと大パワーポンプによる排水であった。1995年に起きた洪水被害が伝統的な洪水防止措置の欠陥を浮き彫りにし，ライン川流域管理政策の転換点となった。そして3年間にわたる研究結果にもとづき，認識の統一が行われた。つまり，遊水地の人為的な縮小を制限することに加え，段階的にライン川の本来の水文特性を取り戻すことである。そのため，ICPRが制定した「洪水行動計画」のなかでは，伝統的な洪水防止措置と異なる次のような対策がとられた。

　1）河川に空間を返還する。オランダが制定した法的拘束力のある政策（Room for the River）では，都市化によるライン川の空間へのさらなる侵入を防止し，ライン川にとって社会的重大な意義をもたないかぎり，ライン川の遊水地または氾濫域での建設工事を禁止する。

　2）都市部と農業部における貯水能力を高める。

　3）ライン川およびその支川の河川空間を適切に拡大させる。

4-4. スイスにおける河川再生

　スイスは水資源が豊富で環境が美しく，花園国家とも称される。しかし，20世紀後半以降，河川汚染の問題が深刻化し，なかでも1986年に起きたシュバイツアーホール地区のライン川汚染事件（そのとき毒性消化剤および燃焼後の化学物質によるライン川への大量流入でほとんどの生物が毒死した）をきっかけに，いっそう水域管理を重視するようになった。水体を破壊から守るために，多種の措置をとって水資源とくに流動水体に対する管理を必須とし，河川の適切な最小流量の確保がその一つである。しかし，最小流量の確定は非常に難しく，各方面の利害関係が複雑にからんでいる。河道の最小流量の確保を最優先課題にするため，スイス連邦政府は91年1月21日に『スイス水保護法』を公布し，93年1月1日から効力が発効するとした。

　この保護法は冒頭でその主旨を明らかにしているように，その目的は水をいかなる形式の破壊からも保護することである。具体的に次の目標の達成がかかげられた。

・人類と動物と植物の健康な生存を維持すること。

・飲料水の供給と経済的な使用を確保すること。

・自然生態系における動植物群落を維持すること。
・地理景観の基本要素としての水の位置づけを維持すること。
・農業灌漑に用水を提供すること。
・レジャー目的の用水を提供すること。
・水文循環の自然の営みを確保すること。

『スイス水保護法』のなかで，「適切な最小流量の維持について，河川最小流量を確定するさいに，まず Q_{347} 流量値を計算し，それから Q_{347} 流量に対応する，原則上補償されなければならない最小流量値を計算する」と規定されている。ここでいう Q_{347} とは，10年間以上の平均で毎年347日に達する，または超えるべき流量の平均値である。しかも，この流量はできるだけダム蓄水調節や利水の影響を受けていない，自然の流量であるべきである。同法では，引水後の河道の残留最小流量について，表1-3のように規定されている。

表1-3 『スイス水保護法』第31条における河道最少残留流量の規定

Q_{347} (m³/s)	河道最小残留流量(m³/s)	引水毎の増加流量(m³/s)	引水相応増加の河道最小残留流量(m³/s)
60	50	10	8
160	130	10	4.4
500	280	100	31
2,500	900	100	21.3
10,000	2,500	1,000	150

また，この法律では，用水申請者が許可を得るために，最小流量報告書を編集し，水管理機構がこれにもとづいて用水申請工事が本法律の規定にあうかどうかを判断する，と定められている。最小流量報告の詳細レベルは取水による該当水域への影響の程度によって決められ，影響が大きいほど報告書はより詳細なものになることが要求されている。

引水地点や下流が以下に示すケースに該当する場合は，水管理部門が河道最小残留流量を引き上げることができる。
・水が景観のなかで重要な要素となっている。
・水が動物，とくに魚類の生存環境に非常に重要となっている。
・水質の保証にじゅうぶんな水流流量が必要である。
・地下水への補充バランスの保証が必要である。

このほか，スイスは「河道持続可能の管理」という理念を打ち立て，『スイ

ス河道管理指導原則』を制定した。「河道は人類と野生動植物の根本的な自然資源である。河道には保護が必要で，長期的にその機能を維持しなければならない」という認識を示している。そのうえ，河川管理の3要素は「水流空間・河道流量・河川水質」であり，管理の目標は河道に「充分な水流空間・充分な河道流量・良好な河流水質」を保証することである。

河川の「充分な水流空間」という目標を達成するために，河道開発のさいに，水文循環の自然機能をじゅうぶんに考慮したうえ，以下のような措置をとる必要がある。

1）河道最小流量の要求を満たし，水生生物の生息地の用水とその他の水に依存する生物の生存環境を維持する。

2）工事運用時，河道の水流構造や土砂輸送に影響を及ぼすことがある場合，できるだけその不利な影響を軽減する。

3）河道機能実現のため，人類活動の影響を受ける水流が自然に近い流量・水量およびその周期変化などの水流特性を保つようにする。

「良好な河川水質」という目標を達成するために，次の措置をとる必要がある。

1）生活ゴミや汚水を処理し，人体に無害なものにする。

2）産業廃汚水を処理し，商業と工業有機物または重金属の排出を阻止する。

3）水体の面源汚染を減少し，家畜区を厳格に管理し，化学肥料と殺虫剤の使用量を減少する。

4-5．日本における河川再生

半世紀近く前から，日本の国土景観と生活様式は急激に変化しており，この変化に対応するために，河川整備事業において洪水防止や旱魃防止に重点を置いたため，河川の自然環境はひどく破壊され，河川がもっていた自然景観と河川の個性や特徴がほとんど失われた。

現在では，多くの日本人が物質的な追求から精神的な追求に変わり，子孫のために健全な生活環境を維持するという考えが強まっている。日本人は，単に河川は祖先から相続したものではなく，現世代があずかって次の世代に残す貴重な資源である，と考えている。これにともなって河川整備の面でも，過去のような，洪水防災・旱魃防止一辺倒の河川工事から，豊かな自然環境や地域文化の河川整備に転換している。浅瀬や淵と清澄な河川を取り戻し，緑草・鳥・

魚・昆虫など各種生物の生息する川づくりを目指している。同時に，小さく分散する空間より，大きく連続した空間がより豊かな生態系を構成する，と日本人は考えている。水と緑の空間をつくるために河川整備が始まり，それが町・村そして日本全土へと拡大していった。日本列島の生態空間を整備する過程において，水流と緑色植物を有する河川がその核心的な役割をはたした。多自然河川整備が日本の生態環境づくりの枠組みの基本となっている。1990年代初期に，国土交通省河川局の提唱によって多自然河川の整備が全国で実施され，91年の1年間だけで，日本全国で600ヵ所以上の試験工事が展開された。河川行政の努力によって現在，多自然河川の整備がすでに日本全国で急速に広められている。国土交通省の第九次治水五ヶ年計画によると，5700kmの河川に多自然の河川整備が採用され，そのうちの2300kmは植物堤防，1400kmは石・木材護岸の自然堤防が取り入れられている。コンクリートを使用せざるを得ない2000km堤防においても，生態型護岸法を用いて土壌の改造が行われている。

多自然河川の整備は単に河川の自然環境を保護するものではなく，必要な防災措置を取り入れると同時に，人類の河川に対する影響を最小限に低減し，人と河川との共存を実現するものである。

河川整備計画が河川の平面と縦断面の形態を決めるため，多自然河川の整備において，国土交通省河川局は河川整備計画について明確な方針を定めている。つまり，河川計画において河床変動の規則を尊重すると同時に，生物の生息習性をも考慮する，ということである。平面計画においては，河川敷の幅を確保し，河川の自然形状に応じて平面形状を設計する。縦断面の計画においては，一直線型の断面図の設計を行わない。断面図の計画においては，水域から陸地までに過渡地帯を設け，水流の浅くて平たい長方形断面と直線形の断面図にしないことである。たとえば，佐賀県厳木町と相知町を流れる厳木川は急峻な山地河川であり，河川の水位が急速な上昇と下落をくり返すため，災害が頻発している。同時に，厳木川の中流は物産が豊かな地域である。そのため，厳木川の豊かな自然環境を保護すると同時に，沿岸の洪水防止の能力を高めるため，各種の材料を用いて厳木川に生態型の防災整備をほどこした。具体的な工法は，透水性の強いブロックを用いて護岸施工を行い，ブロックの上に土を盛って草と葦を植える。土を盛った後，岸が自然な曲線を描く形になる。水流が激しいため，捨て石と護岸ブロックとの組み合わせの方式で，浸透性が優れ

る多孔型の護岸を採用している。また，水辺には天然石を置き，静水域と変化に富んだ自然な水辺を形成させている[31]。

長良川における多自然型川づくり前後による河川景観の変化

仕切られたブロックの上に葦が植えられている（左）
厳木川の生態型整備後における景観（右）

　日本は河川開発と管理の面で各種の環境保護政策を取り入れている。1999年6月12日に，日本が正式に公布し実施した環境アセスメント法では，ダム工事を含む大型水利施設の環境への影響について，より詳細な評価項目ときびしい基準が提出されている。河川の断流現象を防ぐため，新しい水資源開発プロジェクトの構築時に，河川の最小流量の確保という条件が課されている。

発電取水口の下流側における減水区域においては，全国で約2700km区間が162m³/sの流量を確保している[32]。このほか，日本全国の水資源総合計画では，今後，河川と灌漑水路の維持水量・都市河道・灌漑水路など，水空間面積の具体的な目標および各環境用水形態について，確保する水量および水質を研究することが明確に示されている[32]。

4-6. 中国における河川再生
（Ⅰ）黒河の再生

　黒河の河口部である西居延海と東居延海の長期間にわたる干上がり現象にともなって，エチオナ＝オアシスの大規模な萎縮と砂漠化が進み，これが西北部と華北における砂嵐発生源となっている。この深刻な事態に対して，2001年2月21日に黒河の再生を議題とする第94回総理執務会議が国務院により開かれた。会議では，水利部による『黒河の水資源問題およびその対策』という報告がなされ，国務院が批准した黒河分水プロジェクトにもとづき，資金23.5億元を投入して，生態系の建設・整備の加速化などにより，できるだけ早く生態系悪化の勢いを抑えることが明確に打ち出された。01年8月，国務院は正式に水利部編制の『黒河流域の近期整備計画』を批准するとともに，健全な全流域統一管理と行政区域管理を結びつける管理体制を確立し，責任と職権を明確にするように指示した。そこでは黄河水利委員会の黒河流域管理局が黒河水資源の統一的管理と配置を担当し，取水許可制の実施，水量配分案と年度水配分計画の編制，流域水量配分計画の執行状況の監督に責任をもつとされている。流域内の各省・自治区においては，区域用水の総量制限に対する行政長責任制が実施された。具体的には，各級人民政府が黄河水利委員会の黒河流域管理局に従って年度水配分計画を制定し，管区内の用配水の管理に責任をもち，総合的な措置によって，3年のあいだに国家が定めた水量配分案および各指標の実現を確保した結果，黒河の生態系を徐々に回復させている[12]。

　2002年7月～05年7月にかけて，黒河の水は7回東居延海に送水されている（表1-4）。2002年7月17日，黒河の河口部にある東居延海が1992年に干上がってから初めて浸水状態となり，その後6回の送水によって東居延海と周辺地域が壊滅寸前の生態系からよみがえった。また，エチオナ＝オアシス周辺で萎縮の一途をたどっていた胡楊林も蘇生し，黒河河道の生態系悪化の勢いが

食い止められている。

表 1-4　2002 年 7 月～ 05 年 7 月東居延海における浸水状況

時間(年・月)	入湖水量(万m³)	湖面面積(km³)	備　考
2002.7	2,350	23.66	
2002.9	2,574	23.80	
2003.8	3,018	26.80	
2003.10	1,229	31.50	8月分の水面に合流
2004.8	1,513	25.20	
2004.9	3,707	35.70	8月分の水面に合流
2005.7	1,180	27.00	6月分の水面に合流

徐々に回復した黒河の生態系, 董保華 撮影　　東居延海の青いさざなみ, 石培理 撮影

(Ⅱ) タリム川の再生

　タリム川下流のダーシーハイズ以下の長さ 363km の河道に起きた断流現象が上流へ拡大することや，タイトマ湖の長年にわたる乾燥化による大規模な檉柳・胡楊の死滅という現状をふまえ，2001 年 2 月 28 日に国務院は第 95 回総理執務会議を開き，タリム川の再生問題について研究と対策案を討議した。会議では，タリム川近期総合整備案と造成目標が決定された。それは，源流工事の節水改造，灌区の水節約，天然林草の保護などの措置を通じて，タリム川源流への流入量を増し，タリム川上・中流の林草植生の保護と再生をうながし，下流の生態系を初歩的に改造することを図るものである。また，5 年以内にタリム川の近期整備に対し 107.4 億元を投入することが決定されている。

　2000 年 4 月～ 04 年 6 月，ボステン湖からタリム川下流へ前後 6 回にわたり緊急給水が行われた。累計給水量は 17.64 億 m³ で，それによりタリム川下流河道における 30 年間の断水の歴史にピリオドが打たれるとともに，タイトマ湖に 200km² の水面が形成された。観測データによると，タリム川下流区の地下水位も徐々に上昇し始めていることが明らかになっている。観測実施範囲

の1899km^{2}において，地下水位6〜8mでは給水前の183km^{2}から330km^{2}に，地下水位4〜6mでは給水前の129km^{2}から261km^{2}に，地下水位0〜4mでは給水前の5km^{2}から20km^{2}の広さに拡大している。地下水位の回復と上昇につれて，離岸距離≦150mで地下水位<4mの区域では，両岸の砂漠植生の種類が明らかに増加し，胡楊・檉柳などの喬木や灌木がふたたび花を開き実を結ぶようになった。しかも，河川横断方向に開花の時間差があり，これは生態系が活発に活動したことを表している。同時に，給水後の地下水質が河川の横断方向に帯状分布を顕著にしている。河川に近いほど水質が良く，淡水化帯の影響範囲が約1kmに及ぶ。測定によると，河道付近の地下水硬化度は給水初期の4〜5g/lから2〜3g/lへと低下し，変動の幅も小さくなっている。天然植生が回復し，なかでも氾濫区域において草本植物が生い茂り，高さ0.6〜1.0mに達するため，黄羊（モンゴル＝ガゼル）・野ウサギ・白鳥・水鳥などの野生動物を見かけるようになっている。

ダーシーハイズ＝ダムの放水，兪涛 撮影　　タリム川の景色，王漠水 撮影

4-7. セネガルにおける河川再生

　西アフリカに位置するセネガル川はギニアに源を発し，マリ・セネガル・モーリタニアを流れて大西洋に注ぐ。河川の長さは1430km，流域面積は44万km^{2}である。河川の上流区間はバフィン川と呼ばれ，マリのバフラベで右岸支流のバコエ川を受け入れた後，セネガル川となる[2]（図1-22）。

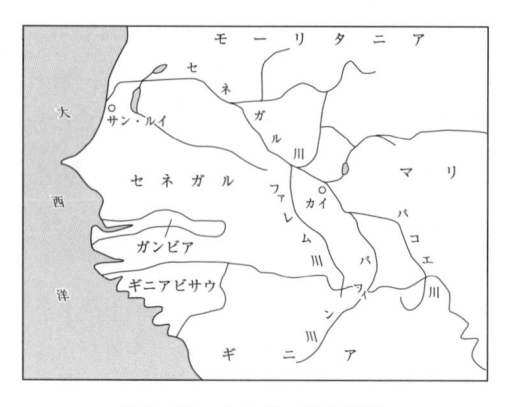

図 1-22 セネガル川流域図

　セネガル川流域には異なる気候区が含まれている。カイ以上の上流区間は勾配が大きいため，激流や滝が多い。一方，カイ以下の区間は勾配がゆるやかなため，地形が平坦である[2]。自然状態にあっては，下流地区における生物の多様性と豊かな生態系は，毎年上流から来る洪水によって維持されている。土地所有者たちは，短い雨季のあいだには砂地の丘陵上を耕し，洪水が消え去った後に粘土の平原を耕す。家畜も丘陵上の乾燥した草原から，洪水が退いた平原草原にもどるという自然のサイクルの恵みを受ける[22]。
　セネガル川本川にはすでに中心的な水利施設が 2 基建設されている。その 1 基はジャマ＝ダムであり，セントルイス市以北 200km のセネガル川に位置し，ダムの高さ 18m，本堤の長さ 673m で，13m × 175m の通航水門が設けられている。もう 1 基は，マナンタリ＝ダムといい，セネガル川上流カイ市付近のバフィン川に建設されている。ダムの高さ 66m，本堤の長さ 1500m であり，中段は長さ 470m のコンクリートで，その両端は長さそれぞれ 370m・360m の積石でできている。ダムの総容量は 112.7 億 m^3 である。ダム工事のおもな役割は灌漑・発電・航運と防災である。1988 年に完成した後，運用が始まっている[2]。
　セネガル川の主たる洪水発生区に建設されたマナンタリ＝ダムの運用により，毎年洪水の下流への流下を阻止した反面，地下水の降下，喬木や灌木の死滅および生物多様性の危機など，下流乾燥地区の生態系の悪化をまねいてしまった。それに対して，水文学者や生物学者などが研究を重ねた結果，マナンタリ＝ダムについて有効な管理を行い，毎年制御的な放水で人工洪水を発生さ

せ，都市部だけではなく，工業用水と農業用水も確保しながら，地下水の回復や森林再生などに必要な水量を確保することが提案された[22]。

　発電所にとって，人工洪水の放出は発電量の減少につながるため，人工洪水案は利益損失側によって反対されていた。しかし，セネガル政府が英断を下し，人工洪水反対者の行為を中止させると同時に，この地区の発展計画は永遠にこの決定に従わなければならない，と明確に指示された[22]。

　人類中心主義的な価値観に駆り立てられた結果，河川は人類の経済社会の発展のためほしいままに掠奪される資源として，破壊的な開発を受けてきた。それと同時に，河川は，悪化または破壊された生態系をもって人類社会に災難をもたらすというかたちで，その巨大な反発力を示している。この反発力は，河川が受けた傷害の程度に比例する。事実と災難による教訓から学んだ人類は，河川の再生に取り組み始めた。それが河川の受けた傷にどれほど遠かろうとも，人類の河川生態系に対する意識はたしかに目覚めたのである。河川の再生行動は，人類の意識改革によって，より広い分野において推し進められるであろう。

第2章 黄河の健康な生命維持とそのシステム

1. 黄河治水の終極目標

　太古においては，人口が少なく，食糧の確保能力が低かった。生存と生活の需要のため，水のある場所を選択するしかなかった。当時，人々は黄河に対してまったく支配力をもたず，その生存と生活の条件は黄河の変化の状況から大きく影響を受けていた。その後，黄河流域の人口が増え続け，知的レベルも高まり，生産用具も改善された。紀元前2300年頃，黄河の中・下流地区に生活する集落住民が黄河の氾濫の脅威から逃れるため，治水活動を始めた。伝説によると，大禹がこの時期の治水のリーダーであった。彼が行った治水は，おもに黄河の中・下流地区，すなわち山西・河北・河南一帯であった。郭沫若はその『治水時代』のなかで，大禹治水の偉大な抱負を次のように語らせている。「もし洪水を治めることができなかったら，私はどうやって天下の民衆に顔向けできようか」。大禹による「龍門開削」「九河疎通」から数千年のあいだ，歴代の治水先駆者たちは黄河の治水を最高目標にしてきた。

　新中国成立後，中国史上初の河川流域総合治水開発計画である「黄河総合利用計画技術経済報告」が，1955年7月30日に全国人民代表大会第一期大会二次会議の審議を通過して成立した。計画では，黄河治水の目標を「水害根除・水利開発」に設定し，その基本的な方法として，「高原から渓谷，支川から本川まで，区間ごとに蓄水，区間分けによる土砂阻止などで，可能なかぎり川の水を工業・農業と運輸業に使用し，黄土と雨水を農田に貯めること」とした[33]。特筆すべきは，新中国の成立直後，国家が厖大な労力と財力を使ってソ連専門家の指導のもとで編制した「黄河総合利用計画技術経済報告」が，新中国における黄河治水の新しいページを切り開いたことである。その意義は，黄河の治水が初めて法律上の手続きを経て，総合計画として作成されるという路を歩み

出したことにある。さらに，治水の範囲として，単に黄河下流の河道にかぎらず，上・中・下流も同時に対象とされた。内容的にも，単なる黄河洪水の治水ではなく，治水とともに，水土保持・農田灌漑と水力発電なども重視することなどがあげられている。もちろん，計画理念と治水方法は当時の科学技術の発展レベルと黄河の自然特性に対する認識レベルからの制限を受けていた。その後，黄河の総合治水開発計画および各専門的な計画などは，その内容にかかわらず，「除害・興利」を各年代の計画編制においての基本方針として貫徹してきた。計画の主要成果は最終的に例外なくプロジェクトの全体分布および近期工事の選択に反映され，いちじるしい「プロジェクト計画」の色彩をおびていた。一方，黄河治水の終極目標に関連するものが少なく，それゆえプロジェクトの目的が何度も変わり，一時期の国家情勢に影響されて，洪水防止が主であったり，灌漑が主であったり，給水が主であったり，発電が主であったりした。

黄河治水の終極目標が正しいか否か，その判断基準は黄河の治水効果にある。黄河が経済社会の発展に保障を与えると同時に，それ自身が持続可能であれば，黄河治水の終極目標は正しいといえるが，逆の場合は見直されるべきである。

黄河の変化の歴史および現状から分析するなら，黄河は現在非常に深刻な「病態」にある。その具体的な「症状」を以下の三つの側面に示す。

1-1. 河川の負荷限界を超える水資源利用

花園口観測所における 1919～75 年のデータ資料の計算によると，黄河の年間平均流出量は 559 億 m^3 であり，花園口以下の支川である金堤河・天然文岩水路と大汶河の 21 億 m^3 を加え，最終的には黄河の年間流出量は 580 億 m^3 となり，これは全国の水資源総量（2.8 兆 m^3）の 2% にすぎない。50 年代初期，黄河流域および関連灌漑地区の面積は 1200 万畝あり，当時の全国灌漑面積（2.4 億畝）の 5% を占めた。90 年代になると，全流域および関連灌漑地区の面積が 1.1 億畝に拡大し，全国灌漑面積（7.3 億畝）の 15% を占めている。

中国の畝（ほ，ムー）は，古くは 10 歩四方（この歩は長さの単位で 6 尺のこと）の面積すなわち 100 平方歩（3600 平方尺）のことを指した。後に 5 尺四方の 120 倍とされた。尺の長さ自体が時代によって異なるので畝の面積も異なるが，おおむね 6a 程度であった。現在の市制においては，1/15ha（6.67a）を 1 畝としており，また ha にも畝の字を当てている。区別のため，前者を市畝（市亩），

後者を公畝（公亩）という。

同時に，流域の人口が年15%～16%の増加率で増え続けてきた。統計によると，1980年から2000年まで，黄河流域の人口は8150万人から1億1008万人に増え，21年間の累計増加は2858万人である。一方，全流域のGDPは1993年の2410億元から2000年の6365億元に増加し，8年間で3955億元の増加となっている[34, 42]。

流域の経済社会の急激な発展が黄河の水資源利用量の増加をもたらし，海に流入する水量の減少をまねいた（表2-1）。

表2-1　年代別における黄河の海への流入量

年	年平均流出量 （億m^3）	年平均海への流入量 （億m^3）	海への水量の流出量に 占める割合（%）
1950～1959	611.6	480.5	78.6
1960～1969	679.1	501.1	73.8
1970～1979	559.0	311.0	55.6
1980～1989	598.1	285.8	47.8
1990～1999	437.1	140.8	32.2
2000～2002	288.4	45.7	15.8

表2-1でわかるように，黄河の水資源の開発利用率は1950年代の21.4%[①]から21世紀初頭の84.2%[②]に増え，国際上公式に認められている40%という危険ラインを上回っている。水資源の開発利用率が40%を超えると，その川の生態に悪影響を及ぼすことになる。水資源の開発利用率が50%を超えると，断流発生の確率が大幅に上昇する。

済南濼口での黄河の断流現象,張春利 撮影

　実際,黄河の水資源開発率が早くも1970年代から50%を超え,72年から断流現象が起きている。統計によると,72年から99年の28年の間に黄河下流にある利津観測所で21回の断流が発生しており,これはいわゆる「4年3断流」の現象である(表2-2)。

　黄河の断流によって,少なくとも以下の4つの面で問題が生じている。

---

①② 河道損失量を計算に入れたため,その値が少し大きくなる

表2-2　黄河下流利津観測所における断流統計

年	断流時間(月・日)		断流回数	断流日数(日)		
	最早	最遅		一日中	間欠性	計
1972	4.23	6.29	3	15	4	19
1974	5.14	7.11	2	18	2	20
1975	5.31	6.27	2	11	2	13
1976	5.18	5.25	1	6	2	8
1979	5.27	7.9	2	19	2	21
1980	5.14	8.24	3	4	4	8
1981	5.17	6.29	5	26	10	36
1982	6.8	6.17	1	8	2	10
1983	6.26	6.30	1	3	2	5
1987	10.1	10.17	2	14	3	17
1988	6.27	7.1	2	3	2	5
1989	4.4	7.14	3	19	5	24
1991	5.15	6.1	2	13	3	16
1992	3.16	8.1	5	73	10	83
1993	2.13	10.12	5	49	11	60
1994	4.3	10.16	4	66	8	74
1995	3.4	7.23	3	117	5	122
1996	2.14	12.18	6	124	12	136
1997	2.7	12.31	13	202	24	226
1998	1.1	12.8	16	113	29	142
1999	2.6	8.11	4	36	6	42

1) 沿岸の町や農村の生活への深刻な影響

　黄河下流の沿岸には，新郷・開封・濮陽・菏沢・済寧・聊城・済南・徳州・溜博・濱州・東営などの都市がある。その多くは，黄河を生活のための飲料の水源として利用している。このほか中原油田や勝利油田の生活用水も黄河から取られている。黄河の断流によって，黄河を主要な水源とする都市および油田の住民生活に，きわめて深刻な影響が生じている。1992年に利津観測所での断流累積日数は83日にのぼり，断流の河道区間長は303kmとなった。河口地区に位置する東営市・濱州市と勝利油田の90万余りの住民に，深刻な水不足をもたらしている。住民は水質の悪い溜池水の飲用を余儀なくされた結果，4500人余りの腸道疾病患者が出た。より深刻なのは，上記の都市と企業の生活用水がほとんど断絶する事態におちいったことである（東営市では企業の操業がすべて停止の状態で，飲料水は7日間しか維持できなかった。また濱州市では，生産用水がすべてストップした状況下で，50万人と27万頭の家畜の飲料水の確保ができなかった）。1997年に，黄河下流の利津観測所地点での断流が226日も続き，断流区間長は上流にある開封までさかのぼって704kmに及

び，これは黄河下流河道の長さの 90% を占める。断流のため，黄河沿いにある 2500 村，130 万人の飲料水の確保が困難となり，多くの都市では，やむを得ず定時・定量給水の措置をとり，トラックで水を市民にとどけるケースも発生した。一部の地区では，人体に非常に有害なフッ素含有量が基準値を大幅に超える地下水を飲料水とせざるを得なかった。もしその後に台風のもたらす恵みの雨がなかったら，結果は惨憺たるものになったであろう[14]。

2) 工業農業生産の甚大な被害

黄河下流の断流期間に，黄河を水源とする工業・農業生産がほとんど麻痺状態におちいった。統計によると，1970 年代に断流による黄河下流関連地区の工業年間損失は 1.8 億元，80 年代には 2.2 億元に達した。90 年代に入ってからは，工業生産の急速な拡大および断流のさらなる悪化により，年間平均損失額が急激に上昇し，92 年と 95 年の損失額はそれぞれ 20.9 億元と 42.7 億元に達している。とくに 97 年には，水不足によって勝利油田の 200 の油井が閉鎖を余儀なくされた。山東省の工業生産の直接的経済損失は 40 億元にのぼる。また，断流によって黄河沿岸の灌区が乾田と化し，食糧生産高が大幅に落ち込んだ。70 年代と 80 年代における食糧生産の減少は，それぞれ 9.0 億 kg と 13.7 億 kg となり，90 年代に入ると，減産が増大している。たとえば，95 年に黄河下流に 122 日間の断流が起きたさいは，沿岸にある灌区で干害を受けた面積は 1913 万畝に及び，食糧生産高は 26.8 億 kg 減少した。97 年の断流においては，山東省だけで 2300 万畝の農田に灌漑水が途絶え，食糧生産高と綿花高はそれぞれ 27.5kg，5 万担（1 担は 100 斤）減少した。

黄河の断流で水面にとどかない引水設備，司毅民 撮影

3) 砂の押し流し（冲沙）用水の流用による河床堆積の加速

　分析によると，黄河下流河道の増水期における押し流しの水量は150億m^3必要であり，増水期以外の時期における生態維持に必要な最低水量は50億m^3である。このほか，黄河下流河道における蒸発や滲漏による水量損失が10億m^3で，以上とあわせて210億m^3となる[34]。この部分の水量は，1987年に国務院が批准した『黄河水量可能分配方策』のなかで定められている。黄河下流の深刻な断流および年間入海流量の大幅な減少は，黄河における砂の押し流しに必要な予備基本水量が不足することになり，その結果，低水路に激しい堆積を引き起こしている。測定と推定計算によると，90年代における黄河下流低水路の堆積量は全体の90％を占める。そのうち，高村より以上の区間の低水路年平均堆積量は1.2億トンで50年代の1.9倍となり，艾山より以下の区間の低水路は以前の微少量堆積から年間堆積量0.33億トンに拡大している。黄河下流断面の3000m^3/s流量に相応する水位は，96年の増水期前が85年の同時期より1.3〜1.7mも上昇している。

4) 断流により河口デルタの生態系の破壊

　黄河デルタ湿地には800種以上にのぼる水生生物資源，100種ほどの野生植物および180種の鳥類が生息しており，国の重点保護対象で絶滅危機にあるものも多く含まれている。黄河に頻繁に起きる断流は，湿地生物の淡水資源およびそれがもつ各種類の栄養物質の補給ルートを断絶させ，湿地生態系における

生物種の遺伝子多様性の喪失をもたらしている。また，渤海の遠浅海域で重要な栄養補給源を途絶えさせ，海洋生物の繁殖に大きなダメージを与えると同時に，大量の回遊魚類がほかへ移動して，黄河河口〜渤海遠浅海域における生物連鎖が断絶している[35]。

1-2. 黄河下流，寧夏・内モンゴル区間および渭河下流の河道形態の史上もっとも危険な状態への悪化

　黄河下流の河道は，「天井川」として有名である。最近20年，自然要因と人的要因からの影響で，黄河の下流河道を流下する水と土砂の関係バランスがくずれ，低水路に土砂堆積が加速され，河道内に新たに3〜5mの「天井川のなかの天井川」が出現している。そして，「低水路は河川敷より高く，河川敷は地面より高い」という，いわゆる「二次天井川」の局面を現出している（図2-1）。現在，黄河の下流河道はすでに，すべて「二次天井川」の状態にある。なかでも300kmの区間はとくにいちじるしい。これらの区間では，河床の横断勾配が縦断勾配より大きく，低水路が「浅い皿」状を呈し，中・小規模の洪水でも受容することは難しい。いったん低水路から越流すると，「横川」・「斜川」・「滾川」が出現して，重大な河道変動を引き起こす。2003年9月，秋の増水期に下流の蘭考区間での流量が2400m³/sに達したさいは，堤防の決壊を起こし，横断方向の勾配の作用で起きた「斜川」によって，山東省の東明区間の堤防側に5〜6mの水深が寄りついた。東明河川敷は広いため，風の吹送距離が長くて波が高い。堤防は波浪侵食によって，大規模な決壊が引き起こされた。同時に堤防の背後で，排管からの漏水や滲水が発生した。

　下流河道のほかに，黄河上流の寧蒙河道，とりわけ内モンゴル河道および渭河下流河道にも類似した現象が発生している。龍羊峡や劉家峡ダムで1986年より連動調節が実施されてから，寧蒙河道の自然状態下での増水期と非増水期における水砂関係の配分が変化して，増水期における河道の水量は両ダムが連動して運用される前の60%から47%に低減している。現在，黄河の磴口南套子区間，杭錦後旗区間および臨河区間の河床が，それぞれの県・旗と市の市街地より4m・10m・2〜5m高くなっている。長期にわたって小流量だけ流れていたため，砂は水流で河川敷に運ばれて堆積することはない。それゆえ，低水路に土砂が堆積し，「低水が高く，河川敷が低く，堤防根部に窪み」という「二

次天井川」現象が出現している。2003年，黄河本川の内モンゴルウラト区間は，本川流量1000m^3/s時に堤防決壊を起こしている。同年，渭河下流で5年確率の洪水が発生したとき，低水路造成に不利な流出過程が長期間続いて，河道に堆砂し，激しく萎縮したため，1981年以来最大の水位を記録し，氾濫が起き，農田が被災した。

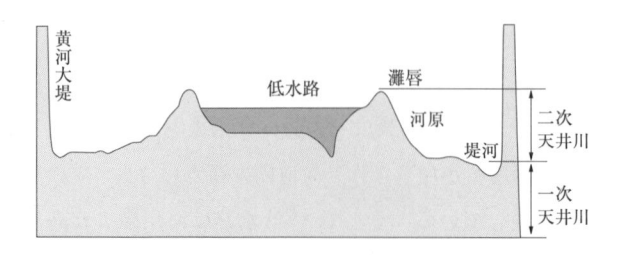

図2-1　二次天井川の概念図

2003年秋，増水期における黄河下流東明区間での堤防侵食・崩落状況，魏軍 撮影

2003 年，渭河における洪水被害状況，馮全民 撮影

2003 年，黄河の内モンゴルウラト堤防の決壊口

1-3. 汚染源の増加，水質の日増しの悪化

　黄河流域は資源的に水不足の流域であるうえ，1980 年代中期以来，その両岸から排出される汚染源が増え，汚染物質の排出量が急速に増加してきた。統計によると，80 年代初期に全流域の汚水排出量が 21.7 億トン，2003 年になると 41.5 億トンとなり，80 年代より倍増している。排水のほとんどが未処理のまま黄河の本川・支川に排出されるのである。流域沿いの都市や町にほとんど汚染処理施設がなく，生活排水のうちわずか 13% が処理されているだけである。黄河では汚染源の流量に対する比が大きく，水質はますます悪化し，もともと水資源が需要を満たさない黄河にとって，「弱り目に祟り目」といえる。

　観測によると，1985 年段階では，黄河本川の 92.1% の区間が水質基準 II・III 類に属し，飲料水としての基準を満たしていた。2004 年になると，II・III 類の区間が 34.4% に減少する一方，IV 類〜超 V 類の区間が 65.5% に達し，そのうち V 類と超 V 類区間が 25% を占め，基本的に水体機能を喪失している。

　流域内の都市や町を流れる主要支川は，そのほとんどが各地の汚水排出溝と化している。2004 年の観測によると，黄河の主要支流 51 評価断面において，年間を通して II・III 類に達するのが 23.5%，IV〜超 V 類が 76.5% を占め，なかでも超 V 類の水が 64.7% を占めている。黄河の最大支流である渭河は，汚染がもっとも深刻な支川の一つである。2000 年，渭河流域における汚水排出量は 11 億トン（紙パルプ産業が主要な汚染源）に達し，その本川および主要支川の重要区間のうち評価対象の 2596km 区間で V 類および超 V 類の水質区間が 54% を占め，咸陽以下の区間では恒久的に V 類より悪化しており，水として

の基本的機能が失われて，名実ともに，「関中下水道」となっている．

近年，黄河本川では深刻な汚染事件がくり返されている．1999年に，黄河の龍門以下区間で大規模な汚染事件が発生し，下流沿岸の一部の都市は黄河からの引水を1ヵ月停止せざるを得なかった．黄河のほとりの河南省三門峡の市民は，上水道処理工場で浄化処理された水の異臭を嫌って，井戸水やミネラルウォーターを購入して飲用した．2003年に黄河では記録上もっとも深刻な汚染事件が発生したが，三門峡ダムの蓄水全体が汚水になっていたため，運行中の第7回目の引黄済津（黄河の水を引いて天津に供給する）が中断された．04年に黄河本川の内モンゴル区間で11日間に及ぶ大規模な水汚染事件が発生したさいには，本川の三湖河口〜万家寨ダムの区間340kmで河道生態系が大きなダメージを受けた．現在，日ごとに深刻さを増す黄河の水質汚染が，河道の1/3近くの水生生物を絶滅させている．

上記のような黄河の「病態」が明らかに示すように，人類による掠奪または利用が黄河の負荷の限界を超え，ひいては「崩壊」をまねくのである．反省しなければならないのは，中華民族を養育してきた黄河はすでにその力が尽きていることである．人類文明の持続可能な発展の視点から，自分の生命を輝かすために「母親」の死活を顧みることなく，ひいてはその衰弱死へと無情に追いつめることは，如何なる理由があろうとも許されないのである．

三門峡ダム貯水の深刻な汚染，
王頌（新華社）撮影

青銅峡付近の汚水排出，董保華 撮影

黄河だけではない．自然界のすべての河川は，人類の経済社会システムを背負う能力には限界がある．河川生命の負荷はその限界範囲内で人類社会と共存し，持続的に発展しているのである．経済社会システムの発展は，河川の負荷

にたえる範囲で人類社会と調和のとれる共存関係を維持し，それを持続することで初めて可能になる。つまり，経済社会システムを発展させるためには，河川の負荷能力を第一に考えなければならない。河川がその外部からの行為に対して強い反発力と規範性をもつことを忘れてはならない。これを無視し，今日の需要を強調しすぎると，明日の発展を阻害することになる。

以上の認識にもとづくなら，流域の管理部門は河川の健康な生命維持の代弁者と保護者であるべきである。「黄河の健康な生命維持」こそを，黄河治水の終極の目標にすべきである。ここでいう「健康」とは，黄河に対して一連の指標系統を整備して支援することである。その指標は，おもに以下の二つの要求を満たす必要がある。一つは増水期，河口デルタにおける生態系のうち，主体生物の繁殖と生物種群の新陳代謝の淡水に対する要求を満たすことである。もう一つは増水期，低水路における土砂の侵食と堆積のバランスがとれるよう，水量およびその過程を確保するだけでなく，水砂に対する制御を通じて，科学的で合理な河床断面を造成することである。以下でいう「終極」は，黄河治水の戦略，全局性と長期方向性のことであり，黄河の治水と開発のために越えてはならない「雷池」（限界）を設け，あるいは盲目的に拡張する人類活動のために，「底線」を画くことにより，黄河の治水・開発を人と黄河の調和的共存関係に置くことである。

2．黄河の健康な生命維持の研究内容および段階

2-1．黄河の健康な生命維持の研究内容

（Ⅰ）理論体系

黄河の健康な生命維持を黄河治水の「終極」目標とすることは，かつてない斬新な理念であるから，既成の理論や経験など手本になるものはない。したがって，黄河の健康な生命維持にとって独自の理論体系を確立し，その体系には黄河の健康な生命維持の定義・内容・目標・制御指標などが含まれるべきであろう。さらに，黄河の健康な生命維持の実施過程・段階および各段階における到達目標のための方向性・対策も含まれるべきであろう。

黄河の健康な生命維持の理論体系の構築過程においては，内在するメカニズムの分析に立脚し，ものごとの発展の法則性を探索し，定量化の指標体系を確

立することが必要であろう。たとえば，黄河の下流河道の低水路萎縮問題についていえば，現象の本質をとらえ，萎縮の内在的なメカニズムを研究し，異なる区間の疏通能力の基準を確定し，どのような造床能力が洪水過程において科学的で合理な河床断面形状を造成できるのかを解明しなければならない。また，黄河の本・支川とりわけ黄河下流で，断流を起こさせない最小限生態流量の各時間帯における定量化指標をどう確立するのかについては，理論レベルで研究を深めるべきであろう。

(Ⅱ) 生産体系

　理論体系の構築がその重点をロジックの厳密さ，定義の正確さと現象の本質の把握に置いているとすれば，生産体系の構築はその重点を黄河の健康な生命維持を取り入れた具体的な治水策の実施およびその効果，あるいは治水策の実施による黄河の健康な生命維持という終極目標へのアプローチに置くべきであろう。理論体系は生産体系の先導であり，生産体系は理論体系の拠り所であり，両者は相互補完の関係にある。厳密で完全な理論体系の構築はたやすく成し遂げられるものではないとはいうものの，生産体系の構築は理論体系の構築ができるのを待つわけにはゆかないであろう。それでは黄河に逼迫する緊急課題の解決が先延ばしとなり，ひいては解決のタイミングを逃し，より大きな災害をまねきかねない。したがって，当面の状況下においては，生産体系の構築と理論体系の構築を同時に進める必要がある。このように，生産体系についていえば，ある具体案に理論的な根拠が欠如することが考えられるが，補助措置としては，すべての具体案を黄河の健康な生命維持という背景または大システムのなかで全面的に考察する必要があって，決して具体案についてのみ議論してはならない。黄河の健康な生命維持に背違するものは，すべて否定されるべきである。たとえば，黄河尾閭流路の人工改造案には，設計思想が二つある。一つは渤海の浅海域にある油田ガス田の開発にからんでいるが，海上の採掘は陸上よりコストが数十倍も高いため，黄河が土砂を運んで陸地を造成する特性を生かして，流路が油田を通過するような改造案である。もう一つは，土砂の海への拡散範囲をより広く，尾閭河道の海域への伸びをよりゆるやかにする改造案である。後者は相対侵食基準面が低いレベルでの安定を保つのに有利なため，河口部からさかのぼって堆積する速度を低減させる効果がある。上記の二つの案には一長一短があり，判断基準によって異なる結論になることはいうまでも

ない。しかし，黄河の健康な生命維持という大きな背景，大システムのなかで全方位的な考察をするさいに，前者の近視眼的な性格が露呈するのである。もちろん，上記の二つの案をベースにした三つ目の案，すなわち1案と2案の組み合わせも排除されない。改道の方向には油田があるだけでなく，送砂能力がもっとも大きい海域でもある。いかなる組み合わせにもかかわらず，その判断基準は黄河の健康な生命維持にあるのである。

(Ⅲ) 倫理体系

　国内外において人類が河川に加えた傷害は，人類中心主義の価値基準の表れである。実際，人類と河川のあいだに倫理体系が樹立されていないため，人類が河川に対して負うべき責任を自覚する人はいない。そこで，河川の健康な生命維持を人類が自覚し，積極的な行動に移すには，一種の基本的な倫理道徳観つまり河川倫理を樹立させる必要がある。しかも，それを人類繁殖と生存の過程に浸透させる必要がある。広範に遵守される倫理道徳は，往々にして国家の法律よりも普遍的な拘束力をもつからである。

　倫理道徳は三つのレベルに分けられる。第1レベルは，人と人との関係を調節するものである。第2レベルは，個人と集団または社会との関係を調節するものである。第3レベルは，人と自然または人と環境との関係を調節するものである。長期にわたる伝統的な倫理道徳は人対人の行為のみにかかわり，人に対し一方的に道徳を強要するもので，人と人との関係のみを処理する倫理学であった。人と河川の関係においては，人を明確に目的とし，河川を人に奉仕させるための「手段」としてきた。近代哲学者たちの努力のもとで，この極端な人と河川の関係はしだいに人類社会の主流価値観となった。いうまでもなく，このような「河川への支配」の欲望が，人類を生存の危機にまで至らしめている。

　河川倫理の基本的な出発点は，河川に生命があることを認め，その生命を尊重し，維持することである。これは，伝統倫理学の枠組みを超えた新しい倫理である。河川倫理の研究と構築は，人々に正しい環境道徳の意識を樹立させる。対立化している人と河川との関係を見直し，人と河川との共存・調和を実現させることは，重要で長い歴史的意義をもつものである。

龍羊峡ダム湖の碧波, 陳維達 撮影

2-2. 黄河の健康な生命維持の過程

黄河の健康な生命維持は，長期的で難しい歴史的な挑戦であり，その実現の過程は，黄河の水と砂の条件に応じて短期・中期・長期の3段階に分けることができる。

(Ⅰ) 短期

短期とは，南水北調計画の西線プロジェクトが実施されるまでのことである。この期間において黄土高原の水土流失の制御目標は，黄河に流入する土砂量を3億トン減少させることであるが，黄河自体には新たな外来水源がないうえ，経済社会の発展はさらなる水資源の開発と利用を要求するから，黄河の「水少・砂多」，水砂関係のアンバランスは悪化の一途をたどる。このような外部的要因からして，短期の作業目標は黄河の健康な生命維持にとって不利な各要素を食い止めることになる。有限な空間のなかで黄河の水資源への需要管理を強化し，黄河に断流を起こさせないと同時に，黄土高原の水土流失区域の対策重点をさらに明確にし，黄河の下流河道の堆積に対し大きく作用する粗砂を有効に減少させることである。また，調水調砂によって黄河下流の低水路が萎縮しない流量およびその過程をつくり，低水路の萎縮傾向を食い止めることである。

(Ⅱ) 中期

中期とは，南水北調計画の西線プロジェクトの1期・2期工事が発効してから3期工事が発効するまでのことを指す。この期間において，黄土高原から黄河に流入する土砂総量を5億トン減少させるレベルで，西線の1・2期工事で90億 m^3 の水を黄河へ調達したうえ，黄河の水資源需要の有効な管理の効果を

加えれば，黄河の水砂関係は短期よりも若干改善されるだろう。中期作業の目標は，黄河の水砂関係への調節能力をさらに高め，調節効果を増強して，段階的に河道の基本機能を回復させるとともに，河川生態系の効果的な改善を図ることである。

(Ⅲ) 長期

長期とは，南水北調計画の西線3期プロジェクトが発効した後を指す。この期間においては，黄土高原の水土流失の対策を通じて黄河へ流入する土砂総量を8億トン減少させるレベルで，西線3期工事により黄河へ80億 m^3 の水を調達する。さらに，1・2期における90億 m^3 に加えて，黄河流域の水資源に170億 m^3 を増加させる。このように，黄河へ流入する土砂量の減少と水資源量の増加によって，黄河の水砂関係はさらに改善されるだろう。同時に，黄河の水砂調節制御システムの構築が完成する。長期の作業も目標が完全な水砂調節制御システムを通じて，黄河の健康な生命を維持し，人と黄河との共存・調和の関係が実現されるのである。

南水北調西線プロジェクトにおける調水河川―雅礱江，屠暁峰 撮影

3.「1・4・9・3」治水体系

「黄河の健康な生命の維持」という終極目標は，おもに一種の治水の理念を表している。これは具体的な形式または担体を通じて，初めて現れる。すなわち，黄河の健康な生命には一種の指標が必要であり，このような標識を直観的にわかりやすく表現すると，次の四つとなる。

「堤防を決壊させない」，「河道を断流させない」，「汚染が基準値を超えない」，「河床を上昇させない」。この四つの指標は，これに即応する治水の対策を通じて実現される。治水の対策は，おもに以下の九つからなる。

1）黄河へ流入する土砂の減少。
2）流域および関連地域における水資源の有効管理。
3）他流域からの水調達による黄河の水資源量の増加。
4）黄河の水砂調節・制御システムの構築。
5）黄河下流河道の科学的で合理的な治水対策の制定と実現。
6）河道低水路に萎縮を起こさせない流量過程の創出。
7）水質機能を満たす水資源の保護措置。
8）黄河河口の整備による下流河道への遡上の低減。
9）黄河デルタにおける生態系の良好な循環を維持するための条件を満たす流出過程の造成。

この九つの対策の科学性と合理性を確保するためには，すべての方策および派生する具体案と措置を，科学的な政策決定の場に置かなければならない。この場は「三つの黄河」から構成される。すなわち，「原型黄河」・「数値黄河」・「模型黄河」である。

そして，上記の一つの終極目標・四つの主要指標・九つの治水方策・三つの黄河は，すなわち「1・4・9・3」の体系として構成される（図2-2）。

黄河治水の終極目標については，本章の1ですでに詳細に論じた。

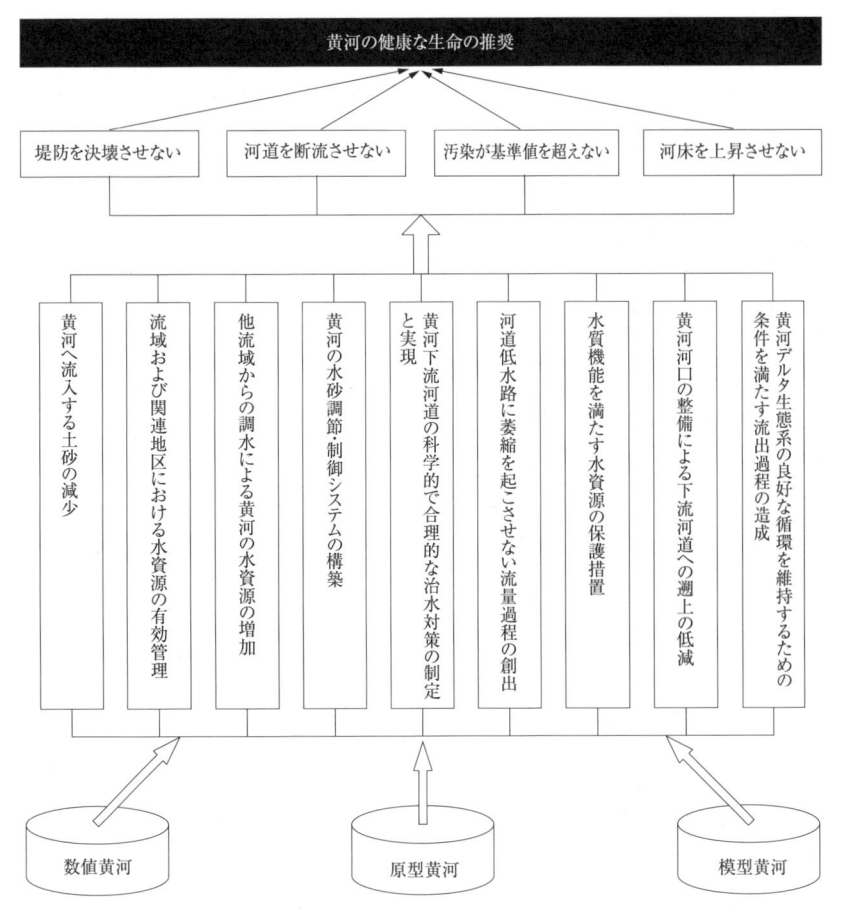

図2-2 「1・4・9・3」河川整備体系

　黄河の健康な生命を維持するための四つの指標は，具体的な表現形式である。実際上，その指標は一つの指標体系にもとづいて記述されるべきである。たとえば，それは異なる河床の疏通能力や，各区間の河道が保持すべき最小生態流量などについてなされる必要がある。しかし，国際的にも類似する具体的記述方式があり，たとえばライン川の水質汚染の改善については，その技術指標体系が膨大で煩雑（たとえばCOD・BOD・アンモニア窒素・過マンガン酸塩素指数など）であるにもかかわらず，具体案としては「サケをライン川に再出現させる」と表現されている。河川の水環境に対する要求が高く，この魚が遡上するということは，水質がいちじるしく改善されたことを示すからであ

る。このような表現方法は，目標が明確であるため説得力があり，改善効果を検証しやすいという利点がある。

　九つの治水方策の核心は，水少砂多つまり水と砂との関係のアンバランスという問題をいかに解決するか，黄河を中心とする河川生態系の良好な発展をいかに保持するか，にある。

　「三つの黄河」に関しては，第3章で詳しく解説する。

第3章 「三つの黄河」の提起とそのおもな作用

✣

1. 「三つの黄河」の提起

1-1. 黄河源流区における流出変化の主要な要因，その寄与度について正確に判定できないおもな要因

　黄河源流区とは一般的に源流地からタンナンガイ水文観測所までの区間を指す。東がアムネマチン山，西がヤラダツェ山，南がバヤンカラ山，北がツァイダム盆地である（図3-1）。流域面積が12.2万 km^{2}でわずかに黄河流域面積の15%を占めるだけだが，その水資源量は204億 m^3（タンナンガイ観測所で1956〜2000年の平均値）であり，黄河流域の水資源総量の35%を占め，黄河流域の主要な水の産出地区の一つである。

　黄河源流区の流量変化の統計結果を表3-1に示す。表3-1でわかるように，黄河源流区は1990年代から，流量が徐々に減少し続けてきた。とくに21世紀に入ってから，黄河源流区の流量は右肩下がりの傾向をみせている。

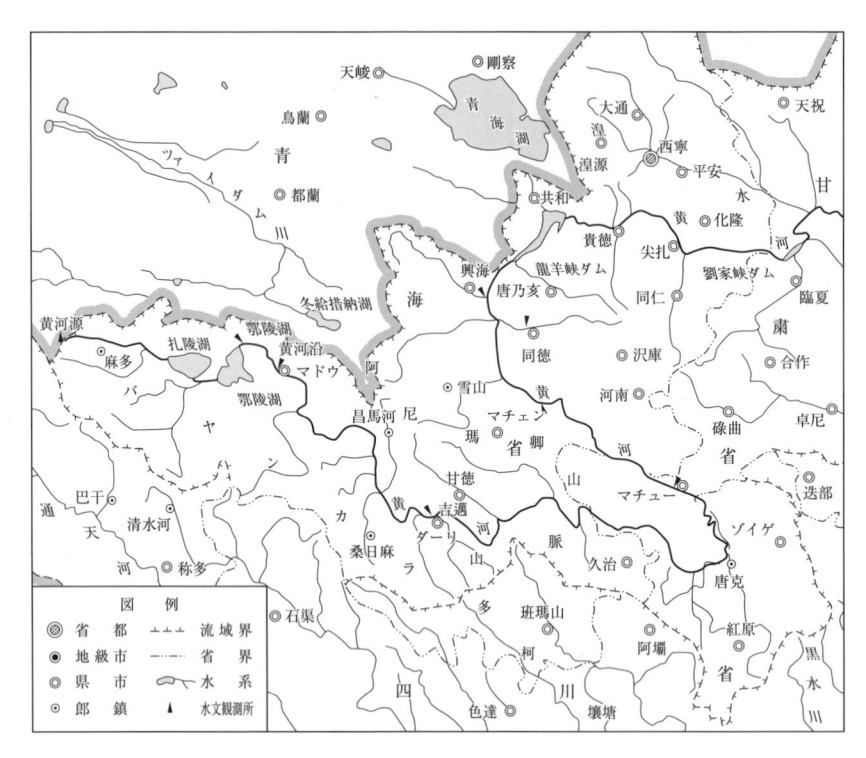

図 3-1　黄河源流区流域図

表 3-1　黄河源流区における年代別の流量変化

年	年間流出量(億m^3)	平均値からの差(%)
1950〜1959	188.1	−6.4
1960〜1969	216.5	+7.7
1970〜1979	203.9	+1.4
1980〜1989	241.1	+20.0
1990〜1999	176.0	−12.4
2000	154.5	−23.1
2001	138.1	−31.3
2002	105.8	−47.4
平均(1950〜2002)	201.0	0

(Ⅰ) 黄河源流区における流量変化に影響する主要な要因

(1) 降水量

　黄河源流区からの流出は，おもに降水によるものである。したがって，降水量の変化が流出に直接的な影響をもたらす。黄河源流区における年代別の降水量の変化は，表 3-2 に示すとおりである。

表3-2　黄河源流区における年代別の降水量変化

年	年間流出量(億m^3)	平均値からの差(%)
1950～1959	633.7	＋4.2
1960～1969	626.0	＋2.9
1970～1979	635.6	＋4.5
1980～1989	599.3	－1.5
1990～1999	589.4	－3.1
2000	521.2	－14.3
2001	472.6	－22.3
2002	409.5	－32.7
平均(1950～2002)	608.4	0

　表3-1と表3-2の比較によって明らかなように，流出量の変化値が降水量の変化値より大きい。たとえば，1990～99年，降水量が平均値より3.1%減少した一方，流出量が平均値より12.4%減少している。80年代と90年代を比較すると，降水量の変化と流出量の関係は，線形関係になっていないことがわかる。これは，源流区の流量変化が降水量変化という単純な要素のみによってもたらされたものではないことを示している。

(2) 気温

　黄河源流区マドウ気象観測所における1960～90年代の気温および蒸発量の統計結果を，表3-3に示す。

表3-3　マドウ気象観測所における1960～90年代の気温と蒸発変化

年	平均気温(℃)	年間蒸発量(mm)
60	－4.2	1,335
70	－4.2	1,328
80	－3.9	1,295
90	－3.7	1,340
平均	－4.0	1,325

　表3-3でわかるように，1990年代と60～70年代を比べると，平均気温が0.5℃上昇し，年間蒸発量が80年代より45mm増加している。
　気温の上昇と蒸発量の増加にともなって，源流区の湿地・湖沼の水の減少がいちじるしく，多くの中・小湖や沼池が涸れ，水資源の調節，復元能力が低下している。気温の上昇は永久凍土層の底面上昇，凍結層の疏乾，地下水位の下

降および地下水の補給の減少をもたらしている。

(3) 地面条件

　黄河源流区の草地の大部分は高寒草原と高寒湿地草原に属し，生長が遅く，牧草としての回復力がきわめて低いため，いったん破壊されるともとにもどることが難しい。一般的にいって，露出した土壌の場合は百年ないし数百年かかるとされる。

黄河源流地における草地の退化，王明海 撮影

1) 自然要因の影響

　1980年代以降，黄河源流区において乾燥化の加速，降水量の減少，蒸発量の増加および牧草地の面積減少，砂漠化などの現象が進行している。

2) 人類の活動による影響

　経済の発展と人口の増加につれて，源流区が人類の活動の影響を受ける傾向が強まっている。人口と家畜の急速な増加が，過剰放牧や食糧生産のための牧草地の破壊を引き起こす。ここ20年間，経済的利益の追求で，大量の金の不法採掘者によって河床平原域の含水層構造が徹底的に破壊され，草原の砂漠化と水源を蓄える能力が急激に低下している。

3) ネズミの影響

1980年代，黄河源流区の広大な範囲において駆除剤によるネズミ駆除が実施されたが，かえってネズミの天敵であるタカ科鳥類と砂漠キツネの数が大幅に減少してしまった。それによって，ネズミ類の大繁殖をまねいた。ネズミ類は夏には草を食べ，冬には草の根を食べる。その結果，大規模な草原が「黒土荒漠」と化した。

黄河源流区におけるネズミによる被害，
曹海涛　撮影

(Ⅱ) 各影響要因の寄与度を正確に判別できないおもな理由
　黄河源流区における水の流出変化に影響する要因を特定することはさほど難しいことではないが，難しいのが各影響要因の寄与度を数値化することである。すなわち，主要な各影響要因の流出変化に対する影響度を計算することである。これができないと，黄河源流区の水文状況について正しい把握ができないのである。同時に，黄河流域の主要水量産出区としての源流区における長期流出予測もできない。
　各影響要因の寄与度を正確に評価できない理由として，以下の2点がある。
(1) 観測体制の未確立
1) 水文・雨量観測所の不足
　現在，黄河源流区では水文観測所の平均密度が1ヵ所 9727km^2，雨量観測所の平均密度が1ヵ所 8231km^2 であり，全流域の平均値をはるかに下回っているだけでなく，『水文観測所ネットワーク計画技術指導規則』で定められている下限を大きく下回る。現状の観測所の分布では，降雨の地域分布および雨水の流出状況の正確な観測は不可能である。

2) 観測項目の欠落

源流区において，現状の数少ない水文観測所では，観測項目としてわずかに水位と流量しか観測しておらず，ほかの関連観測業務は行っていない．たとえば，蒸発量観測について，20cmの蒸発器が設置してある水文観測所は少数である．多くの観測所では蒸発量の観測が行われていない．源流区の気象観測資料はさらに少ない．ほとんどの地区には継続的な気温観測データがない．源流区にはいまだ長期にわたる地下水位変化観測のための井戸がない．

3) 源流地の地表面の変化を分析するための衛星リモート＝センシングの未展開

1980年代以来，黄河源流区の地表条件は大きく変化しており，源流区における地表条件の変化のなかでも動変化の詳細情報を把握するには，衛星リモート＝センシングという手段を用いずには不可能といえるだろう．源流区に関連する観測項目について少数の関連機関によるごくわずかなリモート＝センシングを除いて，源流区の地表条件変化の水文特性に対する影響についての衛星リモート＝センシング作業はまだ行われていない．

タンナンガイ水文観測断面，董保華 撮影

(2) 黄河源流区およびそれに隣接する区域における「三水」の変化メカニズムに関する研究の皆無

源流区からの流出量は90年代から減少傾向にあり，これは同時期の降水量の減少と密接な関係があるが，流出量の変化は大きくなく，両者の差はおよそ10％である．この10％の変化幅は，気温の上昇，蒸発量の増加，地表面条

件の悪化によるものと解釈される。このほかに，別の要因はないのか。源流地からの流出の補給はほかにないのか。もしあるのであれば，すでに大きな変化が生じたのか。たとえば，黄河源流区と長江流域および内陸川の流域のあいだには地表上分水嶺が存在するものの，地下分水嶺の分布と地表流域境界線とは一致しているのか。一致していないなら，バヤンカラ南麓の雪線の変化または永久凍土層の減少，疏乾による源流区地下水への補給が減少したのか。さらに黄河源流区の西部と北部に位置する河川・湖沼とその源流地の標高についていえば，黄河の源流より高いツァイダム盆地のゴルムド川の東支流の源流が海抜5500m，ツァイダム川の源流であるドンゲイツォーナー湖が海抜5374mを超えているのに対して，黄河の源流区は海抜4600m以下である。それらと黄河の源流区とのあいだには地下水の補給経路が存在するのか。もし存在するのなら，それらの補給水資源の減少が黄河源流の水源減少の原因であるのか。上記の疑問は現段階では実証する方法がなく，定義づけることすらできない。その理由は，黄河源流区ないし関連地区における「三水」の変化メカニズムの研究がいまだに行われていないことにある。

1-2. 黄土高原における遊砂池（相対均衡理論の構築の遅れとそのおもな要因）

　黄土高原は，西は日月山，東は太行山脈，南は秦嶺山脈，北は陰山山脈に隣接し，総面積が64万km^{2}であり，その大部分が黄土の大地である。世界で黄土分布がもっとも集中し，黄土層の堆積がもっとも厚い区域であり，平均の厚さが50〜100mで，局所的に250m以上に達する箇所もある。黄土の主要成分である粉粒物質は粘着力が低く，孔隙率が大きく，透水性が高いという性質をもっており，水によって崩落しやすく，侵食に弱い。そのため黄土高原は，世界で水土流失がもっとも深刻で，生態系がもっとも脆弱な地区である。

　深厚な黄土層と顕著な垂直節理によって，溝道の崩落や地滑りなどの重力侵食が盛んである。統計によると，黄土高原の丘陵・渓谷区における溝道からの土砂流出量は，小流域の総土砂流出量の50〜70％を占め，黄土高原渓谷区の溝道からの土砂産出は，小流域の総土砂産出量の80〜90％を占める。したがって，なんとかして溝道侵食による土砂流出を食い止めることが，黄土高原の水土保持にもっとも有効であろう。

（Ⅰ）遊砂池の出現およびその相対均衡概念

黄土高原に最初に出現した遊砂池は人工物ではなく，自然営力の作用によるものである。

　1569年（明の隆慶三年）に，陝西省子洲県裴家湾王家圪堵で渓谷の両岸に山崩れが発生したため，溝道がふさがり，水と泥砂がせき止められて，遊砂池が形成された。地元の人々はこれを「聚湫」と呼んでいる。このような地震や重力などの作用によってできた自然砂防ダムは，洪水排水道や排水孔もなければ，堰堤の前に護岸，後に反濾排水もない。また両岸のアバットメントにおいて切土斜面工事もなく，ダム底部での堆積の浚渫も行われていない。管理整備を一切しないまま，来る年も来る年も洪水と堆積のなかで貯水が蒸発し干上がり，泥砂が沈殿するというサイクルをくり返す。農民はその新しい堆積土地で耕作し，毎年安定して豊作を得ている。現在，この400年余りの歴史をもつ堆積ダムは高さ62m，集水面積2.72km^{2}であり，形成された土地は800畝余りに達し，平均食糧生産高は250kg/畝[36]である。

　1823年（清の道光三年），陝西省靖辺県石窟溝郷泥家溝で形成された自然「聚湫」の堰堤の高さは60mであった。現在，堰堤の高さは63mとなり，堆積地が400畝余り形成されている。1851～61年（清の咸豊年間），陝西省靖辺県新城郷花豹湾で堰堤高65mの天然の「聚湫」が形成され，現在，堰堤高67mとなり，堆積地300畝余りが形成されている。

　黄土高原で最初の人工遊砂池は1573～1619年（明の万暦年間）に修築されたものである[36]。『山西省汾西県志』の記載によると，「澗河は溝渠下湿の処，淤漫地を成して収穫高産するに易し」，「民に勤めて修築せしむること有り」とある。1800年前後から，堆積ダムは山西省の西部地区に広められていった。

自然の「聚湫（遊砂池）」，李輝 撮影

　1950年代初期，王化雲氏が黄土高原の天然「聚湫」について調査し，その広範な調査分析にもとづいて，相対均衡概念を提案した[37]。すなわち，ダム湖の堆積面積がダムの制御する流域面積と比べ一定の比率に達すると，洪水および泥砂がダム湖全体に均等にゆるやかに沈殿する。しかも，沈殿の厚さが小さく，農作物に影響しない。この「一定の比率」は決局，流域の地形・地質・降雨および植被条件によって決まる。たとえば，年間堆積の厚さが0.2m以下を相対安定期の始まりとすれば，年間侵食係数が1km^{2}につき1万トン・5000トン・3000トン・2000トンの地区において，堆積面積がそれぞれ流域面積の1/20・1/40・1/60・1/100に達すると，その条件を満たすことになる[37]。

　こうした相対均衡概念の提起が，黄土丘陵渓谷および黄河支流における砂防ダムの建設に新しい展望を切り開いたのである。

（Ⅱ）遊砂池における相対均衡理論の未確立

　遊砂池における相対均衡概念が提起されて，すでに数十年経った。新中国成立後，黄土高原の遊砂池は，モデル試験・全面普及・大発展および強固レベルアップなどの段階を経ている。1950年代は，おもに重点試験とモデル試行の段階であった。数年間の実践を経て，堆積地におけるダム建設の技術が各地の幹部と民衆のあいだで普及してきた。60年代には，遊砂池が黄河中流の各地で全面に推し進められた。70年代には，水墜法ダム建設技術の普及によって，

遊砂池建設において突破的な進展をみせた．しかし，統一的な計画と科学設計の欠如のため，1977年と78年の2回の猛烈な豪雨に見舞われて，程度の異なる破壊をこおむった．80年代に，遊砂池における小規模で乱立した崩壊発生などの問題に対応するために，上流洪水の遮断，下流の中小堆積の安全確保に有効な溝道内の基幹ダムの増設が始められた．その結果，70年代の小規模乱立，低い洪水防止基準に起因する「積立貯金」式の局面が是正された．90年代以来，全面的に遊砂池建設の経験を総括したうえで，検討をくり返した結果，「小流域をユニットとし，基幹ダムと中・小遊砂池の合理的配置，砂防ダムの建設」という遊砂池建設のコンセプトが形成されている[36]．2002年末現在，黄土高原で建設された遊砂池は11.35万基に達する．そのうち，小・中型遊砂池が11.2万基で，基幹ダムが1480基である．

黄土高原の貯砂ダム

これに対して，相対均衡理論の樹立は大幅に遅れ，基本的には依然として相対均衡の概念に止まっているのが現状である．現時点では，ほとんどの研究結果においてダム群相対均衡の条件は，「堆積面積とダム制御の流域面積との比」と概略される．しかしながら，その値を計算する方法としては，例外なく既成の遊砂池のデータを基本としている．研究成果として，遊砂池面積と堰堤高・制御流域面積および溝道断面形状のあいだに，次に示す関係が成立する[38]．

$$A = kH^{1.6}F^{0.9} \qquad (式3\text{-}1)$$

式中，A は堆積地面積 hm^2
　　　H は堰堤高さ m
　　　F はダムの制御の流域面積 km^2
　　　k は断面形状に関係する係数

　この関係式は遊砂池の配置と設計に重要な参考意義をもつが，黄土高原で既存の遊砂池の統計結果をまとめたもので，統計モデルまたは経験式に属する。

　実際に，遊砂池の相対均衡状態に達するには，影響要素がきわめて複雑であり，決して単純に「堆積地面積とダム制御の流域面積との比」において完全に内包することはできない。水文・地質・水利・農学など各方面の要因がかかわっているからである。降水量・降雨強度・流出量・洪水ピーク量・斜面侵食および豪雨による洪水に相応する土砂産出量などに関係するだけでなく，ダム面積・農作物の種類およびダム本体の水工学的な配置（排出設計など）にも関係する。

　明らかに，厳密な相対均衡理論を確立するには，既存の遊砂池における堆積地断面とダム制御面積との比の統計だけではじゅうぶんではない。流域の斜面侵食送砂力学メカニズム，重力と水流洗掘の作用下における溝道の侵食力学メカニズム，泥砂の産出および輸送メカニズムなどについて研究を深めることが，明確な物理概念と力学基礎をベースとした黄土高原の地域特性を考慮した産流産砂の理論モデルを構築する唯一のアプローチである。そうでなければ，科学的に遊砂池建設を指導することはできず，とくにダムの密度・配置の最適化および建設順序について理論的な根拠を提供することはできない。

（Ⅲ）相対均衡理論の確立遅延の主要な原因

　豪雨は水土流失をもたらす主要な要因である。豪雨による土壌侵食量が全体のほとんどを占め，強い豪雨ほど水土流失がはなはだしい。土壌侵食を引き起こすのは，おもに持続時間が短く強い豪雨である。この結論は，1950年代から60年代に，黄土高原に分布する特性が異なる水土保持試験所における斜面での流れの区域・降雨・地形・植被・土壌などの要素による水土流失への影響についての観測結果から導き出したものである。

　豪雨による黄土高原の土壌侵食は二つの面に分かれる。一つは斜面流によるもので，もう一つは溝道における侵食である。降雨による斜面流の侵食量につ

いては，現在，科学的な計算法がまだ確立していない。斜面流による土砂産出のメカニズムについても正確な表現ができておらず，一般的なやり方として相関分析あるいは河川輸砂理論を踏襲する方法を用いて，簡単で定性的な描写および定量分析を行うものである。なぜなら，斜面流運動は非定常・不等流の流れに属し，沿路変化が非常に複雑で，そのためそのメカニズムを解明することはきわめて困難だからである。溝道侵食は溝頭遡源前進溝岸の拡張および溝体切り下げとして現れる。水流侵食と重力作用がともに働いて発生する。現段階では，溝道侵食量についての計算に科学的な方法はなく，溝道侵食発生の臨界水力条件さえ確立していない。さらにその力学の過程についても，正確に表記することができない[39]。

黄河中流の水土流出区における斜面侵食と溝道侵食，黄宝林 撮影

　科学的に斜面侵食と溝道侵食の力学メカニズムを解明したうえで，降雨による産流産砂モデルを確立することが，相対均衡理論の重要な基礎である。しかし，この作業はなかなか進まない。その原因を以下に示す。

1) 野外観測資料の欠如

　降雨による産流産砂モデルを構築するには，二つのアプローチがある。一つは，確率理論および数理統計を用いた多元回帰モデルである。もう一つは成因法と流体力学・土砂力学を結合することによる侵食と輸砂過程をシミュレートするモデルである。いずれにしても，水力侵食と土砂産出の力学メカニズムの複雑性から，その研究手段にはじゅうぶんにして信憑性の高い観測資料が不可欠である。

　しかしながら，現在，黄土高原地区における水土流失観測システムはきわめて不完全であり，1950年代から60年代の状態にも及ばない。目的がはっきりした野外観測所が少なく，そのことは観測手段の立ち遅れ，観測資料の精度の低さ，代表性の欠如，非系統性などに表れている。一部の代表的な観測所においては，観測の項目についての全面的・長期的な観測を通じた系統的で高い精度の観測データを蓄積することが，水土流出のメカニズムの解明に必要不可欠である。一般に天然の降雨は，理論研究が求める各種降雨強度の条件下での斜面，溝道侵食量の観測要求を満たさないことが多い。毎年の天然降雨の回数がかぎられており，そのため毎回観測されたとしても，理論研究の要求を満たすじゅうぶんなサンプル値を蓄積するのに相当長い年月（数十年）を要する。これでは短い期間で理論研究の成果を得たいという要求には応えられない。一方，天然降雨の強度は制御できず，またオリジナル観測データから降雨強度別に選別することができないため，各種降雨強度に対応する土砂生産モデルの構築がきわめて困難になる。したがって，観測システムの建設において，一般にその補助として野外人工降雨システムも加えられる。このシステムは自然の地表面において人工制御可能な多種の強い雨を降らせるもので，それによりその土砂生産の状態を観測することが可能となる。また，必要に応じていつでも人工降雨が実施できるので，観測の進捗を決め，短時間で理論研究にじゅうぶんなデータを蓄積することができる。このようなシステムは，黄土高原地区の異なる土壌侵食型ごとには建設されていない。

野外人工模擬降雨試験，劉斌 撮影

2) 室内水力侵食メカニズムに関する研究の不足

　斜面侵食と溝道侵食の力学メカニズムを明らかにするには，室内での実験研究が必要不可欠である。野外の天然降雨観測と人工降雨観測は現状の地表条件下で行われ，多元回帰統計学的な土砂産出モデルの構築に有効である。しかし，雨滴の衝撃，地表水流による泥砂粒子の分散，輸送過程，各深度の土層相対移動の力学のパラメータなどのような，斜面と溝道侵食における土壌内部のミクロ力学的メカニズムを解明するためには，室内での実験研究が必要である。室内の実験がなければ，水土流失の成因を把握できず，それと流体力学・泥砂力学との結合によって侵食と輸砂過程をシミュレートできない。すなわち，明確な物理的概念と力学的基礎に依拠した，降雨による土砂産出の数値モデルを構築できないのである[39]。

　黄土高原地区の水土流失に関する室内水力侵食メカニズムの実験研究は，野外降雨観測のマクロ研究よりも遅れているのが現状である。

1-3. 黄河治水における小北幹流の戦略的地位が未確立の主要な原因

　黄河は内モンゴルのトウダオグァイから陝西省潼関まで南北方向に流れる。習慣上，トウダオグァイ～禹門口の区間を黄河北幹流と呼び，禹門口～潼関の区間（長さ132.5km）を小北幹流と呼ぶ。黄河が山西・陝西の峡谷をへて禹門口に出ると，河床の幅が100mから一気に4000m以上広がる。幅がもっとも広いところは18.8kmに達し，平均8.87kmである。両岸が黄土台塬（台状高地）となり，地勢が内から外へ徐々に上昇し，勾配が大きい。塬頂の高さは380～780mで，河床より50～200m高い。この区間では，堆積型で水路が振れ動く河道となり，河床が広くて浅い。水流は分岐して変化し，中洲や浅瀬が密集して低水路が振れ動いて安定しないことから，古来「三十年河は東し，三十年河は西す」といわれてきた。

（Ⅰ）小北幹流区間における河床変動

　黄河は長さ725kmの山西・陝西峡谷を流れ下ってから，河床幅が急に広まった（過渡区間なし）小北幹流に出る。小北幹流の河床は柔らかいので，水流は急速にエネルギー分散して溢流形態となる。調査によると，小北幹流の河床，低段丘の総厚は30mを超え，その土質は粉細砂・亜砂土・亜粘土を主要成分とする全新統洪積層（AlO_4）からなり，ふっくらとしている。このような河床条件は，小北幹流の来水・来砂条件の変化によっては変動しやすい性質を内包する。小北幹流に高含砂量の洪水が来ると，エネルギー（$\gamma_m QJ$，γ_mは濁水の単位重量，Qは流量，Jは河床勾配）が大きいため，小北幹流には激しい集中侵食が起こる。この場合，その前に堆積した密度の高い沈殿河床物質が「絨毯」を巻くように剥がれていく。これは俗称「河床剥がし」と呼ばれる。このさい，小北幹流の河道は平面上で大幅に振れ動き，低水路が激しく侵食され，河床に大量に堆積され，水流が散乱状態から集中状態に向かい，断面が「高床深槽」となる。その後，小北幹流の高含砂洪水過程の終わりとともに，「深槽（低水路）」では再度堆積が始まり，来水・来砂条件に適応する。このようなサイクルは短い場合には1年間で堆積が完了し，長い場合には2～3年かかる。結果として，低水路が広くて浅い流態となり，高水路流量の減少と流砂能力の低下につれて水流が散乱して振れ動く状態にもどり，河床堆積量が増加してゆく。河床の断面形状と縦断勾配が一定の程度に調整され，かつ河床堆積物質が一定の厚さおよび固結度に達すると，ふたたび高含砂洪水がやってきて，新たな「河床剥がし」の侵食過程に入る。以

上のように，小北幹流の河床変動はいちじるしい周期性と自然調整の特徴をもつ。統計によると，1950年以降，12回もの「河床剥がし」が発生している（表3-4）。

表3-4 1950年以降，黄河小北幹流における「河床剥がし」

日付 (年・月・日)	龍門断面			侵食長さ (km)	低水路変化状況
	最大流量 (m^3/s)	最大含砂量 (kg^3/m)	最大侵食深 (m)		
1951.8.15	13,700	542	2.19	132	
1954.8.31〜9.6	17,500	605	1.69	132	大移動
1964.7.6〜7.7	10,200	695	3.50	90	大移動
1966.7.16〜7.20	7,460	933	7.50	73	
1969.7.26〜7.29	8,860	740	2.85	49	大移動
1970.8.1〜8.5	13,800	826	9.00	90	大移動
1977.7.4〜7.9	14,500	690	4.00	71	大移動
1977.8.2〜8.8	12,700	821	2.00	71	大移動
1993.7.12	1,040	436	1.27		
1995.7.18	3,880	487	1.43		
1995.7.27〜7.30	7,860	212	1.37		
2002.7.4〜7.5	4,580	1,040	1.25		

黄河禹門口，李志恒 撮影　　黄河龍門1993年7月12日

（Ⅱ）小北幹流における治水過程と現状

歴史上，人工による治水を受けたことのない黄河の小北幹流は，自然の河床変動過程に左右され，大洪水が来るたびここで洪水と土砂がとどこおる。1960年代までは，地元川沿いの住民が主水路の振れ動きを防ぎ，高水路と村を守るため，自発的に小型堤防を修築していたが，土でできているうえ護岸石がないので，すぐ流出してしまっていた。68年以降，高岸の崩壊の防止と川沿いの岸辺砂地を保護するため，両岸の住民が出資して，統一的計画のないまま多くの施設を建設した。しかし，一部平面配置の不合理な工事が，深刻な「阻水排

流」の作用をまねいた。もっともはなはだしいのは，一部の工事が河道の流水断面を占め，河道の洪水通過を阻害しただけでなく，両岸のあいだの水をめぐるトラブルの原因にもなったことである。

　無秩序な河道工事と河道埋立ての問題を解決するため，国務院(82)国函字229号文の制定により，小北幹流両岸の河道工事はすべて黄河水利委員会の統一管理下に置かれることになった。1985年初，黄河水利委員会は法令にもとづいて両岸の工事を受け継ぎ，新しい河道整備計画線に照らし合わせて，基準に合致しないものを撤去し，国家の予算で一部の新しい河道整備施設を建設した。現在，両岸に新しい施設が34ヵ所建設され，工事総延長は146.99kmに達し，そのうち制御工事が64.67km（左岸37.25km，右岸27.42km），護岸工事が74.04km（左岸41.18km，右岸32.86km），河川敷工事が5.15km（左岸3.15km，右岸2.00km）ある。そのほか，制御線以内の工事が3.13kmである。統計によると，1968～2003年，国家と地方による小北幹流区間の修築に対する投入額は4.09億元に達し，その工事により土掘削が762.57万m^3，石の採掘・運搬が180.94万m^3，コンクリートが0.45万m^3完成している（表3-5）。

表3-5　黄河の小北幹流河道の改修事業への投入資金額

時　期	投入金額(万元)			工事量(万m^3)			備　考
	合計	陝西	山西	土工	石工	コンクリート	
"三五"	258	17	241				
"四五"	2,657	383	2,275				
"五五"	3,564	1,735	1,828				
"六五"	200	120	80	10.00	1.73		
"七五"	1,195	612	583	51.93	7.76	0.34	
1991	300	149	151	1.45	1.96		
1992	400	200	200	14.86	3.83		
1993	404	202	202	15.92	4.14		
1994	1,104	452	652	57.32	6.06	0.07	
1995	1,585	700	885	33.65	19.32		
1996	2,372	1,357	1,015	49.10	11.14	0.02	
1997	1,173	263	910	25.53	7.03		
1998	5,393	5,113	280	102.91	26.43	0.02	
1999	9,311	2,941	6,370	183.03	43.10		
2000	1,403		1,403	12.40	5.49		
2001							
2002	6,034	3,045	2,989	141.46	32.36		
2003	3,518	1,823	1,695	63.01	10.59		
1985～2003	34,392	16,977	17,415	762.57	180.94	0.45	国家予算が1985年に開始
1968～2003	40,871	19,112	21,759	762.57	180.94	0.45	地方予算が1968年に開始

現状では，黄河小北幹流は河道制御工事で制御され，主流の首振りの範囲が大幅に縮小している。これによって，自然状態下における緩慢上昇の河床が人工制御によっていちじるしく堆積の傾向にある。工事の前後面の差が増大して両岸に大面積の沼地が出現したため，農業耕作の条件が失われている。

黄河小北幹流の雨林導流堤，黄宝林 撮影

（Ⅲ）小北幹流の黄河治水戦略における位置が未確立の主要原因

　小北幹流が黄河の洪水泥砂の自然な堆積場所となっているのは，その河道地形条件による。上口（禹門口）での川幅は100m，下口（潼関）での川幅もわずか850mであるのに対して，その中間では平均川幅は8.87km，最大18.8kmにも達する。しかも両岸は河床より50〜200m高い高塬台地である。この区間は黄河北幹流に近いため，黄土高原からの大部分の水砂が真っ先に到達する。したがって，この区間で黄河に流入する泥砂に対して有効な手が打てるならば，黄河の治水計画全体における戦略的な地位が大いに高まることになるだろう。小浪底ダムが運行を開始した現在でも黄土高原の整備工事にはあまり効果がなく，黄河に流入する土砂がいまだいちじるしく減少しない状況においては，小北幹流への堆砂が小浪底ダムの使用寿命の延長を可能にする。しかしながら，実際はそうはうまくいっていない。その原因は，以下の点に示すとおりである。

1) 河床変動についての研究不足

　歴史上いかなる河道工事も行われなかった黄河小北幹流は，堆積性の川として洪水と泥砂の自然な堆積場所となる一方，低水路が周期的に振れ動きながら，泥砂を広い河床に敷いてゆく。同時に，左右両岸が高塬台地の拘束を受けて，ゆるやかに上昇する傾向を呈している。1960年代から河道工事が多く実施されたが，その後，工事のあいだに少量の逆流堆積口を残したものの，工事によって内外のつながりが遮断されてしまい，しかも工期自体が長くなり，施工される場所も高くなっていった。すなわち，両岸の河道工事の拘束を受け，河床の泥砂が分流できず，その大部分が工事のあいだに堆積して河床の上昇をまねき，工事の前後面における1.5km以上の高度差をもたらした。河床高水位の浸透水流の作用下で，河道工事の川の背後側の地下水位が徐々に上昇し，「地上水」として現れる場所もある。これにより，工事で「保護」されたはずの河川敷が，逆に完全に破壊される結果となったのである。このような苦しい局面に追いやられた主要原因は，黄河の小北幹流区間における河床変動の法則についての研究不足にあった。黄河小北幹流の上流側を全般にわたってコントロールする中心的な水利工事がなく，その来水・来砂は自然によってなされたもので，人工的に制御されていない。それゆえ自然の来水・来砂条件およびその作用下における小北本川の河床変動法則について分析と研究を深め，その法則性を解明したうえ，法則に従って治水事業を行うなら，かならずや良い結果を得られるであろう。

2) 河床変動に関する研究を黄河治水全体計画に位置づけるための研究不足

　黄河の上・下流区間のあいだが水砂関係にあって密接なつながりをもつことから，とうぜん治水方針の制定はある区間だけを切り取って論じることはできない。自然の滞洪・滞砂の場所としての小北幹流では，人工的手段によって北本川からの泥砂を計画的に適当な部位に沈殿させ，清水だけを低水路に流すことで，小浪底ダムと下流河道に流入する水と砂の条件を変え，小浪底ダムの使用寿命の延長および下流河道条件の改善に積極的な作用をはたすことができる。黄河の下流河道の堆積物のなかでは，粒径が0.05mmを上回るものが大部分を占める。小北幹流区間で水力による選別を実施し，「堆粗排細」を実現すれば，この区間の堆積効率を大幅にアップすることができる。それとともに小北幹流の「引洪堆砂」の年限を延長させることによって，より長い期間で小浪

底ダムと下流河道の堆積を減少させる効果が期待できる。1970〜80年代，黄河水利委員会計画事務局と測量計画設計院などが，小北幹流区間の堆砂問題について研究を重ねた結果，堆砂計画案が提案されたが[40]，いまだ実施には至っていない。その後，この研究は中断された。

1-4. 三門峡ダムにおける重大問題および主要原因

1950年代初め，黄河の治水問題が国家の重要議題にのぼった。中国政府とソ連との協議の結果，黄河総合計画がソ連の中国に対する経済援助156項目のなかでも重大項目の一つとなった。53年7月から，中・ソ専門家による作業が始まり，54年10月に『黄河総合利用計画技術経済報告』がまとめられた。計画の主要目的は以下のとおりである。

「黄河の水害を根本的に退治するだけでなく，黄河流域の水土流失と黄河流域の旱魃を解消しなければならない。黄河の水害と干害を解消するだけでなく，黄河の水資源を灌漑・発電と運航に利用して，農業・工業と運輸業の発展をうながす」。

要するに，黄河を徹底的に征服し，黄河流域の自然条件を変え，根本的に黄河流域の状態を改造するという。また，黄河に対する治水方針として，水と土砂を送り出すのではなく，水と泥砂を制御しながら利用するとされた。この目的を達成するために，以下の二つの方法を実施する必要があった。

第一に，黄河の本川と支川に一連の堰堤やダムを建設する。これらの堰堤とダムを利用して，洪水と泥砂をせき止め，水害を防ぐ。同時に，水量を調整し，灌漑と航運を発展させる。また，水力発電を通じて，大量の安価な電力を得る。

第二に，甘粛・陝西・山西3省を主とする水土流失の深刻な地区において，大規模な水土保持運動を展開する。黄土を保護して，それを雨水の侵食から防ぐ。雨水をせき止めて，それが直接山谷と河川に一気に流れ込むことを防ぐ。こうして，中流地区の水土流失を避けるとともに，下流の水害の根源を解消する[40]。

この計画は黄河流域で初めての全面的な総合利用治水開発計画であり，画期的な意義をもった。計画では，黄河の本川に46段を設置し，劉家峡・青銅峡・渡口堂（三盛公）・三門峡・桃花峪という5段階のステップを，1955〜67年に実施する第一期プロジェクトとした[40]。

この計画にもとづいて，第一期プロジェクトが前後に実施されることになっ

た。そのなかでも，上流に位置する劉家峡・青銅峡・渡口堂ダム建設およびその運用は順調に行われ，今でもいちじるしい効益を発揮しているが，これに対し三門峡ダムの建設およびその運用は曲折に富む過程を経験した。

(I) 三門峡ダムの建築およびその運用における重大な問題点

河南省三門峡市と山西省平陸県の境の黄河本川に建設された三門峡ダムは，全流域面積の91.5%相当の68.8万km^2を占める。ダムでの年間平均水量は，川全体の89%を占め，川全体の泥砂総量の98%を占める（図3-2）。

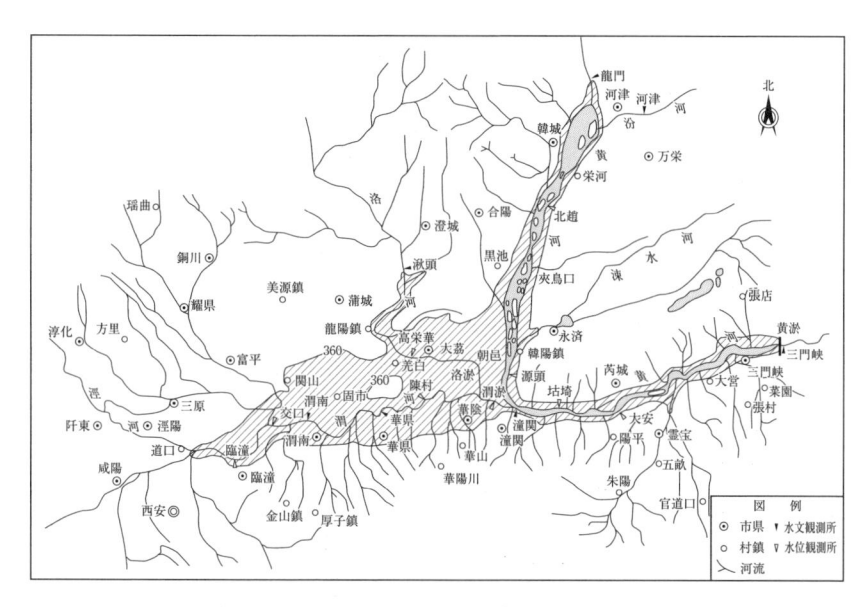

図3-2　三門峡ダム位置図

『黄河総合利用規画技術経済報告』の計画には，三門峡ダムの正常高水位は350m，総容量は360億m^3，設計排水許容量は8000m^3/sとある。さらに，この多目的ダムの洛河・沁河支川のダムとの連携運用によって，黄河下流での洪水防止問題がすべて解決される，と指摘されている。ダムは上流側の泥砂量すべてをせき止め，きれいな水だけを下流へ流すことによって，下流における河床堆積上昇の現象を解消できるとしている。しかしながら，計画報告書はダムに二つの重大問題が存在することを指摘している。一つは水没する問題で，もう一つは堆砂問題である。

第一の問題に対して，ソ連専門家は「移民を発生させない洪水調節ダムの建

設は実現不可能な幻想にすぎず，研究する価値はない。また，洪水を調節するためのじゅうぶんな容積のダムが必要であり，それを確保するには水没と移民は避けて通れない。いかなるダム立地も，洪水調節に必要なダム容積は水没と交換して手に入れるものだ」[40]という見解を示した。

　第二の問題に対して，計画では，「二つの解決法がある。一つ目は水土保持への取り組みを強化することである。二つ目は渭河支川の葫蘆河・涇河・北洛河・無定河・延河に大型の泥砂せき止めダムを建設することである。こうして，1967年までに，三門峡に流入する泥砂の50％を減少させる見通しが立つ。それに，密度流による排砂を加えると，三門峡ダムの寿命が50〜70年維持できる」[40]とされている。

　1956年4月に，ソ連側が提出した『三門峡水利枢軸初歩設計要点報告』では，正常高水位360m案が提出された。ダム寿命を100年と考えた場合，正常高水位は370m，設計最大排水量は6000m^3/sとすべきだ，と主張したのである。双方の意見の不一致によって，中国側は最終的に正常高水位360m案でのダムの設計，350mでの施工を決定した。67年までにダム最高運用水位は340mを超さず，洪水期前の制御水位を最初の335mから325mに下げ，排水孔入口底部高程を原設計の320mから300mに，ダム堤高程を353mにした[41]。

三門峡ダム建設地の原状

186　第2部　黄河の健康な生命の維持

三門峡ダムは1957年4月13日に正式開工され，60年9月15日に水門を閉じて貯水を始めた。60年9月～62年3月まで，ダムは「貯水阻砂」方式で運用された。その間，61年2月9日にダム側の貯水位が最高の332.58mに達し，貯水量が72.3億m^3に達し，堰水位が潼関以上にさかのぼるに至った。1年6ヵ月のあいだに，ダム湖330m高程以下の土砂堆積は15.3億m^3となり，93％の来砂がダム湖に堆積し，その堆積スピードと堆積部位が予想を超えるものとなった。その結果，潼関河床が平均4.3m上昇して渭河口に「閉鎖砂洲」が形成されたため，渭河下流の洪水疏通能力が低下するとともに，農田の水没や土壌アルカリ性化面積の増大などを引き起こし，この地区の農業生産と民衆生活に重大な影響を及ぼしたのである。62年3月に三門峡ダムの運用方式は「貯水阻砂」から「滞洪排砂」に，また増水期に入る前にできるだけダムを空け，増水期の水位が335mに制御されるように改められた。ダムの運用方式が変更された後，ダム湖への堆積は若干減少したものの，水位が315m時の排水能力の3084m^3/sしかなかったため，ダム湖への流入泥砂はまだ60％もあるうえ，潼関高程が下がらず，ダム湖堆積の「遡上」現象が依然として上流へ進んだ。
　その後，ダムの排水規模を拡大したため，改修工事が前後2回行われた。
　第1回は，1965年1月から始まり，2本の排水トンネルの増設，4本の発電引水パイプの改築いわゆる「二孔四管」が行われ，68年8月に完成を迎えて稼働した。これらによって洪水排水能力は，ダム水位315m時の3084m^3/sから6102m^3/sに増加した。潼関以下のダム影響区域においては，長期堆積から侵食に転じ，ダムの年間平均来砂堆積量が改・増築前の60％から20％に減少した。しかし，洪水排水能力が依然としてやや小さかったため，一般洪水がダム湖に滞留して潼関以上のダム区域と渭河における堆積が続いていた。これを解決するため，三門峡ダムに対して第2回目の改修工事が行われた。その内容は，導流底口を八つ切り開くことであった（71年10月完成）。1～5号発電引水パイプの進水口の高程を300mから287mに下げ，発電設備ユニット五つ総容量25万kwを設置する内容であった。第一発電ユニットが，73年12月に発電を開始した。
　以上2回の改修が完了後，ダム水位315m時の排水量は9460m^3/sに増加し，洪水疏通能力は大幅に高まった。ダムは1973年11月から「蓄清排濁」運用方

式に切り替わった。つまり，非増水期の来砂が少ないときに貯水して，灌漑と発電に利用する。増水期には，特大洪水の防御を除いて一般の洪水は通過させ，水位を下げて排砂する。このような運用方式は，増水期の堆積を減らすだけでなく，非増水期の堆積物を排出させることもできる。これにより年間を通じて泥砂の堆積と排出のバランスを保ちながら，ダムの有効容量の長期的な保持が図られた。

三門峡ダム第2回目の改修時に導流底口が開けられた工事現場

(Ⅱ) 問題発生の主要原因

　三門峡ダムは黄河で建設された最初の水利工事であるが，その建設と運用の過程において発生した一連の重大問題は，けっして三門峡ダムそのものの問題でなく，黄河が内包する自然規則への認識に関係している。

1）大量の良田の水没と引き換えにダム容量を得て「貯水阻砂」に用いる思想が，中国の実状に対する研究と認識の不足を反映

　『黄河総合利用規画技術経済報告』の編制時に，ソ連の専門家は「三門峡ほど下流に莫大な効益をもたらし，三門峡ほど総合的に防水・灌漑・発電などの問題を解決するものはない」と明確に述べた。三門峡ダムの総合的な利用効益を発揮させるために，「水没をもってダム容量を得る」という主張が，その当時，

三門峡ダム＝プロジェクトに決定的な影響をもった。河川の治水開発について，ソ連人が，帝政ロシア時代の「一点をつかんで，単純に国民経済の位置部門の需要を解決する」という開発方式を反省し，それを「全川計画・総合利用」の開発方式に改めたことは妥当であった。たしかに，総合利用の目的を達成するには，じゅうぶんなダム容量がなければ実現できないのである。しかし，三門峡の位置からみると，じゅうぶんなダム容量を確保するためには，「八百里秦川」の相当な部分を水没させなければならなかった。たとえば，正常高水位 360m 時に，水没する農地は 325 万畝，移民数は 87 万人となる。正常高水位 350m 時に水没する農地は 207 万畝，移民数は 59.5 万人となる。耕地の 85％が山地で，平原農地が 1000 万畝強しかない陝西省にとっては，水没する農地が陝西省平原区の食糧と綿の生産基盤にあたる。つまりこの地域は自然条件に恵まれ，人民大衆の生活が豊かで人口集中地域（陝西省の人口密度が 82 人/km^2 であるのに対して，水没予定地の人口密度は 200 人/km^2）である。このような経済社会区域は黄河流域ではじつに珍しい。中国は人口が多く，良地が少ない国家であるという点で，ソ連と大きく異なる。周知のとおり，ソ連は国土が広く人口が少ない。そのうえ，土地資源が豊富である。「水没をもってダム容量を得る」という考え方は，そのようなソ連の実情にはあうが，この計画理念をそのまま黄河の治水に持ち込んで，三門峡ダムの計画に応用することは，中国の実情にあわなかったのである。

陝西省関中平野，趙平安 撮影

2）黄土高原における水土流失対策の長期性ときびしさについての認識不足，および水土保持減少効果の過大評価

『黄河総合利用規画技術経済報告』が黄河流域の水土流失の激しい地区に対して大規模な水土保持の取り組みを提案したことは，もちろん正しかった。しかし，当時の提案指標は明らかに高過ぎた。たとえば，1955～67年，すなわち第一期計画執行期において，耕作面積の改良が1億2700万畝，草田輪作面積が870万畝，天然牧場の改良面積が1億3460万畝，人工牧場培植が670万畝，急斜面耕地の中止が1100万畝とされた。水平棚田の整備が2800万畝，水溝阻碍付きの棚田が1400万畝，田のあぜの整備が1470万畝，等高あぜの整備が1700万畝であった。さらに造林が2100万畝，育苗が70万畝，封山育林が3660万畝である。溝頭保護整備工事が21.5万ヵ所，侵食防止小型堰の修築が63.8万基，遊砂池堰堤が7.9万基，溝谷土堰が300基である。この計画の実現により，当地の農業生産高が倍増し，黄河の土砂は水土保持と支川阻砂の措置によって半減すると見込まれた。

20世紀末の対策工事の進捗状況と効果から，上記の1955～67年の13年間の実施結果と効果をみると，当時の計画では，黄土高原地区における水土流失対策の長期性と困難さに対する認識が不足していたとともに，水土保持の減砂効果を高く見積もっていたことは明らかである。実際，20世紀末までの50年間にわたる取り組みで，黄土高原における水土流失のうち初歩総合整備面積27000万畝，堆積ダム11.2万基をやっと達成し，水利工事措置による黄河への土砂流入の減少が3億トンで，これは黄河の年間平均送砂量の18.8％にすぎない[42]。

黄土高原における水土流失対策の長期性と困難さは，その地区の自然的条件と経済社会的条件に起因する。中国科学院黄土高原総合考察チームの研究によると，黄土高原の激しい水土流失は25万～30万年前にすでに起きていた。より深刻になったのは5万年前で，人類が活発に活動を始めるより早かった[43]。黄土高原の自然侵蝕という条件のうえに，社会的生産力の発展，人口の絶えざる増加，農業が盲目的・掠奪式の開墾におちいったこと，さらには環境破壊がもたらす悪影響についての認識不足などが加わり，ただ奪うのみで保護と整備をおこったことが，土壌侵蝕のさらなる深刻化をもたらし，その結果，千溝

万谷にして支離破砕な黄土高原をつくってしまった。長い歴史のなかで形成された自然環境において，水土保持措置による新しい人工生態システムを建設するためには，長いあるいは非常に長い過程を要するのである[44]。

千溝万谷果てしない黄土高原，殷鶴仙 撮影

3) ダム堆積末端における河床再建過程および法則性に対する認識欠如

　三門峡ダム建設前の計画段階では，三門峡ダムの360億 m^3（正常高水位）の容量のうちに，147億 m^3 の堆砂を包含できるとした。そのうえ，一連の水土保持の措置を通じて，1967年に至るまでに，三門峡ダムに進入する泥砂が50％減少するだけでなく，重濁した泥水を排水するなら，三門峡ダムの寿命が50〜70年維持できるとした。ソ連側が56年4月に提出した『三門峡水利中枢初歩設計要点報告』では，ダムの寿命を100年と考えた場合，正常高水位は370m，50年間に堆積する泥砂は350億 m^3（密度流排砂を除く）であるべきであるとされた。これは，三門峡水利の中心をなす計画設計の段階では，ダムへの堆積速度や堆積年限についての認識はあったものの，ダム内でどのように堆積し，堆積の形態がどう変化するか，とくにダム堆積の末端河流での河床変動

過程およびその法則性については，研究と認識が不足であったことを示している。これによって，ダムの貯水阻砂の実施後，ダム区域における堆砂に深刻な「上流へさかのぼっての堆砂」が現出したのである。水門を閉じて貯水を開始した後，わずか一年間で(1961年10月)三門峡ダム側の水位が332.5mとなったとき，渭河河口に「閉鎖砂洲」が形成され，堰水が渭河洪水に重なり，華県での水位が337.84mに達し，渭河の下流両岸および黄河の朝邑河原地域で5000人が洪水に包囲されたほか，耕地が25万畝水没した。これによってみると，もし三門峡ダム側の水位を350mとしていたなら，西安・咸陽ならびに広大な関中平原に重大な影響を及ぼすところであった。

　ダムの建設は，下流域の洪水災害を低減して国民経済の発展に巨大な利益をもたらす一方，河川自体に無視できない影響を及ぼす。実践の結果，多砂河川の境界条件が人類活動によって変化した場合，河川はそれに応じて調整される。すなわち，ダムの建設によって河川のバランスが崩れ，ダム区域に大量の堆積が引き起こされると同時に，堆積を通じてダム区域に新しい境界条件に適応する新河道が形成される。ダム区域における新河道の形成過程は，ダム堆積の末端が上流へ発展する過程でもあることが明らかになった。

　また研究の結果，堰水と堆積の相互作用はダム堆積末端の上流への移動のおもな原因の一つではあるが，唯一の原因ではないことも明らかになった。これは，1962年3月から三門峡ダムの運用が「貯水阻砂」方式から「滞洪排砂」方式に切り替えられた後も，ダムの堆積末端における上流遡上の現象が依然として存在していることからも証明される。またこれは，ダム堆積末端の上流への移動にほかの原因，すなわち過小勾配の調整が存在することを示している。このような原因がダム堆積末端の上流への移動にもたらす影響範囲と被害の深刻さは，堰水と堆積との相互作用によるそれをはるかに上回る。三門峡の場合，ダム水位が下降する以前には，すでに堰水範囲において堰水での堆積体が形成されたのである。ダム水位が下降する過程において，この堆積体の末端部は，全部または一部侵食される。この区間が堰水の影響から抜け出た後に，堆積体は依然として上流区間の水位勾配を減少させる。この減少された勾配が来水・来砂に適応できなくなると，河床勾配の自動的調整が起こる。この調整は，勾配と河床物質と河床断面形状の調整という各方面を含む。研究によると，この調整はおもに上流区間の堆積を通じて実現されることがわかっている。上流区

間の堆積が勾配をきつくし，河床の土砂を微細化させ，断面形状の調整を引き起こし，輸砂能力を増大させて，来水・来砂に適応するのである。三門峡ダムが1962年3月に水位を下げた運用開始後でも，堆積末端が引き続き上流へのびる過程，しかも堰水範囲以外への堆積ののびる過程が，すなわち上に述べた調整過程にあたる[45]。

　20世紀50年代の認識レベルを考慮すると，三門峡ダムの貯水後に堆積末端が上流へのびる問題の発生を確実に予想できなかった，と判断される。

　要するに，三門峡ダムの建設と運用が明らかにした重大な問題，その根源は「計画の段階で，治水の難しい河川についての研究不足によることにある」[40]。まさしく周恩来元総理が1964年12月18日に国務院で開催された黄河治水会議で指摘したとおり，「黄河についての多くの法則はまだ完全に認識されていない」。当時，「三門峡プロジェクトの決定を急ぎすぎた。気分が高揚したときに一面だけ見て，もう一面を無視または軽視し，弁証法的に問題を見ることができなかった。原因は認識不足にある」①。

1-5. 潼関標高に影響する総合要因およびその各自の影響度が分離確定できない主要原因

　潼関は黄河の小北幹流・渭河・北洛河という3河合流点に位置する。黄河はここで90°湾曲して東に向かう一方，河道が狭窄となる（川幅はわずか850m）。いわゆる潼関標高とは，一般に潼関水文観測所（六）の断面流量が1000m³/sになるときの水位を指す。潼関標高がその上流合流区の侵食基準面となっているため，その高さは黄河小北幹流，渭河と北洛河下流の堆積・侵食と密接にかかわっており，その地区における洪水防災と冠水の排出に重要な影響をもつ。たとえば，潼関標高の上昇は渭河の侵食基準面の上昇を意味し，渭河の下流河床の勾配をゆるやかにして，河道に激しい堆積を引き起こす。そのため，洪水防止対策に負担が増えると同時に，関中地区の渭河両岸における地下水位の上昇と土壌のアルカリ化をまねく。このことにより，潼関標高の変化は従来より各方面から注目され，その関連研究がずっと続いてきたのである。

---

①　周恩来選集，下巻，人民出版社．1984年11月第438頁。

（Ⅰ）潼関標高変化の歴史過程
(1) 歴史時期

　邢大韋・粟暁玲両氏は，地質の分析から，潼関が激しい下降盆地中の隆起地帯にあると指摘している。「渭探18孔」での地質断面の分析によると，潼関は全新世の1万年間にわたる隆起期間において，堆積の厚さが16mに達し，年平均にすると0.0016mとなる[46]。

　中国科学院地理研究所渭河研究グループは，黄河小北幹流の河津連伯灘・安昌と潼関から朝邑に至る3つの地質断面に対して，地質沈積構造原理を用いて，紀元220年から1960年までの黄河小北幹流における区間別堆積厚について計算した。その結果，禹門口～北趙区間における河床堆積の厚さは31.9m，年平均堆積量は0.018m，北趙～夾馬口区間の河床堆積の厚さは30.7m，年平均堆積量は0.017m，夾馬口～潼関区間における河床の堆積の厚さは37.6m，年平均堆積量は0.021m，小北幹流の河床平均堆積の厚さは37.6m，年平均堆積量は0.019mであることが明らかになった。このほか，彼らは地質サンプリングにもとづいて，河床の岩性と侵食・堆積の関係を分析した。潼関付近に侵食不整合面が存在し，その上の堆積物にいちじるしい分層現象があり，その下層は砂礫石と粒径不均一で選別が悪く，主成分が火成岩で，また上方向は石礫まじりの粗砂および少量の石礫まじりの中砂であることがわかった。これは堆積層が形成される過程で，潼関河床が侵食性であったことを示している。上層の細砂堆積と下層の砂礫石の境面がはっきりしており，層位が安定し，粒径が比較的均一で，選別が良いことは，細砂の移動距離が長く，多数回にわたって分選が行われた堆積物であることを表している。上下層における堆積物の性質の変化は，潼関河床が侵食性の河床から堆積性の河床に変化したことを物語っている[47]。

　焦恩沢・侯素珍両氏は，1972年に，山西省永済県の農民が蒲州旧城の西で井戸を掘っていて明の万暦年間の石堤を発見したことにもとづき，黄河小北幹流の各区間での堆積量を算出している（表3-6）。

　以上をまとめると，長い歴史時期からみた場合，潼関付近はゆるやかな堆積状態にあり，潼関標高はゆるやかに上昇し続けているのである。

黄河潼関区間，梁長生 撮影

表3-6　1573～1960年における黄河小北幹流河道の堆積量[48]

区　間	区間面積(km^2)	年平均堆積量(億m^3)	年平均堆積厚さ(m)
禹門口～夾馬口	480	0.1315	0.0274
夾馬口～潼関	650	0.2600	0.0400
禹門口～潼関	1,130	0.3915	0.0346

(2) 三門峡ダム建設前

　三門峡ダムは1957年4月に建設が始まり，60年9月に水門を閉じて貯水が始まった。59年以前の潼関標高は，三門峡ダムの貯水の影響を受けなかった。潼関水文観測所が29年に設置されたが，42～48年のあいだは観測を停止した。焦恩沢・張翠萍両氏は，三門峡ダム運用前の29～59年間の潼関標高の変化についての分析を行った。結果は表3-7に示す。

　表3-7からわかるように，1929～59年のうちに，潼関標高は2.31m上昇した。年際の変化についてみると，実測データのある19年のあいだに，16年間の増水期に侵食が発生し，これは統計対象年間の84%を占める。17年間の非増水期のなかで侵食も堆積もしない1年間を除いて，残りの16年はいずれも堆積となった。この事実から，以下のような結論が得られる。つまり，三門峡ダム

建設前，潼関標高は，増水期においてはおおむね侵食で下降するのに対し，非増水期においては堆積して上昇する。その変化の幅はおもに来水・来砂条件の影響を受けていた。

表3-7 潼関標高変化の状況（1929〜59年）[49]

年	潼関標高(m)		標高変化(m)	
	増水期前(6月30日)	増水期後(11月1日)	増水期	非増水期
1929	321.28	321.14	−0.14	
1930	321.28	321.61	0.33	0.14
1933	322.37	320.86	−1.51	0.76
1934	321.29	321.20	−0.09	0.43
1935	322.19	321.83	−0.36	0.99
1936	322.45	322.30	−0.15	0.62
1937	322.34	321.64	−0.70	0.04
1938	322.23	321.96	−0.27	0.59
1939	322.26	322.04	−0.22	0.30
1950	323.20	323.19	−0.01	
1951	323.70	323.08	−0.62	0.51
1952	323.27	322.80	−0.47	0.19
1953	323.08	322.70	−0.38	0.28
1954	323.16	322.68	−0.48	0.46
1955	323.04	322.82	−0.22	0.36
1956	323.48	323.46	−0.02	0.66
1957	323.46	323.64	0.18	0
1958	323.83	323.26	−0.57	0.19
1959	323.33	323.45	0.12	0.07
1929〜1959			増水期前2.05	増水期後2.31

(3) 三門峡ダム建設後

1960年9月〜62年3月，三門峡ダムでは運用方式としては「貯水阻砂」が採用され，大量の泥砂がダム湖内に急速に堆積するとともに，潼関標高は323.40mから328.07mへと，4.67m増となった。この間が潼関標高の上昇がもっとも速い時期であった。62年3月からダム運用が「滞洪排砂」に改められると同時に，65年1月からダムの一期改修工事が始まった。64〜68年には豊水・多砂に見舞われ，ダムの洪水排水能力が小さかったため，ダム区において激しい洪水土砂の遅滞現象が起きた。69年の増水期には，潼関河床位が史上最大の328.70mに達した。69年12月〜73年11月にダムの2回目の改修工事が行われ，排水能力が増大した。73年の増水期後には，潼関河床位が326.64mに下降した。74〜85年は来水が比較的豊富であり，潼関河床位が基本的に均衡状態を保っていて，85年増水期後の水位と73年の増水期後の水位とがちょう

ど一致し，326.64mとなった。86年から龍羊峡ダムの運用開始によって，来水・来砂条件がいちじるしく変化したが，増水期における水量の大幅な減少が潼関河床位の上昇をうながした（表3-8，図3-3）。

表3-8　潼関河床位の昇降値と水砂量

年	潼関標高(m)		潼関標高上下(m)		潼関観測所		華県観測所	
	増水期前	増水期後	非増水期	増水期	年間水量（億m^3）	年間砂量（億t）	年間水量（億m^3）	年間砂量（億t）
1960		323.40						
1962	325.93	325.11		−0.82	413	9.5	85	2.8
1963	325.14	325.76	0.03	0.62	447	12.5	100	2.7
1964	326.03	328.09	0.27	2.06	675	24.2	179	10.6
1965	327.95	327.64	−0.14	−0.31	363	5.2	91	1.8
1966	327.99	327.13	0.35	−0.86	405	20.7	86	9.5
1967	327.73	328.35	0.60	0.62	619	21.7	100	3.4
1968	328.71	328.11	0.36	−0.60	522	15.2	116	5.1
1969	328.70	328.65	0.59	−0.05	287	12.1	63	2.9
1970	328.55	327.71	−0.10	−0.84	340	19.1	90	7.5
1971	327.74	327.50	0.03	−0.24	294	12.8	45	1.7
1972	327.41	327.55	−0.09	0.14	303	6.7	34	0.5
1973	328.13	326.64	0.58	−1.49	308	16.1	61	8.3
1974	327.19	326.70	0.55	−0.49	275	7.5	45	1.6
1975	327.23	326.04	0.53	−1.19	460	12.4	99	3.7
1976	326.71	326.12	0.67	−0.59	539	10.6	96	2.8
1977	327.37	326.79	1.25	−0.58	333	22.0	38	5.7
1978	327.30	327.09	0.51	−0.21	345	13.6	52	4.4
1979	327.76	327.62	0.67	−0.14	367	11.0	38	2.1
1980	327.82	327.38	0.20	−0.44	276	6.0	51	3.0
1981	327.95	326.94	0.57	−1.01	453	11.7	95	3.6
1982	327.44	327.06	0.50	−0.38	365	5.8	56	1.5
1983	327.39	326.57	0.33	−0.82	495	7.6	121	2.5
1984	327.18	326.75	0.61	−0.43	492	9.0	131	4.2
1985	326.96	326.64	0.21	−0.32	408	8.2	86	2.6
1986	327.08	327.18	0.44	0.10	306	4.2	45	1.6
1987	327.30	327.16	0.12	−0.14	193	3.2	51	1.2
1988	327.37	327.08	0.21	−0.29	309	13.6	84	5.6
1989	327.62	327.36	0.54	−0.26	377	8.5	68	1.8
1990	327.75	327.60	0.39	−0.15	350	7.6	77	2.9
1991	328.02	327.90	0.42	−0.12	248	6.2	49	2.2
1992	328.40	327.30	0.50	−1.10	251	9.9	60	4.9
1993	327.78	327.78	0.48	0	295	6.0	62	1.5
1994	327.95	327.69	0.17	−0.26	287	12.1	37	3.8
1995	328.12	328.28	0.43	0.16	255	8.7	22	2.4
1996	328.42	328.07	0.14	−0.35	255	11.6	32	4.1
1997	328.40	328.05	0.33	−0.35	160	5.3	24	1.7
1998	328.40	328.28	0.35	−0.12	192	6.6	40	1.9
1999	328.43	328.12	0.15	−0.31	217	5.3	37	2.3
2000	328.48	328.33	0.36	−0.15	187	3.5	33	1.5
2001	328.56	328.23	0.23	−0.33	158	3.6	28	1.3
2002	328.72	328.78	0.49	0.06	181	4.8	28	2.3
2003	328.82	327.94	0.04	−0.88	238	6.1	84	3.0

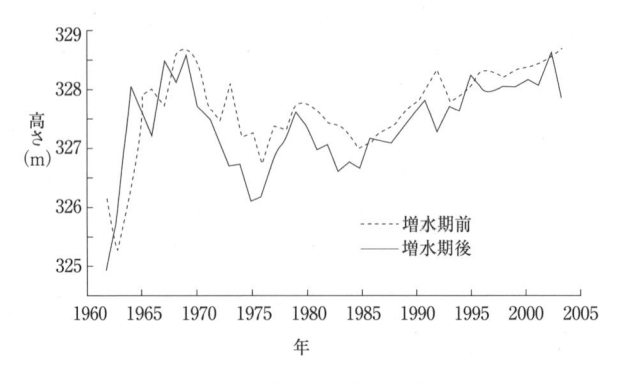

図 3-3　潼関河床位の変化

(Ⅱ) 潼関河床位に影響を及ぼす各要素

上記の潼関河床位の変化過程をみると，歴史上，現状の条件下ほど潼関河床位に複雑な影響が出る時期はなかった．つまり，短期間での地質構造の要因を考慮せず，ただ水砂条件・河道境界条件・ダム運用水位などの要素を分析するだけでも，ことはきわめて困難である．

(1) 水砂条件による影響

水砂条件が潼関可床位へ与える影響の分析については，少なくとも以下の諸点を考慮する必要がある．

1) 黄河本川の来水・来砂の条件による影響

1-1) 増水期における来水・来砂条件による影響

　洪水（高含砂洪水，低含砂洪水）

　平水

1-2) 解氷増水による影響

解氷増水は上流の寧夏・内モンゴル区間の融氷による河道内の水量増加がもたらすものである．それが潼関に現れる時期は毎年 3 〜 4 月であり，比較的大きい流量ピーク（一般的に 2000m^3/s くらい）をもつ．解氷増水は洪水ピーク流量が大きく，含砂量が小さいという特徴をもち，潼関河床位に対してある程度の侵食効果をもつ．

　万家寨ダム調蓄

　万家寨ダム不調蓄

1-3）非増水期の来水・来砂条件による影響

2）渭河の来水・来砂条件による影響

2-1）増水期の来水・来砂条件による影響

　　涇河・北洛河の来水を主とする高含砂洪水

　　南山支川の来水を主とする低含砂洪水

　　平水

2-2）非増水期の来水・来砂条件による影響

(2) 河道境界条件による影響

　河道境界条件の潼関河床位への影響についての分析は，少なくとも以下の諸点を考慮する必要がある。

1）小北幹流の河勢変化による影響

1-1）平面変形（主流が西へ傾き，河床が広く平坦化する）

1-2）縦断変形（「河床剥がし」侵食）

　一般的に，黄河小北幹流に「河床剥がし」現象が発生する場合，長さ132.5kmにわたる河道の河床再調整に巨大なエネルギーが消耗され，潼関附近に達すると，水流のエネルギーがほとんど尽き，水流の輸砂が超飽和状態に達する。そのため，大量の泥砂が潼関附近に沈殿して，潼関河床位の上昇を引き起こす。

2）渭河の河床変化による影響

2-1）渭河河口の位置変化による影響

2-2）渭河河口の閉鎖洲による影響

3）潼関以下のダム区域における河勢変化による影響

3-1）平面変形（水流の蛇行，河道の湾曲）

3-1）縦断変形（河床堆積の上流側への延長）

(3) 三門峡ダムの運用による水位の影響

1）増水期運用における水位の影響

2）解氷増水期運用における水位の影響

3）非増水期運用における水位の影響

　上記のいくつかの要因が重なり，潼関河床位の変化に影響を及ぼす。

渭河の下流河道，梁長生 撮影

（Ⅲ）現段階で各要因に対して定量的な分離ができないおもな原因

潼関河床位のさらなる上昇を抑え，あるいは潼関河床位をさらに下げるには，まず上記のいくつかの要因が潼関河床位へ及ぼす影響度を定量的に分離してから，初めてその影響度に応じて工事措置または非工事措置の優先順位を判定しなければならない。近年来，少なくない機関と専門家が努力を重ね，多くの研究成果をあげている。しかしながら，潼関河床位に与えた各影響要因について定量的な分離ができるまでに至っていないため，結論と意見がいまだに一致していない。

◇意見1.

現在の潼関河床位の変化と近期の水砂条件とは相応している。水流が河床形態を形づくると同時に河床形態が水流を拘束するという相互作用によって，現状の328m上下の均衡状態が保たれている。そのため，人工措置を行う必要はなく，また上昇も起きていない[48]。

◇意見2.

潼関河床位についていえば，渇水年に上昇し，豊水年に下降し，全体の趨勢としては潼関河床位の上昇傾向が続いている[49]。

◇ 意見 3.

　潼関河床位を決定する要因には二つある。その一つは潼関断面での水砂量である。来水が多く来砂が少ないほど，潼関以下の堆積は少なく，潼関河床位もそれにつれて下がる。もう一つは，三門峡ダムの水位である。ダム水位が下がれば，潼関河床位もそれにつれて下がる。1986年以来，三門峡ダムにおける増水期の来水の減少傾向は，もはや逆転しない趨勢にある。上・中流域の国民経済発展の需要増加につれて，来水量は今後もさらに減少するであろう。したがって，潼関河床位も上昇させないか，あるいは若干下げるには，三門峡ダムの増水期における水位を下げるのが唯一の方法である。そのために二本の導流底口を開けることが，ダム水位を下げる有効な措置となる[50]。

◇ 意見 4.

　1962年3月以前，三門峡ダムが「貯水阻砂」方式で運用されていたころ，潼関河床位の上昇はダム高水位の運用結果とされた。62〜73年，三門峡ダムの運用方式が「滞洪排砂」に切り替えられると，潼関河床位の上昇は排水規模と来水・来砂条件が主要な要因とされた。現在，潼関河床位が高いままの状態のおもな原因としては，増水期における水量が過少で，潼関河床の侵食に洪水量がじゅうぶんでないことにある。それゆえ，単純に三門峡ダムの排水量を増加させることによって，潼関河床位の上昇問題を解決することはできない[48]。

潼関の水文測定断面，龍虎撮影

　現在，潼関河床位に影響する各要因について定量的に分離できない主要な原因は，用いられた分析方法と手段が有効でないからである。分析方法と手段には，通常2種類ある。その一つは，実測値にもとづいた統計分析である。もう一つは，数値モデルによる解析である。前者については，各要因が総合作用した後の結果に対する分析であり，各要因を分離することができず，各要因の表面現象に着目するため，本質的なメカニズム解明には到達できない。これに対して，後者の数値モデル法については，理論上で現象の本質的なメカニズムに着目し，各要因の影響度を解明することができるが，諸要因間の相互関係が明確にできないかぎり，精度の高い数値モデルの構築は難しい。事実上，三門峡ダム区域のなかでも黄河小北幹流，渭河・北洛河・潼関以下の本川河道が共同して合流区をなし，水砂変化関係が複雑にからみ合いながら相互作用するため，数値モデルを用いて各要因の影響度を解明するのには限界がある。たとえば，中国水利水電科学研究院は非一様砂非均衡の理論にもとづいてダム侵食および過少変動の数値モデルをつくり，黄河水利科学研究院は一次元定常流泥砂数値モデルを立てた。これら二つの数値モデルはいずれも一次元的で，理論上からいえば，侵食・堆積の断面分布の問題を解決できないのである。

　これらの状況にかんがみて，各要因を分離してそれぞれの潼関河床位への定

量的な影響度を調べるには，実験模型を用いる必要がある。すなわち，三門峡ダム・渭河下流・小北幹流合流区の実験模型をつくり，物理的な実験を通じて，ある種の境界条件を固定し，その他の諸要因の影響を分析する方法によって，各要素の影響度について定量的な分離を行う。。それと同時に，各要素間における相互作用関係を特定することができるのである。

1-6. 黄河の花園口・位山ダムの破壊およびその主要原因

　黄河ないし全国において，人為によるダムの破壊はきわめて少ない。しかし，黄河下流の花園口・位山という2基のダムの破壊は，人為によるものである。これは，黄河の治水開発と中国の水利建設の歴史上，きわめて深刻な教訓を残すことになった。

（Ⅰ）花園口・位山ダムの計画と建設

　1954年に黄河規画委員会が編制した『黄河総合利用規画技術経済報告』では，黄河下流本川に位置する桃花峪・位山・濼口という「三梯級」が全国本川46ヵ所開発計画の対象とされた。桃花峪が第1期工事，位山・濼口が長期開発プロジェクトとなっていた[41]。57年11月に水利部北京勘測設計院が編制した『海河流域計画（草案）』によると，黄河沿いの灌漑・航運および北京・天津への送水のため，黄河崗李（花園口）・位山・濼口3ヵ所の引水中枢プロジェクトが新たに計画された。その間の57年4月，三門峡ダムの建設工事が始まった。三門峡ダムにあわせるために，58年12月に黄河委員会が提出した『黄河総合治水三大規画草案』では，三門峡ダムが60年に洪水阻止を始めるとともに，黄河支川の洛河故県ダムと伊河陸渾ダムもまもなく開工する。また，61年には桃花峪ダムが基本完成して洪水阻止を始め，これらの工事によって黄河の洪水は完全に制御された。その結果として，流量が6000m³/s以下にコントロールされ，黄河の洪水災害を基本的に撲滅できる，と見込まれていたのである[40]。さらに，上・中流における水土保持および一連の泥砂阻止ダムが機能するとともに，三門峡ダムに流入する泥砂がいちじるしく減少し，また三門峡ダムの阻砂によって下流における土砂堆積の局面が大きく変化することから，このダムによって黄河下流における防災を主とした長期的目標が達成できる。同時に，三門峡ダムの運用開始後，排出がきれいになることによって黄河下流の河床侵食が起き，さらに黄河両岸の引水灌漑への影響に見通しをつけ，

これによって黄河下流河道に花園口・位山・濼口3基の「梯級」を除いたほかに，新たに東壩頭・彭楼・王旺庄という3基の「梯級」工事を増加することが強調されたのである。

1958年，全国的に「水利化運動」というキャンペーンがくり広げられると，黄河下流両岸で灌漑ラッシュが起こり，数多くの引黄水門が建設された。引水のためには，中枢壅水施設が必要であった。このような状況下で，花園口・位山ダムでは，調査・設計および施工が同時に行われたのである。

建設中の位山ダム，張平 提供

花園口ダムは花園口水文観測所の上流側の4km地点に位置し，南は黄河大堤，北は黄河河川敷に接する。両岸堤防間の距離は12kmであり，中枢は堰堤・溢流堰・排水水門・護堤からなる。工事は1959年12月に始まり，参加した民工の数は13万人を超える。土掘り・埋立て856万 m^3，石掘り・埋立ておよび反濾料40万 m^3，コンクリート12万 m^3，総投入額5916万元に達し，60年6月に工事は完成し，運用が開始された[41]。

位山ダム＝プロジェクトは黄河下流の中間に位置し，河口から410kmである。ダム中枢建築物には，ダム本堤水門・堰堤・水力発電所・船行用水門などがある。工事は1958年11月に開始され，参加した民工は10万人を超え，土掘り・埋立て749万 m^3，石掘り29万 m^3，コンクリート9万 m^3で，総投入額が1923万元であった[41]。

（Ⅱ）工事施設運用後に露呈した主要問題
(1) 花園口ダム

　洪水排出水門をスローガンにして，花園口ダム＝プロジェクトは1960年6月5日に正式に運用を始めた。しかし，61年10月19日，流量6300m^3/sが花園口を通過したさい，ダム下流側の標高80m以上から地表（標高91m）までの耐侵食粘土および亜粘土層が流され，長さ43mの侵食坑ができてしまった。62年8月16日には，洪水排出水門を6080m^3/sが通過し，92年12月2日に水門下流側における急勾配区間の中間部の北岸翼壁積石に面積0.25m^{2}の隆起亀裂が発見された。現場検査によって，水門の急勾配区間・減勢池・沈砂池および防侵食槽が大きく損壊されていることがわかった。損壊の範囲は上流側幅50m，下流側幅220m，長さ143mで，全壊面積は2万m^{2}に達し，急勾配区間以下の全工事面積の63％に及んだ。はなはだしく損壊された洪水排出門が機能しないため，62年12月19日に放流水門を開放して排水を行ったが，中枢工事の洪水疏通能力のいちじるしい低下を回避できなかった。下流の防災と安全のため，63年5月に河南河務局によって，ダム本堤の幅1300mを撤去，口門両端に護築する，という提案がなされた。この案が承認された後，63年7月17日6時40分，ダム本堤が爆破された。爆破後，放流水門と破損口から同時に河水が流下された。64年7月28日に花園口で9400m^3/sの洪水が起き，放流水門南端の護岸およびその隣接する堰体が洪水で流された[41]。

花園口ダム撤去後の右岸排流口残留物，黄宝林 撮影

(2) 位山ダム

　1960年5月，位山ダムが稼動した。60年5月から61年4月までの1年間，個別の洪水ピーク期に開門して洪水を通過させた以外は，ダム運用はせき上げ背水状態下で行われていた。水位は41.4～44.5mのあいだのままであった。この期間，黄河の平均流量はわずか590m^3/s，含砂量は10kg/m^{3}以下だったにもかかわらず，ダム上流側の背水区域内の河道低水路に4100万m^{3}の泥砂が堆積し，もっとも多い区間では1.3mに達し，きびしい状況が続いた。62年の増水期に発生した5000m^3/sの洪水は，58年のときと同じ流量規模だったにもかかわらず，陶城舗で1.9m，孫口で1.1mも水位が高く，2年間の堆積量がダム工事建設前の10年間に相当した[51]。

　引黄灌漑（黄河の水を引いて灌漑）においては，農地工事が一体化せずに排水設備が欠乏したため，灌漑するのみで排水しなかった結果，灌漑土地のアルカリ化を加速させた。このような状況では，位山ダム壅水灌漑とダム貯水による下流水量の調節は必要でなくなった。1962年3月に，三門峡ダムの運用方式が「貯水阻砂」より「滞洪排砂」に切り替わった。位山ダムの問題の解決および黄河の変化へ対応するため，63年8月にダム破壊の意見書が水電部より国務

院に報告され，同年10月21日，国務院からその意見に同意する指示が下りた。63年11月8日，位山ダムの破壊が水電部より承認された。結局，64年の増水期に至って，位山区間の河道はほぼ建設前の状態に回復したのである[51]。

(Ⅲ) 花園口・位山ダムの撤去の教訓と原因

花園口・位山ダムの建設は，その設計効果を発揮しなかっただけでなく，一連のマイナス影響をもたらす結果となった。1950年代末〜60年代初期，国家経済が非常にきびしい時期に，花園口・位山ダム＝プロジェクトを建設するために数千万元を拠出するのは容易なことではなかった。ダム撤去によって国に巨額な財政損失をもたらした教訓は，きわめて大きいものであった。

(1) 黄河治水の過程に対する認識の甘さ，プロジェクトの設計前提の崩壊による運用条件の変化

花園口プロジェクトにせよ，位山プロジェクトにせよ，その設計前提は，三門峡ダムによる洪水のせき止め，支川の洛河故県ダムと伊河陸渾ダムの完成，本川桃花峪ダムの完成，そして黄河の洪水が完全に制限されることであった。泥砂制御の面においては，上・中流における水土保持および一連の砂防ダムの効果が生じて，三門峡ダムに流入する泥砂はいちじるしく減少するうえ，三門峡ダムの土砂せき止め効果によって，黄河の泥砂問題は解決されるであろう，という認識があった。このような前提のもと，花園口プロジェクト設計任務書では，設計洪水疎通能力を6000m³/sとし，位山プロジェクトの堰堤水門も6000m³/sの設計とした。位山プロジェクトの特大洪水の影響については，1959年12月の設計文書が次のように指摘している。「三門峡・崗李（花園口）中枢・洛河故県・伊河陸渾ダムが60年または61年に完成し，桃花峪ダムの建設もくり上げ完成する見込みであり，位山中枢プロジェクトにおける洪水防止の任務は長期にならないだろう。本・支川のダム調節によって洪水水量が大きく減少するうえ，桃花峪ダムの完成後，洪水の問題は完全に解決する。したがって永久的工事を用いて特大の洪水に対応するのは経済的ではない」[40]。しかし，事実上，三門峡ダムは60年9月に運用開始後,「貯水阻砂」方式を採用したため，わずか1年6ヵ月後すなわち62年3月に，ダム区域330m河床位以下で15.3億m³堆積し，これは流入する砂量の93％がダム内に堆積したことになる。そのうえ，ダム区域の堆砂の「上流への遡上」が発生し，その堆積の速度と部位が想定を超えていた。きびしい現実に直面して，62年3月に「滞洪排砂」運

用方式に切り替えざるを得なかったのである。これは花園口・位山ダム＝プロジェクトの設計当時に採用された三門峡ダムの「貯水阻砂」運用方式とは，まったく違うものであった。このほか，支川の洛河故県ダムと伊河陸渾ダムが，予定どおりに完成しなかった。洛河故県ダムは58年10月に着工したものの，国家の財政難のため，規模が縮小され，60年の秋にプロジェクトは廃止された。後に「三上両下（三つの工事が建設継続，二つの工事が中止）」により，92年に至っておおかた完成した。伊河陸渾ダムは59年12月に着工したが，65年8月にようやく完成を迎えた。黄河本川の桃花峪ダムは，現在もまだ建設されていない。以上のことからわかるように，花園口・位山ダム＝プロジェクトの建設は，その建設と運用の前提条件が実現しなかったために大きなリスクを負うこととなった。

(2) ダム開発事業に関する検証の不十分さによる，運用後における需給バランスの崩壊

　花園口ダム＝プロジェクトが実施される前，その役割は灌漑・河床の侵食防止・航運・発電にあると定められていた。実施後，堰水区間の水位上昇で，三門峡ダムの「貯水阻砂」による清水排水期間において，京広（北京〜広州）鉄道の保護に一定の役割を果たした。しかし，灌漑の機能はじゅうぶんにはたされず，航運と発電も予定どおりの効果が得られなかった。灌漑についていえば，おもに恩恵を受けるのは南岸の東風渠と北岸の幸福渠であった。人民勝利渠および共産主義渠に至っては，渠頭水門（頭首工）が花園口ダムの堰水の末端に位置するため，いちじるしい効果がなかった。東風渠の渠頭水門は1958年9月に完成し，設計引水水量は300m³/sであった。花園口枢軸プロジェクトの実施後，設計引水位が確保でき，引水は順調に行われた。しかしながら，灌区における灌排システムの非一体化のため，超過灌漑により，土地に深刻なアルカリ性化がもたらされた。同時に，河川・引水路の堆積が深刻で，61年10月に灌漑は停止を余儀なくされた。航運に関しては，その当時，花園口ダムが京広運河の鄭州と新郷とのあいだの通航需要および黄河本川航路通航の需要を満たすように検証されたが，実施後には，通航の緊急性が失われ，京広運河は建設されず，黄河本川航運も予想された運送量には至らなかった。

　位山ダム開発事業の目的は，洪水・灌漑・航運などに定められていた。運用開始後，わずか1年間でダムの激しい堆積によって堰堤上流河道の洪水疎通能

力が大きく低下したため，水害防止の役割を果たすことができないばかりでなく，位山の上流側を堤防決壊の危険にさらした。当時の計画では，位山ダムの主要任務は黄河北岸 2000 万畝あまりの平原灌区の灌漑にあると定められていた。しかし，灌排水路の非一体化により，大増水による溢水が灌区の土地の急速なアルカリ化をもたらしたため，灌漑引水は停止に追い込まれた。航運については，その目標は南の済寧から北の臨清までの運河通航とダム範囲内の黄河の通航にあったが，花園口ダム＝プロジェクトと同様，位山ダム完成後，通航の需要に「緊急性」がなかった。

(3) 黄河下流河道の河床変動のメカニズムについての研究不足

　黄河下流の河道は激しい堆積性を有する。現在，東堤壩頭以下の河道は，およそ 1855 年の黄河決壊で奪流された大清河河道であった。大清河が黄河に奪われる前，大清河は幅 30m，深さ 15〜20m の地下河であった。75〜83 年にかけて，黄河が東壩頭以下で徐々に形成されてきた 2 本の堤防のあいだに拘束されてからは，黄河下流の河道は人工堤防に制御される発育段階に入るとともに，大清河低水路が侵食から堆積へと変化し，河道の堆積が急速に進んだ。

　沁河口から東壩頭区間の堤防は，すでに 500 年余りの歴史を有する。1855 年に黄河が東壩頭付近で決壊して現河道に代わった後，決壊地点以上では遡上侵食と河床切り下げの現象が起き，沁河口から東壩頭間の高水路が形成された。この高水路は 1493〜1855 年のあいだに形成され，堤外地面より 6m 高いことから，この区間の上記期間における堆積速度は約 1.7cm/a であった[53]。20 世紀に入ってから，この区間はおもに東壩頭以下の河道の堆積上昇により影響を受け，低水路が徐々に上昇に転じ，遡上堆積の傾向を示した。堆積発生の原因は，下流河道へ流下する来砂量と送砂能力のアンバランスにある。河道の送砂能力または水流の携砂能力は，一般に下記の式で表記される[54]。

$$S_* = k \, (U^3/ghw)^m \quad (式\ 3\text{-}2)$$

　　式中，S_* は水流携砂能力
　　　　　k は携砂係数
　　　　　U は断面平均流速
　　　　　g は重力加速度
　　　　　h は断面の平均水深
　　　　　w は浮遊砂の平均沈降速度

　　　　　m は携砂指数

　式 3-2 からわかるように，水流の携砂能力が断面平均流速 U の m 次に比例する。堆積の激しい黄河下流の河道にダムが建設されると，上流水位が押し上げられて流速が減少する。それによって水流の携砂能力が減少し，河道への堆積が加速される。

(4) 工事設計における実験手段の不採用，あるいは実験で使用されたデータの代表性欠如

　花園口堰堤施設の損壊は，ほとんどが激流の衝撃によるものであった。これは，耐衝撃工の設計が安全基準を満たさず，エプロンの長さが不十分で，沈排自重が小さいことに起因すると考えられる。その原因を分析すると，理論計算上の問題のほか，堰全体の実体模型実験を実施しなかったことに大きく関係する。もし模型実験が行われていたなら，理論計算上で未特定の要素が存在しても，実体模型実験の結論から修正されたに違いない。

　位山ダム建設後の背水区間における堆砂状況，および異なる運用方式における水位の堆砂への影響を予測するため，北京水利科学院・位山工程局・黄委会水科所・山東水科所・黄委会設計院・交通部運河局・山東省交通庁などから技術者が出張し，現場での位山ダム背水区間実体模型実験に参加した。模型の実験結果に計算分析を取り入れて，堰上流の堆砂状況を予測した[41]。しかしながら，この模型実験はたった 2 年間で終了し，来水・来砂過程の実情を把握するには短すぎるので，実験条件は代表性を有したとはいえない。

1-7. 黄河「96.8」洪水の変異特性および予測できなかった主要原因

　1996 年 7 月 31 日〜8 月 10 日にかけて，西太平洋の亜熱帯高気圧と台風があわさった影響により，黄河中流の河口鎮〜龍門区間，三門峡〜花園口区間，河口鎮〜龍門区間＋龍門〜三門峡区間で，それぞれ強い雨に 3 回見舞われた。

　1 回目の降雨は 7 月 31 日〜8 月 1 日に発生し，河口鎮〜龍門区間の大部分では中程度から強雨，局所的には豪雨となった。豪雨の主要分布は黄河本川および西部各支川の中・下流であった。8 月 3 日に潼関では洪水ピーク流量が 4230m³/s，最大含砂量が 280kg/m³ となったため，三門峡ダムが全開放流され，最大流量は 4130m³/s，最大含砂量は 328kg/m³ に達した。

　2 回目の降雨は 8 月 2〜4 日に起きた。三門峡〜花園口区間にかけて広い範

囲で中程度から強雨，部分的には強雨から豪雨が降った．主要な降雨区間は，伊洛河中流の沁河中・下流と小浪底～花園口本川区間であった．

この2回の降雨は時間的に接続して起こったので，8月3日に三門峡ダムから排流された洪水がそれぞれ三門峡～花園口区間から流出し，これが伊洛河中・下流からの流出および沁河中・下流からの流出と重なり，8月5日にピーク流量7600m^3/sの第一波洪水が花園口観測所を通過した．

3回目の降雨は，8月8～9日に発生した．河口鎮～龍門九案の大部分で中型程度から強雨，局所的には豪雨が降った．降雨はおもに黄河本川および両岸各支川の下流地区に広がった．龍門～三門峡区間に合流する涇河や渭河の下流でも，強雨が降った．8月10日に，龍門観測所での洪水ピーク流量は1.11万m^3/s，最大含砂量は390kg/m^{3}となった．8月11日には，潼関に流入して渭河からの来水と重なった洪水ピーク流量が7400m^3/sに達し，当日，三門峡ダム排流は5100m^3/s，最大含砂量335kg/m^{3}となった．8月13日に，花園口観測所では流量が5560m^3/sとなる第二波の洪水ピークが出現した．

花園口観測所における第二波の洪水ピークは孫口付近で第一波に追いつき，二つのピークが合体して低くて幅広い洪水ハイドログラフを形成し，8月20日に利津水文観測所を通過して海に入った．洪水の推移過程を図3-4に示す．

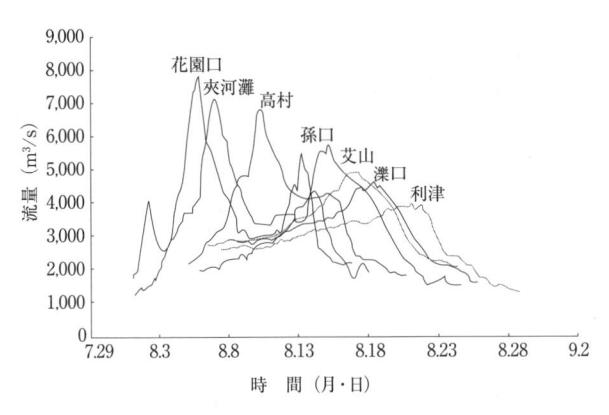

図3-4　「96.8」の洪水推移過程線[55]

1996年8月に発生した上記2回の洪水過程を，黄河「96.8」洪水[55]という．
（Ⅰ）「96.8」洪水の特徴
(1) 大部分の区間における歴史記録的な水位

実測データによると，1950～96年における花園口観測所での最大洪水ピーク流量の平均が7380m³/sなのに対して，「96.8」洪水の花園口観測所での最大洪水流量ピークは7600m³/sとなっている。前者に比べて中・小洪水になるが，その洪水位の大部分の区間で「異常な高さ」現象が出現した。なかでも夾河灘以上では，全区間にわたって史上最高を記録している。花園口断面での洪水水位は94.73mに達し，58年（Q^m=22300m³/s）の洪水水位93.82mより0.91m高い（図3-5）。1855年，黄河は銅瓦廂での改道後に遡上侵食して，原陽・封丘・開封などの高水路を形成した。58年の花園口観測所での洪水ピーク流量2.23万m³/s，ならびに82年の花園口観測所の流量1.53万m³/s時においても，局地的に「上水」しただけだったが，それに対して「96.8」洪水は大部分が「上水」した。「96.8」洪水の水位は，黄河下流において1855年以来の最大を記録した。

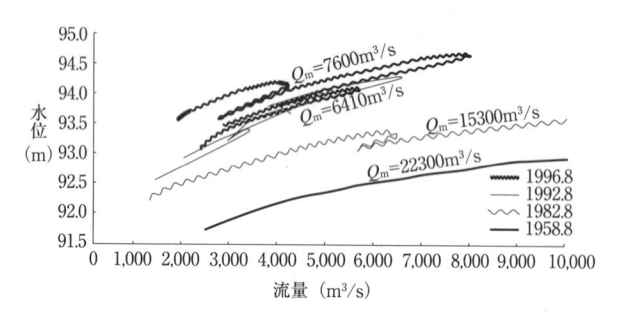

図3-5　花園口観測所における典型的な水位〜流量関係パターン[55]

(2) 大部分の区間における歴史的最長の洪水継続時間

　「96.8」洪水は，黄河下流の河道の各区間における継続時間が艾山〜濼口区間（108km）を除いては，いずれも史上最長となった。長さ663kmの花園口〜利津区間では，一般の中・小洪水の継続時間は96時間であり，それまで歴史上最大であった継続時間が「75.8」洪水の226時間だったのに対して，「96.8」洪水の継続時間はなんと367.3時間に及び，一般的な中・小洪水の3.8倍に達し，それまでの史上最長より141.3時間も長い（表3-9）。

表 3-9 「96.8」洪水とその他の洪水の継続時間との比較 [55]

項　目	花園口から夾河灘	夾河灘から高村	高村から孫口	孫口から艾山	艾山から濼口	濼口から利津	花園口から利津
断面間距離(km)	105	83	130	63	108	174	663
平均継続時間(h)	14	14	20	12	16	20	96
最大継続時間(h)	26	28	36	12	78	46	226
「96.8」継続時間(h)	30	73.5	121	52.5	25.3	65	367.3

(3) 過去もっとも激しい洪水の途中変形

　一般に，黄河の下流河道の洪水オーバーバンク＝フローは，「灘唇（河沿いに土砂を盛り上げた土手状の堆積体）」を通過して，規則的で平坦な形状を保ちながら，河道全区間の高水敷全体を流下する。しかし，「96.8」洪水はまったく違っていた。洪水ピークの平坦化が夾河灘～高村区間で顕著でなく，低減率がわずか4.8%で，同じ区間の年平均低減率9.4%の50%に相当する[55]。これは，その上流区間の東明・長垣という二大高水敷に浸水した後，水位が持続的に上昇し続け，高水敷区に水量が一定程度まで蓄積すると，道路・渠堤などの水流障害物が破壊されて，高水敷の積水が一気に流れ出すとともに，大規模な背水によって形成された附加洪水ピークが原洪水の形状を変えたためである。

(4) 史上最大の高水敷水没による損失

　「96.8」洪水がもたらした黄河下流での高水敷の大規模な浸水は，平均水深1.6mである。黄河大堤にすりつく水体の長さは951kmに及び，黄河大堤全体（1371km）の70%を占める。堤防の根元部分の水深は2～4m，最深部は5～6mに達する。高水敷の浸水深は0.5～3.5mで，375万畝の耕地中の301万畝が浸水被害（80%を占める）を受けた。倒壊家屋が23万軒，損害家屋が41万軒，被災人口が107万人，直接経済損失が40億元で，新中国成立以来もっとも重大な災害となった[55]。

「96.8」洪水期間，河南省内における大規模高水敷浸水，胡俊清 撮影

「96.8」洪水期間，河南省の高水敷における家屋被災状況，胡俊清 撮影

(Ⅱ) 防災における問題点の露呈

「96.8」洪水の防災過程で一連の重大な問題点が現出し，指揮系統に大きなマイナス影響をもたらした。これらの問題点を以下に示す。

(1) 事前に予報できなかった洪水水位

普通の清流河川では，断面形状の変化が小さく，水位流量の関係曲線が安定しているため，増水期に洪水ピーク流量の予報をするだけで防災の需要を満たす。しかし，黄河は普通の河川と違って，泥砂堆積と高水敷における人間の活動の影響で，断面形態がつねに大きく変動し続けており，流量水位関係が適用できない。黄河の下流河道では，洪水水位の概念がなければ，洪水による水利施設と高水敷への脅威について正確な分析と判断ができず，防災救援活動を早急に対策配備することもできない。たとえば，原陽高水敷には1855年以来一度も浸水したことがなかった。1958年に花園口で22300m^3/sのときでさえ，浸水されなかったのである。このことで，地元政府と民衆が今回の花園口洪水ピーク流量がわずか7600m^3/sであると知ったとき，油断してじゅうぶんな防災対策をとらなかったために，重大な損失結果をまねいたのである。

(2) 洪水ピーク出現時間についての大きな予測誤差

花園口に洪水が出現するさい，下流高水敷の民衆の避難措置などはこれを根拠にするため，黄河の下流河道における洪水の伝播状況，なかでもピーク時間についての予報はきわめて重要である。たとえば，夾河灘からの洪水ピークの高村への到達時間は24時間，高村から孫口に到達する時間は72時間と予報されたため，民衆がその予報を聞いて大規模な避難を始めたのである。ところが，実際には洪水ピークの夾河灘から高村への到達時間が73.5時間となり，予報

より49.5時間も遅れた。すでに避難した民衆は2日間待機したがなかなか洪水が来ないため、洪水予報の正確さを疑い始め、その多くはもとの居住地にもどってしまい、その後ふたたび避難を余儀なくされたのである。

(3) 被災状況の統計手段の立ち遅れ、精度の欠如

洪水発生後、洪水被災区の被災状況の把握が、防災の重要な内容となる。「96.8」洪水期間において、各地元政府に迅速な被災状況報告を求めるのには無理があった。末端組織と民衆がともに被災区に閉じ込められ、被災状況の統計に取り組むどころではなかったのである。真剣に取り組むことができたとしても、被災規模はどれほどなのか、水没水深はいくらなのか、インフラ施設はどうなっているのか、各家の損失はどの程度あるか等々について、大まかな推測を報告することしかできなかった。このように被災状況の把握は、精度と正確さを欠くものであった。このように、時間的に要求を満たすことは往々にしてできないのである。

(Ⅲ) 問題発生の主要原因

(1) 原型観測の欠如——河道の前期地形や地物の状況の不正確な把握

洪水ピーク流量と各断面の洪水位の予測にもとづいて、洪水ピーク出現時刻および洪水ハイドロ＝グラフの変形程度を正確に予測するには、どのような洪水推移観測技術を用いるにしても、正確で精度の高い河道の前期地形と地物のデータが必要である。たとえば、これらの観測断面間の距離を大きくできないこと、観測の高精度要求、観測項目の全面性などのような、高い精度をもつデータを取得することが必要不可欠である。低水路の縮小や堆積状況を正確に把握するほかに、高水敷の堤防・道路・渠・農作物の状況、地形・地物の情報を把握する必要がある。「96.8」洪水の発生前、水位予報ができなかったことや、洪水発生後に実際の洪水ピーク時間と予測とのあいだに大きな誤差が生じたのは、原型観測資料の欠如、あるいは既存の原型観測データの精度が正確な洪水位とピーク時間の予測に不十分だったからである。

(2) 瞬時に予測結果を出すことのできる数値モデルの欠如

洪水ピーク出現時間の予報に、これほど大きな誤差が生じただけでなく、上流区間では予報より実際に発生した洪水ピーク時間がかなり遅いことが明らかになった後でも、その下流区間の洪水ピーク時間を正確に予報ができなかった原因は、瞬時に予測結果を出せる数値シミュレーション＝システムの未確立に

第3章 「三つの黄河」の提起とそのおもな作用

ある．もし上流区間で長年間，洪水未発生のゆえに，両岸高水敷に長稈作物がたくさん植えられていたり雑草が茂る状況が出現していたりすると，これによって河床粗度が増加し，洪水流下の速度が大幅に遅れることは明らかである．次の区間における洪水進行を予測するさいに，上流区間の条件の変化を数値モデルに反映させ，より実情に近い予測ができたはずである．もちろん，数値モデルの構築には正確な境界条件のデータが必要であるが，正確な境界条件は事前における河道の地形・地物の原型観測によるのである．

(3) 定性的に実際状況を反映できる実体モデル＝システムの欠如

　河道内における水流の動きのメカニズムがすべてわかったら，実体モデル＝システムを構築することもないだろう．実際，高含砂水量は刻々と変化しており，複雑な底面条件下で流動するので，現段階での科学技術レベルではそのすべてを解明することは難しい．そこで，実体モデル＝システムを構築し，洪水の流れの変化過程について実体試験を行うことによって，水位の変化状況，洪水によるオーバーバンク＝フロー状況，障害物の破壊による積水の瞬時放出，およびそれにともなう洪水ピークの増大などについて再現する．もちろん，このような実体試験の結果を数値結果に変換できれば，さらに防災のための需要に役立つのである．現在，黄河下流河道の一部分で実体モデルの構築ができたのは小浪底（蘇泗庄）だけであるが，長さ350kmの河道のみが対象となっており，これは小浪底以下，河道長の38％にすぎない．実際の需要からすれば，実体モデル＝システムの対象は，黄河下流河道の全体にすべきである．もちろん，実体モデル＝システムを構築するにあたっては，制度の面と初期地形，地物の原型観測データが必要である．

(4) 迅速で正確な災害状況評価システムの欠如

　洪水によるオーバーバンク＝フローが発生すると，水没区域内の被害状況を正確に把握するには，二つの条件が備わっている必要がある．一つ目は，水没範囲と浸水深の把握である．二つ目は，事前に水没区域内の経済社会状況を把握しておくことである．前者については，航空リモート＝センシングまたは衛星リモート＝センシングを通じて実現される．なぜかというと，水は植物または土壌に対し，反射赤外線に非常に低い反射特性があるため，近赤外線を用いたリモート＝センシング情報は水体を特定する有力な手段となり，これによって迅速かつ正確に水体の範囲と水没水深を特定することができるからである．

後者については，経済社会データバンクを構築する必要がある。データバンクのデータは，最新の変化を反映したものである必要がある。一般的に，統計関係の農村調査隊が毎年専門調査を行っており，データバンクはその統計結果とリンクすることが望まれる。しかし，このような被災評価システムが確立されていないため，被災状況の迅速な把握という要求が満たされていない。一部の内容については報告が限られるため，経験に頼らざるを得ない。結果として，信憑性が低く矛盾点が多いものとなってしまうことがしばしばである。

黄河東壩頭区間ETM河勢と浸水後の画像

1-8. 黄河河口の前進・後退による河道への影響度に関する意見の不一致およびその主要原因

1855年に起きた河南省銅瓦廂の決壊によって，黄河が淮河方面へ南流してから黄海へ注ぐ，という歴史は終焉を迎えた。その後，黄河は北東方向へ向かい，京杭大運河を横切って大清河を奪ってから，山東省利津付近で渤海湾に注ぎ込むようになった。黄河決堤後の20年間余り，河口以下には堤防の拘束が存在しないため，水流が拡散して大量の泥砂が銅瓦廂を頂点とする沖積扇状地に堆積した。一方，大清河へ流入する土砂の量が少ないため，河道が侵食されて広くなったが，河口付近の河道に堆積と決壊といった問題が存在するため，河口は安定している。1875～83年のあいだ，銅瓦廂以下の堤防が徐々に建設され，河流はその拘束を受け，大量の砂を大清河から渤海へと排出している。同時に，河口以下の河道が海へのびている。河床がある程度まで上昇すると，洪水が水流を拘束する堤防を突き破って，デルタの低い地区で入海する河道を新たに切り開く。その後，砂州へのび，河床の上昇という新たなサイクルが始

まる。黄河の河口河道では，「堆積・延伸・くび振り・改道」という周期性の変動がくり返される。変動の原因として，自然の要素のほかに，人為的関与も重要な要因である。最近数十年間の人工関与の結果，黄河デルタの扇状地の軸点は寧海から漁洼へと徐々に下流へ移動した。しかも，今後も下流への移動を続ける可能性を排除できないが，河口部の河床変化は依然として「堆積・延伸・くび振り・改道」の自然規則に従っている。とはいえ，各方面の要素の影響（たとえば来水・来砂の減少など）によって，その変動の周期が若干のびることはあるだろう。

　河口の延伸にともなう侵食基準面の相対的な上昇によって，河口部河道では遡上堆積が起こる。反対に，河口の後退にともなう侵食基準面の下降によって，河口部河道における遡上侵食が起こることは，実際の経験から明らかである。このような河口の前進・後退がもたらす河口部河道の遡上堆積・遡上侵食のことを，フィードバック影響という。遡上堆積・遡上侵食の長さ，範囲や規模などのパラメータは，フィードバック影響度を用いて概略的に表される。

黄河海に入りて流る，殷鶴仙 撮影

（Ⅰ）河口前進・後退のフィードバック影響度についての意見対立
　黄河研究開始後の数十年間，河口の前進または後退がもたらすフィードバッ

ク影響度については，依然として意見が分かれている。その意見とは，おもに以下の四つの方面に表される。

一つ目は，フィードバック影響度が小さいとする説である。この意見によると，来水・来砂と横断方向境界が一定値に近い状況では，黄河下流におけるマクロ的な変動をもたらす決定的な要素は，黄河河口侵食基準面の変化による河道の縦断方向の調整であり，長いスパンでみた場合，堆積の幅が河口前進の絶対程度に制約されるとする[56]。この結論のおもな根拠は，1950～75年の黄河下流主要断面における 3000m^3/s 流量に対する水位の上昇を，同期間における河口前進による侵食基準面の上昇値と比較すると，高村以下から利津までの主要断面の水位上昇が 2.07～2.38m で平行上昇に近く，同期間の河口前進が 32km で侵食基準面の上昇が 2.10m であるということから，黄河の下流河道の堆積と河口の前進とのあいだに明確な相関関係が存在している，とみなすことにある[56]。

二つ目は，フィードバック影響度は正方向影響度に相当するという説である。つまり，下流河道の堆積形式が上流側から下流側への正方向順次堆積と下流側から上流側への逆方向遡上堆積となり，両者のあいだに分岐点が存在する。分岐点以上は正方向順次堆積となり，結合点以下は逆方向遡上堆積となる。分岐点の位置については意見が分かれているが，だいたい高村と濼口とのあいだにある，と考えるのである[57]。

三つ目は，フィードバック影響度が小さい，またはないという説である。上流側からの順次堆積が，下流河道の堆積の主体となる[58]。そのおもな原因は，河道勾配の小ささと断面の幅に支配される送砂能力が来砂の全部を運搬するのに不足していることにある。河口堆積の前進はこれに大きな影響をもたらさない[59, 60]。この結論の主たる根拠は，黄河口の短期大型変動のもたらす上流河道への遡上侵食または堆積に対する観測結果にある。たとえば，1953年の河道変化後，54年の大侵食を経て，羅家屋子での水位下降2.26mを最大に，上流側に向かって減少し，楊房（利津以下78.1km）ではわずか0.2m となった[58]。64年の改道後の釣口河において12年間，河口堆積の前進の影響は60kmに及ばず，羅家屋子を下回る。このほか，数十年来，黄河下流河道の堆積上昇は河口堆積の前進によるものではなく，多くの場合，この類の堆積は下流側方向，順次堆積が前進した結果である[61]。これに近いもう一つの考えでは，利津断面の54年

以来の堆積厚が1.94mであり，河口から利津間の勾配が1万分の1とすれば，54年当時の勾配を維持するには，少なくとも河口の19kmの前進が必要となる．河口前進距離が19kmより大きい場合に限って河床勾配が減少する．実際に，54年以降，河口の平均前進はわずか12.6kmに止まっている．したがって，利津から河口までの勾配は減少しないどころか，逆に増加したのである．つまり，河口前進による上流河道の堆積へのフィードバックは存在しない[57]．

四つ目に，フィードバック影響度は来水・来砂の条件と河道境界条件によって変化するという説である．この結論の根拠は，清水溝の流路変動過程についての分析にある．1976年5月に，西河口で人工改道が実施され，水流が清水溝流路から入海することで，河道の海までの距離を37km短縮させた．その年の水量は426億m^3で，含砂量はわずか20.2kg/m^3であり，77年5月現在，遡上侵食の上限は楊房付近にあった．79年・80年は「小水枯砂」年であり，遡上侵食の上限は利津宮家付近にあった．81年・83年は良好な水砂条件に恵まれ，遡上侵食の上限は劉家園（利津以上129.1km）付近に達し，影響の長さが180kmとなった．84年・85年の水砂条件は，81年・83年に似ているが，河口堆積の前進によって遡上堆積が発生した．堆積の上限は道旭（利津以上34.4km）付近であった．86～92年の連続7年間は水砂の非常に少ない期間となり，遡上堆積の上限は楊房付近にあった[62]．

(Ⅱ) 意見が分かれるおもな原因

黄河河口の前進・後退による河道へのフィードバック影響度に対する評価にこれほど大きな意見対立が生まれる原因は，以下のとおりである．

1) 各説の評価方法はいずれも実測値分析方法を用いている．この方法自体に問題はないが，いかなる自然現象が内包する自然法則も長期にわたる観測分析・研究を通じて初めて認識されることに留意すべきである．現行の河道侵食・堆積および河床変動の観測は，おおよそ1950年代から始まり，河口地区に至っては64年に専門観測隊がつくられたため，現在までの観測データ系列はわずか40～50年間であるうえ，観測断面の少なさや観測項目の単一性，観測頻度の低さなどのような観測体制の不備によって，現存する観測データで河口の前進または短縮による河道へのフィードバック法則をまとめることは難しく，このように不十分な観測データにもとづいた結論は普遍的な法則性をもつとはいい難い．

2）河口の前進・後退による河道へのフィードバック影響度は，複合的な要因の作用の結果であり，その分析研究には影響するすべての境界条件を考慮する必要がある。これらの境界条件には下流河道（河口）の水砂条件，河道（河口）境界条件，河口および隣接する海洋営力条件などが含まれる。河川地形と海岸地形学の知識と研究方法を取り入れながら，河川工学と海岸工学の基本理論と研究手段を駆使する必要がある。また，マクロ的な方法で河道および河口の発達を認識するとともに，ミクロ的な手段で河口河道とりわけ河口営力の構造を分析しなければならない。限られた観測資料に対する分析は，高いレベルまたは論理上からそのメカニズムを明らかにすることは困難である。

3）河口の前進・後退による河道へのフィードバック影響について，観測データだけでは一般的な定性分析しかできない。各影響要素間の相互関係を明らかにし，定量分析を行い，現在ないし過去の一定の境界条件下における自然現象について再現・検証を行ったうえ，将来を予測するには，システム科学を基礎とする数学物理的方法，すなわち数値モデル的手段が必要である。数値解析方法を用いて各種の複雑な境界条件における数学物理方程式に数値解を求めて，初めて実用の成果を得ることができる。

4）現時点では，河口変動の自然規則の研究に用いられる重要な手段である実体模型が，いまだに建設されていない。ある意味で，この手段の欠如が，黄河河口の研究の進展に影響を及ぼしているといえる。実体模型がないため，河口変動に影響する複雑な要素および河口の前進・後退による河道へのフィードバックについて，単要素「分離」研究を行うことは難しい。このため各要素の作用効果を評価することができず，主要問題の所在の特定・解決による，実情に符合した治水計画の制定にマイナスの影響を与えている。また，各種の影響要素間の関係パラメータに物理的な意味を与えることができないため，数値解析方法の計算結果の応用がそれに大きく制限されている。

要するに，完全な観測システムと詳細な長い系列の観測データという基礎，および実用的な数値モデルと実体模型試験という手段がなければ，黄河河口の前進・後退による河道へのフィードバック影響度についての研究は，限られた実測データと定性分析のレベルにおけるものにすぎず，このような前提で得られた結論が大きく分かれることは論ずるまでもない。

1-9. 主要原因のまとめと「三つの黄河」の提起

　上に述べた黄河のいくつかの重大問題およびその主要原因は，黄河の治水開発と管理の長期目標，全体計画といった戦略レベルの課題にもかかわれば，また黄河自然規則の研究と黄河の具体的な問題の解決といった戦術レベルの課題にもかかわる。これらの問題のなかで，一部分はすでに過去の歴史となったが，今でもそれは啓示的な役割をはたしている。一部の問題は過去に存在したが，それに対する一致した認識と有効な解決策が得られず，現在も依然として存在する。黄河問題はきわめて複雑なため，多くの自然法則がいまだ解明されていない。顕在化した問題を予定どおり解決できても，今後も多くの新しい状況，新しい問題が出現するであろう。したがって，黄河の問題を研究し，黄河の問題を正しく解決することは長い試練である。

（I）主要原因のまとめ

　源流区において水流変化に影響する主要な要素およびその寄与度が正確に評価できない原因として，黄河の水文情勢に関する観測の不十分さがあり，そのため研究分析を深めるのに資すべき基礎的な資料が皆無である。同時に，河川源流区およびその隣接区域における「三水」転化の規則についても，いまだ研究不足である。黄土高原における遊砂池相対均衡理論の構築がとどこおっている主要な原因は，室外・室内における水土流失現象に関する観測と実験施設の不足，ならびに観測と試験手段の立ち遅れにあり，そのため水土流失現象のメカニズムを解明する理論または結論がいまだ確立されていない。小北幹流の黄河治水における戦略的な地位が確立されていない主要な原因は，河床変動の規則およびそれを黄河治水全体の背景下に置く研究が不足していることにある。三門峡ダム＝プロジェクトで露呈した重大問題の主要な原因は，黄河の自然規則に関する認識の不足と研究不足で，各方面の状況が解明されないまま建設を始めたことにある。黄河の治水・開発においては政策決定の科学化・民主化を徹底しなければならないという重い教訓が，われわれにさまざまな不足を思い知らせる。潼関河床位に影響する総合要因およびその影響度を分離できない主要な原因は，現段階の研究がほとんど実測データの統計分析のうえに成り立っていることにある。このような手段は，複雑な影響要因の総合作用に対し分離する機能をもたない。黄河の治水・開発の進展についての楽観的な評価による

プロジェクトへの検証不足や，プロジェクト設計上での理論分析計算のさいの重大な欠陥，実体模型試験の不実施または水砂過程の時系列の短さによる試験結果の不適などの原因によって，花園口・位山二大ダムの撤去という結果がもたらされた。黄河「96.8」洪水の変異および予測ができなかったことが，黄河研究の問題を露呈させた。第一に，即時的な河道観測データの欠如である。第二に，迅速に予測結果を出す数値モデル＝システムの欠如である。第三に，実際状況に近い実体試験システムの欠如である。黄河河口の前進・後退による河道へのフィードバック影響度に関して意見が分かれている理由は，完全な河口観測システムの未確立，各影響要素間の相互関係を反映する数値モデル＝システムの欠如であるが，単要素「分離」研究に用いられる実体試験システムの状況においては，認識が一致するのはきわめて困難である。

　以上の問題の主要原因を，図3-6に示す。

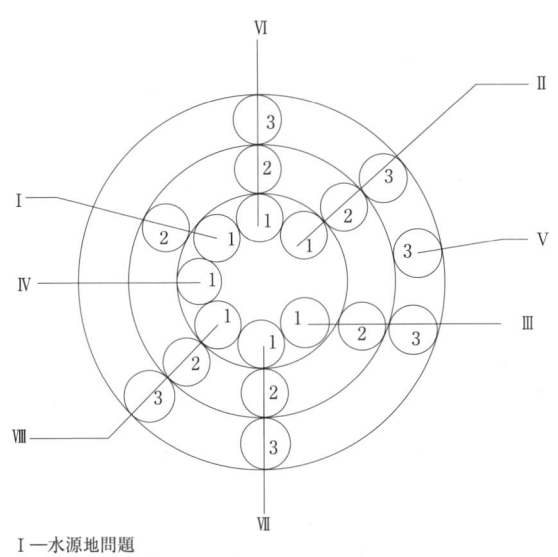

Ⅰ―水源地問題
Ⅱ―黄土高原問題
Ⅲ―小北幹流問題
Ⅳ―三門峡ダム問題
Ⅴ―潼関標高問題
Ⅵ―花園口・位山ダム問題
Ⅶ―「96.8」洪水問題
Ⅷ―河口問題

1―黄河の自然法則と治水に対する研究不足
2―数値シミュレーションシステムの欠如
3―実体模型試験システムの欠如

図3-6　黄河における重大問題とそのおもな原因

(Ⅱ)「三つの黄河」の提起

図3-6でわかるように，黄河の重大問題およびその発生の複雑な原因は，次の三つに大別される。

第一に，

黄河の治水の重要さについての認識が不十分で，研究が不足し，かつ黄河の観測システムが完備されていない。観測設備が足りないだけでなく，観測の方法と手段が立ち遅れている。そのため，黄河独特の自然法則の研究不足，あるいは研究を深める手段がない。

第二に，

各種の複雑な要素の相互作用・相互影響を総合的に反映する，迅速な対応能力をもつ情報収集・伝達・処理の数値シミュレーションが確立されていない。

第三に，

黄河の自然現象の再現や各種の複雑な要素に単要素「分離」機能をもつ実体試験システムが建設されていない。

こうした結論にもとづいて，黄河の治水・開発と管理方策の政策決定の科学性を確保するには，研究の視点を自然の黄河にのみ置くのではなく，これを研究の基礎と研究の対象として，整備された科学的な研究体系を構築しなければならない。

この整備された科学的な研究体系は，「三つの黄河」すなわち原型黄河・数値黄河・模型黄河として概括することができる。

2.「三つの黄河」の相互関係とそのおもな作用

原型黄河とは，自然に存在する黄河のことであり，われわれの研究・治水・開発と管理の対象である。

数値黄河とは，原型黄河のバーチャル対照体であり，わかりやすくいえば黄河をコンピュータに入れ込むことである。おもに近代的手段および伝統的手段による基礎データを収集し，流域全体および関連地区の自然・経済・社会などの要素に一体化した数字の集積プラット＝フォームとバーチャル環境を構築する。そして機能強力なシステム＝ソフトと数値モデルを用いて，黄河の治水・開

発と管理における各種案についてシミュレートし，分析と研究を行い，可視化の条件下で政策決定をサポートし，その科学性と予見性を強化することである．

模型黄河とは，実体黄河の物理的な対照体であり，わかりやすくいえば黄河を実験室に入れることである．おもに物理的な模擬技術を利用して実体黄河の各種技術要素を一定の比例で縮小し，研究対象によって相対独立でありながら結びつけられる実体模型システムを構成する．これによって，実体黄河に現れる自然現象について再現し，シミュレーションおよび試験を行い，総合的な要因に対して単要素「分離」を行うことによって，原型黄河が内包する法則を明らかにする．

原型黄河・数値黄河と模型黄河という「三つの黄河」は，たがいにかかわりあえる，共同の科学的な政策決定の場となっている．

原型黄河は，数値黄河と模型黄河の建設の基礎，または数値黄河と模型黄河の「オリジナル」であり，数値黄河と模型黄河の研究の対象でもある．特筆すべきは，本章で述べた八つの問題およびそのおもな原因が，ほとんど例外なく共通の原因に含まれていることである．すなわち，原型黄河の治水需要と自然法則への認識と研究が不足していることである．いくつかの観測手段を用いて原型黄河から基礎データを採集し，原型黄河への分析を通じて，黄河の治水・開発と管理面の各種需要を提出すると，数値黄河で瞬時に結果が得られる．低コストの長所を生かし，黄河の治水・開発と管理計画案において，将来へのシミュレーション結果を通じて，いくつか選択案または方案趨勢・方向性を提案する．模型黄河の実際流況に相似する点を利用して，数値黄河より提案された選択案について模擬試験を行い，実行可能な案を選択または改善する．したがって模型黄河は，数値黄河が数値シミュレーションと分析を通じて原型黄河の治水・開発と管理方案を提案するさいの「中間試験」環節である．同時に，模型黄河で物理的な実験を行った結果を用いて数値黄河の構築に有用な物理パラメータを与えることによって，数値モデル＝システムにより物理的な意味をもたせ，実際の黄河に近いものにする．最後に，模型黄河の模擬試験を通じて提案した実行可能案を，原型黄河において実施し，原型黄河の実践を経て調整しつつ安定を図り，各種の治水・開発と管理案の原型黄河における「優れた技術・経済合理・安全有効」を確保する．

黄河下流河道の模型，唐華撮影　　　　数値地形

「三つの黄河」の関係を図 3-7 に示す。

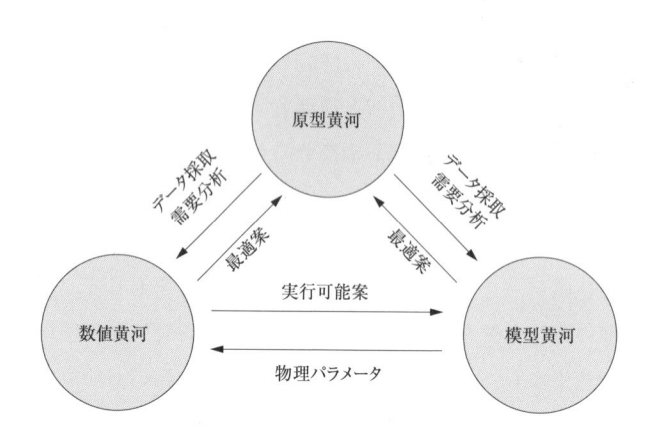

図 3-7　「三つの黄河」における相互関係

「三つの黄河」という科学的な政策決定の場を構築することが，黄河の治水・開発と管理に重大な作用と影響を及ぼす。具体的に以下の九つの面を示す。

1）黄河の治水・開発と管理案の決定をより科学化したものにし，最適化へのアプローチをよりしやすいものにする。

2）これによって，完全な科学的政策決定の仕組みを構築し，政策決定の効率を大幅に高めるだけでなく，その誤りを有効に防ぐことができる。

3）原型黄河の自然法則の探索プロセスを大幅に決める。原型黄河の各種の自然現象の再現確率が小さいため，それにもとづいた観測と研究の期間が長くなる。これに対し，数値黄河と模型黄河は短時間で原型黄河の自然現象の再現

を可能にする。

4) 原型黄河の全体的・系統的な認識に有利である。数値黄河と模型黄河は原型黄河の分散した個別要素を系統的に結びつけることができる。とくに数値黄河によって，瞬時に分散する個別要素間の相互関係を結合することができる。

5) 原型黄河に実施する管理の瞬時対応能力を高めることができる。数値黄河には，情報収集・伝達・処理および遠隔監視・制御の能力がある。

6) 原型黄河の複雑な問題の分析において主要な点を迅速に把握し，対応策をとることに有利である。模型黄河は，各種複雑な影響要因について単一要因を「分離」する強力な機能を有する。

7) 原型黄河に関する予測性と将来予見性を大幅に強化するとともに，問題処理に対する主導性を把握する。

8) 原型黄河を認識研究する手段である数値黄河と模型黄河のあいだに，相互促進・相互補充・相互完全という動態交互関係を構築することができる。模型黄河の提供する物理パラメータが原型黄河に測定不能の不足部分を補うことで，数値モデルシステムの構築をより迅速に行うとともに，それによって模型黄河の数値化を促進する。

9) 黄河の研究体系と研究手段の建設における計画性を強化するのに有利であり，研究レベルでの盲目性と無秩序性を有効に防ぐことができ，研究成果を黄河の治水・開発と管理における有機性と応用性の確保につなげる。

第4章 黄河の調水調砂

✼

1. 黄河の流水・土砂特性と下流河道の変動特性

1-1. 黄河の下流河道の堆積状況

　黄河の土砂は，おもに黄土高原の土壌侵食によってできたものである。

　黄土高原の地形およびその発達の特徴は，晩新生以来の地殻変動によって形成された点にある。新地殻変動の影響で黄土高原全体が上昇し，それにともなう侵食基準面の変化によって，斜面侵食の加速および侵食溝の発達がうながされた。同時に，重力と潜水の作用などによって，不安定な土塊の崩落や地滑りなどがくり返されてきた。

　歴史段階に入ってから，人類の活動がさらに黄土高原の土壌浸食を加速した。豪雨の強力な作用により，黄土高原区域内の多くの支川および黄河本川は，世界でも珍しい多泥砂河川となった。

　中流から混入する大量の土砂を運搬する黄河は，古華北陸縁盆地にそれを充填させながら渤海海域へと前進し，新しい陸地を形成させ，華北大平原を造成した。

　華北大平原に堤防が出現する前は，黄河の流路は無拘束の状態にあった。最初，黄河は低い流路を探って海に注ぎ，低い流路に堆積すると，別の低い流路へ転流することをくり返してきた。それを幾度となくくり返すうちに，土砂が黄河の洪積地に広がっていったのである。

　春秋中期頃に，鉄器の出現と普及が黄河堤防の大規模修築を可能にした。そのうえ，社会生産力の向上によって経済が発展するとともに人口が大きく増え，生存と発展のための安全な環境への需要が高まるという背景から，黄河の下流で堤防が次々と築き上げられた。戦国期になると，黄河下流の堤防は相当な規模に達した。

堤防の修築によって，くび振りする黄河が束縛されたため，土砂の堆積が両岸堤防のあいだに集中した結果，河床の上昇が引き起こされた。西漢（前漢）後期になると，黄河の下流河道に「天井川」が出現した。

「天井川」の進行が一定の程度になると，決壊ないし流路の変化を引き起こす。記録によると，紀元前602年（東周の定王五年）〜1938年の2540年間のうち，決壊が起こった年数は543年，決壊した回数は1590回，流路の変化は26回に及んだという。黄河の流路は扇状の分布をなし，北は天津，南は江淮にまで達し，範囲は25万km^2に及んでいる。

新中国成立後，黄河の下流堤防の嵩上げ工事が4回にわたって行われ，50年余りのあいだ，洪水期に決壊を起こさせないという成果を勝ちとった。1950〜97年，黄河の下流河道に土砂が91.24億トン堆積して，河床全体が2〜4m上昇した。現状の黄河下流の河床の高さは，背後の地面より4〜6m高く，最大で12mに達し，淮河と海河の分水嶺となっている。黄河沿いにある都市の地面はすべて黄河の河床より低く，なかでも河南省新郷市の地面は20m，開封市の地面は13m，山東省済南市の地面は5mと，それぞれ黄河の河床を下回る。

1990年代，黄河の下流河道の堆積は，年間平均2.2億トンである。持続的に起こる渇水期間，長期にわたる小流量過程が，黄河の下流河道堆積のおもな原因である。統計分析によると，黄河下流の低水路の堆積は全断面堆積量の90%を占め，局所の区間（たとえば花園口〜高村）では93%にも達する。水路の激しい堆積が河床断面の深刻な縮小をもたらした結果，同じ流量における水位の上昇，疎通流量の大幅な減少が引き起こされた。96年8月の洪水では，以下の問題点が浮き彫りとなった。すなわち，花園口断面での流量がわずか7600m^3/sにもかかわらず水位は94.73mにもなり，58年の22300m^3/s洪水時の水位に比べて0.91mも高いことである。局所の区間においては，満杯流量が80年代の6000m^3/sから現在の1800m^3/sにまで下がった。

黄河下流の「天井川」，殷鶴仙 撮影

1-2. 黄河の下流河道における堆積のおもな原因

黄河の下流河道の推積のおもな原因は，「水少砂多，水砂関係のアンバランス」にある。

（Ⅰ）水少砂多

黄河の年間平均流出量は 580 億 m^3 であり，黄河下流に入る年間平均水量は実測値で $468m^3$，年間平均砂量は 16 億トンで，平均含砂量は $35kg/m^3$ である。国内外の大河に比べると，長江の年間流出量・年平均送砂量がそれぞれ 9616 億 m^3・5.3 億トンであるのに対して，黄河の水量は長江の 1/17 でありながら送砂量は長江の 3 倍にもなる。インドとバングラディシュを流れるガンジス川は，年間送砂量が 14.51 億トンと黄河に近いが，水量は 3710 億 m^3 で黄河を大きく上回る。また含砂量は $3.92kg/m^3$ で，黄河をはるかに下回る。アメリカのコロラド川の含砂量は $27.5kg/m^3$ で，黄河より若干少ないものの，年間送砂量はわずか 1.35 億トンである。黄河は年間送砂量と年間含砂量において世界一の河川である（表 4-1）。

表 4-1　世界で年間送砂量が 1.0 億トンを上回る河川 [2.54]

順位	河川	国別	年間水量 (億m³)	年間砂量 (億t)	含砂量 (kg/m³)	備考
1	黄河	中国	468	16.00	35.00	三黒武*
2	ガンジス川	インド，バングラディッシュ	3,710	14.51	3.92	本川
3	アマゾン川	ブラジル	41,000	9.00	0.22	obidos観測所
4	ブラマプトラ川	バングラディッシュ，インド	3,840	7.26	1.89	本川
5	インダス川	パキスタン等	2,070	5.40〜6.30	3.00	本川
6	長江	中国	4,510	5.30	1.18	宜昌観測所
7	ミシシッピ川	アメリカ	5,800	3.12	0.54	河口
8	イラワジ川	ミャンマー	4,860	3.00	0.62	本川
9	メコン川	ベトナム，タイ等	4,110	2.50	0.61	クラチエ観測所
10	アム川	トルクメニスタン，アフガン等	630	2.17	3.60	克爾基城
11	コロラド川	アメリカ，メキシコ	49	1.35	27.5	河口
12	ナイル川	エジプト，スーダン等	840	1.34	1.60	アスワン
13	ソンコイ川	ベトナム，中国	1,230	1.30	1.06	越池観測所

＊三黒武とは黄河本川の三門峡・伊洛河黒石関・沁河武陟の観測所の略称

(Ⅱ) 水砂関係のアンバランス

(1) 地区間のアンバランス

　黄河が流下するいくつかの異なる自然地理区間には，それぞれ地形・地質・降雨および植被などの面で大きな違いがあるため，水と砂との源が異なり，これを「水砂異源」という。たとえば，黄河の上流地区は，流域面積が 36 万 km² で全流域の面積の 45% を占め，来水量が川全体の 53% を占め，川全体の主要産水区となっているのに対し，来砂量は黄河土砂全体の 9% にすぎず，平均含砂量はわずか 5.7kg/m³ である。一方，黄河中流の河口鎮〜龍門区間では，流域面積は 13 万 km² で全流域の 16%，来水量が川全体の 15% をそれぞれ占めるのに対して，来砂量が川全体の 56% を占め，平均含砂量が 128.0kg/m³ で，主要な産砂区となっている。龍門〜潼関区間においては，流域面積が 19 万 km² で来水量が川全体の 22% を，来砂量が川全体の 34% をそれぞれ占めている。平均含砂量は，河口鎮〜龍門区間に次いで 53.8kg/m³ となる。三門峡以下の伊洛河と沁河は，来水量が川全体の 11% を，来砂量が川全体の 2% をそれぞれ占め，平均含砂量が 6.4kg/m³ で，上流に次いで 2 番目に含砂量の少ない水源区である。全般的に，黄河の下流を流れる水量がおもに上流地区から来水するのに対し，土砂はほとんどが中流地区から来砂しているといえる。

黄河上流にあるラーシーロー峡谷。透き通って含砂量が少ない。董保華 撮影

黄河中流の支流である無定河。平均含砂量が141kg/m³。陳宝生 撮影

(2) 時間的な配分のアンバランス

　黄河の水砂発生源には，地区的なアンバランスが存在するだけでなく，年度内・年度間についての配分にもいちじるしいアンバランスが存在する。水についていえば，増水期（7〜10月）の水量が年間水量の60%を占めているが，人類活動の影響が増大するにつれて増水期の水量の占める割合が下降している。たとえば，龍羊峡ダムが1986年10月に運用されてから，増水期の水量は全年水量のわずか47%を占めるにすぎなかった。来砂の時間配分のアンバランスは，さらに突出している。統計によると，1年間における85%以上の土砂は増水期に集中し，しかも往々にして数回の豪雨洪水に集中する。たとえば，来砂量がもっとも多い河口鎮〜龍門区間においては，全年来砂量の9.1億トンに対しその90%に相当する8.1億トンが増水期に集中する。この区域の黄甫川〜禿尾川区間は黄土高原地区の侵食係数のもっとも高い地区であり，窟野河温家川観測所で増水期におけるもっとも多い5日間の砂量が全年の75%以上にも達する。1年間の水量と砂量を見ると水が少なく砂が多いが，増水期の水量と砂量を見ると水が相対的にさらに少なく，砂がさらに多くなる。それが水砂関係のアンバランスをさらに加速させる。年間の配分から見ると，黄河水量の偏差係数は0.22〜0.25であり，最大と最小の水量の比が3.1〜3.4である。それに対して，砂量の偏差係数は0.55であり，最大と最小の砂量の比が4〜10である。実測値で1933年の砂量がもっとも大きく39.1億トンであったのに対して，同年の水量は561億m³で，最大の年ではなかった（64年の水量は861億m³）。実測値では87年の砂量が最小で3.3億トンであったのに対し，同年の水量は204億m³で，水量の最小の年ではない（97年の水量はわずか143

億m^3)。これは，水と砂の年間についての分布が一致しないことを物語っている。このような不一致性はとくに水少・砂多に表れており，水砂関係のアンバランスを加速させている。

1-3. 黄河の下流河道における侵食・堆積の法則

　観測と分布の結果，黄河の下流河道は全体的に堆積状態にあるが，一方的に堆積するのではなく，侵食の年もあれば堆積の年もあることは明らかである。その原因を分析すると，それは来水・来砂の条件に深く関係していることがわかる。

　水多・砂少の年には，黄河の下流河道は堆積が少なく，あるいは侵食が起きる。たとえば，1952年には，下流河道に流入した水量が396億m^3で砂量が8.2億トンであり，平均含砂量20.6kg/m^3で，下流河道の堆積量はわずか0.35億トンであった。55年には水量と砂量がそれぞれ581億m^3と14.1億トンで平均含砂量が24.1kg/m^3であり，下流河道の侵食は1.0億トンであった。また，61年には水量の554億m^3に対し，砂量がわずか1.9億トンであり，平均含砂量3.4kg/m^3で，下流河道の侵食が8.1億トンである。逆に，水少・砂多の年では，黄河の下流河道に激しい堆積が発生する。たとえば，69年に水量と砂量がそれぞれ310億m^3と13.0億トンであり，平均含砂量が45.1kg/m^3で，下流河道の堆積量が7.0億トンであった。70年には，水量と砂量がそれぞれ355億m^3と20.9億トンであり，平均含砂量が58.9kg/m^3で，下流河道の堆積が8.2億トンあった。また，77年には，水量がわずか301億m^3に対し，砂量が20.7億トンもあり，平均含砂量が68.6kg/m^3で，下流河道の堆積が9.6億トンあった[63]。

　降雨区の地域的な分布が一致しないため，自然状態下での黄河の下流河道に流入する水砂条件には，いくつかの組合せパターンがある。河口鎮以上の来水を主とする場合，あるいは三門峡以下の伊洛河・沁河の来水を主とする場合，および両者をあわせた来水を主とする場合のいずれも，下流河道の堆積が少ないか，または侵食が発生する。60〜90年の洪水データを集計すると，上記地区には洪水が76回起き（洪水全体の38.3%），平均流量は2000m^3/sを超え，平均含砂量は21.8kg/m^3で，下流河道の侵食量は15.9億トンであった。一方，河口鎮〜龍門区間または龍門〜潼関区間の来水を主とする場合，および両者をあわせた来水を主とする年には，下流河道に非常に激しい堆積が発生するので

ある。60〜90年に，河口鎮〜龍門区間には14回の洪水（洪水全体の7.1%）が発生している。この間の平均流量は1775m³/sで，平均含砂量は174kg/m³，下流河道の堆積は27.95億トンであった。同じ期間，龍門〜潼関区間に起きた108回の洪水（洪水全体の54.4%）のさいには，平均流量2200m³/s，平均含砂量が63.5kg/m³で，下流河道の堆積が47.83億トンであった[64]。

1950〜60年と69〜85年の自然状態下における145回の洪水のデータ分析によると，その他の要素を一定としたとき，河口鎮〜龍門区間の土砂が1億トン減れば，下流河道の堆砂は0.51億トン減少し，龍門〜潼関区間の土砂が1億トン減れば，下流河道への堆砂は0.39億トン減少する。また，河口鎮以上での100億m³の水量増加に対し，下流河道への堆砂は0.82億トン減少する。三門峡以下の伊洛河・沁河での100億m³の水量増加に対し，下流河道への堆砂は1.60億トン減少することが明らかになった。

上記の統計データからわかるように，黄河の下流河道に流入する水流の年平均含砂量と1億m³あたりの水量の河道堆積量とのあいだには，深い関係が存在する。平均含砂量が小さければ，1億m³あたりの水量の河道の堆積量も小さく，あるいは侵食が発生する。平均含砂量が大きければ，1億m³あたりの水量の河道堆積量も大きい。平均含砂量と1億m³あたりの水量の河道堆積量とのあいだの相関関係分析を通じて，平均含砂量が20〜25kg/m³を上回ると，河道が堆積する状態になることがわかった。逆に，それが20〜25kg/m³を下回ると，河道が侵食される。これによって，下流河道が侵食するか堆積するかを判断する臨界値を，下流河道の侵食・堆積の簡単な判断基準にすることができる。たとえば，黄河下流に流入する年平均含砂量を35kg/m³とすれば，20〜25kg/m³という臨界値を上回っているので，黄河の下流河道は堆積するのである。

年平均含砂量を用いた臨界値は，大きいスケールにおける侵食・堆積の概略の判断に適する。具体的な洪水については，含砂量のほかに，流量およびその持続時間にも関係する。1960年9月〜96年6月に起きた397回の下流河道に流入する洪水要素と，河道の侵食・堆積変化との関係を分析すると，以下の結果が得られる[65]。

1）含砂量が20kg/m³を下回り，流量2600m³/s，継続時間6日間（用水量13.5億m³）の場合，下流河道に堆積は発生しない。

2）含砂量が 20 ～ 40kg/m^3 で，流量 2900m^3/s，継続時間 10 日間（用水量 25 億 m^3）の場合，下流河道に堆積は発生しない。

3）含砂量が 40 ～ 60kg/m^3 で，流量 4000m^3/s，継続時間 11 日間（用水量 38 億 m^3）の場合，下流河道に堆積は発生しない。

4）含砂量が 60 ～ 80kg/m^3 で，高村以上区間では低水路からオーバーバンク＝フローが発生せず，流量が 4400m^3/s で継続時間が 12 日間（用水量 46 億 m^3）の場合，下流河道に堆積は発生しない。

5）含砂量が 80 ～ 150kg/m^3 で，高村以上では低水路からオーバーバンク＝フローが発生せず，流量が 5600m^3/s で継続時間が 12 日間（用水量 58 億 m^3）であれば，下流河道に堆積しない。高村以上でオーバーバンク＝フローが発生すれば，流量 7000m^3/s で継続時間 11 日間（用水量 67 億 m^3）の場合，下流河道に堆積しない。

6）含砂量が 150kg/m^3 を上回る高含砂洪水では，一般に下流河道にいちじるしく堆積する。また，下流河道に「多来・多排・多堆積」の特徴が現れ，来水流量が大きく砂量が大きければ，下流河道に多く堆積し，河道に堆積しない臨界流量と水量が認められない。

　黄河下流河道の堆積物は，粒径が 0.05mm を上回る粗砂，0.025mm ～ 0.05mm の中砂，0.025mm 以下の細砂という 3 部分からなる。統計[65]によると，1960 年 9 月～ 96 年 6 月に，黄河下流河道に流入する土砂は 385.56 億トンで，そのうち粗砂が 89.07 億トン，中砂が 95.36 億トン，細砂が 201.13 億トンであった。黄河下流河道に 36.32 億トン堆砂するうち，粗砂が 29.35 億トン，中砂が 9.31 億トンであるのに対して，細砂は 2.34 億トンで，粗砂堆積量が全体の 81% を占めた。以上のことから，粗砂が下流河道の堆積の主体であることがわかる。したがって，下流河道への堆積を減少させるという観点から，下流河道に流入する土砂を減少させる対策を考えると同時に，できるだけ下流河道に流入する粒径 0.05mm 以上の粗砂の量を減少させる必要がある。

　黄河の水砂関係のアンバランスによってもたらされる下流河道の深刻な堆積問題について，「もしわれわれがダムによる調水調砂を利用し，水を増やしたり排砂を減少させたりして，排出しきれない土砂を一時的にダムに止めておいて，水量が多いときに排出させれば，水砂を下流の洪水疎通送砂能力に適応させることによって，下流河道の上昇を食い止めることができる」[66]。そして，

「黄河中流の本川で制御式の基幹施設を建設する必要がある。これらのプロジェクトの設計と運用において，灌漑と発電の需要のみに注目するのでなく，同時に下流河道における堆砂減少の緊迫性・可能性を考慮し，各種の調水調砂の運用方式を用いて下流河道の輸砂能力を高め，できるだけ多くの土砂を海へ排出させる」[67]。

2. 小浪底ダムの単独運用による水砂の調節[68]

小浪底ダムは，黄河の下流河道に流入する水砂を制御する要の位置にある（図4-1）。このダムは黄河流出量の90%と，黄河土砂の100%をコントロールしている。ダム総容量は126.5億m^3で，長期有効容量は51億m^3である。黄委会観測規画設計院・水利科学研究院などの関係部分の専門家による小浪底ダム調水調砂運用方式に関する研究結果で明らかになったように[65,69]，小浪底ダムの調水調砂の機能は長期にわたって持続することが可能である。ダム運用の初期すなわち貯水阻砂期において，ダムにじゅぶんな調水調砂のための容量が確保されたからである。30年後，阻砂容量が満杯となり，ダムが正常運用期に入ったさいに，51億m^3の有効容量中，10.5億m^3は調水調砂のために活用されるよう設計されたのである。

小浪底ダム本体に設置されている各高程の排砂施設（排砂口・開水口など）の組合せにより，流出要素についての制御を行い，人工的に下流河道に適した送砂特性の水砂関係をつくり，下流河道に堆積を起こさせないか，もしくは侵食条件下での単位水体の送砂効果を発揮させる。

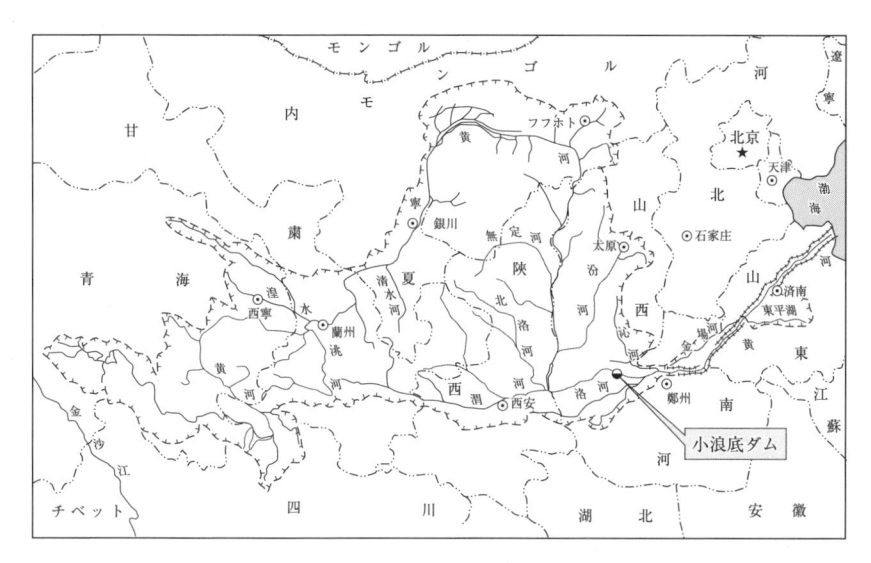

図 4-1　小浪底ダムの黄河流域における位置

小浪底ダムプロジェクト，恵懐傑 撮影

2-1. 含砂量・流量およびその継続時間の確定

（Ⅰ）含砂量

　現在，小浪底ダムでは，運用開始時の水位以下の死水容量を埋めるために，ダム運用にはかならず相対的に澄んだ水の排出期間を設けている。この期間におけるダムの排砂方式は密度流排砂を主とし，異なる水砂条件の平均排砂比が10%～20%で，ダムから含砂量の低い水量が放流される。したがって，黄河下流河道の侵食・堆積変化の年平均含砂量臨界値20～25kg/m^{3}にもとづいて，

小浪底ダムの単独運行による調水調砂試験の放流平均含砂量は20kg/m^{3}以下と定められている。

(Ⅱ) 流量

大量の実測データ分析によると，水流含砂量が20kg/m^{3}以下の場合，花園口観測所での流量が800m^3/sのとき，黄河下流河道の侵食が高村以上に進むことがある。花園口観測所での流量が1700m^3/sのとき，黄河下流河道の侵食は艾山付近に達する。花園口観測所での流量が2600m^3/sのとき，黄河下流河道はすべて侵食状態になる。これが黄河下流河道の侵食・堆積変化の臨界流量である。花園口観測所での流量が3700m^3/sのとき，黄河下流河道の侵食効率はもっとも高くなる。

試験流量として，花園口観測所での制御流量を2600m^3/s（艾山観測所の流量2300m^3/s，利津観測所での流量2000m^3/s）とする理由は，以下のとおりである。

1) 小浪底ダムの単独運用による調水調砂試験の目的の一つは，黄河下流河道における侵食・堆積変化の臨界値を探ることにあり，大量の実測データ統計では，花園口観測所での2600m^3/sが下流河道における侵食・堆積変化の臨界値である。

2) 1986年以来，増水期に黄河下流河道に流入する主体流量は3000m^3/s以下であり，低水路の堆積がはなはだしく，局所区間（たとえば高村以上）の河岸流量がすでに3000m^3/s以下に下がっている。

3) 最近では，河道整備工事は多く「小水上提（小流量時における流れの上流側への移動）」河勢に対応してなされたもので，黄河下流河道のくび振り性質はいまだに有効にコントロールされていない。実態模型の試験によると，花園口観測所の制御流量が3700m^3/sになると，下流部分の区間で河床が大きく変動することは明らかである。同時に，下流局所区間の整備工事を考慮すると，長期にわたる中レベル以上の洪水を経験していないので，護岸石が流されて，防災に不利な影響をもたらす可能性がある。

(Ⅲ) 継続時間

花園口断面から黄河河口までの各断面に，侵食・堆積変化の臨界流量が存在する。放流継続時間が短ければ，下流河道に蓄流して流下水量が減少するため，下流区間に対する侵食効果をはたせない。

試験前の理論分析によると，含砂量20kg/m^3，放流流量2600m^3/sの条件で，

小浪底ダムから黄河河口までの臨界時間は 6 日間である。試験開始時に設定した流量 2600m³/s 放流の継続時間は，10 日間以上である。その理由は，以下のとおりである。

1) 理論上の 6 日間は，水流が水路から溢れない条件で計算された結果である。近年来，黄河下流河道が大洪水を経験していないため，長期にわたる小流量が部分区間に激しい堆積を引き起こし，局所の区間の河岸流量が 3000m³/s 以下にまで下降している。このような状況下，2600m³/s の放流が局所区間で低水路からオーバーバンク＝フローの状況をまねき，6 日間という臨界継続時間では，人工洪水による土砂の海への運搬を確保できない恐れがある。

2) 試験開始時の小浪底ダムの貯水位は 236.42m であったが，増水期の限界水位が 225m であるので，貯水位が増水期限界水位を 11.42m 上回り，貯水量を 14.6 億 m³ 上回る。しかも，小浪底への流量は 1030m³/s と予報されている。

もし，2600m³/s の放流継続時間を 6 日間にした場合，試験終了時点で，小浪底の貯水位が依然として増水期限界水位を上回る。継続時間を 10 日間に設定すると，試験終了時点で小浪底ダム水位が 225.52m になる。試験に採用する継続時間は 10 日間以上であり，すなわち試験終了時，小浪底ダムの水位は増水期地区水位限界 225m 以下に下がると見込まれる。

3) 1960 年 9 月～96 年 6 月の黄河下流の含砂量が 20kg/m³ 以下の 110 洪水についての統計から，総継続時間が 937 日間，平均で 1 洪水あたり 8.5 日間という結果が得られる。また，流量が 2500m³/s 以上の洪水が全部で 35 回発生しており，その総継続時間は 342 日間で，全下流河道に 21.58 億トンの侵食が発生し，平均で 1 洪水あたり 0.62 億トン，平均 1 洪水あたりの継続時間が 10 日間である。具体的な統計結果を，表 4-2 に示す。

表 4-2　平均含砂量が 20kg/m³ 以下の洪水に関する統計結果

発生期日 (年月日)	継続時間 (日)	平均流量 (m³/s) 三黒武	平均含砂量 (kg/m³) 三黒武	水量 (億m³) 三黒武	砂量 (億t) 三黒武	侵食・堆積量 (億t) 鉄一利	侵食・堆積効率(kg/m³)				粒径別重量比(%)		
							鉄一花	鉄一高	高一艾	艾一利	細	中	粗
1961.07.11	10	3,111	2.64	26.88	0.071	−0.57	−7.63	−8.18	−5.39	−0.07	94.4	2.8	2.8
1961.07.21	10	3,681	9.80	31.81	0.312	−0.73	−8.83	−10.88	−2.67	−0.60	95.0	2.3	2.7
1961.07.31	10	2,653	14.40	22.93	0.330	−0.43	−2.75	−10.08	−11.04	5.32	95.1	2.3	2.6
1961.10.09	4	2,505	0.11	8.66	0.001	−0.15	−3.93	−9.82	−2.31	−1.27	97.0	2.0	1.0
1961.10.13	16	4,314	0.95	59.63	0.057	−1.42	−7.66	−12.91	0.74	−4.02	96.0	2.0	2.0
1961.10.28	4	4,891	0.16	16.90	0.003	−0.39	−8.05	−10.47	1.06	−5.68	96.0	2.0	2.0
1962.07.25	11	2,776	13.49	26.39	0.356	−0.61	−4.85	−3.98	−5.04	−9.21	95.2	2.3	2.5
1962.08.05	10	3,035	8.42	26.22	0.221	−0.52	−4.65	−4.27	−6.10	−4.88	95.7	1.9	2.4
1962.08.15	10	3,098	11.89	26.77	0.318	−0.52	−3.89	−6.58	−3.33	−5.64	95.6	1.9	2.5
1962.10.04	6	2,513	4.78	13.03	0.062	−0.29	−2.53	−8.44	−2.00	−9.13	95.2	3.2	1.6
1963.08.06	15	2,826	14.16	36.63	0.519	−0.82	−6.31	−3.99	−5.21	−6.85	83.9	11.3	4.8
1963.09.17	11	4,438	5.45	42.18	0.230	−1.18	−10.83	−7.04	−2.30	−7.70	89.1	7.0	3.9
1963.09.27	11	3,990	2.07	37.92	0.078	−0.86	−8.41	−7.17	−3.72	−3.27	91.1	5.1	3.8
1963.10.08	6	3,422	5.29	17.74	0.094	−0.32	−5.58	−5.52	−4.79	−2.03	87.0	9.7	3.3
1963.10.14	14	3,341	5.25	40.42	0.212	−0.38	−7.99	−4.53	0.69	2.55	75.5	19.3	5.2
1964.07.30	10	4,457	13.75	38.51	0.530	−0.91	−8.08	−5.22	−3.77	−6.54	94.3	3.2	2.5
1964.08.19	11	4,480	19.65	42.58	0.837	−1.22	−5.21	−14.75	−2.63	−6.11	94.7	3.1	2.2
1964.08.30	10	5,046	13.57	43.60	0.592	−1.01	−7.36	−8.90	−2.22	−4.73	93.4	4.6	2.0
1964.09.09	5	4,831	11.39	20.87	0.238	−0.44	−5.56	−8.91	−1.96	−4.46	95.0	2.9	2.1
1964.09.14	15	5,593	7.74	72.49	0.561	−1.64	−7.17	−9.67	−3.16	−2.61	94.7	3.2	2.1
1964.09.29	10	5,606	3.45	48.43	0.167	−0.84	−4.79	−7.93	−4.56	0.04	96.0	1.7	2.3
1964.10.08	8	5,030	4.79	34.77	0.167	−0.57	−4.29	−7.28	−4.11	−0.60	95.2	3.0	1.8
1964.10.16	13	4,688	10.29	52.65	0.542	−0.26	−3.15	−5.72	0.66	3.23	74.2	20.5	5.3
1967.07.10	9	3,062	16.21	23.81	0.386	−0.35	−11.67	3.19	−3.57	−2.44	74.1	19.9	6.0
1967.09.08	10	5,975	15.30	51.62	0.790	−1.59	−22.07	−6.78	1.84	−3.87	74.9	18.0	7.1
1967.09.17	11	5,955	14.98	56.60	0.769	−1.20	−10.95	−7.97	0.09	−2.39	57.7	28.8	13.5
1973.10.05	10	2,518	17.87	21.76	0.389	−0.40	−14.94	0.74	−4.55	0.23	64.2	22.9	12.9
1975.10.10	11	4,266	19.11	40.54	0.775	−0.16	−3.80	−7.52	1.43	5.94	50.8	38.3	10.9
1976.09.27	3	3,328	17.87	8.63	0.154	−0.06	−4.52	0.12	0.23	−2.78	42.2	29.9	27.9
1976.10.01	9	2,948	11.01	22.92	0.252	−0.33	−5.19	−7.02	−1.44	−0.74	71.1	21.0	7.9
1976.10.10	11	2,552	19.03	24.26	0.462	−0.04	0.74	−5.61	1.36	1.77	42.9	30.2	26.9
1983.10.13	10	4,585	15.87	39.61	0.629	−0.46	−5.81	−5.25	−1.46	0.91	35.6	36.4	28.0
1983.10.22	10	3,803	8.20	32.86	0.269	−0.20	−5.60	−8.55	7.46	0.70	52.2	33.7	14.1
1985.09.24	8	4,572	19.32	31.60	0.611	−0.66	−10.38	−6.17	−0.73	−3.45	53.5	33.7	12.8
1989.09.12	10	3,027	19.45	26.15	0.509	−0.07	−6.46	2.71	−0.96	1.95	48.6	32.1	19.3
平均	10	3 954	10.69	33.38	0.357	−0.62	−7.36	−7.10	−1.86	−2.15	74.2	17.1	8.7

＊三黒武とは黄河本川の三門峡観測所・伊洛河黒石観測所・沁河武陟観測所の略称

2-2．小浪底ダム湖および下流河道における観測断面の設置

　小浪底ダム湖には全部で197の観測断面が設置されており，そのうち堆積観測断面が174，ダム湖水砂要素断面が2，堰体前ロート観測断面が21である．小浪底ダム堰堤から黄河河口までには全部で297の観測断面が設置されており，そのうち下流河道堆積観測断面が216，海岸域地形観測断面が81である．

2-3. 試験過程および結果

試験は 2002 年 7 月 4 日 9 時に始まり，小浪底ダム貯水位は 236.42m，貯水量は 43.5 億 m^3 であった。7 月 15 日 9 時に小浪底ダムの放流が終了し，水位は 223.84m に低下した。試験の排流総水量は 25.1 億 m^3（うちダム流入水量が 10.2 億 m^3，増水期限界水位以上の補水量が 14.6 億 m^3，それ以下の補水量が 1.3 億 m^3）である。試験過程において，小浪底ダムの砂流入量は 1.831 億トン，砂排出量は 0.319 億トン，ダム内堆積は 1.512 億トンであり，排砂比は設計排砂比範囲（10% 〜 20%）内の 17.4% である。

2002 年 7 月 4 日 9 時，調水調砂試験の正式開始を象徴する小浪底ダム放流，劉鳳翔 撮影

（Ⅰ）試験パラメータの制御

花園口観測所での平均含砂量は 13.3kg/m^3，設計値は 20kg/m^3 以下である。また，花園口観測所での平均流量は 2649m^3/s で，設計値は 2600m^3/s である。小浪底ダムの排流継続時間は 11 日間で，設計値は 10 日以上である。

（Ⅱ）観測状況

1）小浪底ダム湖。河床サンプル採取が 157 回。堰堤前ロートでの測量が 3 回で，のべ長 90km である。完全な密度流過程を 1 回実測し，のべ測量断面長が 127km である。

2）下流河道。流量測定が 310 回，水位計測が 1 万 1290 回，洪水予報 2850 回，輸砂率測定が 115 回，単砂測定が 1095 回，粒径別砂サンプリングが 4700 回，通水断面測量が 383 ヵ所，河床物質サンプリングが 2000 回である。

3）今回の試験により，全部で測量データ 520 万組を得ている。

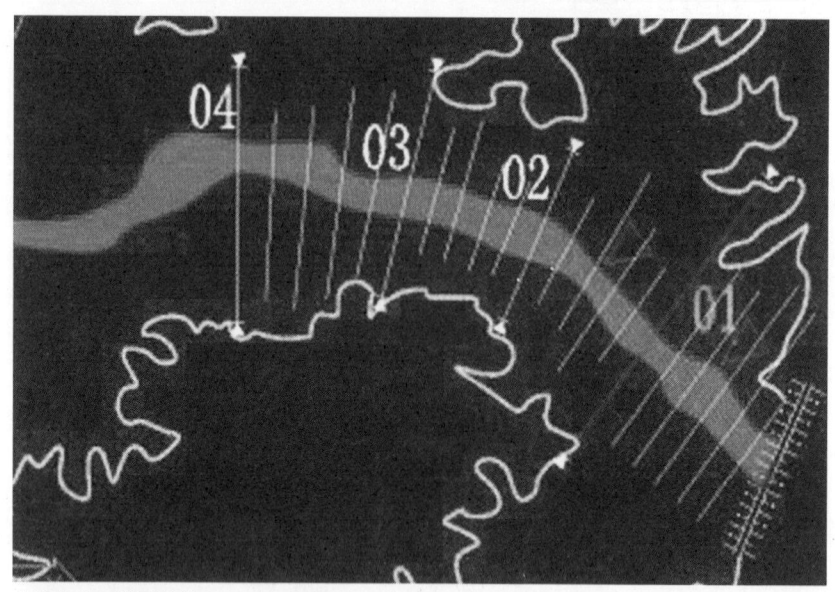

小浪底ダム湖堰堤前ロート測定断面

(Ⅲ) 試験結果

1) 黄河下流河道における侵食は0.362億トンである。区間別には，艾山以上の侵食が0.137億トンで，そのうち夾河灘以上の侵食が0.202億トン，夾河灘〜孫口区間で0.082億トン堆積，孫口〜艾山区間で0.017億トン堆積，艾山以下の侵食が0.225億トンである（図4-2）。河道断面の場所別では，河原砂地（白鶴〜花園口，夾河灘〜孫口区間のみ）における堆積量が0.200億トン，低水路（全下流区間）における侵食が0.562億トンである。

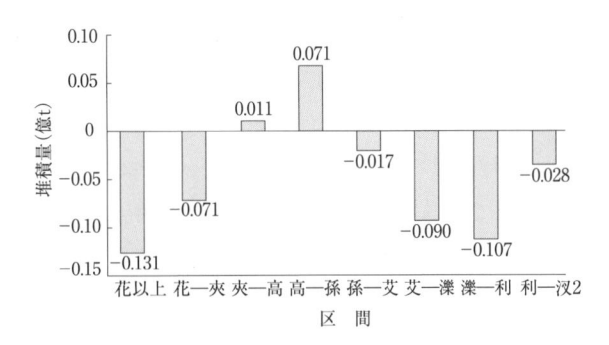

図 4-2 下流河道における侵食・堆積状況

2) 低水路における侵食の平均深度。夾河灘以上で 0.16〜0.18m，夾河灘〜孫口で 0.24〜0.26m，孫口〜艾山で 0.07m，艾山以下で 0.12〜0.16m である。

3) 低水路における疎水能力の増加。夾河灘以上で 240〜300m^3/s，夾河灘〜孫口で 300〜500m^3/s，孫口〜艾山で 90m^3/s，艾山〜利津で 80〜90m^3/s，利津以下で 200m^3/s である。

4) 河道整備工事の適応性に対する検証。城鶴〜京広鉄道橋区間では河道状態が全体的に良い方向に向かっている。京広鉄道橋〜東項頭区間については，河道整備工事が系統化されていなかったため，河床変動が小さいものの，流路が不規則で，長期間にわたって小流量による河勢が良い方向へ変わらなかった。

東項頭以下の区間での河床は比較的順調であり，流路も安定している。

5) 各区間における河岸流量についての検証。近年来，来水の極度な不足のため，ダムによる放水が下流の工・農業生産に必要最低限のものとなっている。これによって，下流河道の主水路が堆積によって縮小するとともに，河岸流量が大幅に減少している。しかし，具体的にどの区間で河岸流量がどのくらいだったかはわからない。試験的に花園口観測所において流量 2600m^3/s で 11 日間排流させたが，夾河灘〜孫口河区間でいちじるしい高水位（たとえば蘇泗庄断面の水位が「96.8」洪水の 6810m^3/s よりも 0.28m 高い）が発生し，主水路から高水敷に溢れる状況となった。また，高村の上流・下流区間の「二次天井川」状態がますます深刻化し，河岸流量が 1800m^3/s まで下がった。

6) 洪水経続時間についての検証。小浪底ダムの放流最大流量 3480m^3/s の出現（7 月 4 日 10 時 54 分）から黄河河口のピーク流量の出現（7 月 19 日 10

時) まで 15 日間かかり，これは一般的な状況における洪水の経続時間の 2 倍に相当する。とくに夾河灘〜高村区間では，一般的な状況での 800m^3/s 流量の経続時間が 30 時間であるのに対して，試験中の 2500m^3/s 流量の経続時間は 82 時間にも達した。高村〜孫口区間においては，一般的な状況で 1700m^3/s 流量の経続時間が 31 時間であるのに対して，試験中の 2300m^3/s 流量の経続時間は 118 時間にも達した。その原因は，洪水が低水路から高水敷砂地に溢れたことに加え，長時間にわたって小流量排流を実施した結果，高水敷砂地が農地に開墾されて，河床粗度が増加したからである。

鄭州黄河鉄道橋での 洪水，華占立 撮影

7) 数値モデルと実体モデルにおけるパラメータの特定。従来の数値モデルと実体モデルは，過去の統計データにもとづいて構築されている。今回の試験では，数値モデルと実体モデルについても同時検証を行った結果，両者のシミュレーションの結果が原型試験結果に一致しない点が多くあった。今回の試験で得られたデータを生かして，数値モデルと実体モデルのパラメータについて同定を行い，モデルの信頼性と精度をさらに高める。

要するに，小浪底ダムの単独運行による調水調砂の試験は，予期した目的を達成した。今回の試験の結果は，黄河下流河道の 0.362 億トンの侵食量に止まらず，試験を通じて原型黄河における大量のデータ (520 万組) を得たことがもっとも重要である。これらのデータを通じて，黄河の河床変動のメカニズムおよび水砂の動きについて見識を深め，より原型黄河に近い数値モデルと実体モデルの構築にきわめて重要な物理的パラメータを提供することができた。

試験では，ダムの調水調砂機能を利用して，アンバランスな水砂関係をバランスのとれた水砂関係に変えることが，海へ通ずる送砂下流河道の堆積軽減な

いし侵食に有効であることが明らかになった。

3. 複数の水源区からの流水と土砂の調水調砂

1960～99年に黄河下流河道を通過した422回の洪水の実測データ（図4-3）を分析すると，下流河道において堆積しない水砂関係を，次式で示すことができる。

$$S=0.0308QP^{1.5514} \qquad (式4-1)$$

式中，S は花園口観測所での含砂量，kg/m^3

Q は花園口観測所での流量，m^3/s で $Q \leq 3000m^3/s$，または $Q>3000m^3/s$ で，主水路から水流が溢れ流れないかぎり，上記の関係が成立する。

P は細砂の占める割合で，20%～92%となる。

上に述べた黄河の調水調砂方式は，黄河下流河道の送砂能力にもとづいて，ダム自体の調節機能を生かし，適時に貯存・排出する機能を利用して，自然のアンバランスなダム流入の水砂過程をバランスのとれた水砂排出過程に調節するものである。試験においては，伊洛河の黒石関観測所と沁河の武陟観測所の流量が小さく，小浪底～花園口区間で流量がわずか $58m^3/s$ で花園口観測所での流量の2%にすぎないので，花園口観測所の水砂はほとんど小浪底ダムの排出によるものである。小浪底ダムの運用初期における排砂をおもに密度流排砂としたため，含砂量が低く，ダムからの出水の平均含砂量は $12.2kg/m^3$ であり，しかも細砂が主である。細砂（d<0.025mm）・中砂（0.025mm≦d<0.05mm）・粗砂（d≧0.05mm）の排砂比はそれぞれ45.5%・4.8%・1.6%である。水砂が花園口観測所を経過したときの含砂量は $13.3kg/m^3$ で，細砂の全砂に占める割合は51%で，平均流量は $2649m^3/s$ である。式4-1の計算によると，送砂能力は $29kg/m^3$ となるが，実際に花園口での含砂量はわずか $13.3kg/m^3$ であったため，黄河下流河道で0.362億トン侵食されたことになる。

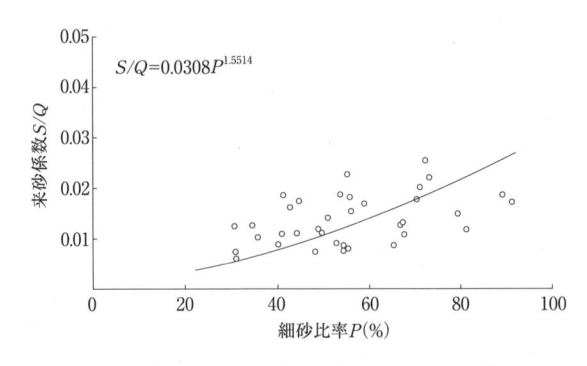

図4-3　下流河道均衡時における花園口観測所の来砂係数と細砂の関係

$$S/Q = 0.0308 P^{1.5514}$$

3-1. 複数の水源区における水砂過程連動に関する調水調砂理論

　小浪底ダムの複数の排水口による組合せを利用して，一定の継続時間と流量・含砂量および土砂粒軽配分の過程をつくり，小浪底ダムの下流側の伊洛河・沁河の「清水」に乗せ，それを花園口観測所で正確に連動させて，バランスのとれた水砂関係を形成させる。これによって，小浪底ダム湖の土砂を排出しながら，小浪底〜花園口区間の「清水」を何も乗せずに流れさせないと同時に，黄河下流河道に堆積を起こさせないという目標が実現される。これが複数の水源区からの水砂過程の連動による黄河の調水調砂にほかならない（図4-4）。

　この方式による黄河の調水調砂では，重点的に解決する必要のある問題が三つある。一つ目は，小浪底ダムの複数の排水口の組合せである。二つ目は小浪底〜花園口区間における洪水と土砂に対する正確な予報である。三つ目は（黄河本川）小浪底・（伊洛河）黒石関・（沁河）武陟の3ヵ所の花園口における水砂過程を正確に連動させることである。

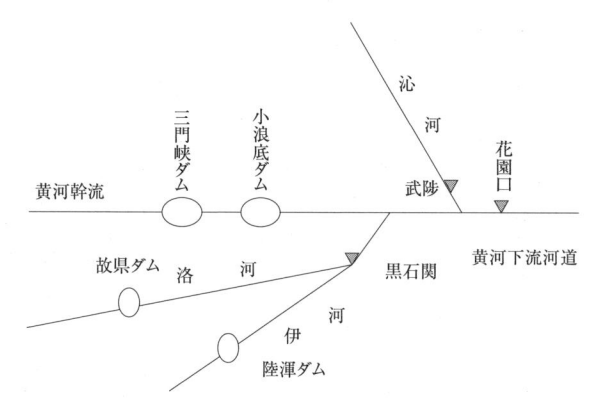

図 4-4　複数源からの水砂過程における接続による調水調砂

（Ⅰ）小浪底ダムの複数の排流孔による水砂特性

　小浪底ダム水砂排出孔としては，排砂孔 3 本・オリフィスゲート 3 本・開水孔 3 本・発電孔 6 本がある（表 4-3，図 4-5）。そのうち，開水孔が清水，発電孔が含砂量の少ない水流（一般に 60kg/m³ 以下），排砂孔が一般に 300～400kg/m³ の含砂量の大きい水流の排出に使用される。これら複数の排水孔の組合せによって，異なるパターンの流量と含砂量の水砂過程をつくり出すことが可能である。

表 4-3　小浪底ダムにおける各排出口の高程および運用水位

排流施設	進水口高程(m)						運用水位(m)
	排出孔番号						
	1	2	3	4	5	6	
排砂口	175	175	175				≧185
オリフィスゲート	175	175	175				≧200
開水口	195	209	225				水位が250mを超え，1号口停止
溢洪口	258						
発電口	195	195	195	195	190	190	

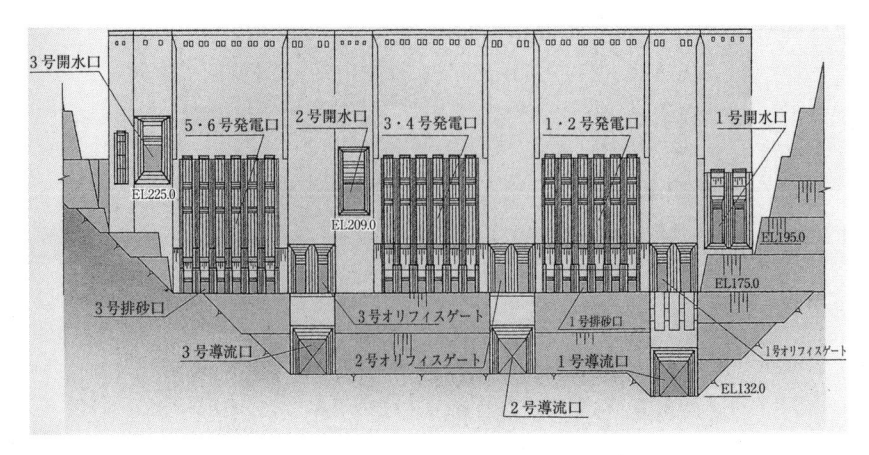

図4-5　小浪底ダム排水排砂孔の位置分布

(Ⅱ) 小浪底〜花園口区間における洪水の水砂統計

　小浪底〜花園口区間の水砂の主要源は伊洛河と沁河であり，いずれも「清水」河川である。1960〜96年の実測データによると，沁河武陟観測所での年平均水量は7.68億m^3（増水期71%）で，砂量は0.039億トン（増水期90%）であり，増水期の平均含砂量はわずか6.48kg/m^{3}である。伊洛河黒石関観測所における年平均水量は26.28億m^3（増水期57%）で，砂量は0.092億トン（増水期84%）であり，増水期平均含砂量はわずか5.11kg/m^{3}である。

　小浪底〜花園口区間の「清水」は，花園口観測所に至って，そのエネルギーが明らかに過剰で，携砂能力がはるかに水流含砂量を上回ったため，下流河道に侵食をもたらしている。1960〜96年この区間における1000m^3/sを上回る（日平均流量）洪水のデータによると，砂が多い場合（$S/Q \geq 0.011$），水砂均衡の場合（$S/Q \geq 0.009 \sim 0.011$）および砂少水多の場合（$S/Q<0.009$）についてそれぞれ統計をまとめると，花園口に到着する時点で砂が多いケースがそれぞれ22.1%と8.7%であり，残りの69.2%のケースが砂少水多で，水流含砂量が水流の携砂能力を下回るケースとなる（表4-4）。さらに，60年〜96年の小浪底〜花園口区間における洪水回数を分析すると，継続時間の長い大洪水10回のうち8回は過剰な水流エネルギーにより下流河道に侵食をもたらした（表4-5）。

表 4-4　小浪底〜花園口区間における 1000m³/s を上回る洪水時の水砂状況

水砂状況	黒石関+武陟		小浪底		花園口	
	日数	割合(%)	日数	割合(%)	日数	割合(%)
砂が多い	13	12.5	45	43.3	23	22.1
水砂均衡	7	6.7	8	7.7	9	8.7
砂が少い	84	80.8	51	49.0	72	69.2
合計	104	100	104	100	104	100

表 4-5　小浪底〜花園口区間における洪水の水砂および下流河道の侵食堆積

発生時期	継続時間(日)	平均流量(m³/s)			平均含砂量(kg/m³)			花園口における細砂の割合(%)	花園口以下における侵食堆積(億t)	全下流侵食・堆積量(億t)
		黒石関+武陟	小浪底	花園口	黒石関+武陟	小浪底	花園口			
1963.09.18	11	849	3,589	4,638	6.80	5.12	15.6	62	-0.719	-1.176
1965.07.09	11	678	1,685	2,502	7.20	53.4	39.9	38	0.240	0.192
1965.07.20	10	810	2,651	3,604	9.70	31.7	37.7	52	-0.035	-0.416
1975.08.06	11	1,230	2,632	4,085	4.10	39.3	31.2	61	-0.355	0.543
1975.09.29	12	1,113	4,126	5,602	4.00	23.3	37.1	43	0.802	-0.314
1982.07.31	10	2,396	2,837	6,939	14.60	75.4	33.4	70	-0.448	-0.309
1982.08.10	10	856	2,216	3,825	8.60	44.0	30.9	71	-0.604	-0.722
1984.09.18	10	948	2,255	3,734	5.50	17.6	23.8	43	-0.243	-0.627
1985.09.11	14	598	3,499	4,489	6.10	42.8	44.4	44	-0.422	-0.979
1996.08.03	8	1,392	2,339	4,319	6.40	137.4	64.1	70	1.057	1.425
平均	11	1,087	2,783	4374	8.11	43.6	35.6	57	-0.073	-0.347

注:「-」は侵食を表す。

　上記の小浪底〜花園口区間における10回の洪水の特徴を分析すると，平均流量と平均含砂量がそれぞれ1087m³/sと8.11kg/m³であり，平均継続時間が11日である。本川の水砂を加えると，花園口での平均流量と平均含砂量はそれぞれ4374m³/sと35.6kg/m³であり，細砂の全砂に占める割合が57%でS/Q=0.008であるから，砂少水多に属する。式4-1によると，花園口の流量が4374m³/sでこのような土砂（細砂の割合が57%）を56kg/m³携帯できるのに対して，実際の35.6kg/m³を上回ったため，黄河下流河道に0.347億トンの侵食をもたらしたのである。

(Ⅲ) 黄河本川・伊洛河・沁河の花園口における水砂過程の正確な連動

　小浪底〜花園口区間における黄河本川・伊洛河・沁河の水砂変化メカニズムにもとづいて，伊洛河〜花園口区間の本川での洪水の花園口までの伝播，沁河武陟での流量過程の花園口までの伝播，小浪底〜花園口区間の本川での洪水の花園口までの伝播の三つが重なり合うことによって，花園口で一定継続時間を

もつ水砂過程を形成させ，その流量・含砂量および土砂粒径分布が下流河道の送砂要求を満たす。

三門峡ダムの土砂堆積のメカニズムによると，ダム湛水域において土砂の分選的な沈殿が働いて細砂の沈積後，粘性によって「膠泥盛」を形成するため，侵食されにくいものになる。小浪底の細泥が調節退水期に固結して次の洪水による侵食効率の低下を防ぎ，また小浪底ダムによる調節後の初期排流の含砂量が大きい特徴，および砂量ピークと洪水ピークの合理的な配置を考慮して，花園口での含砂量過程の連動を前大後小とする方が望ましい。

具体的に，連動は送砂量均衡原理にもとづいて，式4-2と式4-3によって計算される。

$$S_* = \frac{Q_1 S_1 + Q_2 S_2}{Q_1 + Q_2} \qquad (式 4\text{-}2)$$

式中，S_* は要求される花園口での調節含砂量

Q_1+Q_2 は要求される花園口での調節流量

Q_1 は予報される小浪底〜花園口区間水砂の花園口における流量

S_1 は予報される小浪底〜花園口区間水砂の花園口における含砂量

Q_2 は要求される小浪底ダム排出水砂の花園口における流量

S_2 は計算される小浪底ダム排出水砂の花園口における含砂量

式4-2によってS_2が算出され，式4-3によって小浪底ダム排流含砂量が算定される。

$$S_小 = S_2 - k S_2 \qquad (式 4\text{-}3)$$

式中，k は模型計算による小浪底ダム排出で引き起こされた小浪底〜花園口区間の侵食量と小浪底排流砂量との比である。

$S_小$は最終的に採用された小浪底ダム排流含砂量で，これにもとづいて小浪底ダムにおける排出孔組合せを調節する。

花園口における水砂の具体的な連動過程を図4-6に示す。

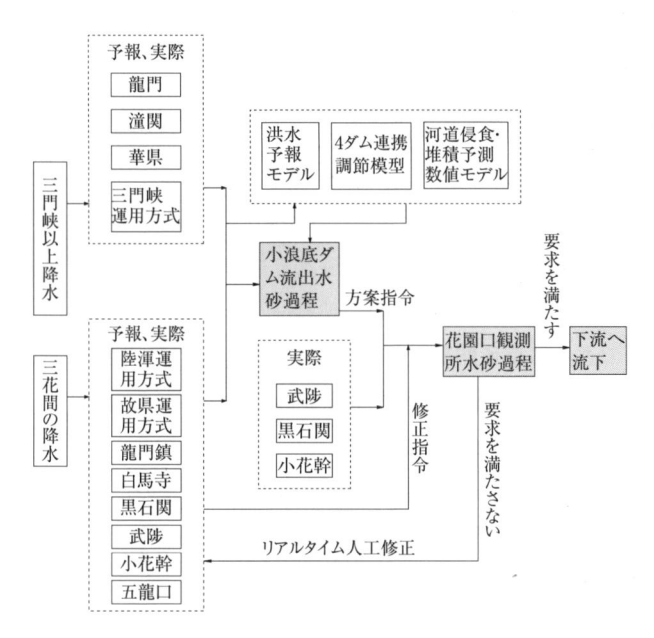

図4-6 （黄河本川）小浪底 （伊洛河）黒石関と（沁河）武陟の花園口における水砂過程

3-2. 複数の水源圧における水砂接続による調水調砂試験

　2003年8月下旬～10月中旬，黄河流域で50日余りに及ぶ歴史的な持続的降雨が発生した。これによって本川・支川で17の洪水が相次いで発生し，なかでも渭河では「首尾相連（前後の洪水にほとんど間がない）」6回の洪水過程が発生した。しかし，三門峡・小浪底・陸渾・故県の4基のダムに対して，水・砂連携調節を行ったことにより，黄河の洪水阻止・災害低減・堆積低減・洪水資源化などの総合目標が達成された。この期間において，小浪底ダムの運用は四つの主要段階を経ていた。第1段階は8月25日～9月6日で，小浪底ダムが増水期後半の増水期制限水位の248mに達する前，ダムの運用は洪水阻止と流量ピーク削減を主とした。第2段階は9月6日～18日で，防災安全と小浪底ダムの安全を確保しながら，下流河道の侵食と小浪底ダムの排砂を実現し，洪水に備えた事前排流を行った。第3段階は9月24日～10月16日で，増水期の末期に近かった。下流の洪水防災救済の圧力を軽減するため，小浪底ダムによる洪水阻止と排流制御の運用が行われた。第4段階は10月16日以降で，小浪底ダムの安全の確保を主として，ダム貯水位をできるだけ早く260m

以下に下げた。

　黄河の中・下流で発生した十数回の洪水のうち，三門峡・小浪底・陸渾・故県の4基のダムによる水砂連携調節を通じて，黄河下流の洪水ピーク流量を削減するのに何度も成功している。花園口で発生した5000～6000m^3/sの洪水ピークを60%～70%カットし，黄河下流における防災圧力を大幅に減らすと同時に，黄河下流の大規模な低水路からの溢流を避け，高水敷における人民の生命と財産の保全をなしとげた。

　第2段階の洪水に備えた事前の排流運用に結びつけて，複数の水源区における水砂過程を連動させた黄河の調水調砂試験を実施した。

（I）試験目標

　1）小浪底ダムの堆砂の減少を実現する。小浪底ダムの排流施設前における閉塞を解決し，堰堤前の堆積の高さを182.8m～179mにまで下げ，総合水利施設の安全運行を確保する。

　2）小浪底～花園口区間の洪水資源を生かし，この区間の「清水」が黄河に流入してからの無積載を避ける。

　3）下流河道に堆積を起こさせないとともに，侵食するように取り組む。

　4）洪水資源化の実現により，引黄済津（黄河の水を引いて天津を救う）と，翌年の農田灌漑のための水源を備蓄する。

　5）黄河の水砂メカニズムについて見識をさらに深める。

小浪底ダムの進水塔，劉鳳翔 撮影

(Ⅱ) 試験条件
(1) 水砂条件

予報によると，9月5日～6日に山西・陝西区間局部，汾河・北洛河の大部分の地区に，小から中程度の降雨，涇河・渭河の大部分の地区に中から強程度の降雨，渭河の局部に豪雨があり，三門峡～花園口区間に小雨から中程度の降雨，伊洛河の数箇所に強雨があるとされた。潼関観測所で向う6日間（9月5日～10日）の来水量は10.5億m³，小浪底～花園口区間で9月5日～10日間の来水量は4.3億m³，さらに近期の伊洛河流域における降雨によってもたらされる来水量は1.0億m³である，と予測されていた。

(2) 河道境界条件

2003年，増水期前に黄河下流河道200断面について測量を行った結果を分析すると，黄河下流河道の低水路の疎通能力は依然として低く，なかでも夾河灘～艾山区間にある部分断面（11断面）の河岸流量が約2000m³/sで，最小の史楼と雷口断面の河岸流量がわずか1800m³/sである。実際の洪水通過の検証によって，03年9月1日，伊洛河で起きた洪水の最大ピーク流量が2220m³/s，花園口での流量が2780m³/sになり，下流においては主水路からの溢流現象は出現しなかった。

(3) 四つのダムの運用条件

1) 黄河本川の小浪底ダム。小浪底ダムの増水期後期の制限水位が248mとなっている。9月5日8時に小浪底ダムの貯水位がすでに244.43mに達し，貯水量が53.7億m³となったので，限界水位248mに相当する水量までわずか6.2億m³しかなかった。増水期後期に来水が続いたら，貯水位が250mを超えていたであろう。小浪底ダムの排出構造物前の堆砂高は9月5日時点ですでに182.8mに達し，閉塞防止の排砂運用実施条件の183mに接近した。堰堤前濁水層の厚さは22.2mに達し，粒径0.006mm以下の超細泥砂であった。

2) 黄河本川の三門峡ダム。潼関での流量が約2000m³/sまで全開方式運用を続け，北村での水位が約309m時点で，堰堤前の水位が305mを超えない方式での運用に切替えた。

3) 黄河支川の伊洛河陸渾ダム。ダムの老朽化のため，全開方式で運用した。同時に，下流河道の疎通能力が1000m³/sであることに留意すべきである。

4) 黄河支川の洛河故県ダム。9月21日までに短期的に増水期制限水位

527.3m を超える方式で運用してよいが，洪水後できるだけ早く増水期制限水位 527.3m まで下げると同時に，下流河道の疎通能力 1000m^3/s を考慮に入れる。

9月5日，陸渾・故県ダムがすでに制限水位に達しており，小浪底ダムの増水期制限水位 248m に相当する貯水量までわずか 6.3 億 m^3 しかなかったため，小浪底ダムに洪水に備えた事前排流が必要であった。そのため，事前排流にあわせて，三門峡・小浪底・陸渾・故県の4基のダムによる水砂連携の調水調砂試験を実施した。

洛河故県ダム本体，唐恒恩 撮影

（Ⅲ）試験制御指標

黄河本・支川の水砂予報，三門峡・小浪底・陸渾・故県ダムの運用の要求および下流河道の境界，放流安全と送砂減堆能力などの要素を考慮し，小浪底〜花園口区間の「清水」資源および小浪底ダム放流構造物前の堆砂と濁水層泥砂変動の特徴を把握したうえ，花園口における連動の三つの指標，すなわち流量・含砂量と継続時間を確定した。

(1) 流量の調節

1) 水流含砂量 20kg/m^3 状態において，下流河道で全面的に侵食が起きる花

園口での臨界流量が2600m³/sであることが，2002年7月4日～15日の小浪底ダム単独運用による黄河の調水調砂試験で検証されている。

2) 小浪底堰堤前の22.2mの厚さに及ぶ超細土砂の濁流層について，粒径がきわめて小さいため，2600m³/s以下の流量でそれを海へ送出することができた。

3) 増水期前の下流河道の部分区間における疎通能力がわずか2000m³/s程度で，1回の「清水」押し流しによって，河道の疎通能力に一定程度の向上が確認されている。

(2) 含砂量の調節

小浪底ダム運用初期における密度流による排砂または濁水ダムによる排砂の砂粒径は細かいため，一定の流量があれば，含砂量の大きい超細粒子の土砂を海へ排出することができる。式4-1の計算によると，花園口での泥砂粒径分布を過去10回の洪水の小浪底～花園口区間の平均値すなわち細砂の全砂に占める割合57%にとれば，花園口での流量2400m³/sがこの土砂の31kg/m³を携帯することができる。これにもとづいて，花園口での制御含砂量を30kg/m³とした。

(3) 調節・継続時間

水砂の予報および各ダム調節後で満たす一定の水量と水位の要求にもとづいて推定計算を行った結果，制御継続時間を12日間とした。

(Ⅳ) 試験過程

1) 小浪底ダムがじゅうぶんな洪水調節容量を有することをふまえ，小浪底ダムによる排流をおもな調節手段として，花園口でのバランスがとれた水砂過程を実現するとともに，故県・陸渾ダムの洪水調節の作用を発揮して，伊洛河黒石関で一定規模の流量を安定的に保つ。

2) 黄河中流の洪水予測数値モデル，4ダム連携の調節数値モデル，中・下流河道の水砂変化数値モデルおよび主要観測所でのリアルタイム実測値報告にもとづいて，花園口の水砂調節指標を満たす小浪底ダムによる水砂排出過程を算出する。

3) 流量の接続。小浪底ダムの排出流量について，小浪底～花園口区間の洪水の花園口での流量にもとづいて，小浪底～花園口区間の予測流量と目標とする調節流との比較図を作成したうえ，式4-4によって小浪底ダムの排流量を逆算する。

$$Q_小 = 調節流量 - Q_{小花} \qquad (式4\text{-}4)$$

式中，$Q_{小}$は小浪底ダムの排流流量，

$Q_{小花}$は予測された，小浪底〜花園口区間における工事制御なしの流出量，（故県・陸渾ダムの排出流量を含む），花園口での流量。

故県ダムの排出流量については，水位が534.3m に達するさいに，流入・流出均衡方式による運用とする。

三門峡ダムの排出流量については，全開方式運用とする。

(4) 含砂量の連動

前大後小の原則にもとづいて，含砂量過程を制御する。つまり，花園口における含砂量を，前1/3時間帯では60kg/m^3，中間1/3時間帯では20kg/m^3，後期1/3時間では10kg/m^{3}とする。

(Ⅴ) 試験結果

(1) 過程制御

9月6日9時〜18日18時30分に，三門峡・小浪底・陸渾・故県4ダム連携による水砂調節が実施された。正確な調節を行うため，水文リアルタイム予報値にもとづいて，4ダムに対してリアルタイムの調節指令を行った。

今回の調水調砂試験過程では，それぞれ小浪底水利枢軸建管局に38回，三門峡水利枢軸管理局に3回，故県水利枢軸管理局に4回，陸渾ダム管理局に4回，調節指令を行った。

(2) 指標制御

今回の調水調砂試験で，空間での水砂の接続を実現した。小浪底〜花園口区間の伊洛河（黒石関観測所）と沁河（武陟観測所）において，平均流量約739m^3/s（花園口での流量の28%に相当）で平均含砂量がわずか1.41kg/m^{3}の「清水」洪水が発生した。小浪底ダムの「阻粗排細」運用により，ダム排砂比が107%，排出流量が1690m^3/s（花園口での流量の71%），平均含砂量が40.5kg/m^3（花園口の1.3倍）の極細砂である。小浪底から排出された濁水と伊洛河・沁河の「清水」とが，花園口で合流する。花園口で接続された後の平均流量は2394m^3/s，平均含砂量は31.1kg/m^3，平均細砂の全砂に占める割合は85%となる。式4-1の計算によると，花園口流量2394m^3/sにこのような土砂（細砂85%を占める）が57.3kg/m^{3}携帯できるとなっているが，実際の花園口での含

砂量は31.1kg/m³だったので，黄河の下流河道にいちじるしい侵食が起きた。

調水調砂試験の最終目的は，花園口での平均流量が2394m³/s，設計値が2400m³/sで，誤差0.25%であり，平均含砂量が31.1kg/m³，設計値が30kg/m³で，誤差3.6%であり，継続時間が12.4日間で，設計値が12日間である。

故県ダムからの「清水」放流，唐恒恩 撮影

(3) 試験結果

上記の制御によって，9月6日〜18日，小浪底ダムの流入量が24.27億m³，排流量が18.25億m³で，6.02億m³の貯水増加となった。それにともなってダム水位が，9月6日18時の246.1mから9月18日20時の249.07mと上昇した。

1) 密度流による排砂と濁流ダムによる排砂の特徴を生かし，小浪底ダムにおける土砂せき止め初期の「阻粗排細」，ダム湖への堆積の軽減の目標を達成した。小浪底から排出された砂量は0.74億トンで，排砂比が107%と高かった。排出土砂の有効粒径は0.005〜0.007mmと細かい。9月17日までに小浪底ダムの濁水層は全部排出され，排流構造物前の堆積の高程は182.8mから179mに下がった。

2) 小浪底〜花園口区間の洪水資源を利用し，小浪底ダム密度流または濁水ダムから排出された細砂を海に送出しながら，下流河道に堆積を増やさず，送砂

の効率を高めた。今回の調水調砂試験では，27.19億m^3の水量を用いて1.207億トンの砂量を送出した。送砂用水量が22.5m^3/sで，2002年7月の小浪底ダム単独運行による調水調砂試験の送砂用水量の39m^3/sより，いちじるしく低かった。

3）下流河道の堆積軽減と防災の一体化を実現した。つくられた花園口での流量が河岸流量に近いうえ，土砂が細かく，後期含砂量が低くて水流侵食能力が高いため，花園口以下の河道に0.388億トンの侵食をもたらした。侵食によって，各断面における同流量での水位が試験前よりいちじるしく下降した。具体的には，花園口・夾河灘・高村・孫口・艾山・濼口・利津の各断面における2000m^3/sでの水位が，それぞれ0.22・0.30・0.31・0.20・0.45・0.45と0.40mとなる。今回の調水調砂試験期間では，流量が主水路から溢れないという運用条件で，花園口で発生しうる4000m^3/sを超える洪水ピーク流量を平均流量2400m^3/s（陸渾ダムと故県ダムでは，流入洪水ピーク流量の1440m^3/sと1310m^3/sを最大排流量の550m^3/sと740m^3/s）にカットして，大規模なオーバーバンク＝フローによる損失を防いだ。

4）小浪底ダムに貯水される6.02億m^3の水量が，「引黄済津」と翌年の農田灌漑の水源となる。

複数水源区における水砂過程の連動による調水調砂試験を通じて，黄河の水砂変化のメカニズムへの見識を深め，人工による黄河の洪水流量・含砂量・泥砂粒子の粒径分布などのバランスがとれた水砂関係の創出の可能性を探り，自然の力を利用した黄河泥砂の制御のために新しい方策を考案した。

小浪底ダムによる排砂，黄宝林 撮影

4. 本川の複数ダムにおける連携運用と人工攪乱による調水調砂[71]

2004年6月19日〜7月13日に，本川の複数ダムにおいて，連携運用と人工的に堆砂を引き起こす人工攪乱による黄河の調水調砂の試験を行った。試験の範囲は，万家寨・三門峡・小浪底という3基のダムを含む2000kmに及ぶ黄河の中・下流河道である（図4-7）。試験では，この3基のダムにおける増水期制限水位以上の水量放出エネルギーの人工密度流方式を通じて，ダム堆積の減少を実現した。同時に，補助手段として，河道に人工攪乱をほどこし，水流の携砂能力を増加させて，河道堆砂の減少を実現した。なかでも，黄河下流河道のネック（たとえば徐碼頭と雷口付近）の低水路の疎通能力を拡大させるのに成功した。02年7月と03年9月の調水調砂試験の条件および方法と大きく異なり，今回の試験では河道から水が来ない状況下で，増水期前に空けておいた水量だけで黄河の調水調砂を行う新しい試みを行った。

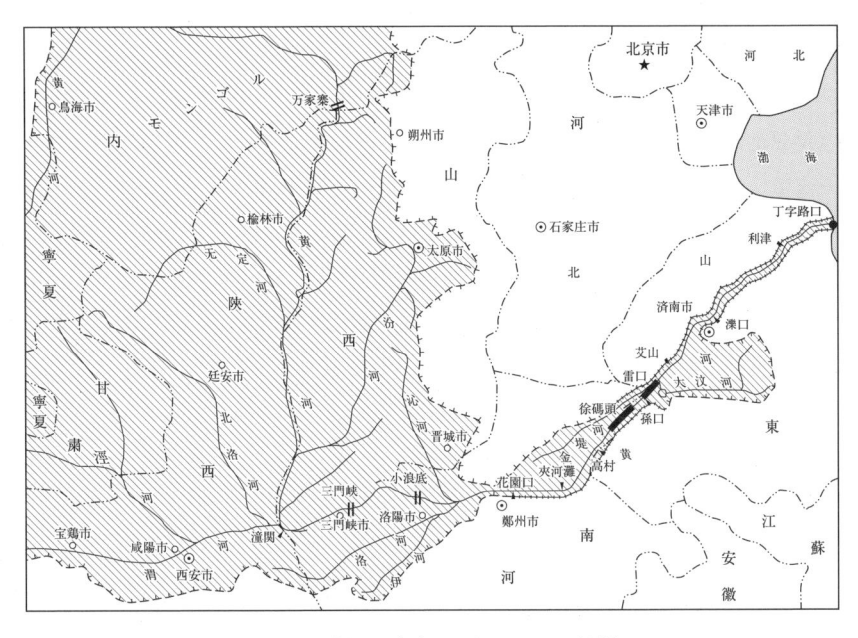

図4-7 黄河万家寨から河口までの河道

4-1. 2004年，増水期前における黄河本川ダムの貯水状況

（Ⅰ）小浪底ダム

小浪底ダムは鄭州花園口水文観測所の上流側128km地点に位置し，2004年6月19日8時，試験が始まる前に，ダム堰堤前の水位が249.06m，貯水量が57.6億m^3，増水期制限水位225m以上の貯水量が32.91億m^3であった。

（Ⅱ）三門峡ダム

三門峡ダムは小浪底ダムの上流130km地点に位置し，6月19日8時に，ダム堰堤前の水位が317.23m，貯水量が4.48億m^3，増水期制限水位305m以上の貯水量が3.90億m^3であった。

（Ⅲ）万家寨ダム

万家寨ダムは三門峡の上流1000km地点に位置し，6月19日8時時点で，堰堤前の水位が975.43m，貯水量6.08億m^3，増水期制限水位966m以上の貯水量が1.78億m^3であった。

本川の3つのダムの貯水状況を表4-6に示す。

今回の調水調砂試験前に，小浪底・三門峡・万家寨3基のダムの総貯水量は68.16億m^3であった。増水期制限水位以下の水量が29.57億m^3，増水期制限水位以上の水量が38.59億m^3である。防災の基準によって，増水期が到達するまでに，ダムの水位を増水期制限水位以下に下げなければならない。そのため，3基のダムで少なくとも38.59億m^3の水量が下流河道へ放流されることになる。普通の清流河川では，増水期が始まるさいに，下流河道に安全な流量を満たして，ダム水位を増水期制限水位まで排流すればよい。しかし，黄河では，大量の土砂の存在によってダム排水がそのようにはできず，排水とともに排砂問題も考慮しなければならないのである。

表4-6 調水調砂試験前におけるダム貯水状況

ダム	2004年6月19日		増水期水位		増水期水位以上の貯水量（億m^3）
	水位（m）	貯水量（億m^3）	水位（m）	貯水量（億m^3）	
万家寨	975.43	6.08	966	4.30	1.78
三門峡	317.27	4.48	305	0.58	3.90
小浪底	249.06	57.60	225	24.69	32.91
合計		68.16		29.57	38.59

4-2. ダムおよび河道の堆砂状況

（Ⅰ）下流河道

1999年10月，小浪底ダムでは貯水が始められ，それまでの96年5月から99年10月まで，下流河道の主水路の堆積が3.906億m^3であった。99年10月～03年11月（その間，02年7月と03年9月に調水調砂試験を2回実施）において，下流河道の主水路が5.627億m^3侵食された。96年5月～03年11月までのあいだに，下流河道の累計侵食量が1.721億m^3に達したが，侵食の空間的な分布がアンバランスで，花園口以上の区間の累計侵食量が1.203億m^3であるのに対して，花園口～高村区間の侵食量は0.127m^3で，高村～艾山区間に0.222億m^3堆積し，艾山以下の区間での累計侵食量は0.612億m^3（図4-8）であった。下流河道の水文観測所での断面における水位変化をみると，03年増水期後と96年増水期前との比較では，同流量で花園口と夾河灘では水位が下降，高村では変化がなく，孫口と艾山では水位が上昇，利津では下降という結果であった（図4-9）。

したがって，河床の侵食状況と小浪底運用後の下流河道の侵食変動傾向を見ると，高村～艾山区間は侵食幅が小さく，疎通能力がもっとも低い区間であることがわかる。

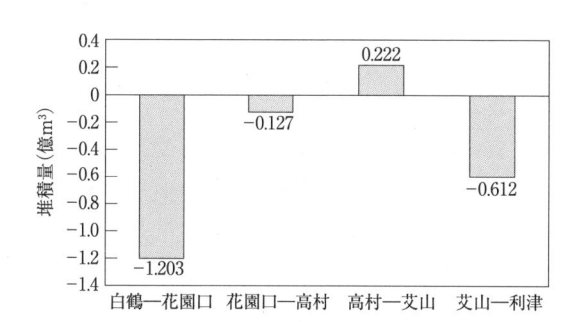

図4-8　1996年5月～2003年11月，下流河道各区間の侵食・堆積量

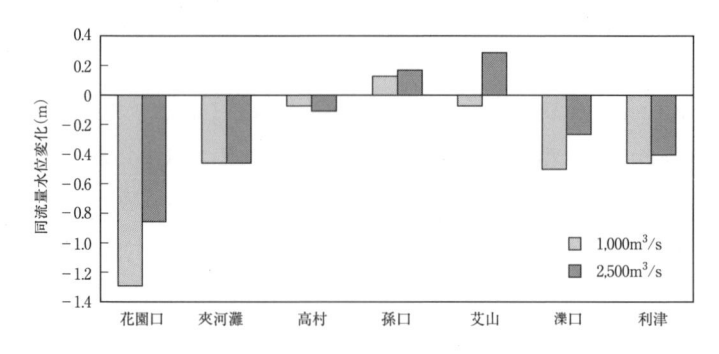

図4-9　1996年5月〜2003年11月，下流水文所における同流量での水位変化

　2002年7月と03年9月の2回の調水調砂試験によって，黄河の下流河道主水路の疎通能力が高まった。04年増水期前の大断面測量のデータを分析すると，黄河下流の各区間の満杯流量は花園口以上で約4000m^3/s，花園口〜夾河灘で約3500m^3/s，夾河灘〜高村で約3000m^3/s，高村〜艾山で約2500m^3/s，艾山以下で約3000m^3/sである。下流河道における自然状態下の土砂の不均一分布によって，高村〜艾山区間の低水路に堆砂が多く満杯流量が小さい傾向で，部分の断面の満杯流量は2600m^3/s以下である（2600m^3/sは一般含砂水量の黄河下流河道における侵食の臨界流量）。なかでも，邢廟〜楊楼（そのあいだに史楼・李天開・徐碼頭・于庄などの断面がある）と影唐〜国那里（そのあいだに梁集・大田楼・雷口などの断面がある）での満杯流量が2400m^3/s以下であり，徐碼頭と雷口断面の満杯流量がそれぞれ2260m^3/sと2390m^3/sで，ここはいちじるしいネック区間となっている。徐碼頭区間（邢廟〜楊楼）と雷口区間（影唐〜国那里）の長さは，それぞれ20kmと10kmである（図4-10）。ネック区間の存在が下流河道全体の洪水疎通能力を低下させているため，この2ヵ所のネック区間の低水路の疎通能力を増加させることができれば，黄河下流の満杯流量を全般的に上げることができ，黄河下流の洪水災害防止と堆積減少に寄与することになる。

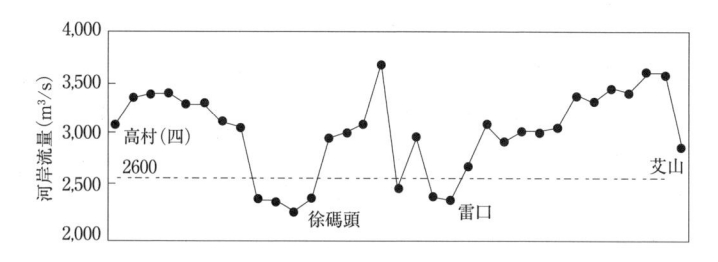

図 4-10　調水調砂試験前における高村〜艾山区間の河岸満杯流量の変化

（Ⅱ）小浪底ダム

　小浪底ダムは 1999 年 10 月の貯水以来，04 年 5 月に至るまで，ダム湖の堆砂は 13.94 億 m^3，設計値 26.14 億 m^3 であった。堆積量は設計許容範囲内にあったが，03 年秋の増水期に，小浪底ダムを高い水位で運用したため，図 4-11 に示すように，堰堤の上流側 70 〜 93km 区間に堆積した砂洲が均衡縦断面を 3850 万 m^3 上回っている。

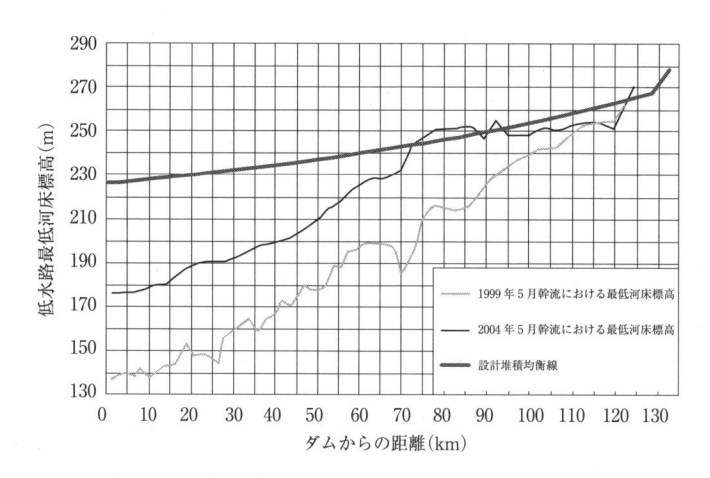

図 4-11　調水調砂前における小浪底ダムの堆積後の断面

　2004 年増水期前のダム湖の堆積について測量した結果から，堰堤に近いほど堆積物の粒径が小さくなることがわかる。ダム湖区域の 18 番断面（堰堤から 29.35km）から堰堤前における堆積物の中央粒径は 0.006 〜 0.010mm，ダム 40 番断面（堰堤から 69.39km）以上での堆積物の中央粒径は 0.036mm 以上，

堰水末端付近の黄河 52 番断面(堰堤から 105.85km)の堆積物の中央粒径は 0.117mm である。ダム上流側端で堆積された砂州は中砂・粗砂からなり,中央粒径は 0.036～0.073mm である(図 4-12)。

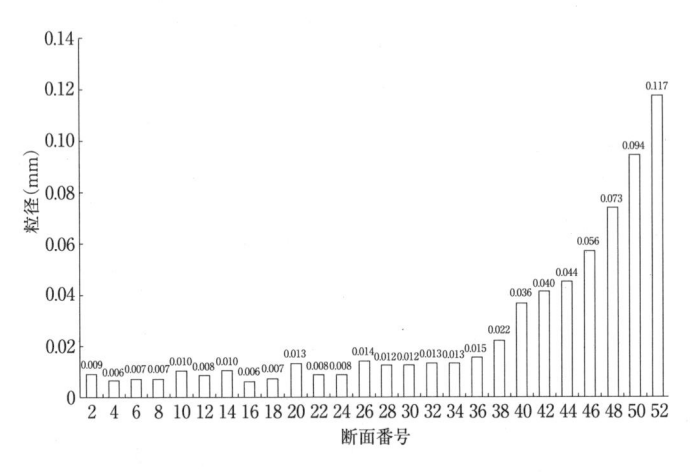

図 4-12 調水調砂試験前における小浪底ダム各断面の中値粒径

(Ⅲ) 三門峡ダム

2003 年増水期後から 04 年増水期前まで,三門峡ダムの水位 318m 以下では 0.88 億 m^3 の堆砂があり,ダム湖漏斗状地形に約 600 万トンの細粒泥砂(中央粒径 0.008mm)が堆砂していたが,三門峡ダムの初期侵食によって排出された。一方,堰堤に近い低水路に堆積した 0.2 億 m^3(中央粒径 0.012mm)の土砂は,低水位排流時に排出された。

4-3. 調水調砂案における設計コンセプトおよびその目標
(Ⅰ) 設計コンセプト

ダムの貯水を利用し,自然の力をじゅうぶんかつ巧みに生かしながら,黄河本流の万家寨・三門峡・小浪底ダムの連携調節と人工攪乱により,小浪底ダム区域において人工密度流を起こし,ダム上流末端の堆積形状を調整するとともに,小浪底ダムの排砂量を増大させる。また,下流河道に流入する水流の余った携砂能力を利用する。黄河下流の「二次天井川」および低水路の堆積が激しいネック区間における人工攪乱の実施によって,低水路の洪水疎通能力を増強

する。

具体的には，2003年増水期後から04年増水期前のあいだに，黄河本川におけるダムの貯水量は多い。とはいえ，洪水防止基準にもとづいて増水期の洪水に備える増水期制限水位を超えた水量は，増水期前に排出しなければならない。排出が必要なこの部分の水量は少なくとも38.59億m^3にのぼるが，土砂を携帯しない空載積の排流では水体エネルギーの浪費が起きる。また，小浪底ダムではすでに13.94億m^3が堆砂していた。なかでも3850万m^3の土砂がダム上流端で堆砂砂洲を形成したため，ダムはその分の有効容積を埋められている。

これを設計堆積以下に調整するには，より多くダムから排出させる必要があり，できるだけ小浪底ダムの使用寿命をのばす。黄河下流河道の徐碼頭・雷口という2ヵ所のネック区間の流下能力が低く，いちじるしく黄河下流河道全体の流水能力を制約しているので，できるだけ早く流下断面積を拡大しなければならない。小浪底ダムの土砂と下流河道のネック区間の土砂を水流に出すには二つの方法がある。一つは，小浪底ダムで密度流を発生させて土砂をダムから排出させることである。もう一つは，小浪底ダムの上流末端とネック箇所で人工攪乱を与えることである。小浪底ダムに堆積した砂洲の土砂と三門峡のダム湖の堆砂が，小浪底ダムにおける密度流の形成に砂源を提供できる。三門峡ダムの増水期制限水位以上の貯水量3.90億m^3と万家寨ダムの増水期制限水位以上の貯水量1.78億m^3が，小浪底ダムにおける密度流の堰堤への移動および排出に持続的な水エネルギーを提供できる。射流船と高圧ガンなどの人工攪乱設備が，小浪底ダム末端の砂洲堆砂部位と下流河道の徐碼頭・雷口ネック部位に設置できる。小浪底ダム末端での人工攪乱と土砂混入量は，小浪底ダムから排出された水砂のネック区間までの移動および水流堆砂能力の余剰度によって決まる。同時に，土砂投入の前置予報点として高村点を，応答の機能として配砂比例と粒径分布を調節する艾山点を，設置する。

（II）予期目標

今回の調水調砂試験の目標は，以下の四つにある。

1）小浪底ダム末端堆積の形態の調整およびダム外への排砂。三門峡・万家寨ダム放流のエネルギーによる侵食とダム湖における人工攪乱を通じて，小浪底ダム末端で有効容量を埋めている堆積部位を解消するとともに，ダム密度流を利用してできるだけ多くダムから排砂し，ダムの堆積を減少させる。

2）下流河道2ヵ所のネック区間の疎通能力を増強する。水流のもつエネルギーとネック区間での人工攪乱の実施を通じて，前期に不利な「駱駝の背中のこぶ」のような堆積形態を解消し，低水路の通水断面を拡大させる。

3）本川ダム群による連携調整を通じて，「調和のとれた」水砂関係の人工洪水をつくり出し，黄河下流河道の低水路を全面侵食にみちびき，海へ排砂する。

4）人工密度流の造成，ダム湖および河道水砂の移動と空間の接続。人工攪乱を通じて，水砂の均衡などの過程を実現し，さらに黄河の水砂運動のメカニズムに対する見識を深め，今後の黄河治水に役立てる。

4-4. 試験過程およびその効果

試験は2段階で行われた。第1段階では，小浪底ダムによる排流に人工攪乱を起こして，下流河道の流水能力を拡大させる。第2段階では，ダム群の連携運用に人工攪乱を実施し，小浪底ダム上流末端の堆積形態を調整して人工密度流をつくり，砂のダム外への排出を実現する。

第1段階は，6月19日9時から6月29日0時までで，万家寨ダムの水位をおよそ977mに，三門峡ダムの水位を318m以下に制御した。小浪底ダムでは，花園口での流量が2600m^3/sになるように清水を排流し，ダムの水位を249.06mから236.6mに下げた。

第2段階は，7月2日12時から7月13日8時までであった。7月2日12時から5日15時まで，万家寨ダムの排流流量を1200m^3/sに制御し，7月7日6時にダム水位を増水期制限水位966m以下に下げ，流入・流出のバランスを保った。万家寨ダムからの放流が三門峡ダムの排流流量をタイミングよくコントロールすることで，万家寨・三門峡水砂過程の連動を実現した。7月5日15時から7月10日13時，三門峡ダムでは開始流量を2000m^3/sとし，排出流量は「先小・後大」排流方式による。7月7日8時に，万家寨ダムより排流した1200m^3/sと水位が310.3mに下がった三門峡ダムとの接続（設計接続水位が310m）を行ってから，三門峡ダムの排流流量を増やし，4500m^3/sに達した後に全開運用に切り替えた。三門峡ダムの人工洪水を利用して，小浪底ダム末端の堆砂砂洲を強力に侵食させ，さらに人工攪乱措置を実施して，有効容量を埋める土砂を流し，砂州の堆積形態を合理に調整した。同時に，三門峡ダム湖から流れ出た土砂と小浪底ダム末端での堆積砂洲から流れ出た細砂を砂源とし

て，密度流形式で小浪底ダム堰堤側へ移動させ，そのうえ万家寨ダムと三門峡による放流エネルギーを利用して，小浪底ダムの密度流をダム外に押し出した。水流の押し流しと人工攪乱によって，下流河道にあるネック区間の低水路疎通能力を拡大させた。小浪底ダムの排流を，7月3日21時時点における花園口での流量が2800m^3/sになるように制御し，排流流量を2550m^3/sから徐々に2750m^3/sに増やした。7月13日8時に，ダム水位が増水期制限水位225mに下がった時点で，試験を終了した。

(I) 小浪底ダムの「清水」放流と人工攪乱を利用した下流河道の低水路疎通能力の拡大

小浪底ダムの「清水」放流を利用して，下流河道における2600m^3/s流量過程を形成し，下流河道の侵食をうながすとともに，水砂が下流ネック区間に移動した時点での水流の余剰携砂能力を利用しつつ，2ヵ所のネック区間で実施した人工攪乱によって，ネック断面の拡大と形態調整を図った。また，小浪底ダムの水位を下げ，ダム末端の砂洲を水面上に露出させ，第2段階における三門峡ダムの放流で砂洲の侵食とダム湖における密度流の創出に条件を整えた。

小浪底ダムによる「清流」放流，朱鵬 撮影

(1) 小浪底ダムによる「清水」放流の時期

洪水防災の基準にならって，7月10日頃，小浪底ダム・三門峡ダム・万家寨ダムにおける増水期制限水位を，それぞれ225m・305m・966mに下げなけ

ればならなかった。本・支川への加水と区間引水を考慮した場合，花園口流量を2600m^3/sに制御すれば，調水調砂するのに20日間以上かかることから，小浪底ダムによる排流を6月20日より前に行われなければならなかった。もし排流が遅ければ，増水期の水位が増水期制限水位を超える恐れがある。同時に，社会的な拘束条件を勘案すると，黄河下流高水敷における小麦の刈入れが6月15日頃であることから，小浪底ダムの放流は6月15日以降が望ましい。総合的に考慮した結果，調水調砂試験の開始時間を6月19日に定めた。

(2) 排流流量

下流河道に堆積が発生しない一般的な含砂洪水の水砂関係を考えると，下流河道において前面に侵食を起こす場合，花園口での制御流量を2600m^3/s以上にする必要がある。2004年増水期前の大断面の測量データによると，徐碼頭・雷口付近のネック区間における満杯流量はわずか約2300m^3/sであるから，洪水の移動によるエネルギー減衰を考慮して，試験開始時の花園口での流量を2600m^3/sと定めた。

(3) 人工攪乱区間

人工攪乱の実施区間を選定するためには，二つの原則がある。一つは，「二次天井川」がもっとも発達する区間であること。もう一つは満杯流量がもっとも小さいことである。増水期前の大断面の測量結果によると，徐碼頭と雷口付近区間の「二次天井川」がもっとも深刻であり，灘唇（河原と低水路とのあいだに堆積する砂体）が両岸の砂地より1～3mと高く，横断方向の勾配が5/10000～22/10000である。近年来，泥砂の堆積が激しく，低水路の縮小がはなはだしく，黄河下流の満杯流量のもっとも小さい部位（満杯流量がわずか2260～2390m^3/s）である。したがって，人工攪乱実施箇所として，徐碼頭・雷口という二つのネック区間を選定した。

(4) 人工攪乱措置

人工攪乱効果と予算限度にもとづいて現場試験と検討を重ねた結果，人工攪乱には主として「抽砂揚散」と「水下射流」の組合せを採用することにした。

徐碼頭区間には攪乱作業台を11台設置する。そのうち，80トン自動はしけが2隻，200トン双体自動はしけが1隻，120型の掘削船が2隻，民船が1隻配置され，各船には射水設備と潜水泥ポンプを取り付けてある。

雷口区間には攪乱作業台を15台設置し，うち自動はしけ2隻，移動圧力舟

2隻，浮橋浮体組み合わせ式作業台11台が設置され，各舟には射水設備が配備されている。

(5) 人工攪乱指揮

徐碼頭・雷口区間に現場指揮部が設置され，調水調砂試験総指揮部の指揮のもとで，各作業区における指揮・組織・設備供給・保障・安全対策を機能させる。科学的に攪乱区の添加砂量と土砂粒径分布を確定するため，水砂観測の前置点と応答点を設置した。攪乱区の上流前置点は，徐碼頭攪乱点から76km離れた高村水文点に設置している。前置点の水砂配分をもって，攪乱区の砂投入のタイミング，砂量および土砂の粒径分布を制御する。もし高村水流の含砂量または粒径階が制御値を下回った場合は，制御攪乱区でその差の土砂を補充する。雷口攪乱点から下流へ51km離れた艾山・水文点に応答点を設置して，土砂がその河道に堆砂しないように，艾山～利津区間に流入する水砂関係を制御する。もし艾山点で含砂量または粒径階の土砂が制御値（平均値）より高ければ，その土砂を減少させる。

徐碼頭区間における攪砂，郭琦 撮影　　　雷口断面における攪砂，郭琦 撮影

実測データにもとづいて，高村前置点と艾山応答点とのあいだの関係をみちびき出す。

艾山点臨界含砂量とその他の水力要素との関係は，以下のように示される。

$$S=0.7466(\frac{K+0.95}{K+1.05})^{10.29}(KQ)^{0.61}P^{1.667} \qquad (式4-5)$$

式中，Sは艾山点での臨界含砂量

Kは流量流下係数で，河道境界・流量および区間引水量に関係する。$K=Q_{利}/Q_{艾}$。一般に区間引水量から評価される。すなわ

ち，$K=1-Q_{引}/Q_{艾}$，自然状態下または区間引水量が小さい場合，$K=0.95$ とする。

Q は艾山点での流量

P は艾山点における粒径 0.05mm 以下の土砂の占める割合

臨界含砂量値は，流量と来砂粒径分布および区間引水に関係する。一般に流量が大きいほど臨界含砂量は大きい。また，土砂の粒径が細かいほど臨界含砂量は大きく，引水が大きいほど臨界含砂量は小さい。数多くの洪水の平均的な状況を見れば，洪水期艾山点での粒径 0.05mm を下回る土砂の占める割合は 75％〜80％（中央粒径約 0.025mm）であり，流量が 2600m³/s のとき，艾山点での臨界含砂量は約 32kg/m³ である。艾山での土砂の中央粒径が 0.045mm，流量が 2600m³/s とすれば，艾山での臨界含砂量は約 18kg/m³ である。

同時に，「黄河下流準 2 次元土砂数値モデル」を用いて，艾山応答点の各種流量・含砂量・土砂粒径分布のケースについて，艾山〜利津区間における侵食・堆積の予測計算を行った。その結果を図 4-13 に示す。図 4-13 から，艾山流量 2600m³/s という条件下，艾山応答点での臨界含砂量が浮遊砂の中央粒径の増加につれていちじるしく減少し，中央粒径が 0.025mm（天然状況に近い）で，臨界含砂量が約 30kg/m³ となることがわかる。中央粒径が 0.045mm に増加すると，臨界含砂量は 17kg/m³ に減少する。数値モデルの計算結果は，式 4-5 の計算結果とほぼ一致している。

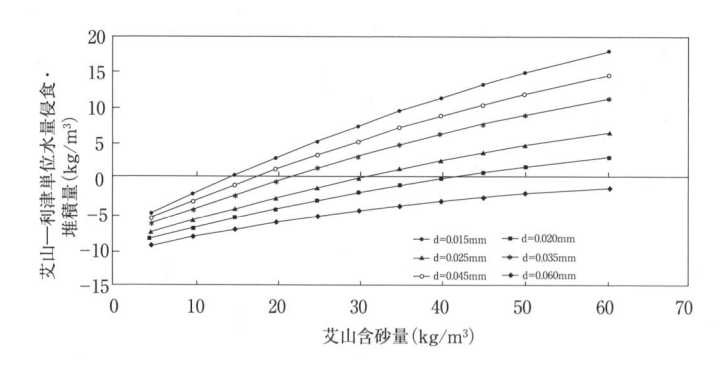

図 4-13　各来砂構成条件ケースによる艾山〜利津区間の侵食堆積の強度と艾山フィードバック所の含砂量の関係（艾山洪水ピーク平均流量 2600m³/s）

高村前置点での人工攪乱と砂添加制御パラメータを次式に示す。

$$S = 1.0234 \times 10^{-7} \frac{(KQ)^{2.432}}{m} \quad \text{(式4-6)}$$

式中，S は高村での計算含砂量

Q は高村での流量

K は流量流下係数で，区間引水量に関係する。今回の調水調砂期間，区間の引水予定値によって $K=0.97$ とする。

m は高村の実測含砂量に関係する値で，$m=0.655 \sim 0.69$ とする。

式 4-6 は一般洪水に適合する（艾山での土砂中央粒径は約 0.025mm）。

(6) 人工攪乱時間

高村前置点と艾山応答点での水砂過程によるリアルタイム砂添加システム計算を通じて，今回の人工攪乱は 2 段階に分けられる。第 1 段階は 6 月 22 日 12 時〜 6 月 30 日 8 時までの計 188 時間，第 2 段階は 7 月 7 日 7 時〜 7 月 13 日 6 時までの 143 時間で，2 段階の合計時間は 331 時間である。

(7) 人工攪乱の効果

人工攪乱によって，攪乱区下流の含砂量の増加とネック区間の疎水能力の拡大がもたらされる効果がある。

2 区間に投入した設備の数量と性能にもとづいて，人工攪乱による侵食量の増加を考慮しなければ，人工攪乱による起砂量の計算値は 164.13 万 m³ であり，そのうち徐碼頭区間の起砂量が 93.79 万 m³ で，雷口区間の起砂量が 70.34 万 m³ である。人工攪乱による河床からの起砂土砂の多くが粗砂（粒径 0.05mm）で，艾山での細砂と粗砂がそれぞれ高村のそれより 247 万トンと 1147 万トン増加した。

攪乱前における徐碼頭断面と雷口断面の満杯流量は，それぞれ 2260m³/s と 2390m³/s であった。試験過程において，高村水文点での流量 2900m³/s 時，攪砂区間に溢流が出現しなかったことは，攪乱区間の満杯流量がすでに 2900m³/s に拡大したことを物語っている。つまり，攪乱によって満杯流量を 510 〜 640m³/s 増加させたのである。

今回の試験前後における徐碼頭区間断面測量データにもとづいて，各断面の侵食・堆積の状況を計算し，表 4-7 に示す。表からわかるように，攪乱区間にいちじるしい侵食が発生しており，攪乱区間内の 4 断面における平均侵食量は 135m³ に達している。攪乱の効果を分析するため，数値モデルを用いて比較計算を行った。人工攪乱を行わなければ，高村〜孫口区間の平均侵食面積が

75m² だったのが，攪乱による計算結果によると，今回の攪乱試験で高村以下の河道の侵食が41万 m³ 拡大し，これは攪乱総量の25%を占めるほどで，すなわち1/4の土砂が遠距離移動で来たことを物語る．

表4-7　徐碼頭区間における侵食・堆積

断面	断面距離(m)	侵食・堆積面積(m²)	侵食・堆積量(万m³)
徐碼頭2		-300	
HN1	1,000	-140	-22.00
HN2	900	-120	-11.70
HN3	700	-150	-9.45
蘇閣	1,200	-660	-48.60
HN4	1,200	-130	-47.40
於庄2	1,450	370	17.40
徐碼頭～HN4	5,000		-139.15
徐碼頭～於庄2	6,450		-121.75

試験第1段階での小浪底ダムによる「清水」排出時の艾山と高村水文点における水砂状況を分析すると，攪乱と洪水の侵食によって，攪乱区下流の艾山点砂量と含砂量が攪乱区上流の高村点よりそれぞれ970万トンと4.1kg/m³ 増加した．科学的な攪乱制御を経て下流河道に堆積をさせることなく，艾山～利津区間に881万トンの土砂侵食をもたらした．攪乱と河床侵食は，ネック区間における低水路断面積をいちじるしく拡大させ，疎通能力を増大させるとともに，低水路に0.25～0.47m（図4-14, 4-15）に及ぶ侵食をもたらしたのである．

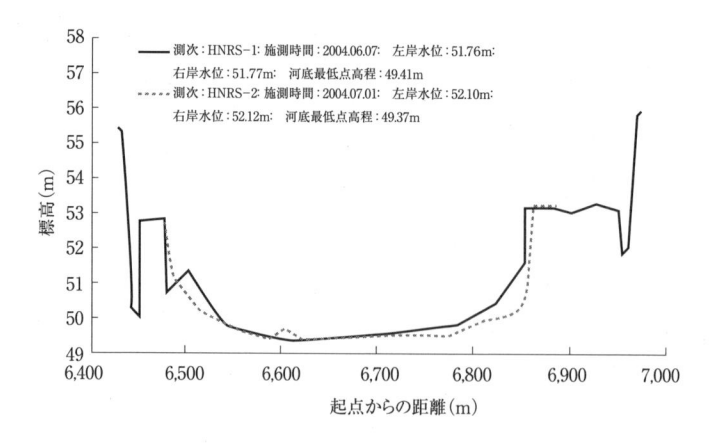

図4-14　攪砂前後における除碼頭断面の比較

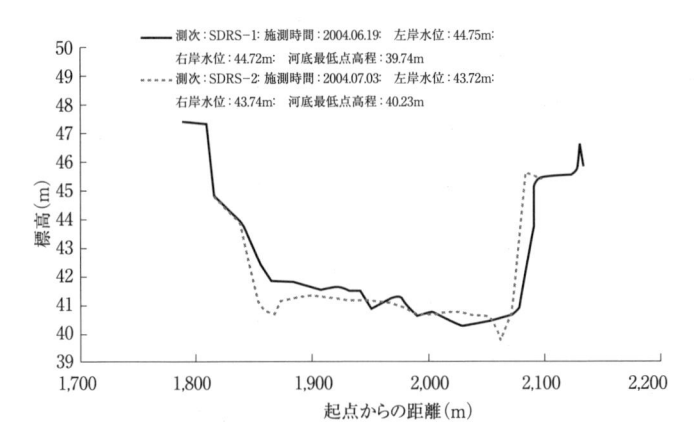

図 4-15 攪砂前後における雷口断面の比較

（Ⅱ）本川の複数ダムによる連携調節に人工攪乱を加え，小浪底ダム末端の堆積形態を調整，人工密度流をつくるとともにダム外への排出
(1) 小浪底ダム末端における土砂への人工攪乱およびその作用

　今回の調水調砂試験開始時に，小浪底ダム末端への人工攪乱を実施した。それは，人工攪乱部位をデルタの上端にすることで，設計均衡縦断面以上にある有効容量を埋める土砂を取り除くと同時に，できるだけ水流に含砂量を増すねらいであった。攪乱を通じて，小浪底ダム末端の堆砂形態を調整し，小浪底ダム密度流をつくるために，土砂源を供給した。

　ダム区土砂への人工攪乱に投入した8隻の船舶のうち，攪動船は4隻，測量および保障船は4隻である。攪動船には高圧射水設備が取り付けられ，作業水深1〜10mで，射水速度が23m/sである。攪砂作業区間がダム湖の34〜40番断面（堰堤から57.00〜69.34km）にあり，6月19日〜29日，7月3日〜10日の2段階に分けて実施した。土砂攪動ののべ作動時間が886時間に及び，断面測量が60断面（回）で，河床砂のサンプリングは80個である。

　ダム末端における人工攪乱は，人工密度流に三つの効果をなしている。一つ目に，潜入点以上で水流を集中させ，流速を増加させるのに有利な点。二つ目に，稼動縦断形態を改善し，水流のエネルギーの損失を減少しながら，水流の直接潜入に有利な点。三つ目に，潜入点以上の河床土砂をほぐして柔らかくし，水流へと乗せるのに有利な点である。

人工攪乱を通じて，河床の土砂を起こし，水流の含砂量を増加させた．試験観測の人工攪乱前後における鉛直含砂量の変化は，図4-16に示すとおり，最大40kg/m³以上に達する．

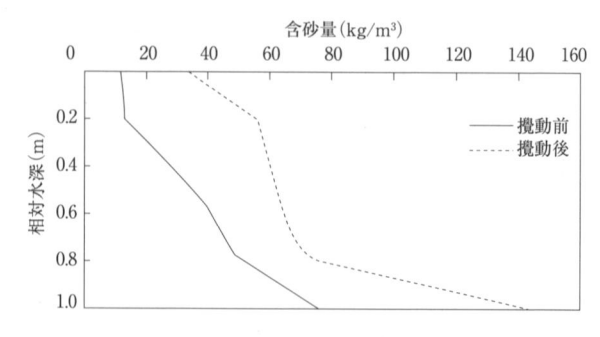

図4-16 攪動前後におけるダム末端断面の鉛直方向含砂量の比較

(2) 三門峡・万家寨ダムの連携調節による小浪底ダム末端砂州の侵食および人工密度流の創出

密度流とは，密度の差がそれほど大きくないために混合できる2種類の流体の密度差によって起きる相対流動を指す．多砂河川のダムにおいて，携砂水流が「清水」に遭遇したさいに，前者の密度が大きいため，条件がそろったときに携砂水流が「清水」の底部に潜行することがある．

小浪底ダム末端における土砂攪動，朱鵬 撮影

(2-1) 密度流の形成条件およびその運動法則

　密度流の形成は，ダム流入流量・含砂量・土砂粒径分布・潜入点断面の特徴・ダム地形などの要素に関係する。密度流発生の示標は，ダムの「清水」表面にいちじるしい潜入点が存在することである。潜入点の水流土砂条件が，密度流の形成条件である。分析によると，堰堤前水位が一定の水位で持続するとき，単位幅あたりの流量の増大が密度流潜入点の位置を下に移動させ，逆にダム流入含砂量の増大が潜入点を上に移動させる。適切な位置が密度流の安定形成と持続的な運動を満たす条件である。

　密度流の形成後の堰堤への移動には，安定的に途中摩擦を克服するための原動力，すなわち絶え間ない後続密度流の補充が不可欠である。いったん後続密度流が停止すると，前に進んだ密度流もすぐ止まり，消えていく。同時に，土砂の粒径分布が密度流の持続的な運動にきわめて大きな影響を及ぼす。密度流形成後，粗い土砂はすぐ沈殿するが，細かい土砂は懸濁状態を保つ。したがって，じゅうぶんな細砂（粒径0.025mm以下）の含有量が密度流の持続的な運動の基本的保証となる。

　小浪底ダムに自然に発生した密度流の資料によると，小浪底ダムにおける密度流の形成と持続運動の臨界条件をみちびき出すことは可能である。すなわち，洪水継続時間と流入細砂の占める割合50％という条件を満たすほか，次のいずれかの条件を満たせばよいのである。

①ダム流入流量が2000m³/s以上，かつ含砂量が40kg/m³以上である。
②ダム流入流量が500m³/s以下で，含砂量が220kg/m³以上である。
③ダム流入流量が500〜2000m³/sで，含砂量が次式を満たす。

$$S \geq 280 - 0.12Q \qquad (式4\text{-}7)$$

　　　式中，Sはダム流入含砂量 kg·m³

　　　　　　Qはダム流入流量 m³/s

(2-2) 人工密度流の創出

1) 三門峡ダムの排流流量の決め方

　三門峡ダム排流の目標は，小浪底ダムにおける密度流をつくり出すことである。小浪底ダムの密度流形成の条件によって，継続時間と細砂含有量の条件を満たすほか，流量と含砂量の条件も満たさなければならない。つまり，大流量

と小含砂量，小流量と大含砂量および一般流量と一般含砂量などの組合せがある。三門峡ダムの排流流量と時期を決めるには，次の四つの条件を考慮しなければならない。一つ目に，小浪底ダム末端の堆砂砂洲への侵食には大きなダム流入流量が必要であることから，三門峡ダムからの排流流量はじゅうぶん大きなものでなければならない。二つ目に，中流に高含砂量の洪水がなく，小浪底ダムの密度流の形成に必要な砂源が不足するため，三門峡ダムから一定含砂量の排流，とりわけ細砂含砂量が必要である。三つ目に，万家寨ダムの放流が三門峡ダムに到達するときに，三門峡ダムの水位は高過ぎてはいけない。およそ310mが望ましく，そうでなければ三門峡ダムの曳砂効果はじゅうぶんに現れない。四つ目に，三門峡ダム放流時に小浪底ダムの水位が高過ぎると，三門峡ダムの放流水流のもつエネルギーがじゅうぶんに上がらない。したがって，三門峡ダム放流時に，ダム末端の攪乱と三門峡ダムの放流による侵食の効果を上げるには，小浪底ダムの水位を一定のレベルに下げる必要がある。以上の諸要素を総合し，三門峡ダムの放流時期を7月5日15時，放流流量を2000m^3/sに設定し，7月8日8時に万家寨ダムの放流水流が三門峡に到達するさい，三門峡ダムの放流量を増加させた。

人工密度流模擬図

2) 水流土砂含砂量の配分

小浪底ダムの人工密度流の砂源には，以下の二つがある。一つは，小浪底ダム末端に堆積した砂洲である。これは三門峡ダムからの大きな「清水」で侵食を起こさせるのに加えて，人工攪乱措置を用いて，土砂を水流に混入させるのである。もう一つは，三門峡ダム湖内の細砂である。これは，三門峡ダムの低水位時に，万家寨ダムの放流で侵食し排出させるのである。

3）万家寨ダムと三門峡ダムとの連動

　万家寨ダムの放流と三門峡ダムの水位との連動の目標は，三門峡水位が310mまたはそれ以下に下降したさいに，万家寨ダムの放流が三門峡ダムに到達するとともに，最大限に三門峡ダムの土砂を流し，小浪底ダムの密度流に持続的な水流エネルギーとじゅうぶんな細砂源を提供することにある。正確な連動を実現するためには，以下のパラメータを決定する必要がある。一つ目は，三門峡ダムの曳砂効果にもとづいて，万家寨ダムへの放流量を決めることである。二つ目は，小浪底ダムの人工密度流の堰堤への流動ないし排出までの時間によって，万家寨ダムの放流継続時間を決めることである。三つ目は，万家寨から三門峡までの河道状況のなかでも前回の洪水の流下過程の特徴によって，正確に水流の流下時間を計算することである。四つ目は，三門峡ダム水位が310mに下がる時間を計算し，万家寨から三門峡までの流下時間にもとづいて，万家寨ダムの放流時期を決定することである。以上に述べた諸要素を総合し，最終的に，万家寨ダム放流の時期を7月2日12時，すなわち三門峡ダム排流時期5日15時より3日ほど早く，放流流量を1200m^3/sに決定した。

万家寨ダムの放流，余飛彪 撮影

(2-3) 試験効果

1）小浪底ダムにおける末端堆積の形態の調整

　小浪底ダム末端に堆積した砂洲が，堰堤から70km離れた地点から47km地点に移動すると同時に，砂洲の上端が人工攪乱前より4mほど下降した。これによって，小浪底ダム湖に堆積した砂洲に，1.329億m^3に及ぶ土砂侵食（ダム湖37〜53番断面で堰堤から62.49〜110.27km）をもたらし，設計堆積均衡縦断面以上の堆砂3850万m^3が全部流失するとともに，小浪底ダム末端部における合理的に調整された堆積形態が得られている（図4-17）。

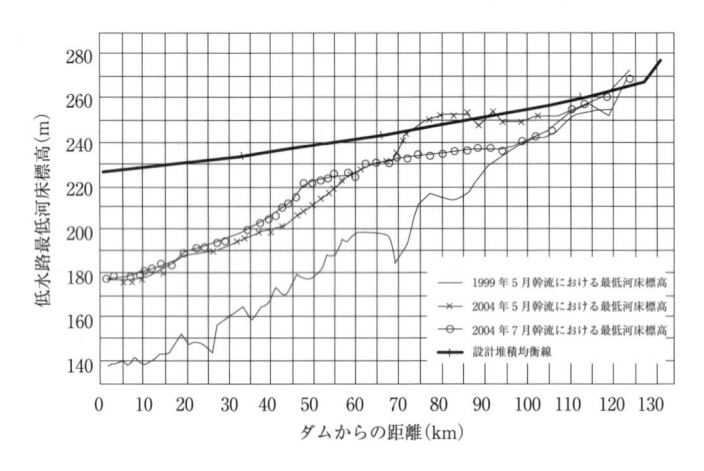

図4-17　試験前後における小浪底ダム堆積洪水断面の形態変化

2）人工密度流の創出およびダム排砂

　人工密度流の創出は，2段階に分けられる。一つ目は，7月5日15時より三門峡ダムから2000m^3/sで放流されるのにしたがって，ダム末端に堆積した砂洲で激しい侵食が起き，ダム水位235m時点の湛水末端付近の河床所（堰堤から65km）での含砂量が36〜120kg/m^3に達した。また，7月5日18時30分に，密度流がダム湖34番断面（堰堤から57km）で潜入を始め，堰堤へ持続的に流動した。二つ目は，7月7日8時，万家寨ダムの放流と三門峡ダムの放流が連動した後に，三門峡ダム湖の堆砂を流しながらダムの放流流量を増やした。同日の14時10分に5130m^3/sの洪水ピークが出現し，14時に排砂が開始され，20時に446kg/m^3に達し，高含砂量の洪水によって，小浪底ダム湖に堆積した

砂洲が引き続き侵食されながら，密度流の後続の原動力となって，それを小浪底ダム堰堤へ推し進めた。7月8日13時50分に，小浪底ダム湖の密度流による排砂が始まり，排砂口における水流平均含砂量が最大時には126kg/m^{3}に達し，濁水の持続時間は約80時間であった。密度流の移動中に小浪底ダムからは，0.0437億トンの土砂が排出された。試験期間における小浪底ダムでの密度流の具体的な特徴を，表4-8に示す。

表4-8　小浪底ダム2004年における密度流の特性値

時間	断面番号	流速(m/s) 最大	流速(m/s) 平均	含砂量(kg/m^3) 最大	含砂量(kg/m^3) 平均	厚さ(m)	鉛直平均 D_{50}(mm)	0.025mm以下粒径体積率(%)
7月5～7日	29	2.24	0.046～1.11	822	4.76～199	1.00～9.40	0.010～0.024	51.8～79.2
	17	1.05	0.13～0.50	456	23.8～229	0.38～4.39	0.007～0.020	61.5～89.0
	13	0.78	0.16～0.48	540	9.44～181	1.04～2.35	0.007～0.010	78.8～90.8
	09	0.48	0.33	247	55.5	3.28	0.009	79.4
	05	0.22	0.04～0.16	556	45.2～136	0.95～1.29	0.006～0.008	78.9～92.4
	01							
7月8～13日	29	2.49	0.31～1.22	750	11.3～164	1.33～11.2	0.007～0.016	71.9～88.0
	17	1.94	0.071～0.88	161	15.6～65.8	1.27～8.60	0.004～0.009	84.4～94.6
	13	0.80	0.059～0.44	695	5.24～256	0.45～8.80	0.006～0.010	84.0～91.5
	09	0.68	0.019～0.44	584	3.00～238	0.35～3.49	0.004～0.011	71.9～95.1
	05	0.73	0.15～0.36	459	57.3～170	0.71～3.85	0.005～0.010	77.3～93.4
	01	0.74	0.097～0.57	742	5.97～126	0.29～2.98	0.005～0.009	90.1～91.2

表4-8からわかるように，密度流が堰堤にもっとも近い1番断面のときの流速・厚さと含砂量の最大値は，それぞれ0.74m/s・2.98mと742kg/m^{3}であり，土砂の粒径が細かく，0.025mm以下の細砂が占める割合が90%で，中央粒径が0.005～0.009mmである。

小浪底ダム湖 34 番断面における人工密度流の底部潜入，董海亮 撮影

小浪底ダムにおける密度流による排砂，朱衛東 撮影

(Ⅲ) 下流に流入する水砂量および河道における侵食・堆積の変化

　2004 年 6 月 19 日 9 時に始まり，7 月 13 日に終了の 24 日間にわたる。6 月 29 日 0 時から 7 月 3 日 21 時までのあいだにある小流量の 5 日間を除いて，実際には 19 日間継続された。

　試験期間中，小浪底ダムの排出量が 45.26 億 m^3，砂量が 0.0437 億トンであった。花園口では水量 46.05 億 m^3，砂量が 0.2079 億トン，平均含砂量 4.51kg/m^3 である。利津では，海に注ぐ水量が 45.39 億 m^3，砂量が 0.6859 億トン，平均含砂量 15.12kg/m^3 である。

　試験期間中に，利津以上の各区間ではすべて侵食が起き，小浪底〜利津区

間では侵食量が0.6422億トンとなった。そのうち，小浪底〜花園口，花園口〜高村，高村〜艾山，艾山〜利津ではそれぞれ0.1642億トン，0.1403億トン，0.1928億トン，0.1449億トンである。

調水調砂期間における各観測所の浮遊土砂の粒径分布変化（図4-18）でわかるように，小浪底ダムの密度流によって排出された土砂はきわめて細かく，中央粒径がわずか0.006mmであり，小浪底〜花園口区間では，河床粗砂が侵食されるため，花園口では浮遊砂の中央粒径が0.037mmに増大している。一方，花園口〜高村区間では多くの河床細砂が侵食されるため，高村での浮遊砂の中央粒径は0.027mmに減少している。高村〜艾山区間では，人工攪乱による河床粗砂への影響で艾山での浮遊中央粒径が0.039mmに増大し，各水文点で最大値となる。艾山以下の区間では，また多くの河床細砂が侵食され，利津での中央粒径が0.03mmに減少している。

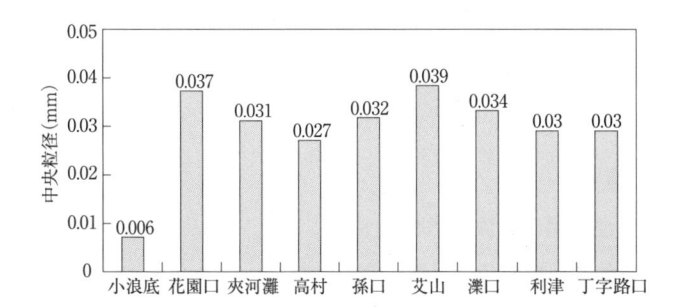

図4-18 黄河下流の調水調砂期間における各観測所の中央粒径

黄河下流の低水路における侵食，張春利 撮影

4-5. 認識と体得

(1) 黄河の主要問題は水砂関係の非平衡にあり，ダムによる増水期前の放流について土砂問題を同時に考慮する必要性

　黄河の水砂関係の非平衡は，以下の三つの面に反映される。一つ目に，空間的な分布の非平衡である。清水の多くが上流から来水し，土砂が中流に集中する。二つ目に，時間的な分布の非平衡である。土砂が増水期に集中し，清水が基本的に非増水期に集中する。三つ目に，黄河は資源水不足の多砂河川であり，送砂としての用水が不足がちである。小浪底ダムなどのプロジェクト完成後，ふつうの年では非増水期に増水期制限水位以上の水量を含む一定の水量を保つことができる。増水期が来る前の排流をプロジェクトによる水砂関係に利用することもでき，また人工密度流の創出や，ダム・河道の堆砂への人工攪乱による土砂の水流への混入に利用することができる。こうして，清水をただ流すだけでなく，土砂を送出する用水として生かすことによって，最大限に黄河の水砂の時間的・空間的な非平衡および送砂用水の不足を解消し，「調和のとれた」水砂関係を実現できるのである。

(2) 水流のエネルギーの活用と人工攪乱の実現による効率的な堆砂減少効果

今回の調水調砂試験中，所用資源としておもにダム水を用いたが，もともと増水が来る前に放棄しなければならない水なので，「無料水」といえよう。下流河道を侵食する水量がこの放棄された水であるが，自然な状況では黄河下流における侵食・堆積の分布は非常に不均一であり，往々にして局部に持続的な堆積によってネック区間が形成される。この場合，ネック区間において，人工措置で堆砂を流し下流河道の洪水流通力を高めることができる。今回の試験では河床から0.6422億トンの堆砂を流したが，人工掘削を採用すれば，1トンあたり10元で計算すると6.422億元の投入が必要であった。輸送や放置場所などを考慮すれば，さらに費用がかかる。

(3) ダムにおける堆砂形態の調整

ダムの堆砂形態の影響要因として，来砂粒径分布，ダム容量と来砂の比，ダム湖の地形およびダムの運用方式などがあげられる。多砂河川のダムの運用において，ダム堆積の形式として，錐体堆積・帯状堆積・三角洲堆積と混合交替堆積などがある。しかし，自然な堆積の過程でダム堆積形態によってダム地形の境界をいちじるしく変えることがある。不利な地形が形成されると，ダムの排砂に影響を及ぼし，堆積を加速してしまう。今回の試験では，ダムの自然な堆積による不利な地形形態に対し，自然の力を利用するとともに，人工措置を施して調整し，堆砂を堰堤へ移動させ，計画的に排出できることが証明された。

(4) ダムにおける人工密度流の創出の成功がその運動法則への認識を深めた意義

過去において，人工密度流についての研究は，観測に止まっていた。今回の試験で人工方式を用いて，原型黄河に密度流の創出に成功したことは，ダムにおける密度流の運動法則を把握できたことを意味する。

(5) 調水調砂における土砂粒径分布の重要性

今回の調水調砂試験のなかで，ダム密度流の創出・ダム湖堆積砂洲の攪動から下流河道のネック区間における河床攪動による土砂補充まで，土砂の粒径分布がいずれも重要な要因であった。同時に，河道の送砂能力が水流浮遊砂の粒径分布に関係するだけでなく，河床砂の粒径分布にも関係した。河床砂も河道水流土砂の源だからである。

(6) 「三つの黄河」の補完連携による試験の成功

今回の調水調砂試験で，振動式土砂測定器・ドップラー流速計およびレー

ザー粒度計など先進的な計測設備を用いることによって，適時に原型黄河の計測データを取得し，調節のためリアルタイムに情報を提供することができた．土砂数値モデルと実体モデル試験は，ダム区の水流流況と土砂挙動，下流人工攪乱区間の水砂現象，人工攪乱監視制御指標の確定およびリアルタイム調節に対し，技術的なサポートを提供した．今回の試験における重要な方案は，すべて数値モデルによる計算結果が実体モデルによって検証された後に原型黄河に使用されたのである．原型黄河・数値黄河・模型黄河のあいだの補完連携が，試験を成功にみちびいたのである．

(7) 調水調砂運用方式の発展

すでに実施された3回の調水調砂試験では，水砂条件・目標および措置による各種の組合せによって，黄河の調水調砂の各種のパターンを網羅し，今後の調水調砂試験から実践に移行するための基礎となった．小浪底ダムの単独運用による調水調砂試験は，小浪底上流の中・小洪水のために行われたもので，非協調的な水砂関係から小浪底ダムの調節によって，協調的な水砂関係に調整して，下流河道へ流すのである．また，複数の水砂源区における水砂の連動による調水調砂試験は，小浪底上流濁水と小浪底以下の「清水」に対して，小浪底・陸渾・故県ダムによる水砂連携調整を通じて，花園口で調和のとれた水砂の空間的な「連動」を実現し，清水と濁水を混合させ，「調和」関係のある水砂過程を下流河道につくり出すのである．今回の試験では，黄河の本川に洪水が起きなかったので，前年のダム増水期末の貯水を利用し，万家寨・三門峡・小浪底ダムに対する調整を通じて，小浪底ダム区に人工密度流をつくり出した．さらに，ダム区域に堆積した砂洲と下流ネック区間における人工攪乱によって，ダムの「廃棄水」を送砂水流に変え，ダム放流に密度流土砂を乗せながら，河床攪動土砂とともに海に送出する．これが前の2回の試験とは異なる新しい調水調砂の試みである．

黄河の治水の終極目標は，黄河の健康な生命維持にある．すべての治水手段が，この目標実現のためにある．最近十数年間，黄河下流河道の縮小がいちじるしく，低水路の洪水疎通能力の低下をもたらしている．自然洪水の流量が小さすぎると，水砂関係のバランスが悪くなり，低水路に持続的な堆積をまねく．一方，洪水の流量が大きすぎると，大規模な高水敷への溢流が災害を引き

起こす。「清水」がそのまま海へ流れ出すと，水流のエネルギーと資源の浪費をもたらす。この状態を放っておくと，黄河下流の健康な生命形態の創出と維持ができない。調水調砂による「調和」された流量・含砂量と，土砂粒径分布の水砂過程を通じて，黄河下流河道の形態の悪化を食い止めたうえ，健康な生命形態を回復しながら，最終的に良好な状態を維持することができる。

巨大な奔流，朱衛東 撮影

第5章　黄河洪水の制御，利用と改修

✣

　黄河の洪水は氷塊洪水と豪雨洪水の二種類に分けられる。どちらの種類の洪水でも，それがもたらす甚大な被害は黄河下流地区に出る。その理由は，下流地区が人口密集地であるだけでなく，黄河の河道が黄淮海平原の上に高く掛けられた名実ともに「天井川」だからである。

　氷塊洪水は下流区間では2月に，寧夏・内モンゴル蒙区間では3月に多く発生し，一般に「氷塊増水」と呼ばれる。寧夏・内モンゴル区間に発生した氷塊洪水が下流にたどりつく頃は，桃の花が咲く季節にあたることから，「桃増水」とも呼ばれる。「氷塊増水」のおもな被害は，氷塊渋滞または氷塊増水によって引き起こされる堤防の決壊による。歴史上，河道の流量と水量に対してコントロールできないうえ，「氷塊増水」の発生時が寒さのきびしい季節にあたるため，人力による採土が難しいことから，「氷塊増水」災害を防げず，「凌汛決口，河官無罪（氷塊増水期に堤防決壊が起きても，管理者には責任が問えない）」という諺まである。現状の水利工事設計の条件下では，三門峡ダムと小浪底ダムの連携運用によって，黄河下流に発生する「氷塊増水」の動力要因と熱力要因について人工制御を行うことができると同時に，寧夏・内モンゴル区間の「氷塊増水」も上流側の劉家峡ダムによって制御される。河道が凍る前にダムの放流量を適当に増加すれば，河道が凍る時期を遅らせるとともに，氷蓋を高めて氷の下の疎水能力が増大する。河道が凍った後に氷量流量を減少させれば，河道内の蓄水量が減少して，安全に増水期を迎えるための条件が備わる。ダムの常年蓄水により，水体が厚く，冬季にダム排水の底流の水温が増加するため，黄河河道の零度断面が下流へのび，最初に凍る区間も下流へのびるので，凍る河道の長さが大幅に短縮する。したがって，本川ダムの制御によって黄河の「氷塊増水」問題が解決できる。

黄河の流氷，劉泉龍（新華社）撮影

　黄河流域の豪雨は，直接大気環流変化の影響を受ける。毎年春と夏，西太平洋亜熱帯高気圧が南から北へ移動し，9・10月になると，北から南へ移動する。亜熱帯高気圧の進退にともなって，雨帯も相応して変化する。一般に，7月中旬に雨帯が淮河を越えて黄河中・下流地区に入り，8月中旬に最北位置に到達し，9月初めにすぐ南移を始める。そのため，黄河流域の7・8月の豪雨は数が多く強度が強く，黄河下流の大洪水がほとんどこの時期に起きることから，習慣上これを「夏増水」と呼ぶ。一方，9・10月に起きる洪水を「秋増水」と呼ぶ。「夏増水」と「秋増水」は時間的に近いことから，まとめて「夏秋増水」とも呼ばれる。

　黄河下流の洪水は，おもに中流の三つの区域からきている。つまり，河口鎮〜龍門区間，龍門〜三門峡区間と三門峡〜花園口区間である（図5-1）。この三つの異なる発生源の洪水は，以下に述べる3種類の組合せで，花園口に大洪水または特大洪水をもたらす。

　河口鎮〜龍門区間と龍門〜三門峡区間の来水を主として形成される大洪水を，「上大型」洪水と略称する。この種類の洪水の花園口での特徴は，洪水ピーク流量が花園口の70％〜90％を占め，12日間の洪水量が花園口の80％

〜 90% を占める。たとえば，1843 年 8 月に起きた洪水は，花園口でのピーク流量が 33000m³/s で，12 日間の洪水量が 136 億 m³ であった。その区間からの洪水ピーク流量は，30800m³/s で花園口の洪水ピーク流量の 93.3% であり，この区間からの 12 日間の洪水量は 119 億 m³ で花園口の 87.5% を占める。1923 年 8 月に起きた洪水の花園口でのピーク流量は 20400m³/s で，12 日間の洪水量が 101 億 m³ であった。この区間からきた洪水ピーク流量は 18500m³/s で，花園口の洪水ピーク流量の 90.7% を占める。この区間からきた 12 日間の洪水量は 91.8 億 m³ で，花園口での洪水量の 91.4% を占める[63]。この区域は黄土高原に位置し，渓谷が縦横無数に走っているため水の流出が早く，洪水の特徴として，洪水ピーク水位が高く，洪水量が大きく含砂量が大きい（実測最大含砂量は龍門と三門峡でそれぞれ 933kg/m³，911kg/m³ が観測されている）。

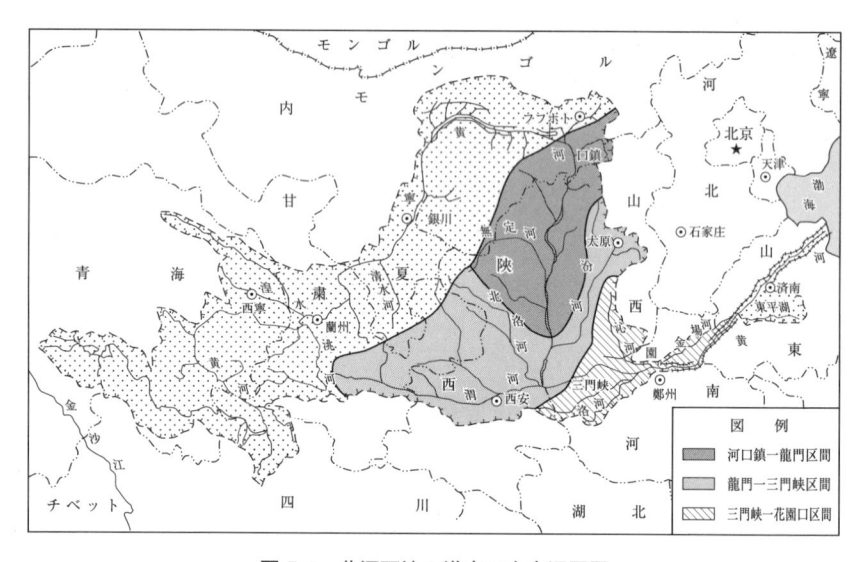

図 5-1　黄河下流の洪水三大来源区図

　三門峡〜花園口区間の来水を主とする大洪水を，「下大型」と略称する。この種類の洪水の花園口における特徴として，洪水ピーク流量が花園口の 70 〜 80% を占め，12 日間の洪水量が 40 〜 50% を占める。たとえば，1761 年 8 月に起きた洪水では，花園口のピーク流量は 32000m³/s で，12 日間の洪水量は 120 億 m³ であった。この区間からの洪水ピーク流量は 26000m³/s で，花園口の 81.3% を占める。12 日間の洪水量は 70 億 m³ で，花園口の 58.3% を占め

る。これまでに，花園口で実際観測された最大の洪水は1958年7月に起きた洪水で，「下大型」洪水に属する。この洪水では，花園口でのピーク流量が22300m^3/sで，12日間の洪水量が86.8億m^{3}であった。三門峡～花園口区間からの洪水ピーク流量は15900m^3/sで，花園口でのピーク流量の71.3%を占める。同区間からの12日間の洪水量は35.3億m^{3}で，花園口の40.7%を占める[63]。この区域を流れる3本の主要支流である伊・洛・沁河はすべて石山区を流下するため，洪水の特徴として洪水水位が高く，洪水量が大きく，含砂量が小さい。

河口鎮～龍門，龍門～三門峡および三門峡～花園口区間の同時来水で発生した大洪水は，「上下比較大型」洪水と略称される。このタイプの洪水の花園口に現れる特徴として，三門峡以上の区域の洪水ピーク流量と12日間の洪水量がいずれも花園口のそれぞれの40～50%を占める。たとえば，1957年7月に起きた洪水で花園口の洪水ピーク流量は13000m^3/sで，12日間の洪水量が66.3億m^{3}であった。三門峡以上区域の洪水ピーク流量は5700m^3/sで，花園口のそれの43.8%を占める。三門峡以上の区域の12日間の洪水量は43.1億m^{3}で，花園口の64.0%を占める[63]。このタイプの洪水の特徴としては，洪水過程がゆるやかで，ピーク水位が低く，継続時間が長いことである。

1. 洪水制御

非常に豊富にある黄河に関する史籍のなかで，黄河の洪水氾濫に関する記録は相当な部分を占める。

甲骨文は中国に現存する最古の文字で，商（殷）の王である盤庚が安陽殷墟に遷都してから紂王が国を滅ぼすまであいだの遺物である。河南省安陽小屯にある殷墟から出土した甲骨文には，商時期の黄河洪水に対する記憶を垣間見ることができる。これはおもに「災」，「昔」という二つの文字に反映されている。「災」は甲骨文では「〜〜〜」となり，洪水氾濫の状態を表している。一方，「昔」は甲骨文では「〜〜〜」となり，かつての洪水の被害を忘れまいという意味である。考証によると，商では湯王が即位する前に幾度かの遷居をくり返し，湯王から盤庚までのあいだにまた数回遷都した。その理由は複雑であるが，黄河洪水の氾濫に深い関係がある[72]。商の本拠地はおもに黄河下流つまり現在の河南・

山東と河北南部の地域であった。

　文字が発明されたことによって，黄河の堤防や洪水氾濫に関する記載が可能となった。『国語』周語（上）には「民の口を防ぐは，川を防ぐよりも甚し。川壅がりて潰ゆれば，人を傷ふこと必ず多し」という西周時代の諺が記載されている。これにより，西周時代すでに黄河の洪水を防ぐ堤防が出現していたことがわかる。また紀元前651年，春秋五覇の一人である斉の桓公は「葵丘に諸侯を会して」「防を曲ぐるなかれ」という禁止令を出した。このことは，春秋中期に黄河下流の各諸侯国において堤防の修築が一般的に行われたことを物語っている。「防を曲ぐるなかれ」というのは実際，隣国を洪水のはけ口とみなし，水をもって武器となすのを防止するための共同盟約である。『漢書』溝洫志には紀元前602年（周の定王五年）に黄河堤防の決壊による改道についての記録が残っており，これは黄河の決壊と改道についてのもっとも古い記録である[72]。紀元前309年（戦国・魏の襄王十年）の「河水，酸棗の郭に溢る」は黄河洪水の氾濫によってもたらされた被災についてのもっとも早い文字記録である[73]。秦による六国統一後，戦国期に各国が分担管理していた黄河が統割され，水流を阻害する工事や交通を妨げる関は全部撤去され，黄河の堤防がつながる。すなわち「川防（河川の妨げ）を決通す」（『史記』秦始皇本紀）である[72]。その後，河床が徐々に上昇し，堤防の決壊と洪水・氾濫による被害も増えていった。とくに，紀元前168年（文帝十二年）に堤防の決壊によって酸棗が被災するなど，洪水氾濫被災に関する記載が絶えない。黄河下流における堤防決壊による重大災難（一部）は表5-1に示す。

　紀元前602年から1938年花園口の人為決壊までの2540年間において，黄河下流の堤防決壊と氾濫が起きた年は543年にのぼる。1年の間ないし1回の洪水で数回の決壊を引き起こした記録が1590回にも達する。黄河の堤防について世間で広く伝わっている，いわゆる「3年に2回決壊する」ほどである。長期間にわたる土砂の堆積によって，黄河下流の河道は西漢（前漢）後期にすでに「天井川」と化した。これは，賈譲が記録した黎陽①付近での「河の高さは民屋より出ず（屋根より川の方が高い）」という記録により明らかである[63]。「天井川」が原因で，高処に流れる水流が水位差の作用によりいったん決壊したら，当時の生産力では修復することは難しかった。したがって，堤防が決壊するたびに，往々にして黄河の改道が引き起こされる。新しい河道が堆積して上昇す

ると，また決壊と改道がくり返される。(図 5-2)。

表 5-1 黄河下流の堤防決壊による重大災害（部分）に関する記録[72, 73]

時期		決壊場所	記 述
漢朝	武帝建元三年 (紀元前138年)	平原	"河水溢干平原,大飢,人相食。"(『漢書』武帝紀)
	武帝元光三年 (紀元前132年)	濮陽瓠子堤	"東南注巨野,通於淮泗,氾郡十六,為時二十余年。"(『漢書』溝洫志)
	成帝建始四年 (紀元前29年)	館陶及び東郡金堤	"氾溢兗,豫,入平原,千乗,済南,凡灌四郡三十二県,水居地十五万余頃,深者三丈。"(『漢書』溝洫志)
	安帝永初元年 (紀元107年)		"郡国四十一県三百一十五雨水,四瀆溢,傷秋稼,壊城郭,殺人民。"(『後漢書』天文志)
唐朝	高宗弘道元年 (紀元683年)	河陽	"河水溢,壊河陽県城,水面高於城内五尺,北至塩坎,居人盧舎漂没皆尽,南北井壊。"(『旧唐書』高宗本紀)
	武則天聖歴二年 (紀元699年)	壊州①	"河溢懐壊州,漂千余家。"(『新唐書』五行志)
	玄宗天宝十三年 (紀元754年)	済州	"州為河所陥廃"(『元和郡県志』鄆州盧県)
	昭宗乾寧三年 (紀元896年)	滑州	"河圮於滑州,朱全忠決其堤,因為二河,散漫千余里。"(『新唐書』五行志)
五代	後唐・明宗長興二年 (紀元931年)	鄆州	"黄河暴漲,漂溺四千余戸。"(『五代史』五行志)
	後晋・高祖天福六年 (紀元941年)	滑州	"一概東流……兗州,濮州界皆為水所漂溺"(『五代史』五行志)
	後周・世宗顕徳元年 (紀元954年)	楊劉	"河自楊劉至於博州百二十里,連年東潰,分為二派,汇為大澤,弥漫数百里。又东北壊郎古堤而出,灌斉,棣,淄諸州,至于海涯,漂没民田盧不可勝計。"(『資治通鑑』巻二九二)
宋朝	太祖乾徳五年 (紀元967年)	衛州	"八月甲申,河溢入衛州城,民溺死者数百。"(『宋史』太祖本紀)
	太宗淳化四年 (紀元993年)	壇州	"壇州河漲。衝陥北城,壊居人盧舎,官署,倉庫殆尽,民溺死者甚衆。"(『宋史』五行志)
	真宗咸平三年 (紀元1000年)	鄆州	"河決鄆州王陵埽,浮居野,入淮泗,水勢悍激,侵追州城。"(『宋史』河渠志)
	真宗天禧四年 (紀元1020年)	滑州	"六月望,河腹決天台,下走衛南,浮徐,済,害如三年而溢甚。"(『宋史』河渠志)
元朝	世祖至元二十七年 (紀元1290年)	太康	"河溢太康,没民田三十一万九千八百余畝。"(『元史』世祖本紀)

① 今の河南省浚県。

続表 5-1 黄河下流の堤防決壊による重大災害（部分）に関する記録 [72, 73]

	時　期	決壊場所	記　述
元朝	順宗至正四年 (紀元1344年)	白茅堤, 金堤	"黄河暴溢,本平地深二丈許,北決白茅堤。六月,又北決金堤。汁河郡邑済寧,単州,虞城,碭山,金郷,魚台,豊,沛,定陶,楚丘,成武以至曹州,東明,巨野,鄆城,嘉祥,汶上,任城等処皆罹水患。"(『元史』河渠志)
	順宗至正二十三年 (紀元1363年)	寿張	"圮城墻,漂屋廬,人溺死甚衆。"(『元史』五行志)
	順宗至正二十六年 (紀元1366年)	済寧	"黄水氾濫,漂没田禾民居百有余里,信州斉河県境七十余里亦如之。"(『元史』五行志)
明朝	成祖永楽八年 (紀元1410年)	開封	"壊城二百余丈,民被患者四千余戸,没田七千五百余頃。"(『明史』河渠志)
	英宗天順五年 (紀元1461年)	開封	"河決汴梁土城,又決磚城,城中水丈余,壊官民舎過半,軍民溺死無算。"(『明史』河渠志)
	穆宗隆慶三年 (紀元1569年)	沛県	"河決沛県,自考城,虞城,曹,単,豊,沛抵徐,倶罹其害,漂没田廬不可勝数。"(『明穆宗実録』)
	神宗万暦十七年 (紀元1589年)	祥符	"黄河暴漲,決獸医日月堤,漫李景高口新堤……壊田廬,没人民無算。"(『明史』河渠志)
清朝	聖祖康熙十四年 (紀元1675年)	徐州,宿遷,睢寧	"決徐州瀋家塘,宿遷蔡家楼,又決睢寧花山壩,復灌清河治,民多流亡。"(『清史稿』河渠志)
	宣宗道光二十一年 (紀元1841年)	祥符	"大溜全掣,水囲省城。"(『清史稿』河渠志)
	文宗咸豊五年 (紀元1855年)	蘭陽	"銅瓦廂決口奪溜,下游正河断流。決河之水先向西北斜注,淹及封丘,祥符二県,復折転東北,淹没蘭陽,儀封,考城及直隸長垣等県"
	穆宗同治七年 (紀元1868年)	滎澤	"決河之経中牟,祥符,陳留,杞県,尉氏,扶溝泄注入淮,災及安徽"
民国	民国二十二年 (紀元1933年)	温県,武陟,長垣等	黄河決温県,武陟,長垣三県北堤数十口,決水沿堤北流,至陶城鋪流帰正河。又決長垣南岸龐庄西北,淹没蘭陽,考城
	民国二十四年 (紀元1935年)	鄄城	河決鄄城董庄臨河民垝,分正河水十之七八……平漫於菏沢,鄆城,嘉祥,巨野,済寧,金郷,魚台等県,由運河入江蘇
	民国二十七年 (紀元1938年)	鄭州 中牟	日本侵略軍占領徐州,国民政府為了阻止日軍西侵,於中牟趙口,鄭県花園口扒決大堤,;黄河奪淮入海,淹及豫,晥,蘇三省44県,受災人口1250万,淹死89万

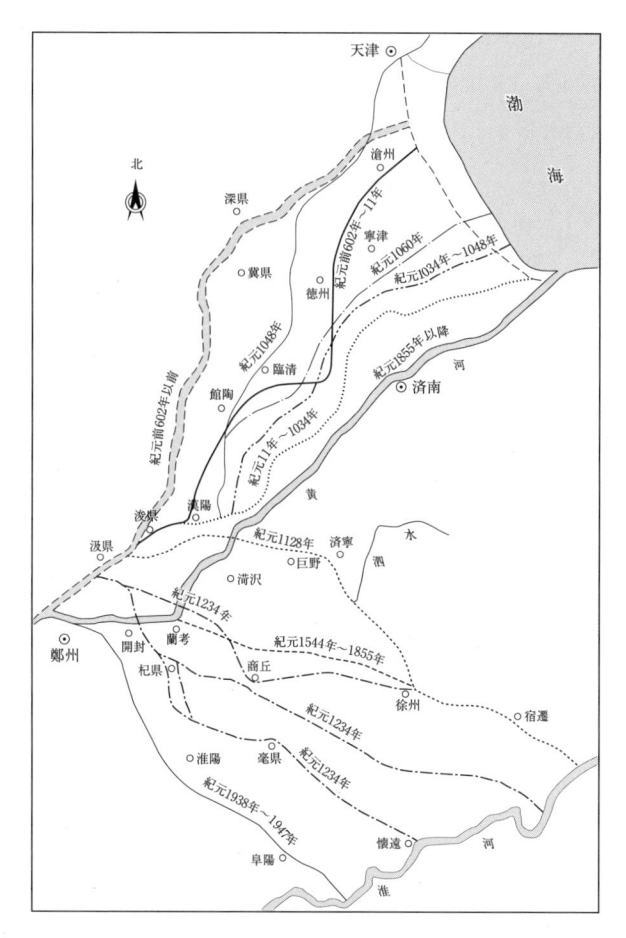

図 5-2 黄河下流河道の改道流路

　上述したように，紀元前 602 年の黄河改道が最初の記録である。改道地点は宿胥口[①]に位置し，だいたい現在の河南省滑県・浚県・僕陽・内黄，河北省の清豊・南楽・大名・館陶および山東省の臨清・高唐・徳州，河北省の呉橋・東光・南皮・滄州を経由して，黄驊県付近で渤海に注ぐ。11 年（新の王莽始建国三年），黄河は魏郡[②]で決壊し，河道が安定しないため，平原と千乗のあいだで 60 年にわたって氾濫をくり返した。後に王景の治水によって，河道は河

[①] 今の河南省浚県淇河，衛河合流点。
[②] 今の河南省僕陽市内。

南省の僕陽西南・範県西北，山東省の荏平・禹城西北を経て，利津付近で渤海に入った。1034年（北宋の景祐元年），澶州横隴埽で決壊し，漢唐旧河道の北に史書で横隴河と称する新しい河道が切り開かれた。改道の最初は，新しい河道が順暢であったが，その後，「横隴河道は下流河口から堆積が始まり，その範囲が一百四十里余りに及んだ」。下流に堆積すれば，必ず上流は決壊する。やがて1048年（北宋の慶暦八年）に商胡①で決壊を起こし，大名・冀県・深県・河間県・東光などを経由して，青県合御河に至って渤海に注ぎ，これを史書で北流と呼ぶ。12年後すなわち1060年（北宋の嘉祐五年）にまた大名第六埽で決壊を起こし，馬頬河に流入して無棣で渤海に注ぎ，これを史書で東流と呼ぶ。北流と東流は40年間ほど共存した。以上の改道の範囲は，すべて現行河道の以北にあった。1128年（南宋の建炎二年）に東京(とうけい)（現在の開封）の留守杜充が，金軍の南下を阻もうとして滑県で決壊を起こさせた。これをきっかけに黄河は南移し，枝分かれ状で淮海に注いだが，数十年のあいだに決壊と堆積をくり返し，流路が安定しなかった。1234年（南宋の端平元年）に，金軍が「黄河の寸金淀②の水を決壊させ，宋軍を流し潰した」。1455年（明の景泰六年）に，黄河の主流が開封以北に回帰し，宿遷・淮阻を経て淮河に流入した。1855年（清の咸豊五年），黄河は蘭儀銅瓦廂で決壊・改道し，大清河を奪って渤海に流れ込んだ。この遷移の後，銅瓦廂以下では20年余りにわたって氾濫が続いた。1875年（清の光緒元年）に銅瓦廂以下の堤防が修築され，1883年（清の光緒九年）にやっと完成し，現行の河道となっている。1938年6月9日，国民党政府が日本軍の西進を阻止するため，鄭州花園口で黄河の堤防を破壊したことで，8年9ヵ月間にわたる黄河の大移動が引き起こされた。大部分の河川水が賈魯河から潁河に入り，潁河から淮河に入った。また，小部分の河水が渦河を経て淮河に入った。1947年3月15日に花園口の決壊口が修復されてからは，黄河は旧道に復帰した[73]。

以上をまとめると，ある意味で，黄河の歴史は決壊・改道，天災・人災の歴史であり，「黄河百害，惟富一套」の説が成立するぐらいである。たしかに黄河の頻繁な改道が，中華民族に重大な災難をもたらしたのは事実である。726年（唐の玄宗開元十四年），黄河は河北省滄県・河間一帯で決壊を起こし，100万人余りの命を奪った。1642年（明の崇禎十五年），闖王の大軍を水没させるため，開封守備の周王と巡撫高名衡が黒崗口・馬家口で黄河の堤防を決壊させ

た結果，洪水により開封城の四つの城門が破壊され，「城内の浸水が城壁と同じ高さに達し」，城内の37万住民のうち34万人が溺れ死んで，開封城が完全に水没するという悲劇をもたらした。1761年（清の乾隆二十六年）に，三門峡〜花園口区間に起きた大洪水では，伊洛河の夾灘地区で浸水が3m以上に達し，洛陽・巩県・沁陽・修武・武陟・博愛の県城が水深2〜3m冠水した。さらに，この洪水が中牟に進んでから楊橋で溜河を奪って，賈魯河・恵済河で分かれ，淮河に合流するまで，河南省12州・県，山東省12州・県，安徽省4州・県を水没させた。1843年（清の道光二十三年）に，三門峡以上で起きた大洪水は，黄河中流の中牟で決壊を引き起こして，河南省の中牟・尉氏・祥符・通許・陳留・睢寧・扶溝・西華・太康・杞県・鹿邑，安徽省の太和・阜陽・潁上・鳳台・霍丘・亳州などの県を水没させた。1933年，黄河の大洪水は下流南北両岸の温県・長垣・蘭封・考城5県で50ヵ所以上の決壊を引き起こし，当時の河南・山東・河北・江蘇4省67県に浸水をもたらし，被災面積1.1万km^2，被災者364万人，死者1.8万人の被害をもたらした。1938年，国民党政府が花園口堤防を破壊させた後に，河水大増水にともなって「滔滔たる洪水」が，決壊口を幅100m余り流した。洪水は河南省南部の尉氏・扶溝・淮陽・商水・項城・沈丘を経て，安徽省で淮河に入り，河南省東部・安徽省北部・江蘇省北部の44県の5.4万km^{2}に及ぶ地区に冠水をもたらした。被災人口は1250万人で，300万余りの人が故郷を離れ，死者は89万人にのぼった。この洪水によって，長い歳月が経っても消えない「黄汜区」が出現したのである[63]。

1933年，長垣県の街の被災惨状，任洪彬 提供　　洪水が引いた後，堆砂に埋もれた田畑と村

---

① 僕陽東北10km余り。
② 今の河南省延津県胙城東北辺り15kmの滑県内。

第5章　黄河洪水の制御，利用と改修　295

上に述べた歴史上の黄河の氾濫状況と現在の地形条件の分析にもとづいて，黄河の下流堤防の保護対策区域は以下のとおり定められた。北岸は漳河・衛運河および漳衛運河以南を含む広大な平原地区で，面積が 4.24 万 km^2 である。南岸は淮河以北・潁河以東を含む広大な平原地区で，面積が 7.76 万 km^2 である。南・北両岸は河北・山東・河南・安徽・江蘇 5 省計 24 地区（市）所管の 110 県（市）に及び，総土地面積が 12 万 km^2，耕地 1.1 億畝，人口約 8755 万人である[42]。現存の黄河下流堤防についていえば，花園口洪水ピーク流量を 22000m^3/s とする場合，北岸の沁河口〜原陽区間で決壊が起きると，最大被災範囲は 3.3 万 km^2 に及び，他の区間の想定決壊による被災範囲を上回る。なぜかというと，この区間は黄河北岸堤防の上流側に位置するうえ，沁河口が黄河「天井川」の地勢でもっともきびしいからである。また，河内河床が新郷市の市街地より 20m も高い。南岸の鄭州〜開封区間で決壊が起きた場合，その最大被災範囲は 2.8 万 km^2 となり，他の区間のそれを上回る。なぜかというと，当該区間が黄河南岸の堤防の上流側にあるうえ，天井川の河勢がもっともきびしいからである。また，開封市柳園口での河内河床砂地が開封市内の市街地より 13m も高い。黄河下流の各区間における堤防決壊による被害範囲は，表 5-2 に示す。黄河の決壊氾濫が普通の川と大きく異なる点は，黄河の含砂量が高く，いったん決壊が起きたら，水とともに砂が氾濫し，水が引いた後も砂が残り，良田に砂化現象をもたらすだけでなく，街の家屋や各種建築施設などが土砂に埋もれてしまい，氾濫原の生態系が長期にわたって回復しがたいからである。海河・淮河水系が混乱する原因は，おもに黄河の氾濫によってもたらされた水砂の影響にある。

　黄河洪水氾濫の被害および「天井川」の地勢とその潜在的脅威に関する研究にもとづき出された，黄河大洪水・特大洪水を制御する基本的な考え方が，正しいことはいうまでもない。これに関しては，過去においても正しかっただけでなく，現在と将来においても堅持すべきである。どんなときにおいても，黄河下流の大洪水と特大洪水に対して有効な制御を行い，設計基準内で決壊させないことを確保しなければならない。基準を超えた洪水に対しても，確実な対策をとり，災害を最低限に軽減するために尽力すべきである。

表 5-2 黄河下流の各区間における堤防決壊による浸水範囲予想

決壊区間		洪水氾濫範囲		氾濫区域にある主要都市企業および鉄道
		面積 (万km^2)	境　界	
北岸	沁河口～原陽	3.30	北限：衛河, 衛運河, 漳衛, 新河 南限：黄河～陶城鋪～徒駭河	都市：新郷, 濮陽 企業：中原油田 鉄道：京広, 京九, 津浦, 新菏
	原陽～陶城鋪	0.80 ～1.85	天然文岩渠流域, 金堤河流域. 若北金堤失守, 漫徒駭河両岸	都市：濮陽 企業：中原油田, 勝利油田(北岸) 鉄道：新菏, 津浦, 京九
	陶城鋪～津浦鉄橋	1.05	徒駭河両岸	都市：濱州 企業：勝利油田(北岸) 鉄道：津浦
	津浦鉄橋以下	0.67	徒駭河両岸	都市：鄭州(部分), 開封 鉄道：隴海, 京九
南岸	鄭州～開封	2.80	賈魯河, 沙潁河与恵済河, 渦河之間	都市：鄭州(部分), 開封 鉄道：隴海, 京九
	開封～蘭考	2.10	渦河与沱河之間	都市：開封, 商丘 企業：淮北石炭田 鉄道：隴海, 京九
	蘭考～東平湖	1.20	高村以上決壊：万福河と明清古道との間および邳蒼地区 高村以下決壊：菏沢, 豊県一帯および梁済運河, 南四湖ならびに邳蒼地区	都市：菏沢 企業：尭済石炭 鉄道：隴海, 津浦, 新菏, 京九
	済南以下	0.67	小清河両岸	都市：済南(部分), 東営 企業：勝利油田(両岸)

　黄河大洪水・特大洪水を制御するための基本理念にもとづいて，黄河の治水が実施されて以来，前後4回にわたって黄河下流の堤防が嵩上げされてきた．加えて，黄河中上流地区にダムを建設し，黄河下流の河道の両側に分流し，滞流区を切り開くことで，「上阻下排・両岸分滞（上流で防ぎ，下流では排水し，両岸において分流・滞流を行う）」の黄河洪水防御プロジェクト＝システムが構築されている．「上阻」プロジェクトは，本川には三門峡ダムと小浪底ダム，支川には伊河陸渾ダムと洛河故県ダムを含める．「下排」プロジェクトは，黄河両岸堤防と河道整備工事を含める．「両岸分滞」プロジェクトは，東平湖滞洪区・北金堤滞洪区・斉河拡幅区（北拡）・墾利拡幅区（南拡）・封丘逆流区と大功分流区を含める．各プロジェクトの位置を図5-3に示す．

北金堤の滞洪区渠村に建設された分流水門, 殷鶴仙 撮影

東平湖滞洪区陳山口排水門, 張再厚 撮影

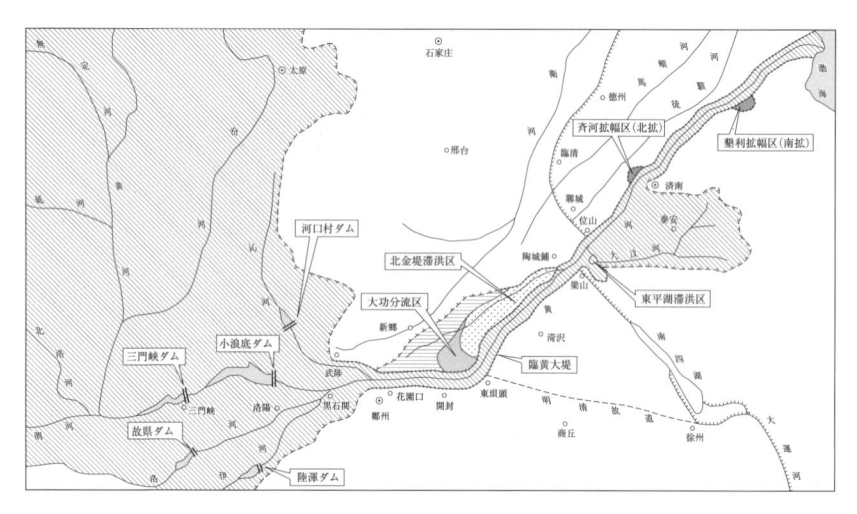

図 5-3　黄河下流における洪水防止工事

花園口および無制御区（本川小浪底ダム以下, 支川陸渾と故県ダム以下, 花園口以上）の設計洪水についての計算を通じて得られた設計値を表 5-3 に示す。

表 5-3　花園口および無制御区における設計洪水分析結果

観測所名または区間	集水面積 (km^2)	項　目	確率(%)およびその設計値		
			0.01	0.1	1.0
花園口	730,036	洪水ピーク流量(m^3/s) 5日間洪水量(億m^3) 12日間洪水量(億m^3)	55,000 125 201	42,300 98.4 164	29,200 71.3 125
無制御区	27,019	洪水ピーク流量(m^3/s) 5日間洪水量(億m^3) 12日間洪水量(億m^3)	27,500 55.1 69.4	20,100 40.2 51.2	12,900 25.5 33.2

表 5-3 の設計洪水については，現行の「上阻下排・両岸分滞」の洪水防止工事による連携運用により，黄河下流を通過する洪水で千年に一度の確率の洪水ピーク流量 42300m³/s を，22600m³/s（花園口での警戒流量は 22000m³/s）にカットすることが示されている（表 5-4）。

表 5-4 洪水防止施設による制御運用後における黄河下流の各レベル洪水流量および計画流量

観測所名	確率(%)および洪水流量				計画流量
	3.3	1.0	0.1	0.01**	
花園口	13,100	15,700	22,600	27,400	22,000
夾河灘	11,500	15,070	21,000	26,100	21,500
高　村	11,200	14,400	20,300	20,000	20,000
孫　口	10,400	13,000	18,100	17,500	17,500
艾　山	10,000*	10,000	10,000	10,000	11,000
濼　口	10,000	10,000	10,000	10,000	11,000
利　津	10,000	10,000	10,000	10,000	11,000

＊東平湖滞洪区投入運用
＊＊北金堤滞洪区投入運用

　黄河下流の艾山以下にある堤防の設計基準は，11000m³/s である。このように，孫口観測所で実測した洪水流量ピークが 10000m³/s に達し，さらに上昇するさいには，東平湖滞洪区を運用する必要がある。そうなると，東平湖滞洪区の運用確率はわずか 30 年に一度にもかかわらず，小浪底ダムの運用投入後，大きすぎることになる。艾山以下の河道についていえば，黄河洪水に対する防止能力をさらに高める必要がある。

　現在，花園口での設防流量は 22000m³/s であるが，河床の上昇につれて，堤防の高さが変化しなければ，設防流量が次第に減少することになる。

　現行の洪水防災施設の運用条件および黄河大洪水・特大洪水に対する制御目標にもとづき，著者は以下のとおりの意見を提案する。

　1）三門峡ダムは廃止すべきでない。1950 年以来，黄河下流の堤防は前後 4 回にわたる嵩上げ工事が行われ，現状の黄河堤防の高さは 7〜10m で最大 14m であるが，堤防の背後の地面との高低差が 4〜6m で最大 12m（開封堤防 117+000）に達する。現行の黄河下流堤防の設防基準は花園口では 22000m³/s であり，流通能力については，千年に一度のレベルになっている。この結果は

三門峡・小浪底・陸渾・故県の4基のダムによる連携運用で得られたものである。そのうち，三門峡ダムの貢献は，洪水防止のための55.67億m^3容量，つまり相応する洪水防止の運用水位335mの提供である。黄河下流堤防の現行設計基準の状況では，三門峡ダムを廃止する場合，55.67億m^3の洪水防止の容量をカバーする代替案が必要となる。

2）河口村ダムを修築し，沁河洪水を制御する。小浪底〜花園口区間にダム工事制御のない流域面積は2.7019万km^2で，この区間の豪雨洪水発生源の重要な部分である。そのうち，沁河の流域面積は1.3532万km^2で，無制御区面積の50％を占める。

沁河の洪水の60％〜70％が五龍口以上から発生しており，五龍口以下の90kmに及ぶ平原河道が「天井川」であり，わずかに堤防に頼って洪水を防御している。この区間の河床は一般に堤防背後の地面より2〜5m高く，武陟県市街地付近では8〜9mになる。現行の沁河下流堤防の洪水防止基準はわずか25年に一度程度で，相当する武陟観測所での洪水ピーク流量は4000m^3/sである。

歴史資料によると，1434年（明の宣徳九年），沁河が武陟馬曲湾で決壊を起こし，獲嘉から新郷に至るまでの地区が冠水したという。1482年（明の成化十八年）には，山西省陽城県九女台で洪水流量が14000m^3/s（推算）に達し，古都沁陽に決壊が起き，多くの犠牲者を出している。1521年（明の正徳十六年）には，沁河の決壊で獲嘉県市街が水没した。さらに1587年（明の万暦十五年），沁河が武陟県連花池で決壊を起こし，獲嘉・新郷と汲県が水没した。大氾濫浸水で「衛輝[①]府関廂の路地に舟が通行した」。1662年（清の康熙元年）には，沁河の決壊で「原武[②]の平地で舟が通行する」光景が出現したのである。1761年（清の乾隆二十六年），沁河・円河の同時水位上昇によって沁陽城が水没し，死者が数十万人にのぼった。1895年（清の光緒二十一年）に五龍口でのピーク流量が5700m^3/s（推算）に達したさいは，堤防が27ヵ所決壊して，獲嘉・修武などの県が水没。1947年の沁河の武陟県大樊での決壊では，武陟・修武・獲嘉・輝県・新郷などの県に被害が広がり，被災面積と被災者がそれぞれ400km^2，20万人に及んだ。

新中国が成立した後も，1954年・73年・82年・93年など，沁河で大きな洪水が発生した。なかでも，82年の増水期に，沁河五龍口観測所において1895年以来の特大洪水が出現し，武陟県大虹橋観測所で洪水ピーク流量が4280m^3/sに

達し，沁河堤防の設計基準流量の4000m³/sを超えた。とくに右岸五車口堤防では水位が堤防の高さを0.2m上回ったが，2万人余りの軍民による緊急修築によって，激しい洪水を，完成したばかりの楊庄改道プロジェクトに無事通過させ，黄河に流入させた。推算によれば，楊庄の改道工事がなく，洪水が依然として現河道を流れたとしたら，木楽店ネック区間以上における堰水が堤防を1.8m上回り，沁河両岸に大決壊が発生し，数十万人が被災したという。

歴史記録に残された洪水被災面積および現状の地形・地物と人口分布によると，沁河の右岸に決壊が発生した場合，氾濫水が潴龍河・広利渠と溴河に沿って沁陽市・孟州市・温県と武陟県を直撃し，77.5万人と65.6万畝の耕地が被災することになる。現在，武陟県城付近の4000m³/s流量の水位は，その東48kmにある新郷市市街地より30mも高く，いったん沁河左岸に決壊が起きると，決壊場所を上流側の丹河口～老龍湾区間と想定すると，予想水没地域は博愛・武陟・修武・獲嘉・新郷・輝県・延津・滑県などの県（市）ならびに新郷市に及び，水没面積は1300km²に達し，京広・焦枝・新菏の各鉄道および107国道がすべて切断されるだろう。決壊場所を沁河左岸の下流側の老龍湾～沁河口に想定すると，華北平原の安定が脅かされ，被災面積は3.3万km²に及び，損失がもっと増大するであろう[74]。

沁河峡谷の出口に制御ダムを建設すれば，「要所」を抑えることによって，迅速に洪水ピーク流量を削減し，下流の堤防決壊を防ぐことができる。峡谷の出口以上9km地点（済源県河口村）には制御ダムを建設する基本条件が備わっており，沁河流域面積の68.2%に相当する9223km²をコントロールすることができる。計画では，河口村ダムの堰堤の高さを117m，総容量を3.3億m³，洪水防止容量を2.89億m³にすることにより，「ピークが大きく水量が小さく，水位が急速に上昇する原因となる含砂量が少ない」という沁河の洪水の特徴に対して，沁河下流（武陟観測所）で200年に一度の洪水ピーク流量9500m³/sを4000m³/sカットすることができる。黄河下流に対しては，花園口でのピーク流量が12000m³/s以上という予報が出るさいに，河口村ダムが中流のダム群の連携調節に加わることで，花園口での10000m³/s以上の洪水量を0.5～2.3

---

① 今の衛輝市。
② 今の原陽県原武鎮。

億 m^3 減少させ，花園口での洪水ピーク流量の 1200 〜 2200m^3/s をカットすることができる。したがって，沁河自身の防災にだけでなく黄河下流の防災にとっても，できるだけ早く沁河河口村ダムの建設が必要である。

沁河楊庄改道工事，李輝 撮影

沁河河口村におけるダム建設効果予想図

3) 黄河下流の洪水対策戦略からすれば，本川計画で桃花峪ダムを存続させる必要がある。現在の情報では，黄河中流の三門峡・小浪底・陸渾・故県 4 基のダムの連携運行により，千年に一度の黄河下流の洪水ピーク流量を 42300m^3/s から 22600m^3/s にカットできる。洪水ピーク流量については，黄河下流堤防の設計基準を 60 年に一度から千年に一度に近いレベル（花園口での計画流量 22000m^3/s）に引き上げた。それにより，黄河下流の洪水対策問題がすでに完全に解決できた，と考える人が少なくない。なぜかというと，全国の堤防計画基準（北京の永定河左岸と上海の黄浦江堤防を除く）で，これほど高いものはないからである。したがって，近年来の黄河本川におけるダム建設計画に関する検討では，桃花峪ダムの撤回を主張する専門家がいる。そのおもな理由は以下のとおりである。第一に，黄河下流の堤防の計画基準がかなり高い。もはや桃花峪ダムの必要がなくなった。第二に，桃花峪ダム建設予定地の河道勾配がゆるやかで堆砂しやすいため，ダムが建設されても堆砂によって急速に機能しなくなるであろう。第三に，桃花峪ダム建設においては，ダム本堤が長すぎるうえ，砂質盤なので，地震によって液状化が発生するなどの安全面における問題が存在する。しかし，著者は，桃花峡ダム建設の必要性を判断するには，黄河下流の現行堤防下で河床が今後上昇するか否かがカギとなる，と考える。もし河床がさらに上昇するとすれば，その対応策として，改道の方法を用いて新しい流路をつくらなければならない。あるいは，引き続き「河床が上

昇すれば，それに比例して堤防を一層高くする」という方法で，現行の洪水防止基準を維持しなければならない．

　実測データによる分析では，1950〜90年における黄河下流河道の合計堆砂は91.24億トンで，50年に比べて河床が全般に2〜4mに上昇した．もちろん，洪水防止の基準を保つために，堤防を全面に4〜5mに高くした．96年8月に花園口で7600m³/sの中常洪水が発生したさいには，その水位が58年に発生した22300m³/sの洪水の水位より0.91m高かった．小浪底ダムには100億トンの堆砂容量があるため，黄河下流の河道はむこう20年間は上昇が起こらないとされている．一方で，小浪底ダムの後の本川ダムには，蓄砂容量に限界がある．これらのダムが蓄砂限界になると，ダムの洪水防止容量を確保するため，土砂をダムから排出し，下流河道に堆積させることになる．黄土高原の水土保全は黄河に流入する土砂を減少させる根本的な措置であるが，黄土高原の侵食状態を短い期間内に変えることが難しいため，黄河は長いあいだ依然として多砂の川であり続ける．黄河下流の河道を長いスパンでみた場合，予測できる将来において，河床が引き続き上昇する可能性は排除できない，と著者は考える．黄河下流河道の上昇の対応策として，改道の方策は採用できないのである．黄河を改道させる場合の代償が余りにも大きすぎ，長年にわたって整備された交通・通信・水利施設などが，全面的に乱される．また一方では，改道するさいの移民問題の解決が，非常に困難になっている．そのうえ，堤防をさらに高くすれば，すでに黄淮海平原の7〜10m，最大で14mもの高さに聳え立つ堤防がますます大きな脅威となるだけでなく，人間と河川との共存・共栄の実現に不利でもある．したがって，黄河下流における河道の上昇にともなう洪水防止基準の低下の問題は，桃花峪ダムの建設によって解決されるべきである．もちろん，勾配のゆるやかな河道に建設される桃花峪ダムにとって，峡谷河道ダム（たとえば小浪底ダム）のような運用方式は適さないわけで，まれにみる洪水について短期的な滞洪運用を行うべきである．工事建設時に発生する堤防が長いことと砂質地盤液状化の問題に関しては，近代のダム建設技術でじゅうぶん解決できるのである．

黄河の桃花峡河道，董保華 撮影

2. 洪水の利用

　黄河の洪水利用には，二つの内容が含まれる。一つは，洪水を工業・農業生産の水資源に変えることである。もう一つは，洪水のエネルギーを利用して，ダムの堆砂と黄河下流河道の低水路を侵食させ，低水路の縮小を防ぐと同時に土砂を海に流し込むことである。

2-1. 洪水の資源化

　黄河流域の年間平均降水量は478mmである。気候の影響によって年間降水量の時間的な分布の変動は大きく，6～10月の降水量が年間降水量の65～80%を占め，7・8月が主要降水期間である。降水量の時間的な分布の特徴は，河川のいちじるしい増水期と非増水期をもたらすことである。習慣上，6月15日～10月23日（霜降）の期間が増水期，その他の期間が非増水期とされている。
　黄河下流の利津地点で断流が起きるか否かは，黄河下流の引黄灌区の灌漑期における引水量に大きくかかっている。黄河下流の引黄灌区の面積は3000万畝余りで，農業生産は夏季と秋季の2期に分けられる。夏季にはおもに小麦，秋季にはトウモロコシが栽培される。トウモロコシの成長期はほとんど黄河の増水期と重なり降雨量が多いため，トウモロコシの生長の需要を満たすことになる。早魃でダム水源を必要とする場合でも，灌漑のための水供給量が一般に大きい。これに対して，小麦の成長期は非増水期にあたり，とりわけ2～6月の期間には黄河下流の降水量が少ないため，小麦の生産の需要を満たせず，お

もにダム水が利用されている。もしダムの蓄水量がじゅうぶんでない場合，深刻な早魃が必至となる。ダムの水を全部灌区内の小麦生産に供給してもまだ足りない場合，利津地点での断流は避けられない。

1972年に黄河下流の利津で初の断流が発生した。99年の最後の断流までの21年間にわたる断流のなかで，断流の起きたもっとも早い日付は1月1日（98年），もっとも遅いのは12月31日（97年）であるが，2〜6月に発生した断流が全体の90%を占める。これによってみると，黄河下流の水資源の危機は，ほとんど2〜6月に起きている。

非増水期の降水と来水が限られているので，ダムにじゅうぶんな水を蓄えるには非増水期だけでは不足してしまう。しかしながら，増水期での蓄水は普通許されない。なぜなら，いつ洪水が起こるかはわからないからである。洪水発生時間を正確に予測できない以上，増水期の全期間において，ダムを空にして洪水に備える方法をとるのはやむをえない。図5-4に示すように，t_0を増水期開始時，t_1を増水期終了時とし，一般的なダム蓄水排水の方式では，t_0時点でダムの蓄水位をh_1からh_0（増水期制限水位）に下げなければならない。それから，増水期の全期間中，ダムの水位がh_0に厳格に制限される。（大洪水発生時の洪水阻止運用を除く）。これは習慣上，出入均衡運用と呼ばれる。増水期が終わった後，すなわちt_1時点で，ダムの水位をh_0からh_1にすみやかに上昇させることが許されている。

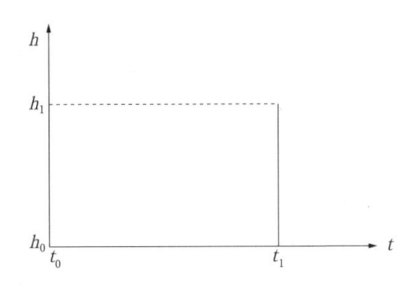

図 5-4　一般的なダム増水期における水位

しかし，このような方法では，往々にしてダムに水を蓄えることができないことが，実践過程を通じてわかってきた。なぜなら，増水期が終わる時点で，制限水位から正常水位に引き上げることが許されても，すでに非増水期に入っ

ているため，降水量の急激な減少が河道の水量減少をもたらす結果，ダムに流入する水がなくなるからである。もし翌年，早魃に見舞われる場合は，ダムは「なす術もない」のである。

　このような状況下にあって，「増水期」に対する機械的な規定について見直すことが迫られている。長年の観測データのなかから，増水期の降雨時期には前後のずれがあり，前期は降雨が多く，後期は非増水期が近づくにつれて，降雨の強度と頻度がともにいちじるしく減少することがわかってきた。そこで，規定の「増水期」を二分して，前増水期と後増水期に分けるのである。増水期の前後時期における降水量に差が存在するので，ダムの蓄水位についてもそれに応じて分ける必要がある。つまり，前増水期には空容量をより大きくし，後増水期には空容量をより小さくするのである。こうすることによって，増水期全体に二つの制限水位が共存することになる（図5-5）。t_0 は増水期の開始時点，t_1 は前増水期の終了ならびに後増水期の開始時点で，t_2 は後増水期の終了時点である。t_0 時点でダム水位を h_1 から h_0（増水期制限水位）に下げる。t_1 時点で，ダム蓄水位を前増水期の制限水位 h_0 から後増水期の増水期制限水位 h_2 に上昇させる。後増水期終了時点で，ダム水位をダム h_2 から h_1 に引き上げることができる。仮に V_0 を水位 h_0 時に対応するダム容量，V_2 を水位 h_2 に対応するダム容量とすれば，この方式は前の方式に比べて，規定される「増水期」においてダムの蓄水量は $V_2 - V_0$ 分増えることになる。

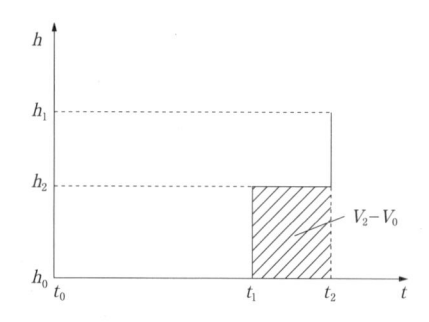

図5-5　前・後増水期における分期運用による水位

　図5-4に示す増水期の概念およびダムの許容運用水位過程であれ，はたまた図5-5に示す増水分期概念およびダム許容範囲内の2種類の水位過程であれ，共通する特徴は増水期の始点と終点，増水期と非増水期または前増水期と後増

水期を機械的に規定してしまう点にある。これは集合論を基礎とする考え方で，すなわち t は時間要因，A_1 は前増水期，A_2 は後増水期とすると，$t_1 \in A_1$，$t_2 \in A_2$ となる。実際に，前増水期から後増水期に過渡するのが一つの過程であり，二者のあいだには明確な境界が存在しない。

黄河中流にある三つの異なる豪雨洪水源における降雨データの統計によって，増水期（6月15日〜10月23日）の各段階における降雨量が正規分布と符合していることが明らかである（図5-6）。

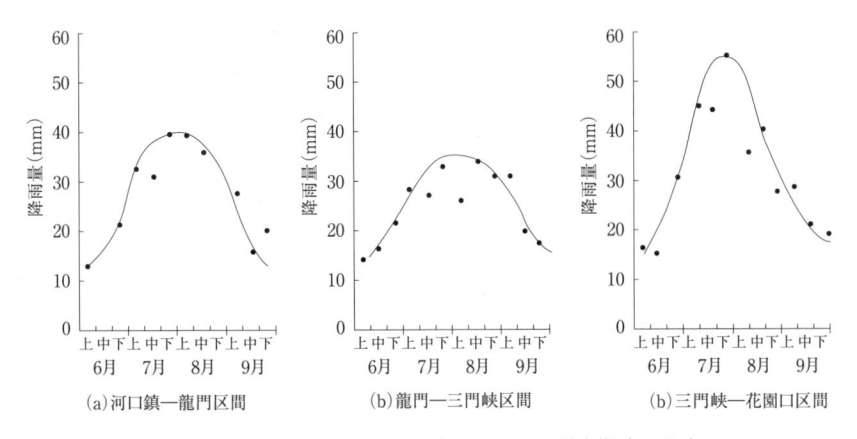

図5-6 黄河中流の各豪雨洪水源における増水期降雨分布

黄河流域の洪水は降雨により起こるが，降雨過程が正規分布である以上，降雨過程に相応する増水期も漸次変化の過程のはずである。つまり，非増水期から増水期に入り，さらに増水期から非増水期に入るのは漸変過程である。増水期洪水の無作為シミュレーション分析にもとづき，この漸変過程を確定することができる。つまり増水期の洪水過程を多次元の無作為変数とし，確率方法を借りて，それに対して表現を行う。これは，伝統的な単水文特性値の確率分析と確率の組合せの方法に比べ，数百から千に及ぶパターンの洪水過程（良好に水文現象の無作為の特徴を再現できる）の発生をシミュレートすることができるのである。さらに，これらの洪水過程に対して，ダムの洪水調節の外包線を作成し，これによって階段状あるいは連続的な増水期制限水位過程を確定する。

物理的な成因から分析すると，非増水期と増水期のあいだにたしかに一つの

過渡状態が存在する。この種の状態は，一定程度増水期に属し，同時に一定程度非増水期に属す。この物理的成因またはこの客観的な存在は，増水期と非増水期についての理解を，普通集合論の基礎の上に構築できず（すなわち一定時間内における増水期と非増水期との関係は「二者択一」というわけでない），ファジー集合論の基礎の上に構築するべきことを結論づけた。このように理解すると，ダムの蓄水・排水の過程は，図 5-7 に示すとおりである。そのなかで，t_0 は増水期の開始時（たとえば黄河についていえば 6 月 15 日となる）で，t_2 は増水期終了時（たとえば黄河は 10 月 23 日）である。

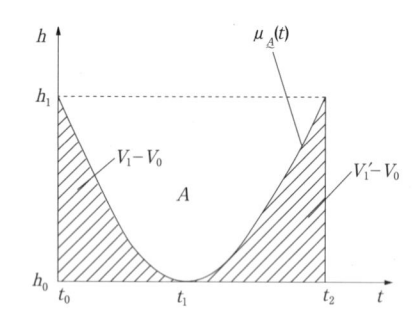

図 5-7　ファジー集合論にもとづく各増水期における水位変化過程

　増水期に関する認識をファジー集合論にもとづいて，T を年間の時間域とし，A で増水期を表すとともに，時間域 T のなかの一つのファジー集合とみなすと，$\forall t \in T$ となり，$\mu_A(t) \in [0, 1]$ が成立する。つまり，時間域 T の上にある任意の t が増水期 A に対して一つのメンバーシップを有する。ダムの増水期における所要の洪水防止容量を V とし，増水期 $\mu_A(t) = 1$，非増水期 $\mu_A(t) = 0$ とする。増水期から非増水期への任意の過渡時間 t に必要な洪水防止容量が $\mu_A(t) \cdot V$ となる。ここでは，増水期についてのファジー集合論分析の基本的な考え方を示しただけで，各ダムの $\mu_A(t)$ を確定する方法に関しては，大量の水文気象の分析，異なる地表条件下での流出計算，降雨および洪水発生の確率分析を行う必要がある。ファジー集合論にもとづいた計算結果では，増水期から非増水期に過渡する期間におけるダム洪水防止容量の変化は連続過程であるが，それに相当する増水期制限水位の変化も連続過程である[14, 75]。

　図 5-7 のなかで，$t_0 \sim t_1$ は非増水期から増水期への過渡期を表しているが，

ダム蓄水位が h_1 から徐々に h_0 に下降し，V_0 を水位 h_0 時の容量，V_1 を水位 h_1 における容量とすれば，$t_0 \sim t_1$ 期間のダム排出量が $V_1 - V_0$ となる。この部分の水量が下流河道の低水路に侵食を起こさせるのに利用できるわけである。もし下流河道とりわけネック区間に河床の堆砂を流すため人工攪乱を起こせば，さらに侵食の効果が得られる。$t_1 \sim t_2$ は増水期から非増水期の過渡期だが，このときダム蓄水位が h_0 からゆるやかに h_1 に上昇し，$t_1 \sim t_2$ 期におけるダムの蓄水量は $V_1' - V_0$ となる。この部分の水量は，翌年の灌漑用水に利用される。このダムの運用方式では図 5-4 の方式に比べて，ダムの蓄水量が $V' - V_0$ 分増える。また図 5-5 の運用方式に比べて，ダム蓄水が $V_1' - V_2$ 分増える。上記の 3 種類の運用方式のなかでは，ファジー集合論にもとづく運用方式が，洪水資源量の獲得にもっとも有効であることが明らかである。

2-2. 洪水の利用

ここでいう洪水とは，本章第一節に述べた大洪水または特大洪水ではなく，中常洪水または小洪水すなわち完全に制御されて災害をもたらさない，利用される洪水のことを指す。

この種の洪水に対し，利用の意識を強める必要がある。黄河流域においては，なおさらのことである。

(Ⅰ) 黄土高原における洪水の利用

黄土高原における洪水利用の歴史は非常に長い。早くも 2200 年余り前の戦国時代に，陝西省富平県趙老峪に生活する人々が，洪水およびその土砂による土地造成の利用を始めていた。秦が六国を滅ぼす前，始皇帝は紀元前 223 年に趙老峪の洪水氾濫源を「美宅田」として，将軍王翦に賜ったことから，当時の引洪堆砂・灌漑の規模を垣間見ることができる。現在，趙老峪氾濫源では堆砂灌漑が行われる農田がすでに 3 万畝を超えている。長年にわたる洪水と土砂利用の実践のうちに，この地区の民衆は涇河北側にある短小支流の洪水時における激しい流れを利用して，「多口引」・「大口引」・「大比降」・「燕窩田」など，山間部の河道における洪水と土砂利用の成功例をつくり出した。陝西省礼泉県では，明の万暦年間から洪水による土地造成を始めた。陝西省定辺県八星河流域においては，1843 年（清の道光二十三年），洪水を荒漠改造のために利用し始めた。61 年（清の咸豊十一年）に耕作を始め，78 年（清の光緒四年），比較

的完全な洪水利用引水路を修築し，1945年には堆積灌漑面積がすでに3万畝に達した。黄土高原地区の内モンゴル大黒河流域においては，清代にはすでに涌豊・三和・和順・民主という1万畝以上の氾濫源引水路システムが4本つくられた。民国期間に，引き続き1万畝以上の洪水氾濫水渠4本が修築された。新中国成立後，黄土高原における洪水漫地，つまり洪水氾濫によって運ばれる土砂による農地造成が，作物増産と水土保持の措置として積極的に行われた。70年代の初期，陝西省定辺県八里流域の洪水氾濫地は7.5万畝に達し，内モンゴル大黒河流域では1万畝以上の洪水氾濫水路システムが24本に増え，陝西省礼泉県の氾濫農地面積は新中国成立前の1800畝から5500畝に増加した。このほか，寧夏の西吉・海原・固原などの丘陵地区の撑地・壕地も，おもに斜めの豪雨水をせき止めて灌漑を行うものである。同心県長沙河の両岸では各村ごとに工事され，各世帯は氾濫農地を有する[36]。これらによってみると，黄土高原の住民が中国の洪水利用の先駆けであったことが明らかである。洪水利用技術が黄土高原のような生産力がきわめて立ち遅れている条件の下で誕生することは，低コストと人力操作のしやすさ，そして洪水を灌漑に用いて肥沃な土地を造成するという二つの特徴を備えているからである。黄土高原地区が黄河の豪雨洪水と土砂の主要源であるという事実をふまえると，さらにこの地域における洪水土砂の利用経験を広げるとともに，確実に実行可能な計画を制定し，近代科学技術の指導と国の財政支援のもとで，黄土高原地区における洪水土砂の利用を大規模に展開させるべきである。いったん開始されたなら，黄河の洪水をカットするだけでなく，黄河に流入する土砂を減少させると同時に，当地の人民大衆のために，肥沃な土地をもたらして生産と生活の条件が改善されることになる。

黄河中流における「引洪堆地」，孫太旻 撮影

(Ⅱ) 桃増水期

　先述した桃増水期は，寧夏・内モンゴル区間の氷塊洪水のことを指す。寧夏・内モンゴル区間の融氷時期は一般的に3月中・下旬であり，4月上旬になることもある。氷塊洪水のピーク流量はふつう約 2000m^3/s で，洪水の総水量は5億〜8億m^3，継続時間は6〜9日間である。氷塊洪水はピーク流量が低く，水量が少なく，継続時間が短い（洪水過程線が三角形を呈する）という特徴をもつが，含砂量が低いため，潼関高程への侵食による下降に一定の効果をはたすと同時に，非増水期に堆積した土砂を三門峡ダム区の下側に運ぶので，増水期における排砂に有利な条件をつくる。

　統計によると，1974〜2001年の桃増水期の洪水平均ピーク流量は 2320m^3/s，平均流量は 1366m^3/s，洪水継続時間は11日間，平均含砂量は 15kg/m^3，潼関高程の平均下降量は 0.11m であった。98年に達成された，総容量 8.96億m^3，発電能力 108万 KW の万家寨水利枢軸プロジェクトの役割は，水供給と発電とと

もに洪水・氷塊の防止であった。しかし，自然状態下での桃増水期洪水による潼関高程への侵食効果は見込まれていない。そして，99年に潼関高程の桃増水期における侵食状況が，万家寨水利プロジェクトの運用方式を受けることになる。99年以前の桃増水期の洪水と比べて，継続時間が若干のびるものの，氷塊洪水ピーク流量が減少したため，潼関高程への侵食には不利となる。

潼関高程が渭河下流に対して局所的な侵食基準面の作用をはたし，その上昇または下降が渭河下流と黄河小北幹流河道の侵食・堆積および洪水防災に重要な影響を与える。したがって，万家寨の水利プロジェクトの運用は，この要素をじゅうぶんに考慮し，できるだけ桃増水期の洪水特性およびその過程を変えてはならない。たとえ将来，古賢ダムが建設されたとしても，その運用方式は桃増水期洪水の潼関に対する侵食の効果を考慮する必要がある。

(Ⅲ) 渭河の洪水利用のための条件を整備

渭河の洪水は潼関高程への下降に有効であるため，渭河に洪水が発生した場合，あらゆる手段を使って潼関高程の侵食に利用しなければならない。この基本理念を確定しないと，渭河が黄河に合流する夾角変化の問題を無視する状況におちいりかねない。実際，渭河洪水のピーク流量・継続時間・洪水量およびその過程が同じであっても，渭河と黄河とのあいだの夾角の変化によって，洪水による潼関河床の侵食効果が大きく違ってくる。

1975年と83年における渭河洪水の特徴はかなり相似しており，潼関での水量もほぼ同じであるが，渭河の黄河への合流の位置と方向が異なっていた。75年の方の夾角は小さく，合流点は潼関断面に近い。一方，83年の方の夾角は大きく，合流点は潼関断面から遠い（75年の合流点の上流側の2300m）。75年の洪水の水量・継続時間および潼関での水量が83年のそれらより小さいにもかかわらず，75年の洪水の方が83年より0.37m多く潼関高程を侵食した（表5-5）。

表5-5 潼関高程下降値の1975年と83年の渭河洪水への影響

年	渭河華県観測所(増水期)		黄河潼関観測所(増水期)		潼関高程下降値 (m)
	水量 (億m³)	>1,000m³/s 日数	水量 (億m³)	>2,000m³/s 日数	
(1) 1975	78.2	34	302.2	96	1.19
(2) 1983	87.2	38	313.6	96	0.82
(1)-(2)	-9.0	-4	-11.4	0	0.37

2001年を02年に比べると，01年の渭河華県観測所での水量は02年より6.2億m³少ない。さらに黄河龍門観測所での増水期の水量についても，01年が02年より3.7億m³少ない。渭河の水量にしても黄河の水量にしても，01年の増水期のいずれも02年より明らかに少ないが，01年の増水期の渭河と黄河との夾角がわずか23°に対し，02年のそれは73°である。そのため，01年の増水期における潼関高程が0.33m下降したのに対し，02年は逆に0.06m上昇した（表5-6）。

表5-6　潼関高程下降値の2001年と02年の渭河洪水に対する反応

年	渭河と黄河との夾角 (°)	渭河華県観測所での増水期水量 (億m³)	黄河龍門観測所での増水期の水量 (億m³)	潼関高程下降値 (m)
(1) 2001	23	15.8	48.5	0.33
(2) 2002	73	22.0	52.2	−0.06
(1)−(2)	−50	−6.2	−3.7	0.39

　1996年と2003年における渭河華県観測所と黄河潼関観測所の洪水ピーク流量はほとんど同じであるが，96年増水期における渭河と黄河の夾角が小さかったため，ほとんど東に直進し，黄河に合流した力によって潼関河床を侵食し，この洪水では潼関高程の最大下降値が1.5mに達した。02年6月には，渭河に小流量で高含砂の洪水が発生した。6月22日8時の時点で洪水流量が53m³/sしかなかったにもかかわらず，含砂量が344kg/m³にも達した。そして23日16時には，なんと787kg/m³もの含砂量が出現した。それが渭河河口部に移動した後，深刻な堆積土砂を引き起こした。その後，渭河の東方向の黄河への流路が堆砂によってふさがり，黄河への合流流路が北北東方向に変わり，3kmを経て黄河に合流した。03年の洪水流路もこれと同じで，ほぼ黄河の水流の方向と逆である。これによって，渭河の洪水エネルギーが黄河の洪水に打ち消され，渭河の洪水による潼関河床への侵食効果が大幅に低下した（図5-8）。

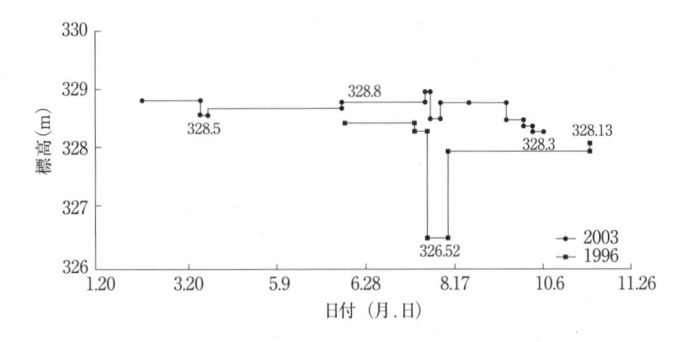

図 5-8　1996 年，2003 年の洪水による潼関高程変化過程

渭河の黄河への合流，梁長生 撮影

　これによってみると，渭河が黄河へ合流するさいの流路が，渭河洪水による潼関河床侵食の効果に影響を及ぼすことは明らかである。したがって，渭河の洪水利用の意識を高めると同時に，渭河の黄河への合流流路の変化にも注目し，必要に応じた工事措置によって渭河の黄河への合流流路を固定し，小さい夾角で黄河本川への流入を確保したうえで，黄河洪水との合力によって潼関河床への侵食効果を増大させる必要がある。

(Ⅳ) 複数洪水源の洪水の組合せによる利用

　黄河の洪水は複数の発生源を有し，河口鎮〜龍門，龍門〜三門峡区間の豪雨型洪水は「上大型」，三門峡〜花園口区間の豪雨型洪水は「下大型」の洪水に分けられる。この二つの洪水型のもっとも大きな差の一つに含砂量がある。「上大型」洪水は発生源がほとんど渓谷で，この地は縦横に入り組み複雑に裂けた黄土高原である。それゆえ，洪水の含砂量が大きく，実測最大含砂量は，龍門観測所で 933kg/m^3，三門峡で 911kg/m^3，花園口で 546kg/m^3 である。一方，「下大型」洪水は，発生源が石山区域の占める割合の大きい伊・洛・沁河流域にあ

るうえ，植生条件が良いので，洪水の含砂量が小さい．黄河龍門・三門峡観測所と伊洛・沁河黒石関・武陟観測所（黒武と略称）の増水期の平均含砂量を，表5-7に示す．

表5-7 増水期における各発生源の洪水平均含砂量（単位：kg/m³）

河川	水文観測所	50年代	60年代	70年代	80年代	90年代
黄河	龍門	56.1	49.9	51.8	26.5	57.3
	三門峡	57.4	33.7	65.7	39.9	72.7
伊・洛・沁河	黒武	12.3	7.5	5.9	4.3	1.8

黄河流域の主要豪雨区が異なる気象条件の影響を受けるため，各豪雨区に発生する大豪雨または特大豪雨の時間は，往々にして不一致である．たとえば，河口鎮〜三門峡区間に大規模な豪雨が発生した場合，三門峡〜花園口区間は西太平洋亜熱帯高気圧の影響で降雨は発生しない．したがって，天気状況の分析から，「上大型」と「下大型」洪水のそれぞれ発生時期がずれることがわかる．しかし，東西方向に走る収束帯低気圧渦の影響を受けると，西は渭河と北洛河の中・下流から東は三門峡〜花園口区間ないし大汶河流域に至る東西方向にのびる降雨帯が生じるが，このタイプの暴雨の強度は普通程度なので，大洪水をもたらすようなものではない．たとえば，実測の1957年7月の洪水が花園口でのピーク流量13000m³/sである．このタイプの洪水を，通常「上下比較的大型」洪水という．

このタイプの洪水は，以下に示すようないちじるしい特徴をもつ．
1) 洪水のピーク流量が低く，完全に制御される．
2) 三門峡以上の洪水の含砂量が高く，三門峡区間の洪水含砂量が低い．
3) 洪水の継続時間が長い．

以上三つの特徴にもとづき，異なる発生区で同時に発生する制御可能な洪水を組合せて利用することができる．すなわち，「清流」発生源からの洪水と「濁流」発生源からの洪水を「混ぜ合わせる」ことによって，複数源の洪水・土砂過程を花園口で正確に「接続」させて，バランスのとれた水砂関係をつくり出すのである．つまり，「清流」区からの洪水のエネルギーを無駄にしないと同時に，「濁流」区からの洪水の負荷（土砂）過剰による土砂堆積を起こさせないわけである．この操作はとくに複雑なわけではない．本川上流に小浪底ダム，支川伊河

に陸渾ダム，洛河に故県ダムが建設されているうえ，このタイプの洪水継続時間が長いことなどは，複数の発生源の洪水を調整するのにきわめて有利な条件となる。実際，2003年9月に実施された複数の発生源における水砂接続による調水調砂試験は，この考え方にもとづいたものである。このとき，小浪底ダム上流からは「濁流」が，小浪底ダム下流の伊・洛・沁河からは「清流」が同時にやってきた。「無制御区では清水に負荷を加え，小浪底では調水調砂」という方針のもとで，小浪底・陸渾・故県ダムの調整運用案を確定し，複数の洪水源の洪水・土砂の花園口観測所における正確な「接続」を実現した。最終的に，27.19億m^3の水を用いて1.207億トンの土砂を渤海に送り出しながら，黄河下流の河道低水路の全面的な侵食を実現したのである。

3. 人工洪水

すべての事物およびそれを反映する命題には，弁証法の要素が含まれる。当然，洪水も例外ではない。経済や社会に被害をもたらす一方，自然河床に対して河床造成の機能をはたす。

長いあいだ，洪水は猛獣のごとく禍害を生ずるとみなされてきたが，それは洪水がもたらす被害の側面のみを過剰拡大して，すべての洪水をなくせないことをもどかしく思ったことに起因する。このような考え方は，河川の治水計画だけでなく，その計画にもとづくダム建設や調節運用面にも反映されてきた。同時に，洪水の有用性がじゅうぶんに認識されないまま，現在に至っても技術者は相当規模のダム計画において，洪水制御の機能を依然として過剰に強調する傾向がある。一方，このような設計によってもたらされる河道の縮小や河川の生命維持に関しては，あまりふれられていないのが現状である。そこで著者が強く主張したいのは，洪水の害と利を全面的に認識し，洪積河川に対して洪水をすべてシャットアウトするのでなく，河川の健康な生命維持のための条件を積極的に創出し，一定の洪水を保持または創出すべきだということである。

3-1. 洪積河川の洪水に対するフィードバック＝メカニズム

洪積河川の河床は水砂運動によって形成されるものであり，自然状態で持続的な来水・来砂が洪積河川の生命維持の原動力である。というのは，洪積河川

の生命を維持するには，かならず一定の造床流量と適宜（送砂均衡を満たす）の来砂条件を維持しなければならないからである。もし長期間，流量過小または水砂関係のアンバランス（とりわけ小水に多砂という状態）が続けば，河道が自然に縮小する。それは，人間の足でできた田舎道が1年間一人も歩かないと，地面に雑草が繁茂して，もはや道にならないのと同じことである。

洪積河川の来水・来砂条件には，河川システムのエネルギーの配分と消耗の原理からフィードバック＝メカニズムの制約を受ける。水砂条件の変化につれて，河床はたえず自身の形態の調整を通して変化する。つまり来水・来砂の移送に適応するのである。調整される水理要素として，川幅・深さ・縦断勾配・曲折係数・湾曲半径および河床の組成物質などがある[64]。なかでも，洪積河川のある特定の断面についていえば，川幅と深さがもっとも主要なフィードバック要因となる。

(I) 黄河の下流河道

黄河の下流河道は桃花峪から河口まで長さ786kmで，河道の総面積は4000km^{2}である。黄河下流に流入する土砂量が多いため，その侵食・堆積の規模が一般河川の比にならない。増水期に黄河の下流河道に流入する水流は含砂量が高いため，非均質二相流に属する。これは水流の携砂能力の問題にかかわり，その過剰または不足が河床の侵食または堆積として現れる。

携砂能力は，式5-1によって表される[64]。

$$Q_S = K Q^a S_{上}^{\beta} \qquad (式5-1)$$

式中，Q_Sは水流の携砂能力

Qはある断面を経過する流量

$S_{上}$は上流側の断面における含砂量

K, a, βはそれぞれ係数と指数

長年の研究実績を経て，式5-1の指数$a>1$になることが明らかになっている。水流携砂能力Q_Sは，流量Qの高次元に比例する。すなわち，流量が大きいほど携砂能力が大きい。そして，河床に対する侵食力が大きい。これは2005年6月に1000m^3/sと3500m^3/s流量が下流河床の断面形態に影響した結果からも検証された（表5-8）。

表5-8 2005年6月における黄河下流河道の異なる流量に対する反応

観測所	$Q=1,000\text{m}^3/\text{s}$		$Q=3,500\text{m}^3/\text{s}$	
	低水路幅B(m)※	低水路深H(m)※	低水路幅B(m)※	低水路深H(m)※
花園口	430	3.4	800	5.3
夾河灘	677	1.9	714	2.8
高　村	503	3.6	505	3.9
孫　口	400	1.8	503	4.5
艾　山	345	6.5	365	9.4
濼　口	165	5.4	239	9.2
利　津	324	3.3	326	5.9

※低水路幅は水面幅の実測値。低水路深は低水路の最大水深実測値。

表5-8から明らかなように，同じ断面でも異なる流量によって主水路の幅と深さがいちじるしく変化した。

黄河下流，とくに高村以上の区間では，流路位置が大きく変動する。いまだ299km区間が完全にコントロールされていない。さらに，黄河の下流河道が「天井川」と化し，1970年代からさらに「二次天井川」に発展している。このような河道形態では，安全確保という観点から，比較的深い低水路の確保が必要不可欠であり，これによって大きい洪水が通過するさいに氾濫することなく，「横川」や「斜川」の出現による堤防への被害を防ぐのである。しかしながら，理想の河道形態は，理想の水砂過程によって創出される。もちろん，一定の河道形態を長期間維持するには，長期的で相応した洪水過程が必要不可欠である。90年代以降，黄河の下流河道の低水路は縮小する傾向にあり，低水路の河岸流量が大幅に減少している。そのおもな原因は，洪水の規模減少と頻度減少にある（表5-9）。

表 5-9　花園口断面における洪水および河岸満杯流量

年	最大流量 (m³/s)	対応水位 (m)	出現時刻 (月.日)	河岸満杯流量 (m³/s)
1950	7,250		10.22	5,800
1951	9,220		8.17	6,300
1952	6,000		8.12	5,500
1953	11,200		8.28	6,000
1954	15,000		8.5	6,000
1955	6,800		9.19	6,400
1956	8,360		8.5	6,700
1957	13,000	93.43	7.19	6,300
1958	22,300	93.82	7.18	8,100
1959	9,480	93.36	8.23	7,700
1960	4,000	93.05	8.6	6,100
1961	6,300	92.79	10.20	6,200
1962	6,080	92.40	8.16	7,000
1963	5,620	92.33	9.24	7,450
1964	9,430	92.92	7.28	8,400
1965	6,440	92.75	7.22	6,800
1966	8,480	93.20	8.1	5,600
1967	7,280	92.85	10.2	6,200
1968	7,340	93.18	10.14	5,600
1969	4,500	92.88	8.2	4,500
1970	5,830	93.21	8.31	4,800
1971	5,040	93.04	7.28	5,300
1972	4,170	92.83	9.3	4,500
1973	5,890	93.66	9.3	4,000
1974	4,150	93.03	9.16	4,400
1975	7,580	93.40	10.2	5,700
1976	9,210	93.22	8.27	5,800
1977	10,800	92.95	8.8	6,400
1978	5,640	93.27	9.2	6,000
1979	6,600	93.54	8.14	6,000
1980	4,400	93.07	7.6	4,800
1981	8,060	93.56	9.10	5,600
1982	15,300	93.97	8.2	6,200
1983	8,180	93.50	8.2	7,150
1984	6,990	92.96	8.6	7,000
1985	8,260	93.44	9.17	7,200
1986	4,130	92.63	7.12	6,800
1987	4,600	92.96	8.29	6,250

続表 5-9　花園口断面における洪水および河岸満杯流量

年	最大流量 (m³/s)	対応水位 (m)	出現時刻 (月.日)	河岸満杯流量 (m³/s)
1988	7,000	93.23	8.21	5,800
1989	6,100	93.19	7.25	6,200
1990	4,440	92.90	7.9	5,100
1991	3,190	92.82	6.14	4,300
1992	6,410	94.32	8.16	4,400
1993	4,300	93.84	8.7	4,100
1994	6,300	94.18	8.8	3,900
1995	3,630	93.66	8.1	3,600
1996	7,600	94.73	8.5	3,600
1997	3,860	93.93	8.4	3,800
1998	4,660	94.31	7.16	3,600
1999	3,340	94.00	7.24	3,400
2000	1,220	93.36	4.27	3,200
2001	1,620	93.02	4.3	3,000

　1950～60年における黄河の年平均水量は480億m³，来砂量は17.95億トン，平均含砂量は37.4kg/m³で，これは豊水多砂に属する．この期間には，大洪水の発生回数が多く，花園口で高水敷を10000m³/s上回るオーバー＝フローが6回起き，とくに58年7月には22300m³/sを上回る特大洪水が起きている．これは高水敷と低水路のあいだにおける水砂変換を通して，洪水期に高水敷に堆砂し，低水路を侵食した[64]．この期間，花園口での河岸流量は一般に6000～7000m³/sとなり，最大で8100m³/sに達した．

　1960～64年が三門峡ダムにおける「蓄水阻砂」期である．この期間，黄河の下流年平均来水量は573億m³，来砂量は6.03億トン，年平均含砂量はわずか10.5kg/m³，最大洪水ピーク流量（1964年7月28日）は9430m³/sで，3000～6000m³/s流量の年間平均維持期間が46日間に達するので，これは豊水少砂系列に属する．4年間で，黄河下流での土砂侵食が累計で23億トンである[64]．花園口観測所での河岸流量は，一般に6000～7000m³/sで最大8400m³/sである．

　1964～73年のあいだに，「滞洪排砂」運用の三門峡ダムは2回改造され，ダムからの大量の排砂に加え，黄河下流の年平均来水量は426億m³，来砂量は16.3億トンということから，年平均含砂量は38.3kg/m³で，これは平水多砂系列に属する．この期間，下流河道に大量の堆砂が発生し，9年間累計で37億トン，年平均堆積が4.11億トンとなる[64]．また，この時期の最大洪水ピーク流量は8480m³/s（66年8月1日）で，一般河岸流量が4000～6000m³/s，最大で6800m³/sとなる．

1973〜80年のあいだに，三門峡ダムでは「蓄清排濁」運用が行われた。この間，黄河下流の年平均来水量は395億m^3，来砂量は12.4億トン，年平均含砂量は31.3kg/m^3であった。花園口観測所での最大洪水ピーク流量が10800m^3/s（1977年8月8日），日平均流量が6000m^3/sを上回る中等の洪水は毎年3日間あった。この洪水の条件のもと下流河道の堆砂量は1.81億トンで，そのほとんどが河岸高水敷に堆積し，低水路の堆砂が少ない[64]。期間河岸流量は通常4000〜6000m^3/s，最大で6400m^3/sであった。

　1980〜85年において，黄河下流の来水は比較的豊富で，来砂は少な目であった。中水流量の継続時間が長く，82年8月には花園口観測所で洪水ピーク流量の15300m^3/sの大洪水が発生した。5年間における黄河下流の累計侵食量は，4.85億トンであった[64]。この期間の花園口での河岸流量は，6000〜7000m^3/s，最大で7200m^3/sである。

　1985〜90年，黄河下流では連続して枯水少砂が起き，花園口での最大洪水ピーク流量は7000m^3/s（1988年8月21日）で，河岸流量は5000〜6000m^3/sと減少傾向にあり，最大でも6800m^3/sであった。

　1990〜2000年のあいだ，黄河下流は依然として連続的な枯水少砂系列にあり，96年8月5日に発生した7600m^3/sの洪水を除くと，流量の小さい洪水であった。11年間で発生した洪水ピーク流量4000m^3/s以上の洪水はわずか6回であり，この影響で花園口での河岸流量が連続減少し，通常3000〜4000m^3/sで，最大でも4400m^3/sであった。

　2000年以来，黄河下流では番号をつける洪水が1回も起きていない。2000年，01年の増水期に洪水がなく，最大流量もわずか小浪底ダムの下流灌漑のための排流量を満たす程度で，黄河下流河道の低水路の縮小が加速している。花園口の断面の河岸流量は3000m^3/sに減少し，下流河道高村断面付近の河岸流量は2000m^3/sを下回る。02年7月に行った調水調砂試験前には，小浪底ダムの放流量は2600m^3/sであったが，高村付近においてはわずか1800m^3/sの流量で河岸越流が起きたのである。

　以上をまとめると，黄河下流の河道における河岸流量は，洪水ピーク流量に比例して増大し，いったん長期間にわたって洪水流量およびその過程が途絶えると，下流河道の低水路が急速に縮小する，ということができる。

黄河花園口，張再厚 撮影

(Ⅱ) 黄河上流の寧夏・内モンゴル河道

　寧夏・内モンゴル河道の河床変動は，自然状態の来水・来砂によって決まる。長いスパンでみた場合，この区間では侵食と堆積のバランスが保たれている。しかし，本川のダム建設によって自然の水砂条件が変えられ，本来の相対均衡が崩れることで寧夏・内モンゴル河道に新たな変化がもたらされた。おもに河道の堆砂が激しく，疎水能力の低下および内モンゴル河道の「天井川」化などが顕著な例である。

黄河の寧夏中衛区間，殷鶴仙 撮影

　1986年以降，龍羊峡・劉家峡によって，自然流出過程が制御されている。統計によると，87〜93年，龍羊峡・劉家峡の制御がなければ，トウタオグァイ観測所で2500m³/s流量以上の日数が64日間に達したところが，龍・劉両ダムの制御によってその日数はわずか20日間となった。1500〜2500m³/s流量の日数も自然状態下だと175日間のところが，龍・劉両ダムの制御によって40日間に減っている。逆に，1500m³/s以下の日数が自然状態だと622日間のところが，龍・劉両ダム運用後は801日間に増加した（表5-10）。

表5-10　龍・劉両ダムの有無における頭道拐観測所での各種流量の出現日数[64]

期間 (年)	条件	各レベルの流量(m³/s)の出現日数					
		<500	500〜1,000	1,000〜1,500	1,500〜2,000	2,000〜2,500	>2,500
1987 〜1993	ダム	424	275	102	15	25	20
	自然状態	175	260	187	110	65	64

　龍・劉両ダムの制御によって，自然状態下のさいに寧夏・内モンゴル河道に流入する洪水のピーク流が急減し，その分だけ中・小流量の継続時間がのびることになっている。造床流量の急減が寧夏・内モンゴル河道に堆砂をもたら

し，河床の縦断勾配の減少と送水送砂の能力低下をまねいた。1986・2003年の寧夏・内モンゴル河道での同流量（2000m^3/s）下における水位観測データによると，石嘴山断面で0.42m，バーイェンガオルー断面で0.61m，三湖河口断面で1.68m，昭君攻断面で1.33mと，それぞれ上昇した。龍・劉両ダムの影響を受けない1961・66年と比較すると，寧夏・内モンゴル河道の同流量（2000m^3/s）下の水位観測資料では，石嘴山断面で0.12m，バーイェンガオルー断面で0.48m，三湖河口断面で0.22m，昭君攻断面で0.16mと，それぞれ下降している。

（Ⅲ）渭河の下流河道

渭河下流河道とは通常，咸陽から渭河・黄河合流地点までの208kmの区間を指す。実測資料の統計によると，1974～90年で，渭河華県観測所では流量が3000m^3/sを上回る洪水が毎年1回起きていた。しかし，91年以降，3～4年に1回程度に減った。同時に大洪水の発生回数の減少にともなって，高含砂量の小洪水が頻発するようになった（表5-11）。

表5-11　渭河華県観測所における洪水統計

期間(年)	最大洪水ピーク流量(m^3/s)	ピーク流量3,000m^3/s以上の洪水		高含砂小洪水	
		回数	年平均回数	年平均回数	年間砂量に占める比率(％)
1974～1990	5,380	17	1.0	1.2	22
1991～2001	3,950	3	0.27	2.5	53

上記に述べた洪水状況の変化が，渭河の下流河道の深刻な縮小現象を引き起こしている。渭河下流にある渭淤9断面の観測データを整理すると，1973年10月～2001年10月までの29年間で，この断面が平均1m以上も上昇している（図5-9）。

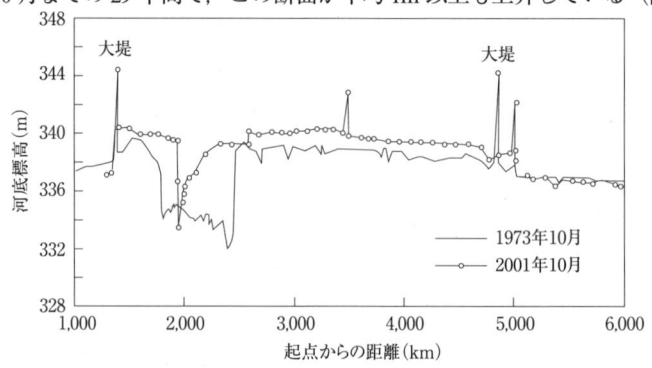

図5-9　渭河下流における渭淤9断面（華県下）の河道形態

河床が上昇を続けた結果，低水路の縮小をまねき，渭河の下流河道も「天井川」になると同時に，河岸流量が減少の一途をたどっている。統計によると，1994年以前，渭河華県観測所の河岸流量は4000〜5000m^3/sであったが，95年には1400m^3/sに急減している。その変化過程と来水量の変化過程は，一致する傾向を示している（図5-10）。

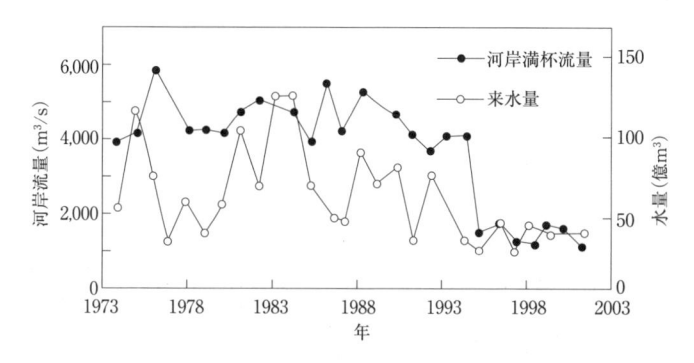

図5-10　華県観測所における来水量および河岸満杯流量の変化

3-2. 洪水の創出

　洪水による河道，とりわけ洪積河道の縮小防止効果にもとづき，ダム運用のさいに，洪水創出の意識をことに高める必要がある。河道に洪水がない場合，あらゆる手段を講じて，前期に蓄水したダムの水を利用して洪水をつくる必要がある。これは，増水期に備えてダムの容量を空けると同時に，洪水の創出によって河道の縮小およびダムと下流河道の堆砂を防ぎ，土砂の海への送出を実現することを意味する。

（Ⅰ）小浪底ダムによる洪水創出と下流河道の低水路の縮小防止

　小浪底ダムは，黄河下流に流入する水砂をコントロールするという戦略的な位置づけをもつ重要な巨大ダムである。増水期の再分割によって後増水期における低含砂量の洪水を溜め込み，翌年の春，灌漑用水のほか，残りの水量を「細水長流（細く長い水流）」ではなく洪水の形で放流すべきで，それによってその造床機能を生かすことができる。もちろん，洪水のピーク流量・過程および継続時間について，科学的な設計を行わなければならない。洪水ピークの設

計は，黄河下流河道における低水路の疎水能力にかかわる。もし検証を経て疎通能力 $4000m^3/s$ の下流河道低水路を維持する必要があれば，小浪底ダムによって創出する洪水のピーク流量を $4000m^3/s$ にすべきであろう。洪水創出とりわけ初期の洪水創出の河岸高水敷による損失を防ぐため，段階を追って進める方法をとるのが賢明であろう。すなわち，創出する洪水ピークを小から大へとする方法である。現段階で，黄河の下流河道の低水路は，2002年の $1800m^3/s$ から $3000m^3/s$ に拡大した。したがって，今後の小浪底ダムによる人工洪水のピーク流量 $3000m^3/s$ （低水路の非増水期における小水量過程の堆積を考慮したうえで，03年の増水期後の疎通能力は $3000m^3/s$ に達したが，安全面から人工洪水のピーク流量を $3000m^3/s$ より若干小さめにした方がよい）から，徐々に増大させ，最終的に低水路の設計疎通能力に到達させる。しかしながら，注意すべき点として，小浪底ダム増水期後の蓄水は非増水期における堆積の期間を経るため，土砂を翌年増水期前の人工洪水の創出とともに排出させるのが難しい。一方で，下流河道とりわけネック区間に人工攪乱をほどこし，人工洪水の余剰エネルギーを利用して堆砂への侵食効果を高め，あるいは当区間の不利な河道地形を改善する。じつは，第4章で述べた本川複数ダムによる連携運用と人工攪乱による調水調砂試験は，上記の方針にもとづいて実施したものである。小浪底ダムの増水期前における排水過程においては（04年6月19日～7月13日）二つの人工洪水をつくりだした。一つ目は，04年6月19日9時から6月29日0時間における花園口観測所での設計洪水ピーク流量が $2600m^3/s$ の洪水である。二つ目は，04年7月3日21時から7月13日8時間における花園口観測所での設計流量が $2800m^3/s$ の洪水である（図5-11）。

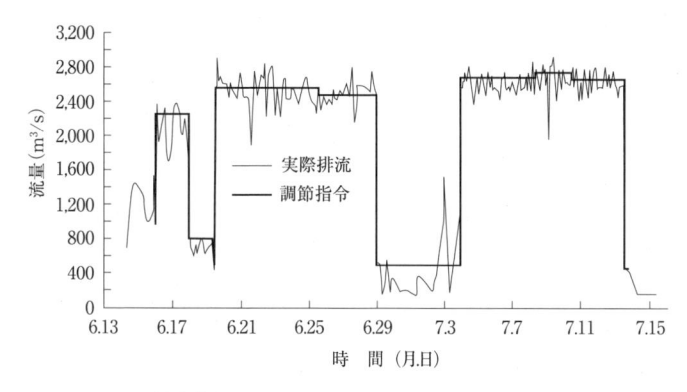

図 5-11　幹流複数のダムによる連携運用と人工撹乱による
　　　　　調水調砂試験期間における小浪底ダムの人工洪水過程

（Ⅱ）三門峡ダムの人工洪水による小浪底ダムの堆砂減少

　三門峡ダムは小浪底ダム位置の上流側 130km にあり，非増水期に蓄えた水を増水期到来前に放出させなければならない．三門峡ダムがどれだけの水量を排出するかは，小浪底ダムにとってきわめて重要となる．小浪底ダム湖とりわけダム湖末端の蓄水運用期間における堆砂は，それ自体の排流では排出できないため，小浪底ダム区で密度流を起こし，その特徴を利用して小浪底ダム内の細砂を排出させているのである．密度流の形成には，きわめて重要な条件を備えなければならない．それは，小浪底ダム区に流入する水量がじゅうぶんな単位幅の流量をもつことである．黄河本川の複数ダムによる連携運用と人工撹乱による調水調砂試験では，三門峡ダムの放流を上記の方針にもとづいて実施した．2004 年 7 月 5 日 15 時から，三門峡における人工洪水の排流を 2000m^3/s から 5130m^3/s へとしだい増加させた結果，小浪底ダム区で人工密度流が形成されて，土砂の排出に成功したのである．

（Ⅲ）古賢ダムの人工洪水による小浪底ダムの堆砂減少

　古賢ダムは黄河北幹流の下流側にある，総流量が 1657 億 m^3 のダムである．優れた調節能力をもつことはもちろん，その位置が黄河北幹流の水砂調節にとって重要である．

　三門峡ダムの放流は小浪底ダム区で密度流を形成することができるが，潼関高程の存在によって三門峡ダムの非増水期における蓄水量は限られる．この限られた水量では長く継続して，また強い推進力を形成して，小浪底ダムの土砂

を排出するには限界がある。いちおう，上流側にある万家寨ダムが三門峡ダムと連携の機能をもつものの，ダム容量が小さいうえ，小浪底ダムから遠いので，調節が難しい。これに対して，古賢ダムはその地理的な位置といい，調節能力といい，小浪底ダムとの連携・調節のパートナーとして理想的である。したがって，古賢ダムの運用方式の設計は，できるだけ非増水期において，翌年の増水期前に人工洪水による密度流の創出を行い，土砂を渤海に排出させるという条件を満たさなければならないのである。もちろん三門峡ダムは，古賢ダムと小浪底ダムのあいだに橋渡し的な役割をはたすことになる。

古賢ダムプロジェクト設計効果図

（Ⅳ）大柳樹ダムの人工洪水による寧夏・内モンゴル河道の縮小軽減

　1986年以来，龍羊峡・劉家峡ダムの運用が寧夏・内モンゴル河道に流入する水砂過程を変え，大流量の出現確率の急減と小流量持続時間の増加という現象をもたらした結果，寧夏・内モンゴル河道の水流の時系列変動がゆるやかになるとともに，河道堆積と河道縮小が深刻となった。

　大柳樹ダムは黄河黒山峡区間の下流に位置し，黄河上流区間における建設予定ダムのなかで，唯一高い本堤が建設できる場所である。立地条件が良いだけ

でなく，寧夏・内モンゴル河道から近い（龍羊峡・劉家峡ダムに比べて）。その運用方式の設計では，できるだけこのダムの龍羊峡・劉家峡ダムの発電排水へのフィードバックの影響，ないし南水北調計画における西線調水の水流への影響を考慮する必要がある。龍羊峡・劉家峡ダムによる自然の水砂過程の変化を改め，洪水の集中的なエネルギーによる寧夏・内モンゴル河道への侵食ポテンシャルを創出することによって，寧夏・内モンゴル河道の縮小傾向を食い止めて，段階的にそれを「地上河」にもどすのである。

大柳樹ダム建設予定地，韓三当 撮影

（Ⅴ）渭河人工洪水による渭河下流の堆砂への軽減

長期間にわたる小流量過程が，渭河下流河道に持続的かつ激しい土砂堆積をもたらしている。初歩的な分析によると，渭河下流河道における堆砂の移送・軽減の視点から，華県観測所での流量は1500m^3/s 以上とするのが妥当である。この流量規模が，渭河下流河道の深刻な堆砂を防ぐ下限流量である。したがっ

て，渭河下流で1500m³/s規模以上の洪水過程を創出するための条件を整えるべきである。

　黄河の第一支流としての渭河は水資源の需給関係が矛盾する地区に位置するため，渭河人工洪水に必要な水資源は本流域では確保が難しい。そこで，長江三峡ダム区から水を調達して，秦嶺山脈をくぐらせ，渭河に流入させることを提案する学者がいる。これは検討に値する方案であり，少なくとも水源に関しては確実であるうえ，長さもそれほど長くなく，工事技術の面でも大きな制約要素が存在しない，と著者は考える。カギは渭河流域でいかにして渭河人工洪水の条件を満たす調節ダムを探すかである。渭河本川ではこのようなダム建設予定地を見つけることが困難であり，支川では容量が小さく要求を満たすのは難しい。そこで複数のダム連携運用案を設計する必要がある。渭河左岸にある涇河東庄ダムを渭河下流における人工洪水の創出に加えるべきであろう。

（Ⅵ）長期的に南水北調中線プロジェクトと黄河人工洪水の関係を研究する必要性

　南水北調中線プロジェクトはすでに着工されているが，地下管道案すなわち黄河の下を潜るこのプロジェクトには，黄河への水補給内容が含まれない。短期的にみれば，水需要が切迫している地区の水問題や国家の財力事情などを考慮し，黄河生態用水の設計目標をはずすのも一理あるかもしれない。しかしながら，長期的にみた場合，黄河治水の重要性および国家財政収入の増加から，南水北調中線プロジェクトによる黄河生態保全への補水事業の実現は決して非現実ではない。

　少なくとも現行の水利施設の条件下においては，いったん漢江水源地と華北受水区が同時に水浸しになった場合，水調達の施設が閑置状態になるため，黄河への生態補水が可能となる。さらに長い観点でみた場合，水調達ラインの給水能力を一層拡大することで，目標を達成できる。これとともに，黄河本川の桃花峡にダム（旁側式が良い）を建設して，南水北調中線の水調達について調節と蓄水を行いながら，その上流にある小浪底ダムとの連携運用を通して，下流河道に必要な洪水ピーク流量とその過程を創出するのである。

第6章 黄河の粗粒土砂を制御する「三つの防御線」

　黄河本川の三門峡，支流の伊洛河黒石関と沁河小薫（武陟）観測所における1919～77年の水文資料によると，黄河の年間平均送砂量16億トンのうち約1/4が下流河床に堆積し，1/4が深海へ流入し，1/2が海岸域に堆積する。黄河の下流河床に堆積を重ねた結果，その河道は黄淮海平原に聳え立つ「天井川」となった。一般的な意味では，土砂の堆積こそが黄河の下流河床が「天井川」になった根本的な原因であると考えられている。しかし，すべての土砂が河床堆積をもたらすというわけではなく，堆砂の主要成分は粗粒土砂である。

　黄河の粗粒土砂に関する概念は，土砂専門家である故・銭寧教授が最初に提起した。「黄河下流の異なる区間の河岸・低水路の構成物質を分析すると，低水路とりわけ低水路の深底の堆砂はほとんど0.05mm以上の粗粒土砂である。河岸砂地では，河道が振れ動くため，粗粒土砂が半分以上を占める。下流河道の堆砂を減らすには，おもに0.05mm以上の粗粒土砂をコントロールすべきである」[67]。「黄河は流域が広く，治水の任務が非常に重いことにかんがみて，重点を明確にして力を集中させ，現段階で粗粒土砂の源区の整備に力を集中させて，うまく対処できれば，黄河下流の堆砂状況は大きく好転する」[67]と，彼は明確に提案している。この論点の提起が，黄河治水上の重大な突破口である。

1. 黄河堆積物の粒径分析

　国際土壌機械組成分類基準によると，土壌顆粒の有効直径 $d=2.0～0.2$mm が粗粒土砂，$d=0.2～0.02$mm が細粒土砂，と定義される（表6-1）。

　中国土壌機械組成分類基準によると，土壌顆粒の有効直径 $d=1～0.25$mm が粗粒土砂，$d=0.25～0.05$mm が細粒土砂，と定義される（表6-2）。

表 6-1　国際土壌機械組成分類 [76]

顆粒有効直径(mm)	分類命名
>2.0	礫
2.0～0.2	粗砂
0.2～0.02	細砂
0.02～0.002	粉砂
<0.002	粘土

表 6-2　中国土壌機械組成分類 [76]

顆粒有効直径(mm)	分類命名
>10	石塊
10～3	粗礫
3～1	細礫
1～0.25	粗砂
0.25～0.05	細砂
0.05～0.005	粉砂
<0.005	粘土

銭寧教授が提起した粗粒土砂は，表 6-1 と表 6-2 のとおりの分類ではなく，顆粒直径が $d \geq 0.05$mm の土砂のことである。この部分の土砂は，黄河ダムおよび下流河道の堆積物のなかで占める割合が高く，その作用を強調するため，特別に相対的な意味をもつ定義がされたのである。

1-1．三門峡ダム堆積物の粒径分析

三門峡ダムは 1957 年 4 月に着工し，60 年 9 月に貯水を始めた。62 年 3 月までは高水位「貯水遮砂」運用となり，その後「滞洪排砂」に改められた。64 年から改修工事が始まった。60～64 年，ダム区の土砂堆積は 44.42 億トンにのぼり，そのうち低水路の堆積量は 17.86 億トン，河岸砂地の堆積量は 26.56 億トンである。低水路の堆積物のなかで，$d \geq 0.025$mm の土砂が 82.3%，$d \geq 0.05$mm の土砂が 64.9%，$d \geq 0.10$mm の土砂が 37.4% をそれぞれ占める（表 6-3）。65～73 年，ダム改修工事が完了してから運用方式が改められ，60～64 年に比べ，排砂能力が増大するとともに，ダムの堆積速度が下降した。この間，堆積土砂量は 12.07 億トンであり，ダムの排砂によって細粒部分土砂がダム外に排出され，残留堆積物が粗くなった。低水路の堆積物の中で $d \geq 0.025$mm の土砂が 94.7%，$d \geq 0.05$mm の土砂が 81.9%，$d \geq 0.1$mm の土砂が 49.7% である（表 6-3）。1974～2003 年，ダムの「貯清排濁」運用が採用されると，堆積の速度が一段と下降した。この期間に堆積した土砂は 12.73 億トンであり，低水路の堆積物で $d \geq 0.025$mm の土砂が 89.1%，$d \geq 0.05$mm の土砂が 68.9%，$d \geq 0.10$mm の土砂が 41.0% をそれぞれ占める（表 6-3）。

表 6-3　三門峡ダム区 1960 〜 2003 年における堆積物の粒径 [77]

期　　間	堆積部位	堆積量 （億t）	某粒径(mm)より大きい土砂の砂重パーセンテージ(%)				
			0.025	0.05	0.10	0.25	0.50
1960〜1964	低水路 高水敷 全断面	17.86 26.56 44.42	82.3 74.3 77.6	64.9 40.3 50.2	37.4 20.6 27.3	7.2 3.5 5.0	0.9 0.3 0.5
1965〜1973	低水路 高水敷 全断面	3.21 8.86 12.07	94.7 72.3 79.6	81.9 39.9 53.6	49.7 18.3 28.5	13.5 5.2 7.9	1.5 1.3 1.4
1974〜2003	低水路 高水敷 全断面	4.30 8.43 12.73	89.1 67.2 74.6	68.9 35.9 47.1	41.0 15.4 24.1	9.9 4.2 6.1	1.2 0.3 0.6
1960〜2003	低水路 高水敷 全断面	25.37 43.85 69.22	85.9 70.7 76.3	66.2 37.6 48.1	37.6 16.1 24.0	8.2 3.8 5.4	0.9 0.4 0.6

　表 6-3 でわかるように，三門峡ダムが 1960 年に貯水を始めてから 2003 年までの 44 年間で，堆積した土砂は 69.22 億トンで，そのうち低水路の堆積が 25.37 億トンで 36.65%，河岸砂地の堆積が 43.85 億トンで，63.35% をそれぞれ占める。2 回にわたって改築し，しかも「貯清排濁」運用を採用した三門峡ダムにとって，低水路の容量の確保がきわめて重要であるから，ダムの低水路部分の減少による容量確保がカギとなる。三門峡ダムの 60 〜 03 年の低水路の堆積物の中で，$d \geq 0.025$mm の土砂が 85.9%，$d \geq 0.05$mm の土砂が 66.2%，$d \geq 0.10$mm の土砂が 37.6% をそれぞれ占める。この比率が河岸砂地を上回ることから，粗粒土砂のダム低水路容量への被害は，河岸砂地への被害より大きいわけである。

　ダムの貴重な低水路容量の保持またはその堆砂軽減という視点から，粗粒土砂をコントロールすることは必要というだけでなく，非常に切実なのである。

1-2. 黄河下流河道の堆積物の粒径分布

　黄河本川の桃花峪以下は下流河道となり，長さが 786km である。下流河道の河床はほとんどが背後地面より 4 〜 6m と高く，両岸の平原より高いことから，「天井川」として天下に名が知られている。桃花峪から河口まで低山丘陵である南岸，東平湖〜済南区間を除いて，残りの区間ではすべて築堤され，堤防の延長は 1371km に及ぶ。

黄河下流河道に流入する洪水と土砂は流下過程において逓減し，河道堤防間の幅および河道低水路の形態は「上広下狭（上流が広く下流が狭い）」という特徴をもつ．桃花峡～高村区間では長さ207km，平均縦断勾配が1.8‰，堤防間距離が平均約10kmで最大24km，河道低水路の幅が平均3～5kmである．この区間の河道は典型的な移動性河道（wandering river way）に属し，河床の侵食・堆積の変化が激しい．水流も寛・浅・散・乱といった特徴をもち，歴史上重大な改道がこの区間に起きており，黄河下流における洪水防災の重要区間である．とくに東垻頭～高村区間では河道の長さ66km，左岸河岸水位が臨河河原を0.52～2.98m上回り，平均で1.96mである．河原は平均幅が5.5km，横断勾配が5.15‰で，河道縦断勾配よりいちじるしく大きい．右岸河岸水位は臨河河原を0.62～4.34m上回り，平均2.09mとなり，河原は平均幅が4.85kmで，その横断勾配が平均で5.84‰であり，河道縦断勾配よりもいちじるしく大きい．この区間部分の低水路の河床高程はすでに臨河河原の高程を上回っており，黄河下流河道＝「天井川」の深刻な区間である[78]．高村断面の堆積および「二次天井川」の形勢は図6-1のとおりである．

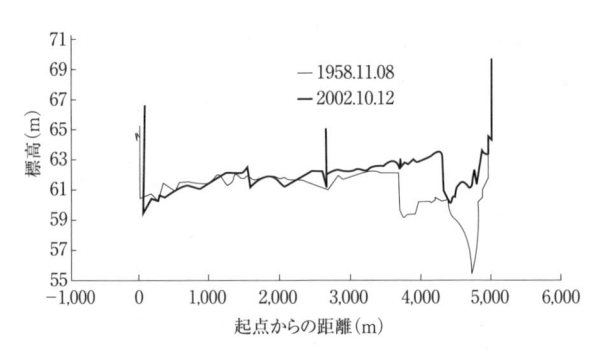

図6-1　高村断面における堆積および「二次天井川」[78]

　高村～艾山区間は，長さ194kmで平均縦断勾配1.2‰，堤防間距離が1.5～8.0km，低水路が0.5～1.6kmであり，過渡性の区間である．そのうち，高村～陶城鋪区間は，長さ165kmで，左岸では河岸水位が臨河河原より1.08～3.43m，平均で2.17m高く，河原は平均幅が4.2km，横断勾配9.8‰で河道の縦断勾配をいちじるしく上回る．一方，右岸では，河岸水位が臨河河道より0.84～2.78m高く，平均で2.15m，河原平均幅が2.86km，河原横断勾配が

10.39‰にも達し，河道縦断勾配を大きく上回り，「二次天井川」の形勢を顕著に表している[78]。双合嶺断面における堆積および「二次天井川」の形勢は図 6-2 のとおりである。

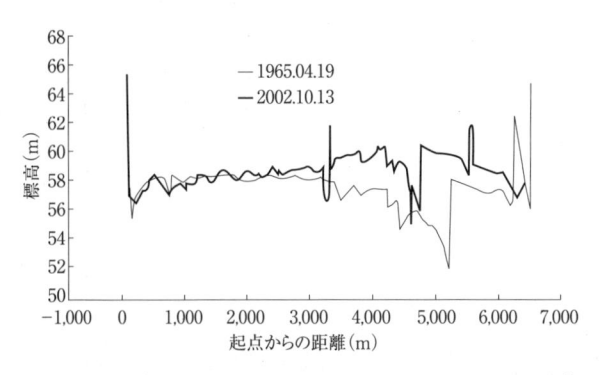

図 6-2 双合嶺断面における堆積および「二次天井川」[78]

　艾山～利津区間では，河道の長さが 282km，平均縦断勾配が 0.9‰，堤防間距離が 1 ～ 3km，低水路幅が 0.4 ～ 1.2km で，河勢の規則的で安定した弯曲型区間に属する。利津以下は黄河の河口区間となり，長さが 104km，平均縦断勾配が 0.7‰である。現在の黄河河口の海への流路は，1976 年の人工改道後に清水溝を経て堆積して形成された新しい河道であり，渤海湾と莱州湾の合流地点に位置する弱潮陸相河口である。最近 50 年来，河口の堆積前進につれ，新たな陸地面積が年間平均で 24km^2 に達している。

黄河艾山区間，林虎 撮影

　実測データ分析によると，1950〜97年における黄河下流河道の総堆積量は91.24億トンで，このうち艾山以上の堆積量は75.90億トンであり，これは総堆積量の83.2%を占める。一方，艾山以下の堆積量は15.34億トンで，総堆積量の16.8%に過ぎない。艾山以上河道の移動性，「一次天井川」および「二次天井川」の形勢と堆積量の全下流に占める割合などを考慮すると，重点的に桃花峪〜艾山区間の河道堆積物の粒径について分析を行うことが重要な意味をもつ。

　三門峡ダムの1960年9月からの貯水遮砂運用以来，下流河道堆積物の構成がダム運用の影響を受けている。したがって，河道の自然状態下での堆積物の構成を分析するには，期間設定を60年以前にする必要がある。黄河下流河道の桃花峪〜艾山区間について分析すると，低水路の堆積物の中で $d \geq 0.025$mm の土砂が90.0%，$d \geq 0.05$mm の土砂が77.7%，$d \geq 0.10$mm の土砂が47.4%をそれぞれ占めることが明らかになった（表6-4）。

表 6-4　1950 年 7 月～60 年 6 月桃花峡～艾山区間の堆積物の構成 [77]

堆積部位	堆積量(億t)	粒径(mm)累加百分率(%)				
		0.025	0.05	0.10	0.25	0.50
低水路	5.3	90.0	77.7	47.4	5.02	0.11
高水敷	20.9	70.8	39.8	10.6	0.77	0.09
全断面	26.2	74.7	47.5	18.1	1.63	0.10

　長い時系列（1950 年 7 月～97 年 10 月）での分析によると，河原の堆積物の構成には大きな変化が認められない一方，低水路の堆積物は短い時系列（50 年 7 月～60 年 6 月）の堆積物より若干細かくなっていることが明らかになった。これは三門峡ダムの運用による影響と考えられる。

表 6-5　1950 年 7 月～97 年 10 月における桃花峡～艾山区間の堆積物の構成 [77]

堆積部位	堆積量(億t)	粒径(mm)累加百分率(%)				
		0.025	0.05	0.10	0.25	0.50
低水路	21.2	87.9	73.9	43.7	7.1	0.3
高水敷	47.9	70.9	39.9	10.7	0.8	0.1
全断面	69.1	76.1	50.3	20.8	2.7	0.2

　また，黄河下流河道の異なる期間の各粒径土砂の堆積比の分析によると，異なる粒径の土砂堆積の比差が大きいことがわかる（図 6-3）。1990 年代，黄河下流河道に流入する水量が激減し，花園口断面で 10000m³/s を超える洪水が 1 回も起きていないことに加え，長期にわたる小流過程および漑区引水の無秩序が，利津断面でほとんど毎年の断流を引き起こしている。この間，同じ粒径の土砂堆積比が明らかに増大している（図 6-4）。

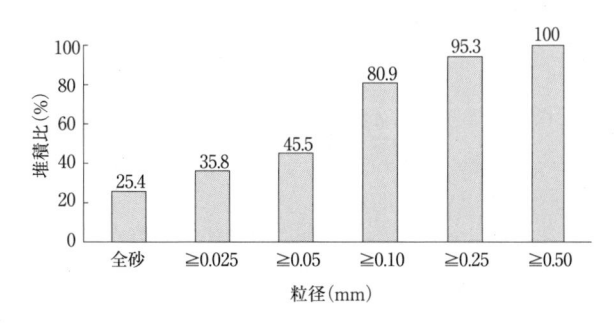

図 6-3　1950～2002 年小浪底～利津区間における各粒径土砂堆積比 [77]

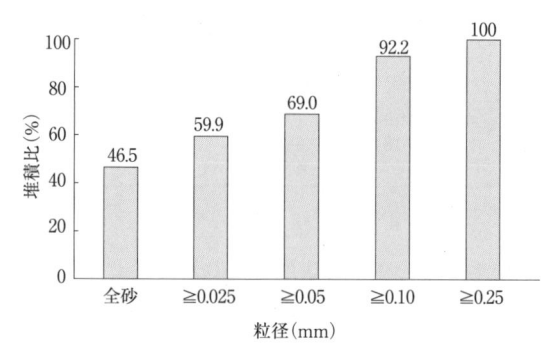

図 6-4 1990〜99 年小浪底〜利津区間における各粒径土砂堆積比[77]

一般に，水流含砂量が一定値に達し，細粒土砂が一定の含量に達した場合，水流はニュートン流体からビンガム流体に変わる。ビンガム流体は，さらに均質流と非均質流に分けられる。均質流には土砂分選現象が存在しないので，摩擦さえ克服すれば，流体が全体として運動する。均質流の形成条件は，最大粒径の土砂の濁流での重量がビンガム流体限界断力による摩擦より小さいことである。1969〜77 年，黄河中下流で 7 回の高含砂洪水が起きており，この 7 回の洪水の特性にもとづき，それぞれ花園口観測所および利津観測所での土砂懸浮粒径を計算した（表 6-6）。

表 6-6 黄河下流の 7 回高含砂量洪水の浮遊土砂粒径（d）の計算結果[79]

洪水ピーク時間 (年.月.日)	洪水ピーク流量(m^3/s)	花園口観測所		利津観測所		利津観測所最大含砂量と花園口観測所との比
		最大含砂量 (kg/m^3)	d(mm)	最大含砂量 (kg/m^3)	d(mm)	
1969.8.2	4,500	237	0.0067	101	0.0015	42.6
1970.8.31	5,830	405	0.0254	112	0.0017	27.7
1971.7.28	5,040	192	0.0027	86.5	0.0005	45.1
1971.8.23	3,170	170	0.0022	104	0.0008	61.2
1973.9.3	5,890	449	0.0176	191	0.0045	42.5
1977.7.9	8,100	546	0.028	196	0.0040	35.9
1977.8.8	10,800	457	0.018	188	0.0030	41.1

表 6-6 からわかるように，花園口観測所と利津観測所の懸浮粒径は小さく，粒径の大きい高含砂洪水は均質流を形成しなかった。花園口観測所での懸浮土砂粒径が大きいほど，洪水が利津観測所に到達したさいの最大含砂量の花園口での最大含砂量に占める比率が小さくなる。たとえば，1977 年 7 月 9 日〜77

年8月8日の洪水時がその例である．そのうち，70年8月31日の洪水では，花園口観測所での懸浮土砂の粒径は77年7月9日に次いで2番目に大きいが，利津観測所での最大含砂量と花園口観測所との比は77年7月9日の洪水より低い．これはおもに70年8月31日の洪水ピーク流量が77年7月9日より小さいからである．

　以上をまとめると，以下のような結論が得られる．三門峡ダムであれ，黄河下流河道であれ，土砂粒径が大きいほど堆積比が大きくなる．三門峡ダムの低水路貯水容量に堆積した土砂では，$d \geq 0.025$mm のものが85%以上であり，そのうち $d \geq 0.05$mm の土砂が2/3を占め，$d \geq 0.10$mm の土砂が1/3を超える．黄河下流桃花峡～艾山区間の低水路に堆積する土砂では，$d \geq 0.025$mm のものが約90%を占め，そのうち $d \geq 0.05$mm の土砂が3/4を占め，$d \geq 0.10$mm の土砂がおよそ1/2である．同時に，注意すべきは，粗流土砂を減らすことが水流懸浮土砂の粒径分布に変化をもたらし，それによって下流河道の送砂能力が高まり，下流河道の堆砂が減少することである．したがって，ダムおよび河道の堆砂を減らすには，まず粗粒土砂対策を強く打ち出し，各種の治水整備措置を粗粒土砂のコントロールを中心に，科学的に処置する必要がある．こうすれば，黄河の土砂整備は目標を定めて行え，小さな努力で大きな効果をあげることができるのである．

2. 黄河の粗粒土砂を制御する「三つの防御線」

2-1. 防御線1──黄土高原水土流失への「先粗後細」による対策

　黄河は面積64万 km² にのぼる世界最大の黄土高原を流れる．黄土高原の土壌はふっくらとして柔らかく，耐侵食性がきわめて弱い．黄土高原地域の気候は乾燥し，植被が少なく，斜面勾配が急で谷が深く，豪雨が集まって，中国ないし世界で水土流失面積がもっとも広く，侵食の強度がもっとも強い地区である．1990年リモート＝センシング調査資料によると，黄土高原の水土流失の面積は45.4万 km² にのぼる．そのうち，侵食率が8000t/（km²・a）を上回る極強水力侵食面積が8.5万 km² で，全国の同類面積の64%を占める．また，侵食率が1.5万 t/（km²・a）を上回る劇烈水力侵食面積が3.67万 km² で，全国の同類面積の89%である[42]．龔時暘・熊貴枢両氏は，1955～74年の時系列デー

タにもとづいて,黄河上・中流の土砂侵食率図を作成した(図6-5)。黄土高原の黄土粒径成分はいちじるしい帯状分布の特徴をもつ。北西から南東へ,中央粒径で0.045mmを上回るものが徐々に0.015mm以上に減少している(図6-6)。

黄土高原を流れる黄河,殷鶴仙 撮影

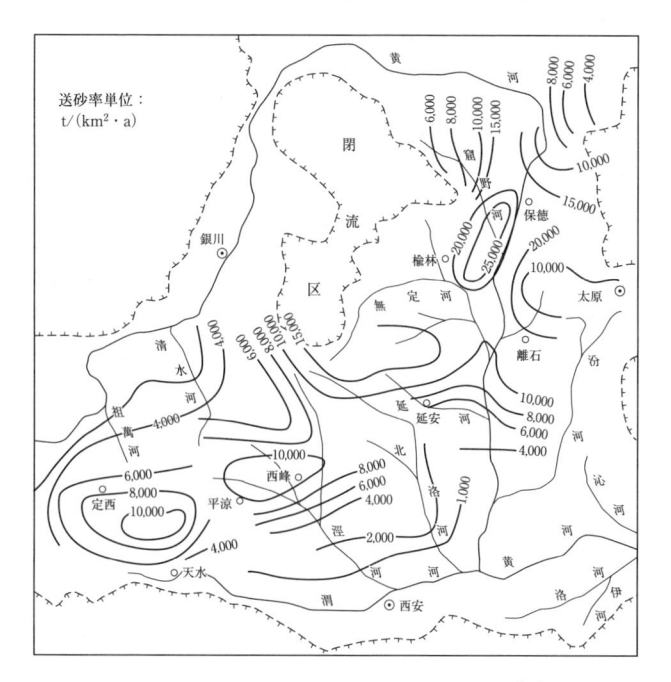

図6-5 黄河上・中流における土砂堆積図[81]

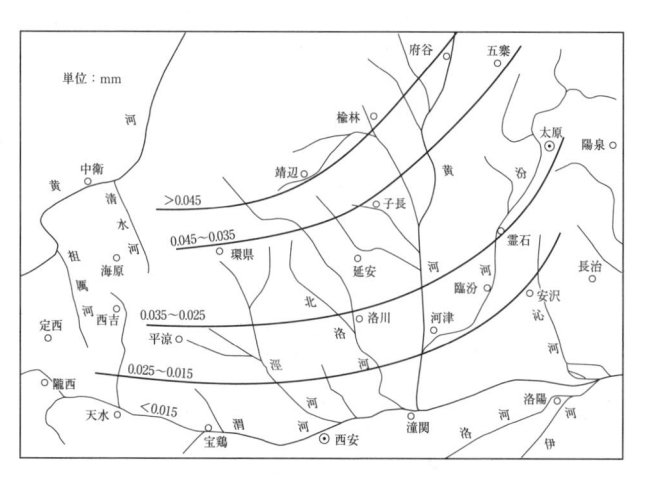

図6-6 黄河中流における黄土粒子中央粒径の変化[67]

　銭寧氏は黄河粗粒土砂の概念を提案し，粗粒土砂の黄河下流河道に対する堆積の「寄与」を分析しただけでなく，粗粒土砂の源区について長期にわたる研

究を続けてきた。彼は王可欽・閻林徳・府仁寿三氏とともに，1980年3月に北京で開催された第1回河流土砂国際学術シンポジウムで発表した「黄河中流粗粒土砂源による黄河下流侵食・堆積の影響」のなかで，「黄河下流の堆積上昇は，おもに5万km^{2}の粗粒土砂源からの来砂によってもたらされたものである」[67]と指摘している。これを明らかにすることが，生産にとって重大な意義をもつ。「0.05mmを上回る粗粒土砂は，おもに二つの区域に集中している。第一区は黄甫川から禿尾河などの各支流の中・下流地区であり，粗粒土砂の送砂率が1000t/（km^2・a）に達する。第二区は，無定河中下流（粗粒土砂の送砂率が6000～8000t/(km^2・a)）および広義の白於山河源区（粗粒土砂の送砂率が6000t/(km^2・a)程度）」[67]である。

龔時暘・熊貴樞両氏は黄河土砂源と地区分布について研究し，「黄河下流河道の堆積に影響がきわめて大きい粗粒土砂（$d \geq 0.05$mm）のなかで，80％のものが11万km^{2}から，50％のものが4.3万km^{2}から来砂しており，このことは黄河の土砂問題を解決するさい重点整備地区を選ぶのに重要な手がかりとなる」[80]，と述べた。

1996～99年，黄河水利委員会・陝西師範大学地理学部・中国科学院地理研究所・内モンゴル水利科学研究院の科学者は，黄河中流多砂粗粒土砂の範囲確定および土砂発生・送砂のメカニズムについて研究を深めた。そして，$d \geq 0.025$mmの土砂が黄河三門峡ダム区および下流河道の堆積量の85％以上を占めるにもかかわらず，この土砂の分布範囲が広く，同じ侵食率ではその面積が$d \geq 0.05$mm土砂の分布範囲を上回るので，重点整備には不利である，という結論を出した。これにより，1996～99年の研究は，黄河三門峡ダムおよび下流河道の低水路堆積にもっとも危害を与えるのは$d \geq 0.05$mmの粗粒土砂であり，送砂率などの指標，野外調査とリモート＝センシング等の総合分析にもとづいて，黄河中流の多砂粗粒土砂区面積は7.86万km^{2}という検証結果を明らかにした[86]（図6-8）。

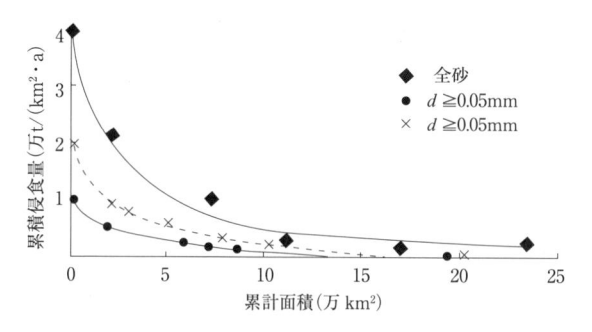

図6-7 $d \geqq 0.025$mm と $d \geqq 0.05$mm（同じ侵食率で）土砂分布の面積差

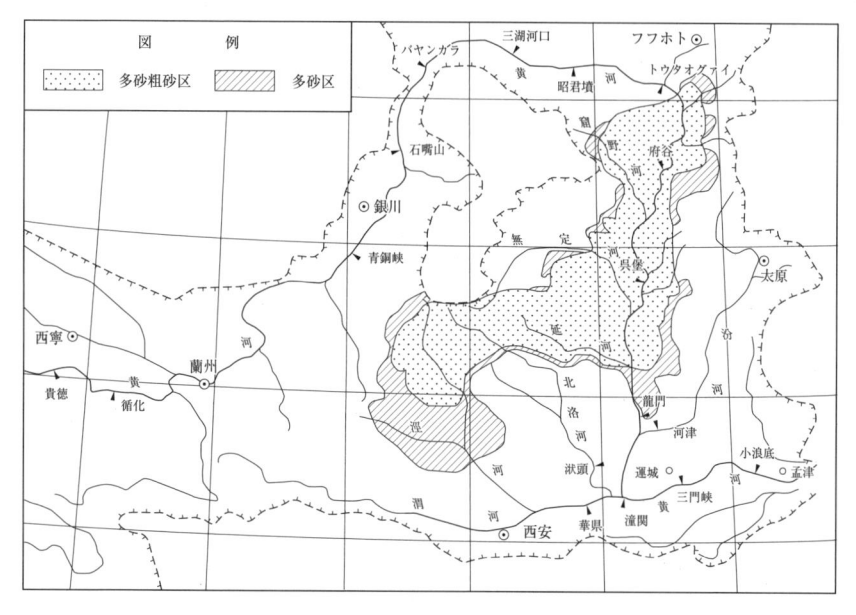

図6-8 黄河中流における多砂粗砂区（7.86万 km²）区域界隈

　7.86万 km² の多砂粗粒土砂区が面積としてはわずか黄河中流（河口鎮〜桃花峡）面積の22.8%を占めるにもかかわらず，産出する土砂量は11.82億トンにも達し，これは中流同期（1954〜69年）における実測値送砂量（17.07億トン）の69.2%に相当する。また，産出する粗粒土砂量は3.19億トンに達し，これは中流同期における実測総粗粒土砂送砂量（4.13億トン）の77.2%を占める[82]。

　7.86万 km² の多砂粗粒土砂区が見つかり，初歩的に黄土高原における水土

流失整備の重点が明確になった。しかし，この多砂粗粒土砂区は，黄土高原の水土流失のもっとも深刻な地区であるばかりでなく，黄土高原で経済がもっとも立ち遅れ，生態系がもっとも脆弱な地でもあり，同時にもっとも整備が困難で整備投入金額がもっとも多い地区である。地元の経済発展レベルにかんがみて，国家が主導整備資金を投入するさい，地方には負担出資分の能力が低いため，この地区は整備資金投入不足におちいっている。このことから，国家による予算投入規模と当地の経済レベルについていえば，7.86万 km^2 の多砂粗粒土砂区の面積は少し大きすぎる。

したがって，現存 7.86万 km^2 に及ぶ多砂粗粒土砂区面積のうちで，さらに顆粒直径より大きい，侵食率がより大きい水土流失区域に絞り込むことで，重点的な整備を行う必要がある。つまり，一方では範囲を縮小し，集中整備をしやすくする。一方では，黄河本川三門峡ダム・小浪底ダムと黄河下流河道で一日も早く中流における土砂遮減効果を実現するべきである。

さらに，多砂粗粒土砂区の面積を縮小させるには，二つの手段がある。一つは，$d \geq 0.05$mm 以上でさらに細分することである。たとえば，$d \geq 0.10$mm 土砂侵食率の大きい分布面積を探すことである。もう一つは，$d \geq 0.05$mm 区域内でさらに侵食率を上げることである。いずれの手段にしても，各地の地形単元ごとの全土砂・侵食率で等値線を描く方法を基本に，補助として野外地質調査・地形調査・サンプリングなどの方法を用いて，できるだけ境界を正確に確定する。同時に，粗粒土砂源にもとづいて重点整備の必要な支川を確定し，多砂粗粒土砂区を流れる支川をその黄河下流堆積への「寄与」度によって，重点整備の順番を決める。

順番を決めるさいには，以下の原則に準拠する。

1) 産出土砂の粒径。
2) 産出土砂の粒径が同じ場合，侵食率を比較して決める。
3) 粒径・侵食率が同じ場合，多砂顆粒土砂区の支川流域面積に占める比率を比較して決める。

選び出された支川において多砂顆粒土砂区をその支川の関連位置に配分し，これによってその支川に採用する整備措置と工程を確定する。

黄河支川窟野河，劉自国 撮影

以上の原則によって，$d \geq 0.1\mathrm{mm}$ 土砂の侵食率ごとの面積および産出土砂量について分析を行うことができる。その結果を表 6-7 に示す。表 6-7 の結果を黄河中流の多砂粗粒土砂区（7.86万 km^2）に適用すると，$d \geq 0.10\mathrm{mm}$ 土砂の各侵食率における分布位置を具体的に確定することができる（図 6-9）。

表 6-7　$d \geq 0.10\mathrm{mm}$ 土砂の各侵食率における面積および産出土砂量[77]

侵食率 (t/(km²·a))	面積 (万km²)	7.86万km²に 占める比率(%)	産出土砂量 (億t)	7.86万km²の土 砂産出量に占め る比率(%)	関連支川(本)
>5,600	0.21	2.7	0.16	18.0	3
>2,800	1.17	14.9	0.49	55.1	9
>1,400	1.88	23.9	0.61	68.5	11
>700	3.94	50.1	0.76	85.4	20
>350	5.80	73.8	0.84	94.4	25

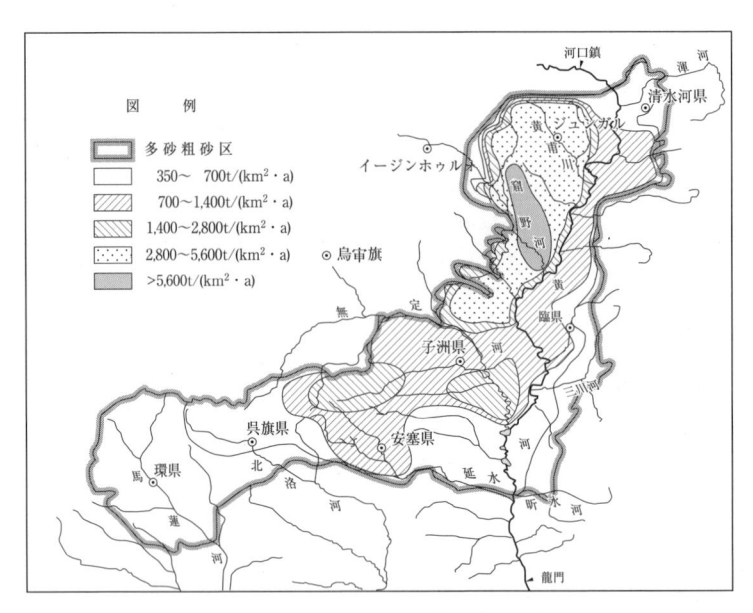

図6-9　$d \geqq 0.10$mm 粗砂の各侵食率分布区域

　黄河の粗粒土砂をコントロールする「バリアー1」を築くには，「先粗後細」の整備順序で工程の段取りをつける。

　$d \geqq 0.10$mm 土砂の侵食率の大きい区域を，粗流土砂整備の第1期工事とする。第1期工事の配置では，侵食率の大きいものから小さいものへ，すなわち先に侵食率が 5600t/（km^2・a）を上回る区域を，次に侵食率が 2800t/（km^2・a）を上回る区域，さらに侵食率が 1400t/（km^2・a）を上回る区域を順番に治めてゆく。

　$d \geqq 0.05$mm の土砂侵食率の大きい区域を，粗粒土砂整備の第2期工事とする。第2期工事の配置では，先に侵食率が1万 t/（km^2・a）を上回る区域を，それから侵食率が 5000t/（km^2・a）を上回る区域を，さらに侵食率が 2500t/（km^2・a）を上回る区域を治めてゆく。$d \geqq 0.05$mm 土砂の各侵食率における面積およびその土砂産出量を表6-8に示す。

表 6-8　$d \geq 0.05$mm 土砂の各侵食率における面積およびその土砂産出量[77]

侵食率 (t/(km²·a))	面積 (万km²)	7.86万km²に 占める比率(%)	産出土砂量 (億t)	7.86万km²の土 砂産出量に占め る比率(%)	関連支川(本)
>10,000	0.22	2.8	0.35	11.0	7
>5,000	1.97	25.1	1.57	49.2	11
>2,500	4.43	56.4	2.41	75.5	22

表 6-8 の結果を黄河中流の多砂粗粒土砂区（7.86 万 km²）に適用すると，$d \geq 0.05$mm 土砂の各侵食率における分布位置を具体的に確定することができる（図 6-10）。

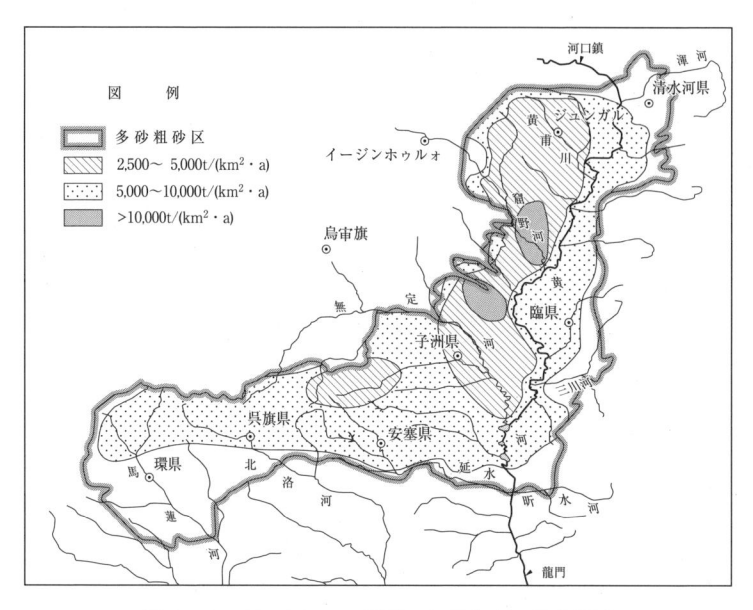

図 6-10　$d \geq 0.05$mm 粗砂の各侵食率の分布区域

$d \geq 0.025$mm 土砂の侵食率が大きい区域を，粗粒土砂整備の第 3 期工事とする（図 6-11）。第 3 期工事の配置では，依然として侵食率の大きいものから小さいものまでの順番で段取りをつける。

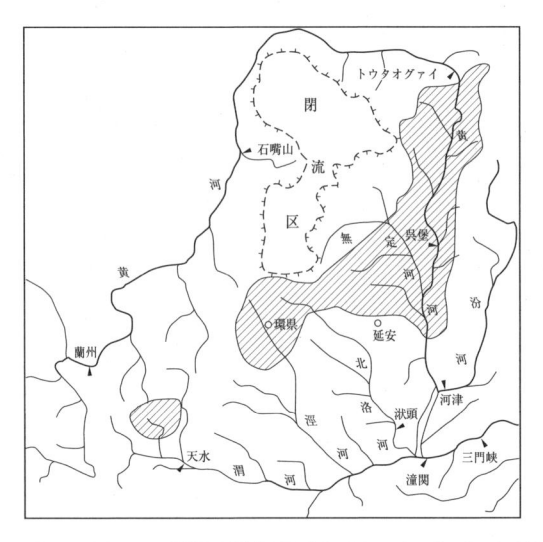

図6-11　$d \geqq 0.025$mm 粗砂の侵食率が 2800t/（km^2·a）を上回る区域

　黄土高原の水土流失区は，もし「先粗後細」の順番で整備を進めれば，短期内に主要問題点をしっかりつかみ，目標を定めてからより効果的な整備措置をとり，早いうちにわずかの努力で大きい成果をあげることができるであろう（図6-12）。

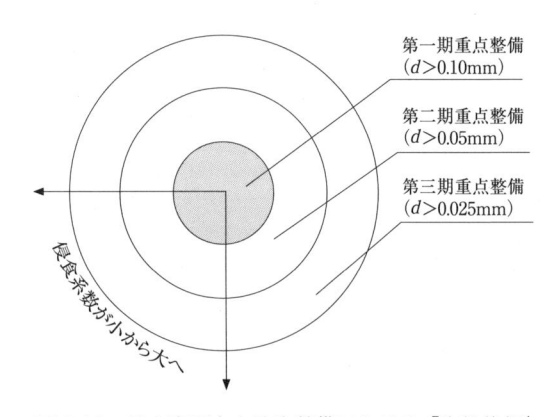

図6-12　黄土高原水土流失整備における「先粗後細」

　上に述べた粗粒土砂整備の3期工事のなかで，重複する区域が存在する場合，整備措置の手配について，より粗い土砂区域を基準とする。強調しなけれ

ばならないのは，各工期が対応する土砂粒径が異なるので，侵食率が違う確定した $d \geqq 0.10$mm の多砂粗粒土砂区域では，工事措置の配置が $d \geqq 0.05$mm 多砂粗粒土砂区域よりさらに密度が高く，規模もさらに大きいということである。もちろん $d \geqq 0.05$mm 多砂粗粒土砂区域の工事措置配置は，$d \geqq 0.025$mm 多砂粗粒土砂区よりもっと密度が大きく，規模もさらに大きい。土砂の粒径が大きいほど，黄河本川ダムおよび下流河道低水路における堆積比も大きいので，あらゆる手段を尽くして粗粒土砂を「遮断」しなければならない。このような水土流失区では，黄河本川の水資源への「貢献」が，黄河本川の土砂とりわけ粗粒土砂への「貢献」よりはるかに小さい。したがって，土砂を遮断するさいに水資源をも遮断するが，黄河本川にとって土砂減少の比率は水量減少の比率よりはるかに大きいため，含砂量とりわけ粗粒土砂の含砂量をいちじるしく低減させ，ダムおよび河道で堆砂を減少するのに有利である。たとえば，長年平均状況をみれば，本川の龍門観測所の平均含砂量は 37kg/m^3 であり，多砂粗粒土砂区に位置する黄甫川・窟野河と無定河 3 本の支川の水と砂を全部「飲みほし，食べ尽くし」ても，本川の龍門観測所の平均含砂量を 27kg/m^3 に低減でき，土砂減少比が 27.4% に達するのに対して，龍門観測所での水量減少はわずか 11.4% である。

　指摘すべきは，黄河中流地区の多砂粗粒土砂区で，水文監視観測ネットがまだ少なく，一部の地区では皆無という現状では，多砂粗粒土砂区の土壌浸食と土砂の移送過程に対するモニタリングの要求をはるかに満たしていないということである。今後，黄河中流多砂粗粒土砂区の水文観測ネット整備において，この区域の土砂の黄河本川のダムおよび下流河道に対する危害をじゅうぶんに認識し，できるだけ早く水文観測ネットが観測の要求を満たすようにすると同時に，この区域の各種降雨過程における土砂産出と洪水過程における土砂移送の正確な予測予報に向けて，さらに努力すべきである。

　黄土高原の水土流失整備措置および水土流失メカニズムについての研究も，多砂粗粒土砂区を中心に展開しながら，さらに力を注ぐべきである。

2-2. 防御線 2 ── 黄河小北幹流の分水堆砂における「堆粗排細」

　黄河禹門口～潼関区間は習慣上黄河小北幹流と呼ばれ，河道の長さは 132.5km，平均川幅 8.87km（表 6-9），河道面積 1107km^2，河原面積 682.4km^2 で，

そのうち耕地面積68.39万畝，人口7.96万人である（表6-10）。

表6-9 黄河小北幹流河道の基本形態の特徴

区間	長さ(km)	河道幅(km)			平均勾配(‰)
		最広	最狭	平均	
禹門口—廟前	42.5	13.0	3.5	6.60	0.57
廟前—夾馬口	30.0	6.6	3.5	4.73	0.47
夾馬口—潼関	60.0	18.8	3.0	11.59	0.31
禹門口—潼関	132.5	18.8	3.0	8.87	0.41

表6-10 黄河小北幹流の高水敷の基本状況

河原名		高水敷面積(km²)	耕地面積(万畝)	人口(人)	人口密度(人/km²)
左岸	清潤灘	6.0	0.38	3,678	613
	連伯灘	124.7	13.84	73	1
	宝県灘	5.1	0.70	1,949	380
	永済灘	133.3	13.50	18,463	138
右岸	咎村灘	26.5	0.02	736	28
	芝川灘	3.3	0.01	1,500	450
	太里灘	11.8	0.48	2,729	231
	新民灘	69.5	0.85	9,252	133
	朝邑灘	289.4	36.91	41,152	142
その他		12.8	1.70	56	4
総計		682.4	68.39	79,588	117

　この区間は，「上を承けて下を開く」戦略的な地位を有する。その上流側は黄土高原の水土流失区とつながり，下流端は三門峡ダムとつながる。また，そのあいだに砂地やアルカリ性地が多く含まれる広い河道河原があり，黄河の土砂処理・粗粒土砂をコントロールするうえで独特で恵まれた条件を提供している。

黄河小北幹流の連伯灘, 黄宝林 撮影

　1997 年, 黄河水利委員会事務局は, 龍門ダム建設後の小北幹流分水堆砂案について検討を行った。排砂引水量は 500m³/s と定められ, 堆積区の面積に応じて配分を行い, 東・西本渠はそれぞれ 200m³/s と 300m³/s となる。堆積区総濁水放流量は 112 億トンであり, 年間平均排砂が 2.96 億トン, 堆砂が満杯になるまでに 38 年間かかる。78 年, 龍門ダム建設予定地が小北幹流上流端に近い甘沢坡から 21km 上流側の舌頭嶺に変更されたことをうけて, 黄委会測量観測設計院は, 79 年, 相応する小北幹流排砂案を提出した。その内容は, 禹門口に一級枢軸水利施設を増設して, 水位を引き上げ, 堆積区分水堆砂総面積が 566km² に達し, 土砂を 180 億トン収容し, 年間平均堆砂 2.95 億トン, 運用年数を 61 年間とするものであった。84 年, 黄委会測量観測設計院は龍門ダム計画に合わせて, 79 年の分水・堆砂計画をもとに, さらにこの区間の分水・堆砂案を研究した。88 年, 黄河水利委員会は『黄河下流堆砂減少対策に関する研究報告要綱』で, 小北幹流の分水・堆砂時期について提案した。すなわち, 下流河道堆積がもっとも激しいケースから, 龍門観測所での来砂係数を S/Q ≧ 0.027 と逆算して, これを小北幹流分水堆砂の水砂コントロール条件とした[40]。

　しかし, さまざまな理由で上記の計画はいまだ実現していない。特筆すべきは, 歴代の分水・堆砂計画案はすべて全砂に立脚し, 粗粒・細粒という土砂の異なる性質に立脚した研究は行われていないことである。

（Ⅰ）「堆粗・排細」目標の確定およびその実現手段

　黄河の小北幹流が広大な河道河原を有し, これを用いて膨大な黄河の土砂

を堆積させることができるとはいえ，黄土高原の「無限」の来砂（1950年7月〜97年6月の実測値の統計によると，この区間に流入する年間平均水量が301.8億 m^3 で，土砂が9.0億トン）に対して，堆砂容量にはいずれ限界がくる。黄河の三門峡ダムと黄河の下流河道低水路の堆積物の構成を見るなら，一概にどんな土砂でも黄河の小北幹流堆積区に排砂する必要はなく，最大限ダムと河道にもっとも深刻な危害をもたらす粗粒土砂を堆積させるべきである。この区間の戦略的な位置ときわめて貴重な堆砂容積論という視点から，できるだけここに $d \geq 0.05mm$ 粗粒土砂を堆積させる。これが「堆粗・排細」という，黄河の小北幹流における分水・堆砂が遵守しなければならない基本原則である。

どのように「堆粗・排細」を実現するのかについては，以下のようなキーポイントがあげられる。

1) 龍門水文観測所での水砂状況を厳格に監視し，測定すること。洪水の含砂量，とりわけ $d \geq 0.05mm$ の粗粒土砂が一定の比率を超えた場合に，分流水門を開く。

2) 引水口門の位置の設定は，より多くの粗粒土砂を排出できるようにすること。水流中に含まれる土砂量と土砂の中央粒径が水深の増加につれて増大するため，分流水門を下から上へと開き，その開度は粗粒土砂の排出比率を考慮したうえで決定する（図6-13）。

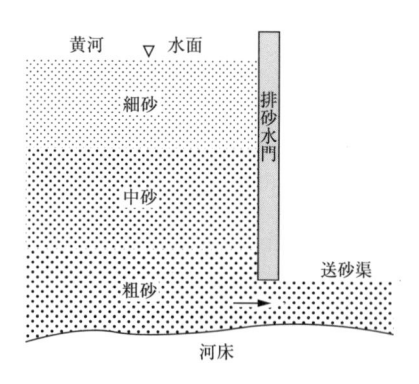

図6-13　排砂水門の開度と粗粒土砂排出

3) 分流水路に弯曲を設け，弯曲河道の2次流土砂分級メカニズムを利用して，分流水門に入り込む土砂に対し水理的な分級を行うことによって，細粒土砂を

弯曲水道の越流堰を通過させて黄河にもどし，粗粒土砂を底流とともに堆積区に流入させる（図6-14）。もし地形的な条件が備われば，より良い分級効果を得るために，分流水路に多くの弯曲および越流堰を設けるのが妥当である。

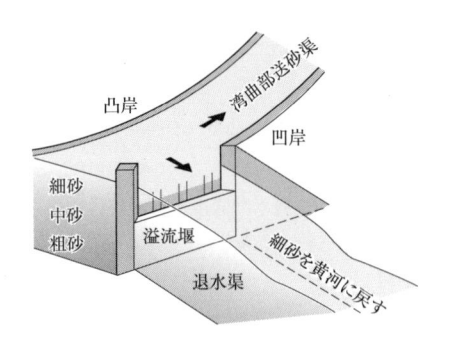

図 6-14　湾曲区間における溢流堰による土砂分選

4）粗・細粒土砂の堆積区における沈降速度の違いにもとづき，堆積区における土砂の沈降速度を正確に監視測定し，$d \geqq 0.05$mm の土砂がすでに沈殿して $d<0.05$mm の土砂がまだ沈殿していないときに，退水門を開けて細粒土砂を排出させ，粗粒土砂を堆積区に沈殿させる。退水門を開く順序は，引水口に設ける分流水門とは逆で，退水門が粗粒土砂をせき止めて細粒土砂を放出させ，これを水の上方に浮かせて，自然に水流を堰の上部から排出させる（図6-15，図6-16）。

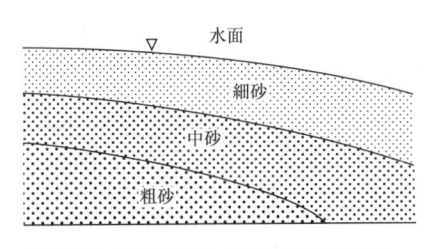

図 6-15　堆積区における土砂沈殿過程

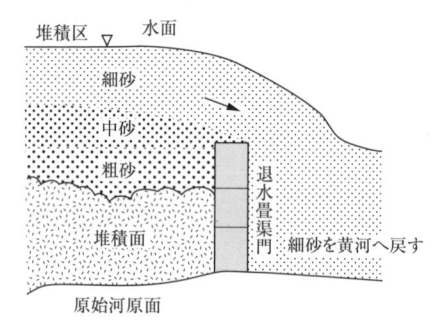

図6-16 退水門開度と細粒土砂排出

(Ⅱ) 小北幹流の段階的分水堆砂
(1) 第1段階：ダムなしでの自流分水堆砂試験
 前述したように，黄河の本川ダムと下流河道低水路の堆砂減少という観点から，黄河小北幹流の分水・堆砂目標を「堆粗・排細」と設定したが，このことは理論的にも完全に成立しており，技術的にも障害が存在しない。とはいえ，理論を現実に変えるのには，科学的実験を実行しなければならない。
 「社会的な拘束が少なく，工事費が少ない」という原則にもとづき，試験堆積区として黄河左岸の禹門口に隣接する連伯灘を選定する。
 原型観測データと実体モデル実験結果によって，小石嘴施設上流端に分流水門を設ける。水門にはオリフィス＝ゲートを採用し，開度は開閉器で制御する。水門の後に送砂渠をつなぎ，送砂渠に二つの弯曲水道越流堰を設置する。越流堰の下流端が黄河本川とつながる。堆積区は囲い堤と格子堤から構成され，設計排砂量を1395万m^3とする。堆積区の末端に，開度が角落しで制御される退水門を設ける。排砂試験工事の平面配置を図6-17に示す。

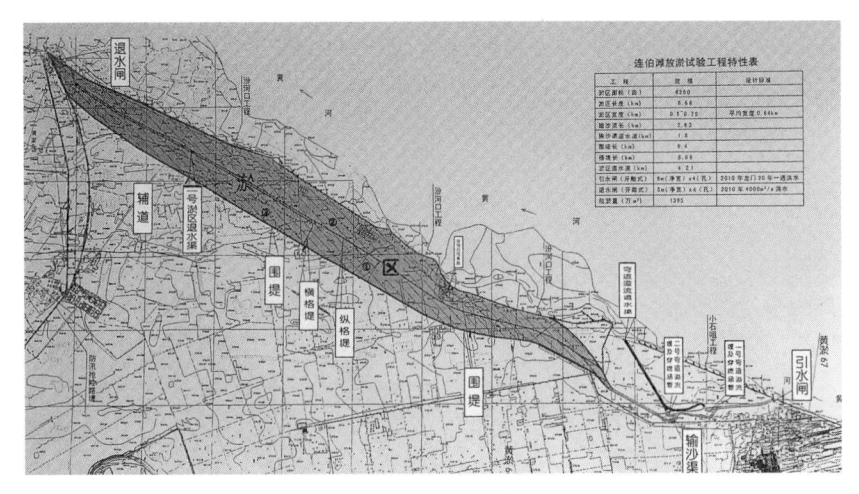

図6-17 黄河小北幹流における排砂試験工事平画図

　黄河の龍門水文観測所における水砂観測状況にもとづき，試験は2004年7月26日に始まり，8月26日に終了した。期間内に6回の分水堆砂試験を行った。

第1回，7月26日16時～28日2時。

第2回，7月30日11時～31日18時。

第3回，8月4日8時～4日18時。

第4回，8月10日20時～15日9時。

第5回，8月21日9時～25日8時。

第6回，8月25日19時～26日14時。

　この6回の試験での総引水量は6705m^3，引砂量は589万トンであり，堆積区に流入した砂量は569万トンである。そのうち，$d \geq 0.025$mm が42.5%，$d \geq 0.05$mm が19.7%を占める。堆積区に堆積した土砂量は437.8万トンで，そのうち$d \geq 0.025$mm が51.2%，$d \geq 0.05$mm が24.5%を占める。第1回から第6回まで，粗粒土砂を制御する技術は徐々に成熟していった。第2回試験で堆積区に堆積した土砂は，$d \geq 0.025$mm が42.3%，$d \geq 0.05$mm が20.3%に対して，第6回の試験では堆積土砂の$d \geq 0.025$mm が68.6%，$d \geq 0.05$mm が38.3%と高まった（表6-11）。

表 6-11　2004 年黄河小北幹流連伯灘における排砂試験結果

	堆積区に流入する土砂			堆積区における堆砂状況			堆積区から排出される土砂		
	総量 (万トン)	$d≧0.025$ mmの割 合(%)	$d≧0.05$ mmの割 合(%)	総量 (万トン)	$d≧0.025$ mmの割 合(%)	$d≧0.05$ mmの割 合(%)	総量 (万トン)	$d≧0.025$ mmの割 合(%)	$d≧0.05$ mm割の 合(%)
第1回	110	49.0	25.6	95.0	56.3	29.4	15.0	9.3	2.0
第2回	60	31.0	14.0	39.0	42.3	20.3	21.0	10.0	2.4
第3回	10.5	45.7	21.0	9.5	49.5	23.2	1.0	10.0	0
第4回	260	40.3	18.0	210.0	47.4	21.8	50.0	8.8	2.0
第5回	119.5	46.9	20.8	80.8	59.5	28.1	38.7	20.7	5.7
第6回	9.3	38.0	17.8	3.5	68.6	38.3	5.8	19.3	5.3
合計	569.3	42.5	19.7	437.8	51.2	24.5	131.5	12.7	3.2

　黄河小北幹流において初めての分水・堆砂試験は，歴史的な意味をもつ第一歩をふみ出し，「堆粗・排細」の目標が努力によって実現できることを証明した。とくに第 6 回の試験では，堆砂区に流入する $d≧0.05$mm 土砂含有量を堆砂後の 38.3% に高め，増加率は 20.5% に達した。

黄河小北幹流排砂試験区における送砂渠と弯道工事，朱衛東 撮影

　しかし，堆積粗粒土砂（$d≧0.05$mm）の比率が依然として低く，著者はその原因を分析し，以下のようにまとめる。

　1）引水指標で設定された粗粒土砂の比率が低い（$d≧0.05$mm 土砂含有量の下限値がわずか 16% である）。

　2）弯道越流堰が期待どおりに機能しなかった。排水不順によって弯道越流堰が正常に機能しないのである。さらに，第二弯道の位置が第一弯道に近すぎ

るため，水流が第一弯道を流れた後に調整が間に合わないまま弯道に送られて（そのうえ弯道の半径が小さすぎる），強い乱流によって分級効果の低下をまねいた。

3）退水指標で設定された粗粒土砂の比率が低すぎ，わずか3％である。したがって，2004年，黄河小北幹流で初めて行った分水・堆砂試験を基礎に，経験を総括し，教訓から学び，引き続き「堆粗・排細」を目標とする排砂試験を行い，水砂制御指標体系の修正を通して，弯道越流堰下の排水水路を疎通させ，堆砂区内 $d \geqq 0.05$ mm の土砂が 50％以上に達するように努める。

(2) 第2段階：ダムなし自流による分水堆砂

いわゆる無堤自流による分水堆砂試験が成功を収めた後に，黄河小北幹流の分水・堆砂は試験段階から実用段階に移行する。

無堤自流による排砂が黄河本川の側向引水となり，しかも引水後の送砂路に厳格な勾配要求があるため，黄河小北幹流の高水敷標高が黄河洪水位を下回る場合に，初めて無堤自流による分水・堆砂の前提条件を満たす。

黄河本川 500m³/s，4000m³/s の対応水位と各高水敷の平均標高を見ると，黄河小北幹流両岸の九つの高水敷で宝県灘高水敷のみが黄河本川 500m³/s，4000m³/s 時の水位を上回り，自流分水による堆砂の条件を満たさない（表6-12）。

表6-12　黄河の 500 m³/s，4000 m³/s 水位と各高水敷表面標高との比較

	河原名	高水敷面平均高程(m)	黄河500 m³/s 平均水位(m)	黄河4,000 m³/s 平均水位(m)	500 m³/s水位と高水敷面との差(m)	4,000 m³/s水位と高水敷面との差(m)
左岸	清潤灘	380.14	381.20	382.39	1.06	2.25
	連伯灘	369.04	369.69	370.45	0.65	1.41
	宝鼎灘	357.58	356.31	356.98	−1.27	−0.60
	永済灘	336.81	338.49	339.21	1.68	2.40
右岸	咎村灘	367.54	369.69	370.45	2.15	2.91
	芝川灘	358.19	359.68	360.37	1.49	2.18
	太里灘	350.34	350.94	351.79	0.60	1.45
	新民灘	342.56	343.92	344.63	1.36	2.07
	朝邑灘	336.24	337.74	338.46	1.50	2.22

無堤自流による分水堆砂の条件を満たす八つの高水敷では，分水堆砂完了後の堆積土砂は 10.37 億 m³ で，約 13.5 億トンに達すると見込まれる。

(3) 第3段階：有堤自流による排砂

　黄河小北幹流の天然の「砂倉」にとって，無堤自流による分水堆砂が黄河本川の水位の制約を受けて，13.5億トンの土砂を堆積させるのが精一杯である。しかし実際に，この区間の特殊な自然条件のもとでは，堆砂限度量は決して13.5億トンではない。黄河本川の水位を引き上げさえすれば，高水敷の堆砂の厚さが増しても，両岸50〜200mの高土崖の存在により，安全上に問題はない。

　前に述べた無堤自流による分水堆砂試験では，以下のとおりの分水条件を設定した。

1）黄河流量が $500m^3/s$ 以上であること。
2）含砂量が $50kg/m^3$ 以上であること。
3）$d \geqq 0.05mm$ の土砂含有量が 16% 以上であること。

　以上のような分水条件の下で，6回の試験を行った。毎回の洪水過程が上記の条件を満たすときだけ，分流水門を開く。こうして，一方では主増水期に試験工事施設を頻繁に開閉する状況をもたらし，一方では非主増水期に分水堆砂試験の工事施設が使用できない状況をもたらすのである。

　したがって，長期的にみれば，無堤自流による分水堆砂が完成した後に，黄河北幹流峡谷の出口付近において，水砂を調節する能力をもち，黄河本川水位をせき上げる枢軸施設を建設し，黄河小北幹流のより大規模な分水堆砂要求を満たす。しかし，地形条件による壺口瀑布の水没を避けることを考えると，黄河北幹流峡谷の出口に，あまり大きな水砂調節能力をもち，かつ水位をせき上げる構造物を建設するのは困難である。したがって，黄河小北幹流の有堤自流式の分水堆砂施設工事は，古賢水利枢軸施設と禹門口水利枢軸施設の2基およびその組合せとなる。

　古賢ダムは壺口瀑布上流 10.1km に位置し，ダム地点の年間平均自然流出量は 381.27 億 m^3，年間平均送砂量は 9.38 億トンである。古賢水利枢軸は 66% の黄河土砂と 80% の黄河粗粒土砂をコントロールするうえ，そのダム地点およびダム湖の区間の勾配が大きく良好な排砂条件を備えている。ダムの総容量は 165.7 億 m^3 で，黄河北幹流に対して強い水砂調節能力をもち，黄河小北幹流排砂に必要な洪水，土砂過程を創出する能力をもつ。

　古賢ダムの黄河北幹流に対する水砂調節機能を強化するために，黄河北幹流峡谷の出口である禹門口に壅水ダムを建設して，黄河本川の水位を 385m（黄

河小北幹流両岸の高水敷を上回る）にせき上げ，ダムの左右両岸にそれぞれ分水堆砂水門を設ける。分水堆砂流量をそれぞれ 500m³/s で制御し，その後に接続する分流水路を通して堆砂区に放流する。これによって，黄河小北幹流の標高 335m，477.7km² の高水敷すべてに分水堆砂を実施することができ，堆積厚が 2 〜 23m，堆砂総量が 82.4 億 m³ で約 107 億トンとなり，これは小浪底ダムの遮砂量（100 億トン弱）に相当する。黄河小北幹流の分水堆砂プロジェクトを実施し，ダムおよび堆砂区工事の制御を通して「堆粗・排細」を実現することによって，三門峡ダム・小浪底ダムと黄河下流河道低水路の粗粒土砂の堆積を効果的に減少させ，小浪底ダムの使用寿命をのばし，黄河下流河道低水路の堆積を軽減させることができると予想される。

したがって，黄河小北幹流は黄河治水全体計画のなかできわめて重要性を有しており，恵まれた排砂条件とその上流側から下流側への要としての戦略的地位によって，かならず黄河治水の次なる主戦場になるに違いない。

2-3. 防御線 3 —— 小浪底ダムにおける「遮粗・排細」

一般の「清流」河川と違って，多砂河川に建設されるダムの死水容量は，往々にして土砂を遮って，下流河道の堆砂を軽減する重要な手段となる。ダム遮砂の下流河道堆砂への軽減効果は，ダムの遮砂量および土砂の粒径分布によって決まると同時に，下流河道低水路への侵食・堆積状況にも関係する。

1960 年 9 月〜 64 年 10 月は，黄河の三門峡ダム「貯水・遮砂」期間であった。この期間に三門峡ダムに流入した土砂はあわせて 67.52 億トン，排砂比は 34% で，ダムに堆積した土砂量は 44.42 億トンである（表 6-3）。ダムでは基本的に「清流」を放流するので，黄河下流河道に 23.1 億トンの侵食が起き，三門峡ダムと下流河道の遮砂・侵食比が 1.92:1 となった。なぜこの値が 1:1 にならないのであろうか。その原因は，ダム遮砂で遮った河床土砂が基本的に下流河道の侵食から回復することにある（河床の侵食過程は下流河道の来水がきれいになった状態で新たな均衡を再建する過程である）。これに対して，遮ったウォッシュ＝ロードはじゅうぶんな補給が得られない（低水路の横方向の平面的な変形から部分的な補完のみ）ため，ダムのウォッシュ＝ロード遮砂による下流侵食の効果がないのである[64]。「もし黄河下流粗・細粒土砂の堆積特性を考慮するなら，0.025mm 以下のウォッシュ＝ロード遮砂を避け，できるだけ 0.025 〜

0.05mm 中粒土砂を少な目に遮り，おもに 0.05mm 以上の粗粒土砂を遮砂することで，ダムの堆積量と下流の堆砂減少量の比が 1:1 に下降できるのである」[67]。

1964 年 11 月〜73 年 10 月は，三門峡ダムの「滞洪排砂」期であった。この期間に三門峡ダムに流入する土砂は 153.00 億トン，排砂比が 92% であり，ダムの堆積土砂量は 12.07 億トンであった（表 6-3）。同期間における黄河下流での堆砂が 39.5 億トンで，年間平均堆積量が 4.39 億トンであり，三門峡ダム建設前の 50 年 7 月〜60 年 6 月の年間平均の 3.6 億トンを上回る。60 年 9 月〜64 年 10 月のダム「貯水遮砂」期間における下流河道に対する侵食した土砂量は，70 年増水期前時点ですべて堆積に戻り，73 年 10 月になると，黄河下流河道の堆砂が三門峡ダム運用開始時よりも 16.4 億トン増えた[64]。その原因を分析すると，期間中において遡源侵食・排砂比過大のほか，ダムの外に排出されたのが河床土砂ということにある。たとえば，64 年 11 月〜66 年 6 月に，三門峡ダムへの進入土砂が 7.18 億トン，ダムから出てゆく土砂が 13.25 億トン，排砂比が 185% にも達し（侵食前期の正味堆積物 6.07 億トン），そのうち河床土砂が 86%，ウォッシュ＝ロードが 14% を占め，しかも $d \geq 0.05mm$ 粗粒土砂が排砂総量の 48% を占め，下流河道に 6.9 億トンの堆砂をもたらした。70 年 7 月〜73 年 10 月に，三門峡水利枢軸では底孔を開けることにより，放流排砂の能力をさらに増大させた。この期間のダム流入水量は小さく，洪水ピーク流量も小さかったにもかかわらず，ダムの降水排砂比が依然として 104% にも達し（潼関以下ダム区における正味の侵食前期堆砂は 5.5 億トン），そのうち $d \geq 0.05mm$ の粗粒土砂が大部分を占め，ダム外に排出された土砂がほとんど下流河道の低水路に堆積している[64]。

三門峡ダム, 余飛虎 撮影

　上に述べたように，三門峡ダム「貯水遮砂」期と「滞洪排砂」期のダムおよび河道の侵食・堆積状況を分析することで，ダム排砂比がダム遮砂にとっても下流河道の堆砂減少にとっても，きわめて重要な制御パラメータであることが明らかになった。というのも，ダム排砂比が小さすぎると，遮ってはいけない細粒土砂を遮ってしまい，ダムの堆積を加速させるのみならず，下流河道の減少効果に対してマイナスに働くからである。もしダム排砂比が大きすぎると，排出してはいけない粗粒土砂まで排出させてしまう結果，下流河道に減砂効果がなくなるだけでなく，逆に下流河道への堆砂を増加させる。したがって，科学的なダム排砂比の確定が，多砂河川ダム運用と河道堆積減少において理論的にも実践的にも不可欠な課題となってくる。これまでに，この方面の研究と実践の成果はまだ少なかった。黄河委員会の観測計画設計院は，小浪底ダム初期の調水調砂運用による黄河下流河道堆積減少の要となる技術研究において，三門峡ダムと塩鍋峡ダムの実測データにもとづき，全砂排砂比と粒径別土砂排砂との関係を確立した（図6-18〜図6-20）。

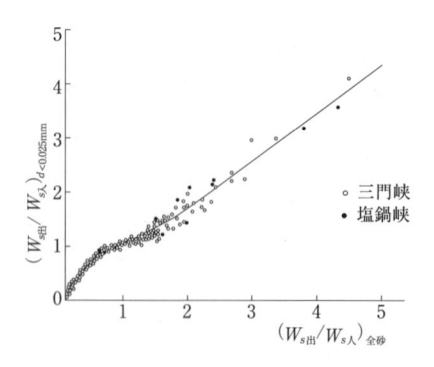

図 6-18　ダム細粒土砂と全砂排砂比との関係

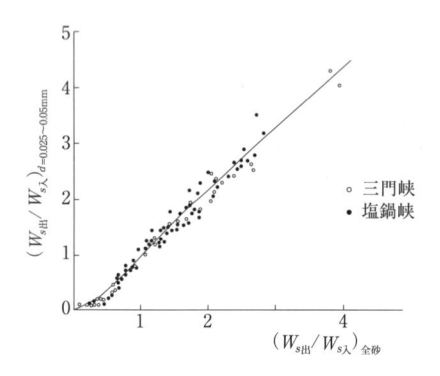

図 6-19　ダム中粒土砂と全砂排砂比との関係

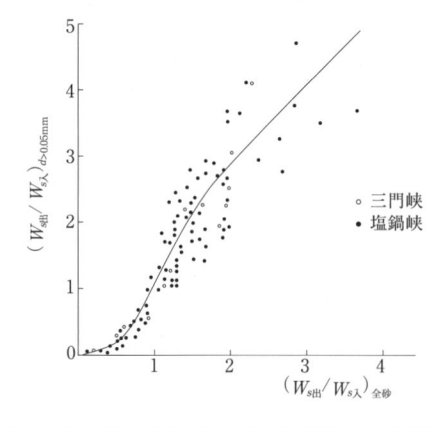

図 6-20　ダム粗粒土砂と全砂排砂比との関係

全砂排砂比が1より大きい場合には，ダム区域で侵食が起き，かつ侵食物の粒径分布が来砂より粗く，また粗粒土砂比の全砂排砂比が1になる場合には，ダムの土砂流入・流出が均衡となり，ダムは侵食も堆積もない状態である。全砂排砂比が1より小さい場合には，ダムにおける流入土砂量は流出量を上回り，ダムは堆積状態にある。図6-18〜図6-20でわかるように，このときの細粒土砂排砂比は中・粗粒土砂排砂より大きい。全砂排砂比が80%になると，細粒土砂排砂比は96%となり，中粒土砂排砂比は66%，粗粒土砂排砂比は52%となる。全砂排砂比が50%になると，細粒土砂排砂比は74%，中粒土砂排砂比は19%〜36%，中粒土砂排砂比は0.8%〜3.5%，粗流土砂排砂比は0.4%〜2.3%となる。これは中・粗粒土砂がほぼ全部堆積し，細粒土砂の大部分もダム区に堆積することを示している[65]。

　黄河水利委員会の観測計画設計院は，三門峡ダムと黄河上流塩鍋峡ダムの粒径別土砂排砂比と全砂排砂比の経験的な関係について初歩的な分析を行い，ダムの合理的な排砂比が70%〜75%との結論を得た。この条件だと，粗粒土砂排砂比は40%〜50%，中粒土砂排砂比は65%〜72%，細粒土砂排砂比は90%〜92%である[69]。小浪底ダムの遮砂効率をできるだけ高めるには，理想的な排砂比が「両極化」の基礎の上に確立されるべきであり，すなわち$d \geq 0.05$mm粗粒土砂の排砂比をできるだけ小さく，$d<0.025$mm細粒土砂の排砂比をできるだけ大きくする必要がある。

　小浪底ダムは黄河下流河道に進入する水砂をコントロールする要の位置にあり，ダムの遮砂効果がじゅうぶんに発揮できるか否かは，$d \geq 0.05$mmの粗粒土砂をできるだけ遮り，$d<0.025$mmの細粒土砂をできるだけ排出させ，ほんとうの意味での「遮粗排細」を成し遂げることができるか否かにかかっている。

　現段階の設計では，ダム運用期は遮砂初期・遮砂後期・通常運用期という三つの時期に分けられる。運用の各時期において，終始一致して「遮粗排細」の原則を守らなければならない。

（I）遮砂初期

　小浪底ダムにおいて205m高程まで貯水し，容量が堆砂で満杯になる前のことを遮砂初期といい，ダム堆積量は21億〜22億m^3である。この時期の小浪底の初期運用水位は205mで，対する堰水水平距離は76km，堰堤前の水深は75m，河岸流量は17.66億m^3である。この段階の小浪底ダム貯水体が大きく

（205m以下の貯水量が20億m³を上回るよう考慮），携砂水流がこのような巨大な貯水体に入るなら，もしじゅうぶんな単位幅流量と細粒土砂含有量があれば，ダム内で密度流が形成される。したがって，この時期のダム排砂のおもな手段は密度流排砂である。

研究結果と実践経験で明らかになったように，ダム内で密度流が形成されて堰堤前に移動し，それをダム外に排出するには，少なくとも以下三つの条件を満たす必要がある。

1) 密度流形成ための必要条件

水流中にじゅうぶんな細粒土砂量が含まれる。

2) 密度流移動を保つための必要条件

水流がじゅうぶんなエネルギーをもち，各種の摩擦を克服し，すなわち水量に一定の単位幅流量を有する。

3) 密度流をダム外に排出するための必要条件

単位幅流量を有しじゅうぶんな細粒土砂含有量をもつ水流が，持続時間という要求を満たさなければならない。すなわちじゅうぶんな後続推力を有する。

小浪底ダムの遮砂初期は密度流排砂が主であるため，この時期の粗流土砂は全部遮られることになる。もし天然の来水過程が密度流の発生とその移動に必要な条件を満たさなければ，この時期にダムに侵入する細粒土砂も遮られ排出できないことから，明らかに「遮粗排細」の目的を達成できない。密度流を利用してより多くの細粒土砂を排出するためには，毎回の天然洪水による密度流形成の作業をうまくやるほか，積極的に条件を整えて人工密度流を創出する必要がある。すなわち，上記の密度流の発生・移動および排出に関する三つの条件にもとづき，小浪底ダム以上の三門峡ダムと万家寨ダムを調節し，人工密度流を通して，より多くの細粒土砂を排出させるのである。2004年には，黄河本川の複数ダムの連携運用調節と人工ショックによる水砂調節試験で人工密度流の創出に成功し，437万トンの細粒土砂をダム外に排出させたのみならず，それを渤海に送出させた。

元々の設計では，小浪底ダムの遮砂初期は一般水砂条件で継続時間が3年ぐらい，そのさいのダム堆積量は21億～22億トンとされた。ダムが1999年から貯水を開始して以来すでに5年余りたっており，来水・来砂が少ないうえ，3回の水砂調節試験を行ったため，現在，ダムの堆積量は15億m³である。こ

の堆積の速度のままでは，小浪底ダムの遮砂初期がさらに一定の期間維持されることになる．この期間においては，細粒土砂の排砂を増大するよう努めるべきである．

（Ⅱ）遮砂後期

遮砂初期の後からダム区で高河原低水路が形成されるまでの期間を，遮砂後期という．遮砂後期終了時，ダム前の河原高程は254mに達し，低水路底面は226.3mまで下降し，ダム区の堆積均衡状態に達する堆積量は72.5億m^3で，長期有効容量51億m^3が形成される．

この期間の初期でダム区の堆積量は21〜22億m^3に達し，初期運行水位以下の貯水体が遮砂初期より大きく減少している．すなわち，ダムは遮砂初期の貯水体が大きいという制約から脱出し，ダム運行方式の制定が比較的に容易に「遮粗排細」の要求を満たしている．

「遮粗排細」の目的を実現するには，この期間のダム運行が極度に高水位での貯水遮砂となるのを避け，増水期水位の段階的な引上げによる水砂調節方式を採用すべきである．水流は比較的小さい貯水体に進入し，ほぼ開水路送砂流態になる．この期間の運用を経て，小水と高含砂水量を利用して堆砂によって河原を高くする一方，大水を利用して徐々に河床を切下げるよう侵食させる．最後に，高河原深低水路という均衡状態の堆積形態を形成する．

（Ⅲ）通常運用期

小浪底ダム区前の堆積河原面高程が254mに達し，低水路高程が226.3mまで侵食され，最高貯水位275m以下の有効容量が51億m^3に達したとき，通常運用期に入る．設計運用条件によっては，ダム運用開始後から遮砂後期終了まで，32年間の年月を要する．通常運用期の容量条件として，254m高程以下の低水路容量が10.5億m^3，254m以上から275m以下の容量が40.5億m^3となる．この時期において，おもに10.5億m^3の低水路容量を利用して水砂調節を行い，254m以上の40.5億m^3容量を洪水防災と収益性の高い事業に利用する．この期間に，増水期制限水位は254mとなり，一般に洪水が河原に浸水しないため，河原容量の堆積の問題は生じない．非増水貯水位は高水敷（254m）より高いが，土砂が少ないうえ，低水路容量に堆積するので，河原容量は失われることがない．したがって，50年に1度以上の洪水が発生しないかぎり，254m以上の河原容量に変化はないはずである．254m以下の低水路容量で水砂調節

を行うため，10.5億 m³ の水砂調節容量がつねに侵食・堆積の交替をくり返す状態にある[69]。この時期のダム運用に「遮粗・排細」の目的をはたさせるには，ダム壅水の高さを厳格に制限し，水砂調節運用中，ダムに科学的・合理的な排砂比を保たせるべきである。

　要するに，「遮粗・排細」の役割を小浪底ダム運用方式設計に賦与することが，小浪底ダムのすべての設計任務のなかでもっとも困難なことである。現段階では，理論分析であれ，実践運用であれ，多砂河流ダムに「遮粗・排細」方式を運用することについては経験が乏しいため，小浪底ダムの運用方式の設計は大きな挑戦である。もし小浪底ダムが「遮粗・排細」の目標を達成できなかったら，小浪底ダム運用方式は，科学性・合理性を大いに欠いたものといわざるを得ないだろう。

小浪底ダム湖，劉鳳翔 撮影

第 7 章 黄河の水砂調節システムの構築

　黄河治水の戦略的なレベルにあって黄河の健康な生命維持の目標を確立した後，黄河の洪水に対する「制御・利用・遡造」および黄河の粗砂制御における「三つの防御線」などの概念が，その機運に乗って生まれてくる。これを基礎に，黄河の水砂調節システムの構築に力を入れるべきである。なぜかというと，これは黄河の健康な生命維持という終極の目標を実現するためのもっとも重要な手段と方法だからである。

1. 黄河下流の水流と土砂との関係

　黄河の水砂関係のアンバランスの歴史は，遠く古代にまでさかのぼる。早くも先秦時代に，黄河を「濁河」（『戦国策』燕策に「斉に清済・濁河あり，以て固めと為すに足る」という記述がある）と称する。漢代では黄河を単に「河」と称し，さらに「河水重濁し，号して一石の水に六斗の泥と為す」という一文がある。両岸堤防の拘束により，大量の土砂が河道に堆積し，河床はしだいに上昇する。「天井川」の形成と発達が，黄河の水砂関係の不調和の具体的特徴である。長期間にわたる水砂関係の不調和が黄河を「天に上昇させない」のは，歴史上，黄河の下流が頻繁に決壊と改道をくり返し，水砂関係に不調和をもたらす河床堆積と堤防嵩上げとのあいだの矛盾をおおい隠したからである。

　1919 年以前は黄河に水文観測所がなかったため，黄河の水砂観測の資料は存在しない。19 年から，黄河で比較的完全な水砂観測ができるようになった。19 ～ 49 年の間，黄河流域においては水資源の利用開発が少なかったので，黄河の水砂実測データがほぼ黄河の自然の情況を反映する（表 7-1）。

表7-1　1919～49年における黄河花園口観測所での水砂関係

期間	年間平均流出量実測値 (億m³)		年間平均送砂量実測値 (億t)		平均含砂量 (kg/m³)	
	年間	増水期※	年間	増水期	年間	増水期
1919～1929	402.3	240.8	11.70	9.52	29.1	39.5
1930～1939	499.1	315.6	17.55	15.00	35.2	47.5
1940～1949	544.6	334.4	16.17	13.74	29.7	41.1
1919～1949	479.5	295.1	15.03	12.65	31.3	42.9

※増水期とは7～10月のことを指す

　表7-1からわかるように，経済と社会の発展による黄河の水資源の利用は少なく，黄河の水砂関係がほぼ自然のままの状態において，花園口観測所での年間平均含砂量は31.3kg/m³，増水期平均含砂量42.9kg/m³であり，いずれも黄河の下流河道侵食・堆積の年間平均含砂量の限界値である20～25kg/m³を上回っていた。したがって，たとえ水砂関係が自然状態の1919～49年に近づいても，黄河の下流河道は依然として堆積状態にあり続けた。なかでも，33年に黄河の来砂量は39億トンに達し，この年の8月に起きた1回の洪水だけでも，鉄謝～高村区間に17億トンの土砂が堆積し，河床が全面的に1m上昇した。

　1950年から経済社会の発展による黄河の水資源利用量がしだいに増加し，水土保全・ダム建設などが一定程度で，黄河の下流に流入する流砂量およびその相互関係に影響している（表7-2）。

表7-2　1950～99年における黄河花園口観測所での水砂関係

期間	年間平均流出量実測値 (億m³)		年間平均送砂量実測値 (億t)		平均含砂量 (kg/m³)	
	年間	増水期	年間	増水期	年間	増水期
1950～1960	459.8	283.1	14.72	12.59	32.0	44.5
1961～1964	606.8	339.0	8.41	5.88	13.9	17.3
1965～1973	423.2	230.1	13.83	11.01	32.7	47.8
1974～1980	390.0	230.8	10.91	9.77	28.0	42.3
1981～1985	504.7	316.2	8.92	7.76	17.7	24.5
1986～1999	276.5	131.1	6.84	5.79	24.7	44.2
1950～1999	408.4	231.5	10.74	8.99	26.3	38.8

　表7-2からわかるように，花園口観測所1950～99年における年間平均含砂量は26.3kg/m³で，増水期の平均含砂量は38.8kg/m³で，いずれも侵食・堆積の臨界値20～25kg/m³を上回る。来砂係数（含砂量と流量の比）が，水砂関

係の変化を表すもっとも重要なパラメータである。50〜99 年間の歴年における来砂係数について解析を行った結果，上下起伏があるものの，全体的に上昇傾向にあり，とりわけ 90 年以降に来砂係数の増大がいちじるしい（図 7-1）。92〜99 年の平均来砂係数は 0.042 で，50〜99 年の長い系列の平均値 0.025 をはるかに上回り，20 世紀の 90 年代に入ってから，黄河の下流河道における水砂関係はいっそう悪化している。

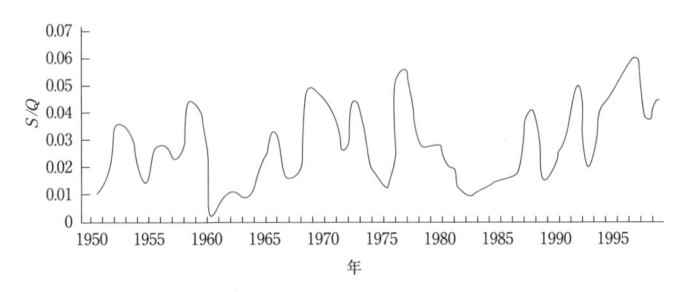

図 7-1　来砂係数の経年変化[①]

1919〜99 年のあいだ，黄河の下流河道に流入した増水期の流量と砂量について考察すると，水量の減少幅がはなはだしく砂量の減少幅を上回ることがわかる。たとえば，増水期 19〜85 年の間では平均が 278 億 m^3 であるが，85〜99 年には 128 億 m^3 と急減し，54％の減少となる。これと同時に，19〜85 年の増水期における年間平均砂量が 13.5 億トンに対して，85〜99 年の間は 7.23 億トンに減少し，46％の減少となる。水量の減少幅が砂量の減少幅を上回るため，増水期の平均含砂量は明らかに増加傾向にあった。19〜85 年の間の平均値は 48.6kg/m^3 で，85〜99 年には 56.5kg/m^3 と増加し，なかでも 89〜99 年にはさらに 63.2kg/m^3 にまで増加した（表 7-3）。

[①] 龍毓騫の統計値によるもの。

表7-3　黄河の下流河道に流入する水砂統計（三＋黒＋武）※ [83]

項　目		1919.7～1985.6	1985.11～1999.10	1989.11～1999.10
水量 (億m³)	年間	464	278	259
	非増水期	186	150	146
	増水期	278	128	113
砂量(億t)	年間	15.6	7.64	7.61
	非増水期	2.1	0.41	0.46
	増水期	13.5	7.23	7.15
含砂量 (kg/m³)	年間	33.6	27.5	29.4
	非増水期	11.3	2.7	3.1
	増水期	48.6	56.5	63.2

※三＋黒＋武とは，黄河本川の三門峡，伊洛河の黒石関，沁河武陟水門観測所の合計値である．

　黄河の下流河道に流入する歴年の増水期と主増水期（7～8月）の来砂係数およびその変化過程について考察するなら，1986年以降，花園口観測所での来砂係数がいちじるしく増大し，7～8月の主増水期のそれが0.22にも達し，86～99年の増水期，とりわけ主増水期の水砂関係が極端に悪化していることが明らかである（図7-2）．その結果は，河道における堆砂の加速に反映されている（図7-3）．

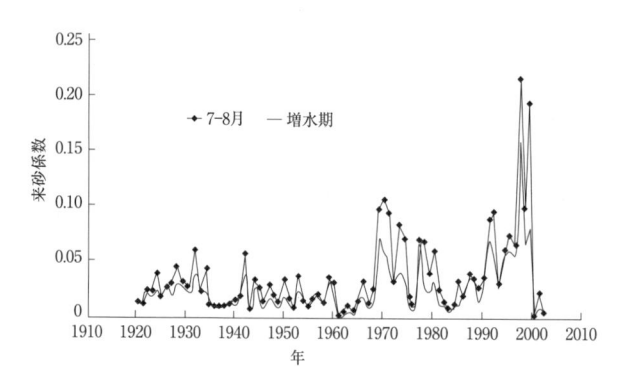

図7-2　黄河花園口観測所での歴年の増水期における来砂係数の変化 [84]

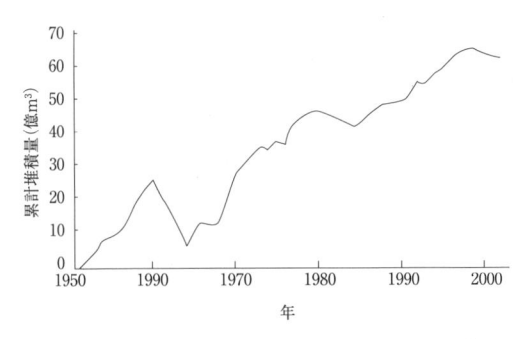

図 7-3 黄河下流河道における累計堆積過程[1]

増水期に黄河下流河道に流入する水砂関係は，河道への侵食・堆積にきわめて重要な影響を及ぼす。表 7-2 から明らかなように，1986 ～ 99 年の年間平均含砂量は 24.7kg/m^3 であり 50 ～ 99 年の年間平均値 26.3kg/m^3 に近いが，その増水期の平均含砂量はなんと 44.2kg/m^3 にも達する。もっと深刻なのは，期間全体の来砂が高含砂量の小洪水の短い発生期間に集中することによって，黄河下流河道に流入する水砂関係の時間的なアンバランスを一層拡大させたことである（図 7-4）。

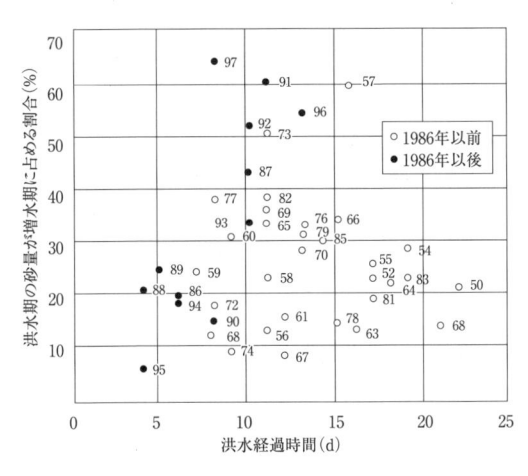

図 7-4 花園口観測所における洪水期砂量の
増水期全体に占める割合と洪水経過時間との関係

---

[1] 龍毓騫の統計値によるもの。

このような悪化した水砂関係が，黄河の下流河道とりわけ低水路の堆積による上昇をもたらしている。このことは低水路を通過しながら河岸から溢れない状態の3000m³/s流量に対する水位の変化値で示すことができる[83]（表7-4）。

表7-4　黄河下流河道の同流量（3000m³/s）による各断面低水路における水位変化 [83]

断面	年平均上昇・下降(−)値(m)						トータル上昇(m)
	1950〜1960	1961〜1964	1965〜1973	1974〜1980	1981〜1985	1986〜1997	1950〜1997
花園口	0.12	−0.33	0.21	−0.02	−0.11	0.13	2.64
夾河灘	0.14	−0.33	0.22	0.02	−0.14	0.15	3.04
高　村	0.12	−0.33	0.26	0.06	−0.07	0.11	3.61
孫　口	0.22	−0.39	0.21	0.05	−0.06	0.11	3.80
艾　山	0.06	−0.19	0.25	0.04	−0.06	0.15	3.87
濼　口	0.03	−0.17	0.29	0.05	−0.09	0.14	3.81
利　津	0.02	0	0.18	0.02	−0.14	0.12	2.71

　将来的には，一定の期間で黄河流域の降水量に大きな変動はなく，自然流出量も短期のレベルを維持すると見込まれるが，経済社会の急速な発展にともなう黄河流域における水資源への需要はいっそう高まり，利用量がいっそう増加すると予想される。初歩的な予測によると，2030年と50年の花園口以上の地表水の消費量は，それぞれ320億m³と350億m³であると同時に，中流地区における水土保持用水も30年に30億m³，50年に40億m³に達する。したがって，外流域から水量を調節することを考慮しなければ，黄河の下流河道の水量が現在よりさらに減少してゆき，一般年ではわずか180億〜200億m³が維持され，1986〜99年の276.5億m³に比べさらに28〜35%減少すると予想される。

　水土保持への取組みが強化されるにつれて，将来，黄河本川に流入する土砂量がさらに減少し，2050年の土砂量は8億トンになると予測されるが，それでも黄河は依然として送砂量の巨大な河川であることに変わりがない。

　以上の予測によると，2050年に黄河下流河道の水量は180億〜200億m³，砂量8億トン，年平均含砂量は40〜45kg/m³で，1919〜49年の31.3kg/m³と50〜99年の26.3kg/m³をはるかに上回る。50〜99年に比べ，2050年に黄河下流河道に流入する水量は51%〜56%減少するが，砂量はわずか26%の減少にとどまる。

　以上述べたように，経済社会の発展につれて，これからさき黄河下流河道の水砂関係はさらに悪化すると予想される。対策をとらなければ，黄河下流河道

の低水路は持続的な堆積と縮小方向に向かい,「二次天井川」の河勢がよりいっそう深刻化して,河川の生命が危機に瀕するだろう。

2. 黄河の水砂関係の改善方法

　黄河が世界でもっとも複雑で治水の難しい河川であり,顕在化する各種の矛盾点が重なりあう川であるという特徴は,すべて黄河にこれまで存在し続けてきたし,またこれからも存在し続けてゆくであろう。ますます深刻化する「水少・砂多・水砂関係の極端なアンバランス」に対する解決の方法は,「増水・減砂・水砂調節」でしかない。

2-1. 増水

　増水には二つの手段がある。一つは,相対的増水すなわち節水である。節水型社会の構築を通して,黄河のもつ水資源の潜在力を掘り起こし,あるいは有効な措置をとって,黄河の水資源への依存度をますます強める社会経済の発展を抑制することである。もう一つは,流域にまたがる流域間の水調達を実施し,隣接する流域から水を黄河に流入させ,総量上で黄河の水資源不足を補うことである。
（Ⅰ）相対的増水
　相対的増水の実現,あるいは黄河の水資源のゼロ増長という情況下で,経済発展の要求を満たすには,少なくとも以下の4種類の措置をとる必要がある。
（1）水権の転換
　水権とは,水資源の国家所有という基礎の上に成り立つ用益物権（法律契約等の規定にもとづき,国家が所有する水資源の使用と収益に対する権利）が法的拘束の下で形成された一定条件の制限を受ける他物権である。水権制度は水権の区別・範囲の確定・実施・保護と調整をするものであり,各水権主体における責任と権利利益関係を確認処理する規則である。
　現段階では,中国の法律のなかに明確な水資源使用権の概念はない。『憲法』第九条で「鉱物・水流・森林・山・草原・荒地・浜など自然資源はすべて国家所有すなわち全民所有に属する」と規定され,根本的に水資源の所有権は国家にあると定められているので,水権についての討論は水資源の使用権に限られ

る。『民法通則』第八十条と八十一条によると，使用権とは民事主体が国家または集団所有の土地などの自然資源について法にもとづく使用と収益の権利を指し，使用権が所有権に派生する。『水法』第六条で「国家が集団と個人による水資源の開発・利用を奨励し，その合法的な権益を保護する」とあるが，水資源の使用権については明確な規定がない。

　長いあいだ中国では法律上から，国有資源の所有権者・使用権者と管理者の区別を明確にしないため，これまでに水資源使用権が行政の許可の産物とみなされ，財産権としての性質をもつ国有資源使用権とみなされなかったのである。

　水権転化は水権を流通させる一種の形式であり，水権主体が自己権利に対する一種の処分である。現在の中国の法律には，まだ水権転化に関する規定は存在しないが，一種の産権制度としては古代にすでに存在していた。たとえば，春秋戦国期の諸侯盟約の「毋壅泉」，「毋壅利」，また秦『田律』の「春二月，壅堤の水を取ること毋かれ」などが，農田灌漑に制限があるべく，上流に居る者は勝手に川の水の利を独占してはならないことを指している。このことから，いわゆる水権というものは存在しなかったのである。人類の経済社会の発展につれて，水資源が豊富にあった階段から不足する過程において，その商品性格がしだいに現れたのである。

　近年来，水資源の不足はすでに国際的な問題となり，それを適切に解決するために，関係各国が水権転化という手段を採用し，水権制度およびその流通システムの構築によって，流域または区域水資源の有効管理の実現に成功している。

　アメリカ南部カリフォルニア州にあるインペリアル灌区は，コロラド川における水権配分で，38.24億 m^3（310エーカー）の水権を獲得している。これはカリフォルニア州のコロラド川に対する水権の70%を占め，水源がじゅうぶんである。しかしながら，カリフォルニア州南部のロサンゼルスとサンディエゴなど人口急増の大都市（すでに1000万人を超える）では，水不足が深刻である。それを緩和するために，ロサンゼルスがインペリアル灌区の節水に協力し，節水によるコロラド川からの引水の減少分の水権をロサンゼルス市に譲渡している。双方の交渉を通し，ロサンゼルスから2.33億ドルを提供し，合衆国灌区の引水路の滲透と漏水防止工事を行い，毎年インペリアル灌区に1.36億 m^3（11万エーカー）の節水をもたらしている。こうして工事完了後の35年間で，ロサンゼルス市は毎年コロラド川から1.36億 m^3 の水権を獲得したわ

けである．その後，インペリアル灌区はまたサンディエゴと合議に達し，サンディエゴからの出資により，コロラド川から水をインペリアル灌区に引く用水路について浸透防止工事を行うことにした．協議によると，水調達量を2003年の年間1233万 m³（1万エーカー）から22年の2466万 m³（2万エーカー）に徐々に増やし，その後，毎年水調達量を2466万 m³に維持するということである．契約第一期を45年間，継続延長期限を35年間としている．契約の期間内，サンディエゴに新たに15.91億 m³（129万エーカー）の水量を提供することになっている．

　オーストラリアは水資源が比較的乏しい国であり，全国の年平均降水量はわずか470mmである．マレー川・ダーリンク川は国内の主要河川である．早期のオーストラリアの水権制度は河岸権制度，すなわち河岸に隣接する土地の所有者が水使用権と継承権をもつというイギリス流の制度であった．20世紀初頭，河岸権制度は相対的に水資源の乏しいオーストラリアに適さないとの認識から，当時の連邦が立法を通して水権と土地所有権を分離させ，水資源の所有権は州の政府にあり，州政府によって水権の調整・配分を行うと明確に定めた．1980年代から，オーストラリアの水不足は深刻化し，新規用水者が申請を通して水権を獲得するのは難しくなっている．ここにおいて，過去10数年間，オーストラリアは一連の水改革を行い，水改革に関する枠組みとマレー川・ダーリンク川流域における水資源配分の「上限設定」が水使用者におもな影響を与えている．こうした状況下，90年代にオーストラリアでは水権をめぐる取引が盛んに行われるようになった．現在，水を自然と生態系維持および第三者利益の条件下でより高い価値に流通させるために，全国の各州は積極的に水権取引による管理モデルを導入，または強加している．各州の水法では，水権取引の手順や売買契約に関して，次に述べるような明確な規定を定めている[85]。

　そもそも水権取引とは，河川の生態系の持続可能性およびほかの水使用者への影響を最小限にするための原則である．生態系と環境用水が絶対的に保護されると同時に，水供給システムの能力と各灌区の土壌アルカリ性化の制御基準値が，水権取引の拘束条件でなければならない．水権取引市場の情報を公開し，売買双方または将来の売買双方に水権取引の価格と売買のチャンスを提供しなければならない．現在，オーストラリアではインターネットを通じて情報を提供し，ネット上でも取引が行われている．

売買双方は協議を通じて契約を結ぶ。協議と契約は個人のあいだで行うことができるだけでなく，企業と企業のあいだまたは企業と個人のあいだで，さらに異なる業種や地域のあいだでも行うことができる。

　恒久的な取引に対して，売買双方から評価報告書の添付とともに，州水管理部門に申請をする。専門の諮問委員会が綜合的な判断を下したうえ，メディアを通じて水権永久譲渡を公表する。最後に，州の水管理部分から買方に取水許可証が交付されるとともに，売方の取水許可証が回収される。

　近年来，オーストラリアにおける水権取引高は大きくなる一方である。ビクトリア州を例にとると，水権取引量は2500万m^3，臨時取引量は2.5億m^3で，水権取引固定市場を形成している。水権取引はオーストラリアの農業とその他の水使用者に莫大な経済効果をもたらすと同時に，地域の発展と生態系の改善に貢献している。

　黄河流域は水資源が乏しい流域に属する。年間平均流出量が580億m^3で，全国の河川の総流出量のわずか2％しか占めないにもかかわらず，全国の12％の人口と15％の耕地および川沿いの50余りの大中都市に水供給を行っている。現在，流域内の寧夏・内モンゴル両自治区への水配分指標は，すでに到達または超過している。両自治区の農業用水は用水総量の90〜96％にも達している一方，灌区の関連施設の老朽化が深刻で，約60％の用水路建築物などが損壊しており，しかも用水路の浸透防止率が低く，浸透が激しい。引水路の利用係数はわずか0.4であり，田畑灌漑の比率が高い。寧夏の黄河引水灌漑区と内モンゴルの黄河南岸灌区においては，畝あたりの用水量が1537m^3にも達し，全国平均の2.4倍に相当する。それと同時に，国家による西部大開発プロジェクトの実施にともなって，黄河流域西部地区における工業用水と都市生活用水の需要が，急速に増大する傾向にある。日増しに深刻化する水供給不足の問題を解決するには，国際的でかつ有効な手法を参考に，工業と農業とのあいだの水権譲渡を取入れなければならない。すなわち，一定の範囲内で一定の規定の下で水権譲渡を行うことは，現存灌区における農民の権益をそこなわないうえ，水資源不足で西部大開発プロジェクトの足を引っぱってはならないことを含意する。

　水権譲渡の前提は，初期水権所有の明確化である。水権を明確にすることこそ水資源のもっとも効率的な利用の実現につながると同時に，パレイ＝トズ

イョーの基準（これは理想的状態であり，このような状態で既存の生産資源の配置の最適化によって生産性をさらに高いレベルに引き上げ，産品の配分も社会全体の最大の満足を満たす）が実現される[86]。水権の明確化が水権取引の基礎であり，合理的かつ効率的な水権制度は市場競争原理の下で形成されるべきである。この意味からして，市場経済の過程中，とりわけ黄河流域における水資源の供給不足という問題がいっそう深刻化するなかで，未来への発展の希望を黄河水資源の増加に託せない情況下，水権制度およびその流通システムの構築が，黄河水資源の価値を実現する合理的な手段となる。

1987年，国務院事務局が批准した黄河の供給可能な水量の配分案を，黄河流域および関連地区省（区）間の初期水権配分とみなすことができる。水の総量制限を前提に，各関連省（区）がそれぞれの配分用水量の範囲内で地区（市）と県とのあいだ，現有灌区間の初期水権の配分を行うとされた。現段階では，水権譲渡は省（区）内に制限されるべく，本省（区）内における水権譲渡制度が整ってから，省と省とのあいだに広げるべきである。水権譲渡を成功させるためには，工事による節水措置を講じなければならない。すなわち「投資節水」が先で，「水権譲渡」は後である。水権譲渡の期限については，水権譲渡の双方の利益を同時に配慮しながら，節水主施設の使用年数と受譲方の主施設の改造年限，および黄河の水市場と水資源の配置変化を総合的に判断する必要がある。そのさい原則上，水権の譲渡期間は25年以内にすべきである。

ここで強調されるべきは，黄河の水権譲渡を実施する関係省（区）が黄河の水量調整指令を厳格に執行し，省（区）間の河道流量と水量が河川全体の統一的調整に合致しなければならないことである。一方で，水権譲渡の双方とも批准された年度用水計画に従わなければならない。年度水量を配分するさいは，当年の来水情況によって，「豊増枯減」の原則にもとづき，譲渡する方と譲り受ける方の年度水配分枠を確定する。省レベルの人民政府の水行政主管部分は，水利部が批准した黄河の配分可能水量および非増水期の本川水量調整案と黄河水利委員会から下された水量調整の指令を遵守し，本行政区域の年度配水と用水監督を担当し，省（区）境の断面を通過する流量の規定指標を満たすように確保する必要がある。

潘庄の黄河引水門, 司毅民 撮影

(2) 水の値上げ

　合理的な水価格がなければ，水資源の節約は空論にすぎない。水の値段が低すぎると，水供給の価格が反映されないため，市場原理による価格調整の機能を失わせると同時に，節水施設の建設コスト上昇をまねく。そして伝統的意識および非効率な水利用方式を助長し，効率的な用水方式の導入の積極性をそこなうことになりかねない。

　先進諸国のなかで，工業用水量が減少している大きな理由の一つとして，合理的な水価格の存在があげられる。たとえばアメリカ西部では，水の値段が5倍引上げられたのに対して，工業用水量が98％減少した。諸国の経験では，市民の計量による使用量が計量しない場合より1/3減少し，水価格が1ガロンあたり43米セントから86米セントに上げられ，用水量に関しては，一人あたりの216Lから163Lと1/4減少している[87]。

　寧夏と内モンゴル河套区は，黄河流域の水資源の2大消費地区である。2000年4月に寧夏では斗（1斗＝10リットル）計量制を導入し，自然灌区で $1m^3$ あたり0.6分（1分は1人民元の1/100）から1.2分に引上げ，固海揚水灌区で5分から8分に，塩環定揚水灌区で5分ｚから10分に引上げるという新しい水価格の政策を打ち出した。新しい水政策により，農民大衆はそれまでの粗放灌

漑の習慣を一変し，大畦（あぜで区切られた田畑）を小畦に改め，地ならしをするなどの措置をとって灌水の浪費を減らすようになり，もとからあった灌水後の水の溢れ放しの現象が消えた。統計によると，2000年の1年間での寧夏灌区での節水は4.29億m^3である。内モンゴル河套地区では，原価格政策について改革を行い，時期ごとの水価格の設定や超過分に対し割増料金政策を実行した。灌区の地下水位が高く，含塩量が大きいため，夏作物灌漑では地下水位の上昇による作物減産を防ぐため，灌漑水量が小さい。これに対し，秋灌漑のおもな作物は翌年春に種まきをし，土壌に水分を含ませるため，作物の減少が生じないので，往々にして粗放灌漑し，大量の水資源を浪費していた。秋灌漑の用水量を減らすため，夏には3.8分/m^3，秋には4.7分/m^3という灌区時期ごとの値段システムを実行した。同時に，超過用水に対して割増料金制を導入し，用水量を抑えることを図った。具体的には，夏灌漑で割当分の超過分に対して4.7分/m^3から7.0分/m^3に引上げることによって，2000年，内モンゴル河套灌区への黄河引水量は2.02億m^3となった[88]。これらのことからわかるように，水価格の値上げは確実に節水効果をもたらすのである。

内モンゴル河套灌漑区

長らく，黄河下流の引黄農業灌漑の水価格は 0.36 分 /m^3（4 〜 6 月の三門峡ダム調節時は 0.48 分 /m^3）であった。2000 年 12 月 1 日より黄河下流の黄河引水水門プロジェクトによる水供給においては，農業用水では 0.36 分 /m^3 から 1.0 分 /m^3 に（4 〜 6 月は 1.2 分 /m^3），工業および都市生活用水では 3.9 分 /m^3（4 〜 6 月は 4.6 分 /m^3）に値上げされた。国家発展改革委員会は 05 年 7 月 1 日より，黄河下流の農業供給価格をすえ置いたまま，黄河引水水門プロジェクトによる工業と都市生活用水の価格を 6.2 分 /m^3 に（4 〜 6 月は 6.9 分 /m^3），2006 年 7 月 1 日より，さらに 8.5 分 /m^3（4 〜 6 月は 9.2 分 /m^3）に値上げすることを決定した。それでも，水の価格は依然として給水コストを下回っている。
　現在，黄河の水価格の形成体制は黄河の水資源の価値を反映できておらず，黄河の水資源の希少価値をじゅうぶん反映していない。流域内の部分地区では，黄河の水資源を空気と同じで，一種の大自然からの無償贈与として考えられてきた。人々の意識のなかでは，黄河の水を一種の有限な資源として合理的に評価していないのである。
　現状をふまえ，できるだけ科学的で合理的な水価格の形成メカニズムを構築し，水価格による黄河の水資源利用の市場メカニズムを確立することが急務である。黄河の水価格の調整過渡期においては，段階的に基本価格と計量価格を組入れる二部制を導入し，用途別価格・季節価格（黄河下流の黄河引水水門プロジェクトによる豊水・枯水価格差の供給が行われたが，その差は小さく，合理性を欠く）などの措置を実施し，用水における計画管理と定額管理を厳格化し，計画超過分または定額超過分に対して超過累進加価を行うべきである。
　科学的で合理的な水価格の形成メカニズムには，直接コストと合法的利潤だけでなく，水資源費と環境コストも含めなければならない。特筆すべきは，『水法』第四十八条において，直接に川・湖または地下水から水資源を汲み取る企業と個人が，国家取水許可制と水資源有償使用制度の規定にもとづき，水行政主管部門または流域管理機構に取水許可証を申し込み，水資源費を納めて水権を取得することが定められていることである。しかしながら，現在に至るまで，全国の大部分の省（区）水行政主管部門は，相次いでその管轄区内の水資源費徴収政策を制定したものの，黄河の水資源費の徴収政策はまだ制定されていない。したがって，黄河の水価値の調整においては水資源費の徴収政策に関する研究は無視できず，それを給水価格体系に含めるべきである。黄河の水資源費

は容量水資源費と計量水資源費の2種類に分けるべきである。容量水資源費は，用水権取得に応じて一括的な代金を支払うのに対して，計量水資源費は実際に使用した分に応じて費用を支払うものである。

(3) 農作物の作付構造の調達

　黄河の水価格の値上げ後，農民の節水意識は大きく高まるに違いない。現存の灌漑引水路と作付構造が変わらないかぎり，用水量の大幅な減少が直接農業生産高の落ち込みをもたらし，農民の収入減少をもたらしたとしても，それは節水の本来の目的ではない。この場合，政府は農業作付構造の調整に乗り出して，来水量の多さ，作物種類による用水量，水需求関係と市場相場にもとづき，農業作付構造の調整において計画的に農民を組織して節水目標を実現するとともに，農民の収入増加に取り組むべきである。

　甘粛省張掖市の西部草業集団では，従来行われてきた小麦やトウモロコシなど水消耗の大きい農作物をやめ，水消耗量の少ない牧草に改めるように農民を指導した結果，農田の灌漑用水量が50%削減した。この集団は，農民が生産した牧草を買い取って市場で販売しながら，大規模な家畜飼育を行っている。農民が飼育した家畜を直接，集団側に売ることもできる。その結果，用水を節約しただけでなく，農民の年収も過去の単純な農作物の生産のときと比べて大幅なアップが実現された。まさしく一石二鳥である。

　黄河流域の上流側に位置する寧夏・内モンゴル両灌区は年間降水量がおよそ200mmで，現状有効な灌漑面積が1783万畝であり，黄河からの引水をなくして農業が成り立たない地区である。現在，寧夏・内モンゴル両区の黄河引水量は国家配分額に達しているか，超えている。しかしながら，寧夏灌区では毎年大規模な水稲生産が行われているように，寧夏灌区の作付においては依然として水量消耗の高い作物が含まれている。したがって，寧夏灌区では水稲作付を放棄または部分的に放棄し，乾燥に強い農作物に切り換えるべきである。同時に，寧夏・内モンゴル両灌区いずれも春の小麦の作付面積を縮小し，経済作物とりわけ牧草の作付面積を拡大し，舎飼育畜業の発展に力を入れ，節水とともに農民の収入増加を図るべきである。

寧夏の黄河引水灌漑区

　黄河下流河道の河岸区は農田作付面積375万畝を有しており，そのかなりの部分の農田が黄河の水にたよって灌漑されているが，大量の黄河水を消費するだけでなく，大規模なトウモロコシなどの長稈作物は洪水防止に適さない。したがって，政府が黄河河岸区に大規模な牧場を建設し，農作物または部分的な農作物を牧草に改め，舎飼育畜業およびその産業チェーンを河道河岸の外に誘致するとともに，集約化・大規模化・近代化経営を実現すれば，節水だけでなく，農民の収入増加にもつながる。それは同時に，洪水防止にも役立つのである。

(4) 井渠併灌

　黄河流域および関連地区の地下水資源は豊富であり，おもに上流の寧夏・内モンゴル両灌区と下流の黄河引水灌区に分布している。

　寧夏・内モンゴル両灌区では主として黄河の地表水資源を利用しており，地面灌漑の後に形成された浅層地下水はほとんど利用していない。これによって灌区の排水負担を増加させるだけでなく，大量の地下水が潜水蒸発のかたちで大気に排出して水資源の浪費につながっている。初歩的な統計によると，寧夏灌区の農田灌漑と農村の畜飲用水として利用される浅層地下水はわずか0.56億 m^3/a（そのうち農田灌漑水量が0.47億 m^3/a，人畜飲用水が0.09億 m^3/a）である。それは天然補給量の3%，潜水開採可能量の9.7%を占める。つまり残りの90%の潜水開採可能の量が利用されていないため，深刻な土壌アルカリ化を引き起こしている。現在，寧夏灌区ではアルカリ化土壌の面積が203.4万

畝に達し，寧夏灌区有効灌漑面積（628.3万畝）の32.4%を占めている[89]。

内モンゴル河套灌区は，有効な灌漑面積1154.2万畝を有する。近年来，灌区内の地下水位は平均0.5m～1.0m上昇し，地下水埋深の臨界深度より浅い時間が年間2/3を占める。また，60%以上の作物生長期および秋灌漑後の地下水埋深が臨界深度以内にあるので，土壌の派生アルカリ化を加速している。当灌区の観測データを分析すると，1990年代で灌区の黄河引水灌漑により地表・地下水から年間平均268.2万トンの塩分が産出される一方，灌区排水によってウリャンス海に排出される塩分は88.1万トンで，黄河に流入する塩分は52.9万トンである。したがって，灌区は塩分が蓄積する状態にある[89]。

日増しに深刻化する土壌のアルカリ化を抑え，地下水埋深を一定深度以内にコントロールするため，地下水位を下げることから着手し，地下水の開発利用を拡大する。こうして，黄河の地表水資源の利用量を減少させると同時に，灌漑をもって排水に代え，地下水位を有効に下げ，自然積塩が激しい春における土壌への塩分引き返しを防ぐ。さらに，土壌および潜水地層に地下調節ダムを形成し，旱魃灌漑時に井戸による灌漑が用いられることによって，黄河の豊水時にその補塡を行い，旱魃時に備える。

上に述べた一石二鳥のような施策は，なぜ実行できないのであろう。要は相応する政策の調整がないからである。黄河の水を利用するのは，簡単なうえ値段も安い。井戸を掘ったり動力排水であったりすると，それなりの設備購入資金が必要であるばかりでなく，電力排水の運行費用も相当かかる。二者を比べてみると，井戸灌漑は経済メリットが乏しく，広げられないのも当然のことである。

したがって，黄河流域および関連地下水資源が豊富な地区に対して，国はある時期に地表水と地下水の価格が異なる政策など一連の関連政策を制定する必要がある。地下水の利用を奨励するときに，低い地下水価格，あるいは徴収免除の措置をとったり，井戸掘り設備購入費および運行費について助成金を出したりする。また地下水の利用を制限する場合，地下水資源費の徴収額を引き上げることもできる。もちろん，政策を適用する灌漑システムが井渠併行の形式に改造されなければならない。

（Ⅱ）流域にまたがる水調達

予測によると，黄河流域および関連地区において灌漑節水が実施されること

をじゅうぶん考慮した場合でも，2010年に黄河流域は40億 m^3，30年に110億 m^3 の水不足が発生する．渇水年では水不足がもっとも深刻である．今後長い期間において，水不足は黄河流域および関連地区の経済社会発展にとっておもな制約要素となるだろう．一方，水不足が黄河の健康な生命維持にとって，もっとも重要な拘束条件となる．

すべての生命体が極度な貧血状態におちいるさい，たとえば大量に出血したり，自身の送血機能が衰えたりする場合，その命を救う唯一の治療法は輸血することである．同じく，黄河の水資源の需給バランスは崩れており，黄河自身の回復力ではもはや膨張し続ける経済システムを支えきれない．黄河を救う措置としては，流域管理面で全力を尽くすほかに，流域にまたがる水調達を実施し，黄河に「輸血」を行うことが，現実的で実行可能の有効な方法である．

長年の研究を通して，現在では国が大規模な流域間の水調達プロジェクトとして，東・中・西という三つのルートをすでに決定している．三つのルートが南から北に並んで，東西方向に流れる長江・淮河・黄河・海河という4本の川とのあいだに，三縦四横・南北調達・東西互恵の国家水資源ネットワークを構築している（図7-5）．

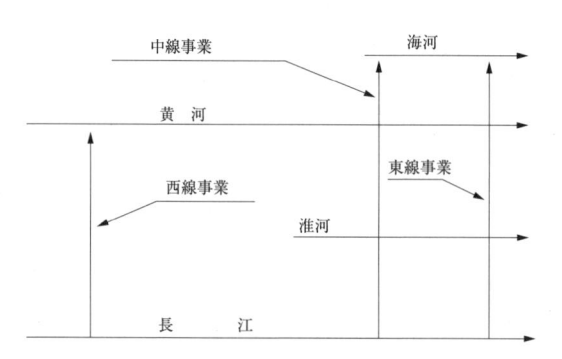

図7-5 南水北調における三つの路線および4大河川との関係

南水北調の三つのルートのなかでもただ一つ，西線プロジェクトは，長江本線から直接水を黄河に入れて，黄河の水資源を補充することを目標とする案である．

調水距離が短く，調達できる水量を保証し，工事規模が小さいという原則にもとづいて，白河口以上は黄河の受水区間と決定されている．調出区は通天

河・ヤーロン江・大渡河の上流区間となる。黄河が白河口から北西へ向かうため，通天河・ヤーロン江・大渡河の流路方向とは離れてゆくからである。調出区間の水量の条件を考慮すると，調出区間は相当広い範囲をもつべきである。西に通天河支川のツゥマル河口，東にソンファン草地，南に川西高原，北にバヤンカラ山脈である（図7-6）。通天河支川ツゥマル河口〜ズーメンダー区間では，ズーメンダー観測所での年平均流出量は124億 m^3 である。ヤーロン江本川宣牛〜ガンズー区間では，ガンズー観測所での年平均流出量は87億 m^3，ヤーロン江支川ダーチーアアン以上の区間では，アアン観測所での年間平均流出量は11億 m^3，セーロン支川ニーチーレンダー以上の区間では，レンダー観測所での年間平均流出量は13億 m^3 である。大渡河支川ズームーズー河シェルガ以上の区間では，シェルガ観測所での年間平均流出量は58億 m^3，大渡河支川リョウスジャー河ションラー以上の区間では，ションラー観測所での年間平均流出量は27億 m^3 である。天通河・ヤーロン江・大渡河の調出区域内には年間平均流量320億 m^3 があり，三つの川の年間平均流出量の1669億 m^3 の19%を占める[90]（表7-5）。

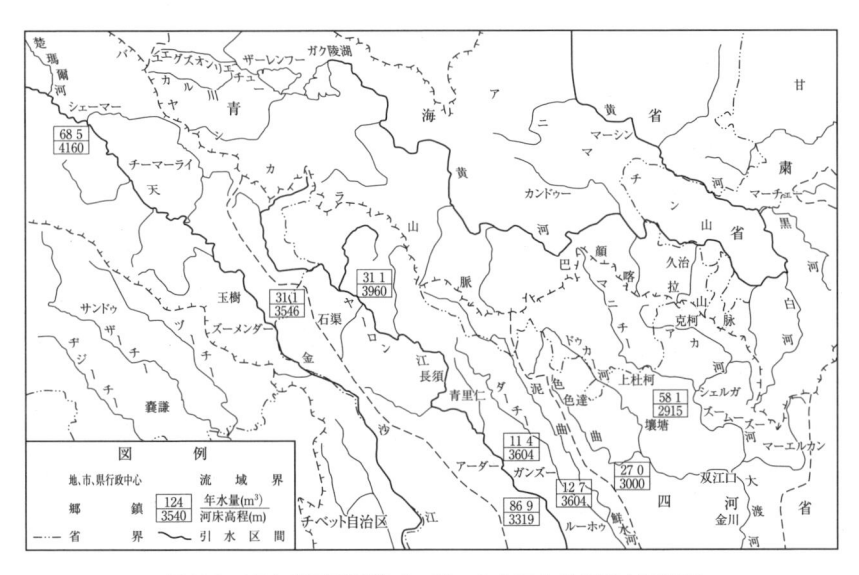

図7-6　南水北調の西線プロジェクトにおける引水区間図

表 7-5 通天河・ヤーロン江，大渡河の特性値 [90]

河川	本川長さ(km)	流域面積(万km^2)	年間平均流出量(億m^3)
通天河	1,145.9	14.06	570
ヤーロン江	1,637.0	12.80	604
大渡河	1,062.0	7.74	495
合計		34.6	1,669

　地形上から見れば，調水ルートの出口は制御的な高程から出水口が下流側にあるほど高程が低くなるが，黄河右岸支川の白河を超えると調水路の長さが増加するため，白河にもっとも近い黄河右岸支川のジャーチーと調水路をその出口に選択する．ジャーチーと黄河本川との合流地点の高程は3442mである．

　南水北調の西線プロジェクト計画では，通天河・ヤーロン江・大渡河本支川から，年間170億m^{3}を調達して黄河ジャーチーに流入させ，近から遠へ，易から難へという原則にもとづいて，3期に分けて実施する．

　第1期工事区域の高程は約3500mで，自然環境が比較的良好である．森・農田があり，人間の活動に適し，調査・設計・施工・運行・管理に有利である．計画では，ヤーロン江支川ダーチー・ニーチーと大渡河支川ドゥカー河・マニチー・アカ河から，築堤による自流引水40億m^3(表7-6)を黄河支川ジャーチー(図7-7)に流入させる．調水ルートは全長260km，トンネル長が244km，開水路が16kmである．

ヤーロン江支川泥曲，屠暁峰 撮影

黄河支川ジャーチー，屠暁峰 撮影

大渡河支川ドゥカー河,屠暁峰 撮影

　第 2 期工事計画では,ヤーロン江本川アーダーに築堤してヤーロン江本川の水を引いてトンネルを経由し,自流でその支川ダーチーに流入した後,第 1 期工事調水ルートと平行する別のトンネルを掘り,自流引水による 50 億 m^3 を黄河支川ジャーチーに流入させる(図 7-7)。

表 7-6 南水北調西線第一期工事による各支川からの引水量[90]

河川	引水枢軸 (km)	年間平均流出量 (億m^3)	調達水量 (億m^3)	調水量の流出量に占める比率(％)
ヤーロン江	ダーチー	アーアン	11.0	7.0	63.6
	ニーチー	ニーダー	13.0	8.0	61.5
大渡河	ドゥカー河	上ドゥカー	16.0	11.5	71.9
	マニチー	アニ堂	16.0	11.5	71.9
	アカ河	クーカー	4.0	2.0	50.0
合計			60.0	40.0	66.7

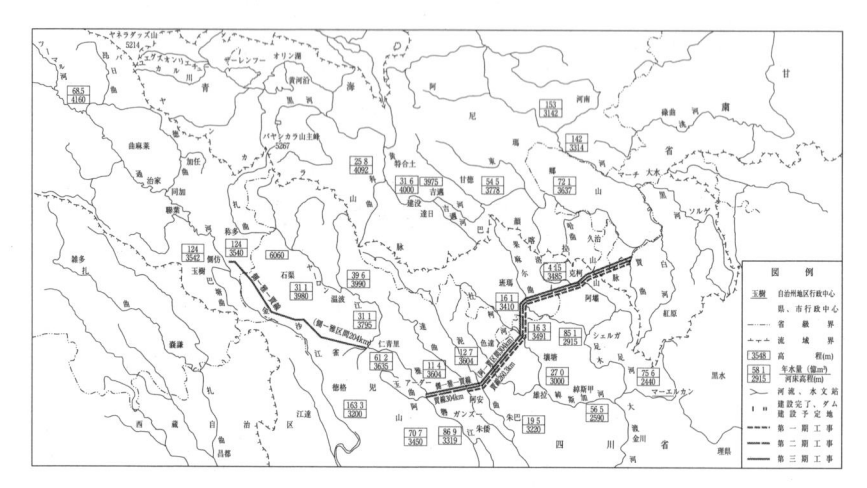

図 7-7 南水北調の西線プロジェクトの全体配置

　第3期工事計画では，通天河本川側に築堤して，水を引いてトンネルを経て自流でヤーロン江本川に合流する．その後，ヤーロン江本川アーダーから第2期工事の調水ルートに平行するトンネルを掘り，自流引水による80億m^{3}を黄河支川ジャーチーに流入させる[91]（図7-7）．

　南水北調の西線プロジェクトの調水目的に関しては，さらには検討を深める必要がある．調水の目的は黄河上流の水不足地区の経済発展のためで，工業・農生産をうながし，さらに大規模に農地面積を拡大しようとするものである．その最終目標は，西線プロジェクトの調水量を黄河上流地区で使い切ることである．著者は，もし南水北調西線プロジェクトの目標を，黄河上流における工・農業の生産に水を使い果たすことに置くなら，プロジェクトが本来もつ戦略的な意味を失わせる，と考える．黄河流域の水資源要求の悪化が深刻になる一

方，水資源の制御によって流域全体の生態および河川自身が生存の危機に直面して，南水北調プロジェクトを黄河の健康な生命維持に役立つようなものにすべきである。黄河へ調入した水量のなかで，一部を上流水不足の地区の工・農業生産に使用するほか，かなりの部分を上流の寧夏・内モンゴル河道と黄河下流低水路の形態維持に必要な流量として確保すると同時に，黄河に断流を起こさせないことに生かすべきである。黄河の調水調砂試験の成功により，これが黄河治水のもっとも有効な手段であることは明らかである。しかしながら，調水調砂ができるか否か，その決定的な要素となるのが水量である。調水調砂の試験成功により黄河治水の有効な手段を見つけたというなら，南水北調西線プロジェクトがその手段の実行のためにきわめて重要な水量基礎となる。もちろん，南水北調の西線プロジェクトを実施した後，現行の黄河流域および関連地区の初期水権配分制度が崩れるので，新たな水権分配案の制定が非常に複雑でありながらも避けて通れない重大な課題となる。南水北調の西線プロジェクトの前期に重視した関連研究を早急に始めなければならないのである。

　渭河河道が縮小してゆくという問題をふまえ，長江三峡ダムから水を漢江に汲み上げ，秦嶺山脈をくぐらせ渭河に流入させる案もあるが，その目的は渭河を救うことであり，そこから黄河小浪底ダムに入ることによって黄河下流の部分問題を解決することが期待される。マクロ的な判断から，この案の出発点と方向性は正しいといえる。黄河と渭河が近隣の豊水地区から調水する案を受け入れない理由は存在しない。黄河であれ渭河であれ，その治水は，水資源という基本的な条件なくして成功はあり得ないのである。したがって，この案については積極的に検討を行うべきである。

　現在，南水北調の東線・中線プロジェクトが相次いで開工し，2010年までに完成する。国が南水北調プロジェクトの東・中・西3線と長江・淮河・黄河・海河4河川をもって「3縦4横」の水資源配置ネットワークを築き上げる以上，そのネットワークの作用を生かし，それを完全な水資源配置と管理のオープンな巨大システムと位置づけるべきである。システムの観点から，すでに開工した東線・中線と黄河の水資源配置とのあいだの相対的独立が検討されるべきである。たとえば，南水北調の東線と中線の調水方向とルートは南から北へ向かうが，黄河の南岸灌区において黄河からの引水方向は北から南へ向かうので，受水区域には重複するところが存在する。したがって，黄河南岸の部分的な黄

河引水灌区では，南水北調代替案によってその使命をはたすことで，黄河のできるだけ多くの水量を用い，その存続危機を避ける方案を検討すべきである。ついでに，現行では黄河水資源の給水価格と南水北調による給水価格との差が大きい。この問題も善処しないと，南水北調プロジェクトが完成し稼動しても，水使用者はきっとなんとかして黄河の水を使おうとし，南水北調の水が使われない状況が生じる。そうすると，一方では，黄河の水資源需求関係がますます悪化する。もう一方で，国家が巨額の予算を投入して建設したプロジェクトは，その経済効果がはたせないままとなる。

2-2．砂の減少

あらゆる方法を尽くして黄河の河道への土砂流入を減らすことが，黄河の治水における重要な道程である。土砂がなければ，黄河は世界でもっとも治水の難しい河川にならなくてすむはずである。その意味で，発生源から黄河の土砂を減少させるのが，黄河治水の根本的な措置といえよう。

現段階の認識から，黄河の河道に流入する土砂を減らす手段は，二つ考えられる。もっとも重要な一つは，黄土高原の水土保持である。土砂の発生源をコントロールする場合，往々にして投入金額が少ないにもかかわらず，効果がいちじるしい。統計によると，2000年末現在，黄土高原における水土流失の初期段階整備面積は18万km^2に達する見込みで，砂防基幹工事1390基，貯砂ダム11.2万基，貯水地堰境・遊水地・貯水用穴蔵など小型貯水保土施設400万余り，水土保持林草の造成11.5万km^2である。その結果，一部の地区における水土流失と荒漠化が食い止められた。黄河本川の龍門観測所・汾河の河津観測所・張家山観測所・北洛河観測所と渭河の咸陽観測所で観測した結果は，ほぼ黄土高原の水土産出量を反映している。1950〜60年代を基準にすると(70年以前に水土保持の措置が少なく，黄河の水砂変化に影響が小さい)，70〜96年には上の5観測所で年間平均3.075億トンの砂量減少が実現されている[92](表7-7)。

表7-7 1970年以降黄土高原における水土保持による年間平均減砂量[92]（単位：億トン）

河川	観測所	1970～1979年	1980～1989年	1990～1996年	1970～1996年
黄河	河口鎮 河龍区間 龍門	0.011 1.440 1.451	0.530 2.261 2.791	0.448 2.070 2.518	0.316 1.909 2.225
汾河	河津	0.185	0.218	0.217	0.206
泾河	張家山	0.236	0.266	0.298	0.263
北洛河	洑頭	0.123	0.047	0.062	0.079
渭河	咸陽	0.281	0.311	0.318	0.304
合計		2.276	3.633	3.413	3.075

注：1950，60年代を基準に算出した

　黄土高原の水土流失区で水土保持を行うには，それぞれの区域の水土流失の特徴にもとづいて，有効な対策措置をとらなければならない。おもな措置として，棚田・造林・植草・貯砂ダムと小型ダムの建設などがあり，措置の種類によってはその減砂効果が大きく異なる。そのなかで，貯砂ダムの貢献度は36.5％～63.1％で，ほかの措置よりはるかに効果が大きい[92]。このことから，貯砂ダムが黄土高原の水土流失を防ぐうえでもっとも有効な措置といえよう。短期間にいちじるしい土砂減少効果をあげるには，さらに淤地ダムの建設を拡大する必要がある。とりわけ，重力侵食が主となる水土流失区においては，淤地ダムによってその侵食環境を堆積環境に変え，重力侵食の強度を軽減させる。ダム区における堆積が相対均衡状態に達した後の，1回の降雨過程による土壌の侵食平均厚は小さく，ダム地の農作物に影響を及ぼさない程度になる。貯砂ダムの建設によって土砂の流出を防ぐと同時に，ダム土地を肥やして農作物の安定的な豊作をうながす。黄土高原地区のダム地における生産量の統計によると，一般に畝あたり250～300kgで，高い場合には500kgに達し，斜面土地の5～10倍に相当する[42]。

　特筆すべきは，黄河に流入する土砂を減少させながら，地元の農民に農作物成長の良い条件をもたらす貯砂ダムの建設に対して，国による資金投入が明らかに不足していることである。1986年以前には，黄土高原の水土保持は，国家の基本建設プロジェクトに表記すらなく，国からの資金配分がなかったのである。86年になって，黄土高原の水土保持（貯砂ダム建設を含む）に対してようやく国家から予算が拠出されるようになったが，96年までに毎年の予算

額は 2000 万元足らずであった．

黄土高原の棚田，黄宝林 撮影　　　黄土高原の遊砂地，孫太旻 提供

上に述べたように，1970～96 年における黄土高原の水土流失区では，水土保持措置によって黄河に流入する土砂を年間平均 3.075 億トン減らしている．これに対して，国からの直接投入金額は 1.4 億元で，平均 1 億トンの土砂減少につき国の直接投入金額は 0.46 億元である．もしこの 1 億トンの土砂をそのまま下流河道に流入させた場合，流入土砂の 50% が下流河道に堆砂すると想定するなら，その処理にかかる費用が少なくとも 5 億元にのぼる．したがって，防砂における投入金額とその効果からみれば，黄土高原の水土流失区での防砂対策をさらに強化すべきである．投入金額については，少なくとも黄河下流河道の治水対策に匹敵するのが望ましい．現在では，黄土高原の水土保持に対する予算配分は，黄河下流河道の治水よりはるかに少ないのが現状である（図 7-8）．

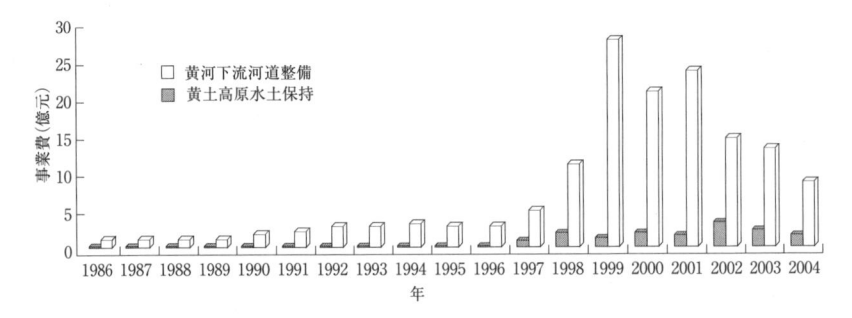

図 7-8　黄河下流の河道整備事業と黄土高原水土保持事業の事業費比較

近期において，黄土高原の水土流失区のなかで，黄河下流河道とダム堆砂に対し，もっとも深刻な影響を与える粗砂源への対策を国家の特別基本建設プロ

ジェクトにのせると同時に，資金投入規模を黄河下流治水と同等のレベルに引き上げることによって，抹消的な問題とその源となる問題をともに解決するという黄河治水の理念を実現するべきである。

　疑うべくもなく，黄河小北幹流で泥水を流し，「堆粗排細」の目標を実現することは，小浪底ダムと黄河下流河道に流入する粗砂の減少にプラス効果をもたらす。黄河小北幹流の泥水排出について全面的な計画を立て近期工事を実施すると同時に，そのほか泥水排出が実行可能な区域における泥水排出措置について研究を行う必要がある。たとえば，温孟灘で小浪底ダム移民の生活生産用地区域以外の東，黄河下流河道内の広い河床砂地区域（たとえば蘭考），および黄河下流スーパー堤防以外の窪地や，土壌性質の悪い耕地などである。

　基幹ダムの死水容量を用いて黄河下流への土砂流入を防ぐ対策が，土砂減少対策においてのベストとはいえない。しかし，黄河下流河道とりわけ低水路で深刻化する堆砂と黄土高原の水土流失区における防止対策が進まない状況では，基幹ダムの死水容量による土砂せき止めは有効な措置である。一方，洪水をせき止めると，土砂もともにせき止められるが，これは避ける術もないことである。一方では，水利基幹水力発電所の総合利用による発電も，ダム水位の利用水頭を高くする必要がある。ダム水位を高くすることは，水と土砂を用いればできる。以上の2点を考慮すると，ダムの死水容量を用いた阻砂は，それほど費用がかかる減砂措置ではなく，黄河本川に砂防ダムを建設することとは性質が違う。むしろ，ダムの限られた死水容量と黄土高原の巨大な水土流失とを比べたら，まったく取るに足らないと強調したい。したがって，いかに科学的有効に死水容量を用いて土砂をせき止めるかという問題は，非常に重要な研究的価値がある。あらゆる有効な措置をとって，できるだけ下流河道に大きな影響を与える粗砂をせき止める一方，水流で海へ流される細粒に対しては，あらゆる方法を尽くしてダムから排出するようにする。細砂をダムにせき止めるということは無謀であり，貴重なダム容積の無駄遣いになる。

2-3. 調水調砂

　経済社会の発展とともに，人間による黄河への過剰な開発利用と不法な関与が，黄河における水砂関係をいっそう悪化させる方向へ向かわせている。黄河はすでに世界で人工関与度がもっとも大きい河川の一つといっても過言ではな

い。アンバランスな状態にある水砂関係を「緊張」から「緩和」に変える唯一の手段が，人工調節である。

本書の第4章で黄河における水砂調節の三つの方式について詳しく述べたが，黄河の水砂調節の方式は決してこの3種類だけではないことを指摘したい。黄河全流域についていえば，蘭州以上の区間と潼関以下の区間の水流が比較的きれいであり，トクト〜龍門区間と龍門〜潼関区間の含砂量が大きい。このような「両清両濁」の水砂特性は，客観的に河川全体における調水調砂の可能性が備わっているのである。このような認識にもとづき，未来の水砂調砂はもっと広い範囲でマルチ方式およびその組合せの運用が行われるであろう。すなわち「システム工学の手段を用いて，全河川について調水調砂を行い，不均衡な水砂関係を相対均衡状態に導く」[37]のである。

近期において，黄土高原地区から発生する継続時間が短く，高含砂量で，ピーク流量が小さい洪水について，小浪底ダムおよびその下流河道による調水調砂連携運用の研究を行う必要がある。このような洪水は小浪底ダムの稼働前に発生の確率が高かった（表7-8）が，小浪底ダム稼働後においても発生確率は依然として高い。これが小浪底ダムの洪水防止運用と板ばさみの状態にしてしまうのである。もしそれをダムから排流すれば，洪水流量が小さいため下流河道に流入した後も洪水過程が海に及ぶことなく，土砂をすべて下流河道の低水路に堆積させることになる。もしそれを小浪底ダム内にせき止めれば，ダムに堆砂をもたらし，しかもこのような洪水の発生確率は高いため，徐々に蓄積して，ダムの堆砂容積を減らしてゆくことになる。

表7-8 黄河潼関観測所における含砂量の高く継続時間の短い洪水

洪水過程 (年.月.日)	洪　峰		砂　峰		洪量 (億m³)	砂量 (億t)
	流量 (m³/s)	峰現時間 (年.月.日.時:分)	含砂量 (kg/m³)	峰現時間 (年.月.日.時:分)		
1960.7.3～13	2810	1960.7.6.15:00	592	1960.7.7.5:30	5.63	1.86
1966.8.26～9.12	4180	1966.9.4.18:00	144	1966.9.3.18:00	4.42	2.63
1970.7.26～8.1	1420	1970.7.30.17:00	340	1970.7.28.0:00	4.50	0.81
1978.7.4～8	2570	1978.7.6.4:30	140	1978.7.5.14:30	4.46	0.34
1980.8.24～27	2730	1980.8.25.10:00	173	1980.8.25.7:00	4.94	0.28
1981.6.20～26	1980	1981.6.22.6:00	193	1981.6.24.8:00	3.74	0.28
1990.9.22～27	2300	1990.9.25.5:00	253	1990.9.25.14:00	6.07	0.39
1995.7.18～20	3190	1995.7.19.2:30	203	1995.7.19.6:50	2.66	0.42
1995.7.30～8.2	4160	1995.7.31.4:00	102	1995.8.1.8:00	5.13	0.21
1995.8.6～8	3980	1995.8.7.1:10	146	1995.8.7.6:30	3.28	0.36
1996.7.16～20	2810	1996.7.17.17:45	383	1996.7.17.19:30	6.23	1.26
1996.7.21～23	1910	1996.7.22.16:00	126	1996.7.22.12:00	1.89	0.14
1997.8.7～12	1400	1997.8.9.16:00	482	1997.8.9.00:00	3.27	0.53
1998.5.21～29	1750	1998.5.23.18:20	296	1998.5.23.17:30	6.91	0.70

　このような洪水に対して調節するさいは，できるだけダムに堆積させず河道の低水路にも堆積させないようにし，土砂を一時的に小浪底～花園口までのある区間に堆積させておいて，機が熟するのを待ってから，小浪底ダムの放流に混ぜ合わせて海に排出させるのである．

　上記の対策も調水調砂の一種であり，次のような内容を含む．一つは，土砂の空間的な分布を調整することである．もう一つは，それを砂源として小浪底ダムから排出される「清流」または含砂量の低い水流に流すことである．

　初歩的な構想ではあるが，一時滞砂区間を西霞院水力発電所から桃花峪のあいだにするのも一つの選択肢である．この区間は地理的に小浪底ダムに近く，いったん放流して侵食を起こさせれば，その下流よりも効果的であろう．そのうえ，両岸に天然の防壁が存在するので，滞砂が遅滞しても洪水が発生するさいに決壊が起きる恐れがない．同時に，この区間は勾配が急であり，滞留する土砂が流されやすい．実際，小浪底ダムの近年における運用では，この区間は侵食され続けてきた．また，この区間は人口密度が小さく耕地が少ないため，かかわってくる社会的な問題に対処しやすいのも無視できない利点である．

　この区間の末端にどのような堰水案を採用するか，またいかに土砂に攪乱を与え小浪底ダムからの放流に乗せるかに関しては，研究検証を行わなければならない．いずれの案を採用するにしても，以下の原則に従うべきである．
1) できるだけ自然の力を利用すること．

2) 工事が簡単で，操作が容易であること。
3) 重複使用性が強いこと。

　河道における滞砂の勾配，堆積の厚さと長さなどのパラメータは，実体模型実験によって決められる。

　なお，小浪底ダムによる前後2回の調水調砂のあいだに，ダム堰蓄運用は往々にして排砂口に堆砂を引き起こした（たとえば2002年の増水期後，小浪底ダム前面の堆砂が181.5mに達したのに対し，排砂口の高さはわずか181.0m）。この場合，もしただちに排砂を行わなければ，排砂口が土砂に完全に埋められ，水門の開閉運用に悪影響を与えることになる。もし排砂を行えば，小水が大砂を運搬することになり，直接黄河下流河道の低水路に堆積をもたらす。このようなケースは同様に，上記の河道滞砂と小浪底ダムの適時な清水放流による調水調砂の連携運行で対応できる。つまり，排砂口に堆積する土砂に対してすみやかに排砂を行い，それを一時的に西霞院から桃花峪の河道に滞留させて，小浪底ダムから清流が放出されるタイミングで，水流に乗せて海へ放出させることである。

3. 水砂調整施設および運行体制

　水砂関係のアンバランスによって黄河の河道に激しい堆砂をもたらす区間は二つある。その一つは黄河上流の寧夏・内モンゴル河道であり，もう一つは黄河下流河道である。これらの堆砂を同時に許容でき，下流のダムおよび河道の堆砂減少をはたせる区間が，黄河小北幹流である。したがって，水砂調整施設およびその運行体制の構築の着眼点を，上記の三つの区間に置くべきである。

3-1. 寧夏・内モンゴル河道の氷塊防止，堆砂減少のための水砂調整施設およびその運用

　現在ないし将来において寧夏・内モンゴル河道に存在するおもな災害は，氷塊増水と河道堆砂に河床上昇がもたらす決壊災害である。その区間の上流本川に建設する水砂調整施設およびその運用がこの大災害を解消する，という目標をはっきりさせなければならない。プロジェクトの配置および運用方式は，図7-9に示す。

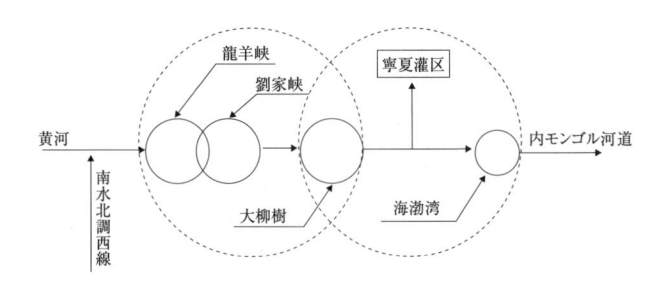

図 7-9　黄河上流の水砂調節プロジェクトおよびその運用システム

　龍羊峡ダムは青海省共和県と貴徳県境の黄河本川に位置し，黄河本川最上流のダムである。ダム常時の満水位は 2600m，ダム総容量は 247 億 m^3，設備発電容量は 128 万 kw，年平均発電量は 59.4 億 kw・h で，西北電力ネットワークのピーク調整，周波数調整と事故予備における主力発電所である。

　劉家峡ダムは甘粛省永靖県に位置し，蘭州市から 100km 離れている。ダム常時の満水位は 1735m，総容量は 57 億 m^3，設備発電容量は 116 万 kw，年平均発電量は 55.8 億 kw・h である。

　龍羊峡ダムの戦略的位置づけは，その巨大な容量をもって黄河水流の主要源の一つをコントロールすることにあり，いわゆる黄河上流本川の「水塔」である。その設計のおもな任務は，有利な位置と巨大な調貯能力を利用して，流出に関して長年にわたる調節を行い，水エネルギーの利用効率を高め，上流区間の各発電所の出力を確保することである（表 7-9）。流出への制御作用をはたすには，龍羊峡ダムによって増水期の水量をせき止めて非増水期の発電利用にまわす必要がある一方，豊水年の流出水量をせき止めて枯水年の発電利用に備えなければならない。一般に，6～10 月に貯水し，その最大貯水量は 100 億 m^3，11 月～翌年 5 月の使用に備え，この期間で龍羊峡ダムの最大供給量は 56 億 m^3 に達する。この運用方式によって，黄河の流出特性は完全に変えられ，増水期における放流水量の大幅な減少，非増水期における放流水量の大幅な増加をもたらしているが，これは天然状況とは相反するため，寧夏・内モンゴル河道および黄河中・下流河道に不利な影響を与える。

龍羊峡ダム　　　　　　　　　　　劉家峡ダム湖

　現状では，劉家峡ダムはその上流各発電所への調節の役割をになっているが，さらにできるだけ寧夏・内モンゴル灌区給水ピーク時の補水要求と，寧夏・内モンゴル河道の氷塊災害防止およびその排水流量の調節要求を満たす必要がある。このような役割をはたさせるには，以下の問題が障害となっている。つまり，劉家峡ダムが寧夏・内モンゴル河道とりわけ内モンゴル河道から遠く離れているため，いったん氷塊洪水が起き，ダムがただちに制御運行を開始しても，時間的に間に合わなくて，じゅうぶんな効果が得られない，という点である。統計によると，1990年代以降，内モンゴル河道では前後氷塊洪水が4回起きている。たとえば，1993年12月，黄河磴口区間の氷塊洪水による決壊では13000人が避難し，4000万元の直接的な経済損失をもたらした。94年12月の内モンゴルのウーハイ区間における黄河氷塊洪水による決壊では，1653人が洪水に閉じ込められ，1676万元の直接的な経済損失をもたらした。96年3月には，黄河鳥達橋上流の堤防4ヵ所が氷塊洪水によって壊され，被災者7234人，直接的な経損損失は7760万元に達した。2001年12月，ウーハイ区間で起きた氷塊洪水では4000人が被災し，直接的な経済損失は1300万元に達した。また，劉家峡ダムの氷塊洪水防止と灌区に向けての給水運用は，劉家峡ダム以下の発電所の出力・発電量と給電品質に大きな影響を与えている（表7-9）。

2001年12月に起きた黄河ウーハイ区間解氷増水決壊による村水没状況, 王曄彪 撮影

表7-9 黄河上流各発電所の主要技術経済指標

名称	所在地	正常貯水位(m)	総容量(億m³)	有効容量(億m³)	最大水頭(m)	最大堤高(m)	出力(万kW)	年発電量(億kW·h)
龍羊峡	青海共和	2600.0	247.00	193.50	148.5	178.0	128.0	59.4
ラーシーワー	青海貴徳	2452.0	10.00	1.50	220.3	250.0	372.0	102.3
ニーナー	青海貴徳	2235.5	0.26	0.09	18.0	45.5	16.0	7.3
山坪	青海貴徳	2219.5	1.24	0.06	15.8	45.7	16.0	6.6
李家峡	青海尖扎	2180.0	16.50	0.60	133.6	165.0	200.0	59.0
ツーガンラーヤー	青海尖扎	2050.0	0.15	0.03	13.2	42.5	19.2	6.7
康揚	青海尖扎	2036.0	0.22	0.05	14.6	39.0	16.0	6.2
公伯峡	青海循化	2005.0	6.20	2.00	106.6	139.0	150.0	51.4
蘇只	青海循化	1900.0	0.25	0.02	17.8	44.0	21.0	8.1
黄丰	青海循化	1882.0	0.70	0.15	20.4	50.0	24.8	9.3
積石峡	青海循化	1850.0	4.20	2.20	73.0	88.0	100.0	34.1
大河家	青海循化	1782.0	0.09	—	16.5	38.0	18.7	7.4
寺溝峡	青海・甘粛	1760.0	1.00	—	24.0	54.0	25.0	10.0
劉家峡	甘粛永靖	1735.0	57.0	41.50	114.0	147.0	116.0	55.8
塩鍋峡	甘粛永靖	1619.0	2.20	0.10	39.5	55.0	39.6	21.7
八盘峡	甘粛蘭州	1578.0	0.50	0.10	19.5	33.0	18.0	9.5
河口	甘粛蘭州	1557.5	0.12	—	5.5	18.9	7.4	3.3
柴家峡	甘粛蘭州	1550.0	0.16	—	8.9	16.0	9.6	4.9
小峡	甘粛蘭州	1495.0	0.40	0.10	17.0	47.7	23.0	10.0
大峡	甘粛蘭州	1480.0	0.90	0.60	31.4	71.0	30.0	14.7
鳥金峡	甘粛靖遠	1435.0	0.20	0.04	12.6	54.5	15.0	6.9
大柳樹	寧夏中衛	1377.0	107.4	50.20	139.0	163.5	200.0	77.9
沙坡頭	寧夏中衛	1240.5	0.27	0.13	11.4	37.6	11.6	5.8
青銅峡	寧夏青銅峡	1156.0	5.70	3.20	21.0	42.7	27.2	10.4
海渤湾	内蒙古海渤湾	1075.5	4.10	1.80	10.5	14.0	10.0	3.7
三盛公	内蒙古磴口	1055.0	0.80	0.20	8.6	9.0	—	—

新しい水砂制御施設およびその運用体制は，龍羊峡ダムの流出調節運用による龍羊峡発電所自体を含め,その下流のラーシーワー・ニーナー・山坪・李家峡・ツーガンラーヤー・康揚・公伯峡・蘇隻・横豊・積石峡・大河家・寺溝峡などの水力発電所の最適状況下の運用を確保し，その出力・発電量と品質を高めている。劉家峡ダムにおける龍羊峡ダムへの放流過程への逆調節によって，劉家峡水力発電所およびその下流の塩鍋峡・八盤峡・河口・柴家峡・小峡・大峡・鳥金峡などの水力発電所の最適状態での運行が確保された一方、劉家峡ダムがになっていた寧夏・内モンゴル灌区への給水および内モンゴル河道の氷塊洪水防止任務は，用水地により近い大柳樹ダムに移行された。大柳樹ダムが内モンゴル氷塊洪水防止区間から依然としてかなり離れていることを考えれば，氷塊洪水が温度の影響で突発的に起きる性質および災害に対する迅速な対応において，内モンゴル河道の突端に位置する海渤湾水利枢軸施設が大柳樹ダムと協力して氷塊洪水防止の運用に加わることより，内モンゴル河道に対する氷塊洪水の脅威は解消できる。とくに指摘すべきは，寧夏・内モンゴル河道の河床低水路の堆砂の加速化が，現況下の龍羊峡・劉家峡ダムの運用と密接な関係にあることである。大柳樹ダムの運用は，寧夏・内モンゴル灌区への給水と内モンゴル河道の氷塊洪水防止任務のほかに，海渤湾水利枢軸と連携して寧夏・内モンゴル河道を侵食するための人工洪水創出をになうべきである。

大柳樹ダム設計効果図

3-2. 小北幹流の放砂の寄与する水砂調節施設およびその運用体制

本書の第6章では，黄河の治水における小北幹流の戦略的な重要性について述べたが，この区間の広い河道には100億トンの堆砂を受容できるため，小浪底ダムおよび下流河道の堆砂減少に大きく貢献できる。しかし，指摘しなければならないのは，この区間に100億トンの堆砂を受容させるためには，その上流端の制御施設に頼らなければならないことである。そのため，黄河北幹流における水砂調節プロジェクトおよびその運用体制は，図7-10に示すとおりである。

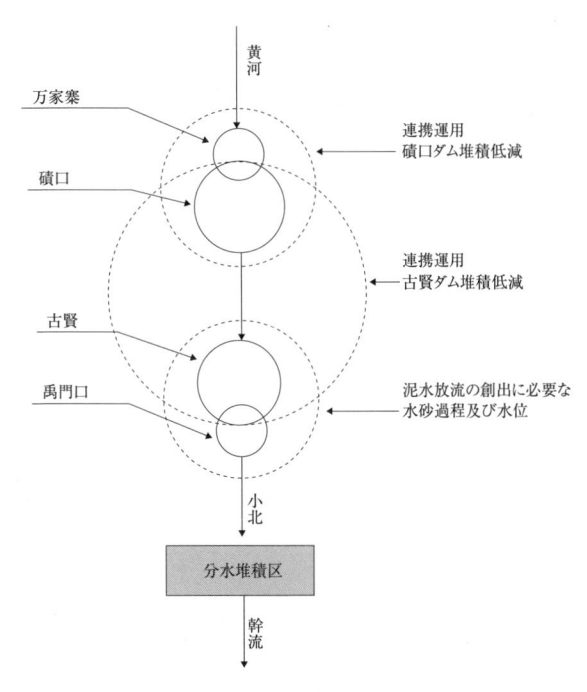

図7-10　黄河北幹流における水砂調節プロジェクトおよびその運用システム

古賢ダムは黄河北幹流の最下流に位置する比較的大きな調節能力をもつダムであり，上流の磧口ダムから235.4km，下流の壺口瀑布から10.1km離れており，左岸が山西省吉県，右岸が陝西省宜川県となる。古賢ダムは常時満水位が645m，総容量が165.7億m^3，そのうち堆砂容量が117.9億m^3，調節容量が47.8億m^3である。ダムがほぼ黄河北幹流の洪水と土砂をコントロールしており，その恵まれた地理的条件は黄河北幹流のほかのダムの比ではない。古賢ダ

ムを利用して黄河北幹流に発生した高含砂の洪水に対する制御を行うことができるだけでなく，その水砂状況にあわせて黄河小北幹流における堆砂放出に適した水砂過程をつくり出すこともできる．同時に，黄河北幹流峡谷の出口に建設した禹門口水利枢軸のおもな任務は，古賢ダムの堆砂放出における水砂過程の水位のせき上げと，禹門に水利枢軸両端の土砂放出水門と逆砂引水路を通し，古賢ダムの水を小北幹流の堆砂放出区に流入させることである．将来における堆砂放出運用において，古賢と禹門はセットで合同運用されなければならない．

磧口ダムは黄河北幹流の中部に位置し，上流の河口鎮から422km離れ，黄河粗砂（$d>0.05$mm）の56.8％を占めている．このダムは正常水位が785mと設計され，総容積が125.7億m³，堆砂容量97.8億m³，調節容量27.9億m³である．このダムと古賢ダムとの合同運用により，古賢ダムの堆砂を侵食する水流をつくり出し，古賢ダムの堆砂を減らすことができる．

万家寨ダムは黄河北幹流の最上端に位置し，その戦略的な位置が非常に重要となっている．ダム流入量については，その下流にあるダムに比べると含砂量が低く，相対的に水流がきれいである．その位置については，下流の北幹流区間のダムの堆砂を侵食する点において，ほかのダムにはできない役割をはたすことができる．堰水域末端の制限上，ダムの総容量が小さく，有効容量はわずか4.5億m³で，利用可能な水量が限られるにもかかわらず，磧口ダムと連携運用すれば，隣接する磧口ダムに侵食を起こすことができる．とくに寧夏・内モンゴル河道の氷塊増水期間において低水路に溜まった水量を一気に放出するさい，いかに勢いに乗って調節運用を行うかは，今後の研究課題である．黄河北幹流における水砂調節施設のおもな技術経済指標を，表7-10に示す．

表7-10 黄河北幹流における水砂調節施設の主要技術経済指標

名称	所在地	常時満水位(m)	総容量(億m³)	有効容量(億m³)	最大水頭(m)	最大堤高(m)	施備発電容量(万kW)	年間平均発電量(億kW・h)
万家寨	山西・内モンゴル	980	9.0	4.5	81.5	90.0	108	27.5
磧口	山西・陝西	785	125.7	27.9	117.0	143.5	180	47.0
古賢	山西・陝西	645	165.7	47.8	174.0	199.0	210	71.0
禹門口	山西・陝西	390	0.7	0.4	23.5	48.5	14	6.1

磧口ダム設計効果図

3-3. 黄河下流における堆砂減少のための水砂調節施設およびその運用体制

　黄淮海平原の内陸側を流れる黄河下流河道は，両岸の地面より高い「天井川」である。ここは黄河の安否が全局にかかわる場所である。黄河下流河道に有効な治水効果を得るためには，この区間に流入する水砂関係を問題にする必要がある。つまり，この区間に進入する水砂関係を調節し，アンバランス関係をバランス関係に変え，黄河下流河道の堆砂減少ないし侵食の目的を達成させるのである。

　この区間に流入する水砂量はほかの区間より多いため，水砂関係を調節することを主要目的とする制御施設がもっとも多い。しかも，違う水砂源区にあわせて異なる運行体制で対応されている（図7-11）。

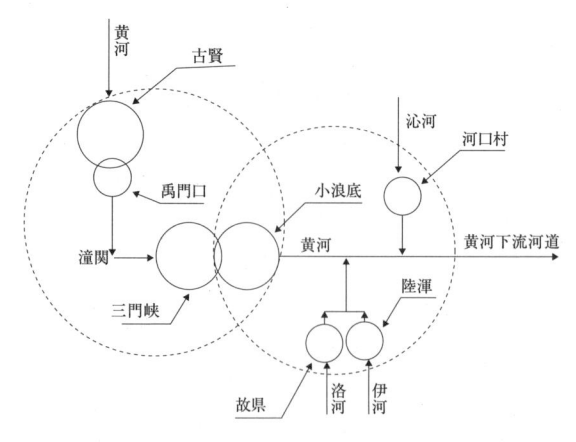

図 7-11 黄河下流の堆積を減らす水砂調節プロジェクトおよびその運用システム

　小浪底ダムは黄河中流最後の峡谷の出口に建設され，黄河下流に進入する水砂をコントロールする要（下流に流入する水量の91.29，砂量の100％を占める）である．常時満水位が275m，総容量が126.5億m^3，長期有効容量が51億m^3（そのうち治水対策用貯水量40.5億m^3，調水調砂貯水量10.5億m^3），堆砂容量75.5億m^3で，100億トンの堆砂が可能である．黄河幹流において，小浪底ダム以上の地点から来水・来砂する場合，このダムは自然の水砂過程についての調節を行うことができる．黄河の小浪底ダム上流から「濁流」，小浪底ダム～花園の区間から「清流」が来る場合，「無制御区では清流負荷，小浪底ダムで水砂調節」という方針にもとづき，本川の小浪底ダム・伊洛河故県・陸渾ダム（技術経済指標を表7-11に示す）と沁河河口村ダムによる連携調節を始動させることによって，複数源区の洪水や土砂過程を花園口の観測所で正確に「ドッキング」して黄河下流河道に流下させ，水砂関係を調和のとれたものにする．黄河幹流・支流から来水・来砂がない場合は，非増水期に貯水した水量を利用して，増水期到来のさいに洪水対策の貯水容量を空けておく．それにより，古賢・三門峡・小浪底ダムの連携運行および古賢ダムの人工洪水が三門峡ダムを通過するさいに，三門峡ダムからの放流を加えて小浪底ダムへの侵食を実現する．こうすることによって，小浪底ダムの堆砂を減らすと同時に，黄河下流河道への侵食をもたらすのである．

表 7-11 黄河下流の堆積を減らす水砂調節プロジェクトの技術経営経済指標

名称	所在地	常時満水位(m)	総容量(億m³)	有効容量(億m³)	最大水頭(m)	最大堤高(m)	発電容量(万kW)	年間平均発電量(億kW·h)
三門峡	山西・河南	335.0	96.4	60.4	46.0	106	40	13.0
小浪底	河南済源	275.0	126.5	51.0	141.9	173	180	58.4
故県	河南洛寧	534.8	11.8	9.6	63.6	125	6	1.8
陸渾	河南嵩県	319.5	13.2	11.7	48.3	55	1	0.1
河口村	河南済源	283.0	3.5	2.6	68.0	156	2	0.8

陸渾ダム, 殷鶴仙 撮影

第8章 黄河下流河道の整備方針

黄河は最後の峡谷区間を通り抜けて，河南省孟津県白鶴で山区から黄淮海平原を流れ，山東省墾利県で渤海に注ぐ。白鶴から河口までの河道の長さは878kmであり，そのうち白鶴から桃花峡区間は，数千年来あまり大きな変化がなかった禹王故道となる。桃花峡から東頂頭までの区間は500年ほどの歴史を有する明清故道である。東頂頭以下の河道は，1855年に銅瓦廂決壊後に改道して北東へ流れ，運河を通り抜けて大清河を奪って形成された。黄河の下流河道全体は，上流側の幅が広く下流側の幅が狭く，勾配として上流側が急で下流側がゆるやか（2.65‰から1‰にまで）である。北岸では河南省孟州以下，南岸では鄭州京広鉄道以下で，山麓に寄りつく東平湖陳山口から済南玉符河口区間を除いて，両岸に全長1371kmにのぼる黄河大堤防が築かれている。大量の土砂堆積により，下流河道はしだいに上昇してゆき，現在では高水敷が背後の地面より4～6m高く，部分区間では12m高く，世界的に知られる「天井川」となっている。

1. 歴史上代表的な治水方策

歴史上，黄河の治水に関する古典書籍は非常に豊富である。商（殷）から北宋までの長い歴史時期，黄河流域は人口密度が相対的に高く生産力の発展した地区であると同時に，西漢（前漢）から下流河道がすでに「天井川」となっていた。頻繁な決壊と改道が安定・安全を必要とした経済社会の発展に大きな障害となり，歴代の統治者は黄河下流河道の正しい治水方策を求め，その実施によって安泰な局面を実現しようとした。長期にわたる治水の歴史のなかで，多くの理論家と実践家が輩出し，その理論と実践が絶え間なく黄河の治水方策を豊かにし，発展させてきた。

1-1. 賈譲による治水三策

　紀元前206年～8年（西漢時代），黄河は冀州[①]境内で決壊をくり返し，脅威となっていた。紀元前7年（漢の成帝綏和二年）に皇帝の命令により今日に保存される中国最初の比較的完全な治水文献である「治河策」が提出され，そのなかで賈譲は自身の治水見解を述べた。「治河策」には3種類の治水方策が含まれるため，その後「賈譲三策」とも呼ばれる[72]。

（Ⅰ）上策 ── 改道

　黄河左岸堤防の黎陽遮害亭[②]で堤防を決壊させて，黄河の水を西は太行山，東は黄河左岸堤防の区域に流す方策。この区域の面積は約2.4万km^2，その多くはアルカリ性土壌（「木はみな立ち枯れ，鹵（しおつち）は谷（穀）を生ぜず」）であり，当時の居住人口90万人の移民が必要であった。改道して北流した黄河は，上記の区域の末端で漳河に合流して海に入る（図8-1）。これに対し，賈譲は「この功ひとたび立てば，河定まり民安らかにして千載に患なし」と考えた。遮害亭は黄河河道の高処に位置し，賈譲が改めようとする河道の主流が古大河故道の北流に沿って流れるので，地形上当時の河床より低くて改道の条件が備わっていた。

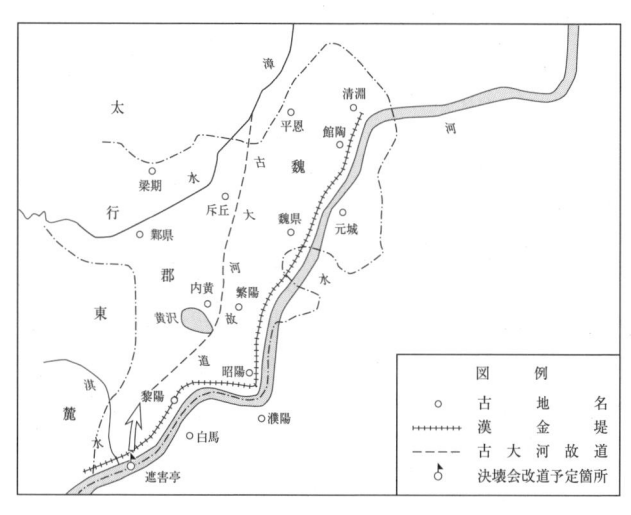

図8-1　賈譲による黄河治水上策（改道）[72]

[①]　今の河北省中部および河南省黄河以北地区。
[②]　今の河南省滑県南西。

第8章　黄河下流河道の整備方針　407

賈譲は，黄河の堤防が修築される前に水流は溢れ流れるが，それなりの河道が存在しており，しかもその河道は非常に広く，途中で多くの湖や沼とつながって，洪水に対して自然調節の機能を備えているため，河水がこのような河道を流れるのは，まさしく「左右游蕩し，寛緩に迫らず」であると考えた。春秋中期のころ両岸に築堤されると，最初こそ堤防間距離が大きく，河水の流れが良かったのが，後には河道が狭くなり，堤防線が弯曲し，洪水時に流れが悪いため，ときどき堤防が決壊し，水害に見舞われた。上の記述にもとづいて分析すると，賈譲は人工改道を上策とし，「河を寛しく洪を行（なが）す」策を実行する，つまり黄河を「寛緩にして迫らざる」の状態にもどすよう，積極的に条件を整備することを主張したのである。

（Ⅱ）中策 ── 分流

　淇口から遮害亭区間において，黄河左岸の堤防を石で固めたうえで，石堤に複数の水門を切り開く。遮害亭から北に向かって，その西側にある太行山前の高地とのあいだに分流河道になる第一渠堤を築き，それが北へ300里余りのび，漳河に合流して海に注ぐ。新築の堤防に，いくつかの分水口を設ける。このような配置案によって，洪水が来たときに部分洪水を分流して，漳河を経て海へ流れ込ませる。冀州の地が旱魃に見舞われたときに，黄河の水を灌漑地に引く（図8-2）。賈譲はこの案が魏郡以下を黄河洪水の脅威から軽減させるだけでなく，冀州の部分的な「鹵は谷（穀）を生ぜざる」土地を改良させることができると考えた。

　賈譲の考え方では，中策が黄河をじゅうぶんに「寛緩にして迫らざる」状態にさせるという点では上策に及ばない。しかし黄河に分流を実施した後に，分流された洪水が分流河道を通過し，残りの洪水が現河道を通過すれば，互いに単独な洪水が通過する場合の水量が減少するわけで，これも「寛緩して迫らざる」ということになる。

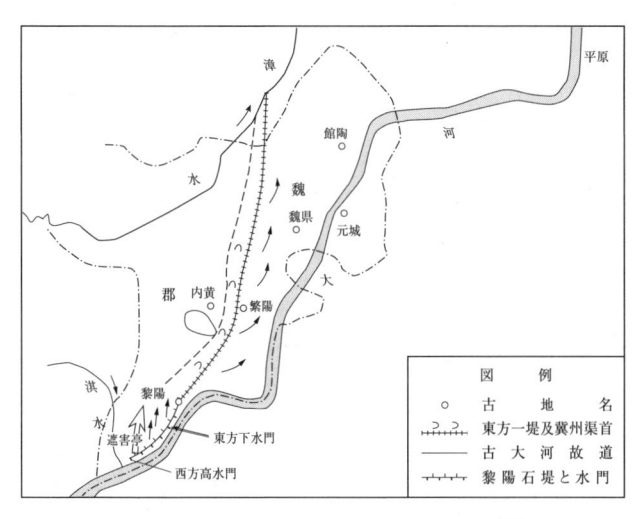

図 8-2　賈譲による黄河治水中策（分流）[72]

(Ⅲ) 下策 —— 現堤防の嵩上げ

　賈譲は，継続的に現堤防の嵩上げの工事をすることは，たとえそれに大きな力を注ぎ込もうとも，洪水の被害から逃れることはできない，と考えた。なぜなら，堤防のあいだの距離が狭すぎるうえ，堤防軸線が湾曲するため，もはや洪水疎通の障害となっている。改道または分流といった対策をとらず，単にこのような堤防のうえに嵩上げ工事を続けるだけでは，どうしても黄河を「寛緩にして迫らざる」状態にすることができず，洪水疎通のとどこおる問題は根本的に解決できない。したがって，この案は上記の改道と分流に比べて下策でしかない，と考えた。

　2000年余り前，賈譲がこのように体系的な黄河下流治水方策を考え出したことは，賈譲が西漢（前漢）時期の各黄河治水方策の大成者であり，黄河下流河道の治水の戦略家たるに恥じないことを物語っている。賈譲の治水三策には，いずれも黄河を「寛緩にして迫らざる」状態にする思想（すなわち黄河を「河を寛くし洪を行す」させてこそ，初めて黄河が順調に流れること）が浸透している。

　賈譲による治水三策のなかで上策と中策が推奨されるにもかかわらず，いずれも統治者に採用されることがなかった。その原因として，一つ目に当時の生産力の発展レベルを超えたこと，二つ目に工事のために数十万人の民衆を動員

することが困難であること，三つ目に西漢（前漢）王朝はすでに衰退し，統治者の大規模な改道と分流工事に対する関心が薄れていたからである。

1-2. 王景による「縮短河長」と「寛河行洪」

東漢（後漢）初期から明帝中期にかけて，「四海混一し，天下定寧」する状況となり，黄河の治水が統治者の議事日程に入れられた。69年（永平十二年），明帝により治水担当を命じられた王景は，この年の4月に，王呉らとともに数十万の兵士・民衆を率いて，封建時代で規模のもっとも大きい黄河の治水行動に出た[72, 93]。

王景がとった治水方案は，ほぼ賈譲の治水三策の上策に一致する。すなわち，滎陽①から千乗②のあいだに新しい河道を切り開き，それは済陰以下の西漢大河道と泰山北麓とのあいだにある地形が低く渤海に近い低地を流れる（図8-3）。新河道は堤防間の距離が大きく河床が広い。上流区間の滎陽一帯では堤防間の距離が10〜20kmであり，下流区間の河口では南は千乗に至り，北は天津に臨む，幅が約200kmである。新河口は上流から下流へとラッパ状を呈し，洪水の排出に非常に有利である。

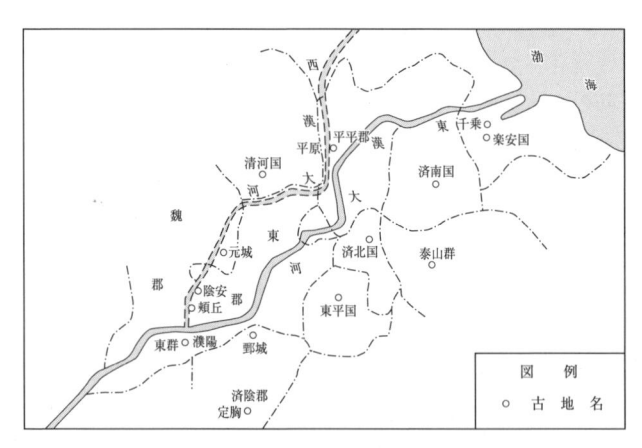

図8-3 王景による黄河治水のための河道選択[72]

今からみれば，王景が選んだ新河道は当時地形がもっとも低かった場所で，原河道に比べて海に入る距離がかなり短縮するうえ，河床縦断勾配も大きく増加したため，流速と送砂能力が相対的に増大した結果，河床の堆積の速度が大

幅に軽減された。新河道は原河道の「天井川」の状況を一変させ，黄河の主流を地表より低くみちびいて，決壊の危険性を減少させた。

とくに広い河床を有する新河道は，黄河洪水の通過がもたらす「河を寛くし洪を行す」の条件によって，洪水のピーク流量を削減し，土砂の堆積の部位を調整し，「滞洪堆砂」つまり河原に堆砂し低水路を侵食するという機能をはたす。そのため黄河の決壊災害はいちじるしく減少し，長い相対的な安流時期が現出した。記載によると，東漢（後漢）末年から唐末年にかけての 800 年間，黄河が決壊したのはたった 40 ヵ年であるうえ，大きな改道変遷も起こらず，それゆえ低水路がずっと安定状態にあったこの時期を，歴史上「千年恙無し」と呼んでいる[93]。

王景による治水は効果のいちじるしい治水の実践であり，そのノウハウが歴代の統治者に推奨された。それをまとめると，成功の根本原因として一つに流路が短く勾配が大きいこと，もう一つに河床が広く堤防間距離が長いこと，があげられる[63]。

1-3. 潘季馴による「灘を寛くし槽を窄む（河原を広くし低水路を狭くする）」「水を束ねて砂を攻む（流れを束ねて堆砂を防ぐ）」

元代末期の 200 年のあいだには，分流を主張する人が主導的な地位を占めていた。彼らは「分かるれば則ち勢いは小，合すれば則ち勢いは大」と考えていた。洪水に対しては確かにそうであるが，土砂を携帯する河川にとっては逆である。このことを認識できなかったため，明代初期に黄河が南岸で分流して淮河に合流する事態を引き起こしたのである。嘉靖年間になると，各分流河道のすべてが堆砂でふさがれ，開通作業を試みたものの，すぐに堆砂でふさがれてしまい，成功しなかった[93]。

潘季馴は明代末期の著名な治水専門家である。彼は分流治水が失敗した教訓を総括し，黄河の土砂堆積という核心的問題をしっかりとつかみ，水砂挙動の法則を研究したうえ，創造的に「堤を以て水を束ね，水を以て砂を攻む」という集流説を提案し，治水理論を大きく前進させた。彼は『河議弁惑』のなかで，

---

① 今の河南省滎陽市東北。
② 今の山東省高青県北東。

「黄流は最も濁す。斗を以てこれを計れば，砂はその六に居る。もし伏秋に至らば，則ち水はその二に居る。二升の水を以て，八升の砂を戴す。極めて迅く溜るに非ざれば，必ず停滞を致さん」。「水分かるれば則ち勢い緩く，勢緩ければ則ち砂停まる。砂停まれば則ち河飽つる」。「水含まるれば則ち勢猛く，勢猛ければ則ち沙刷らる，沙刷らるれば則ち河深し」。「堤を筑いて水を束ね，水を以て沙を攻む。水奔りて旁に溢るれば，則ち必ず査（沈殿物）は河底に刷られん」と述べている。この記述から，潘季馴が深く黄河の水と砂，分流と合流との弁証法的関係を解明していることが明らかである。治砂を強調することが「水を束ねて砂を攻める」ことの核心であり，これによって黄河の治水方策において分流から合流へ，単純な治水から水・砂の総合治水へと歴史的な転換を実現したのである[93]。

潘季馴は「束水攻沙」理論の構築者のみならず，実践者でもある。「束水攻沙」の目的を実現するために，彼は創造的に堤防構造物を遥堤・縷堤・格堤・月堤に分け（図8-4），上記4種類の堤防のそれぞれの役割および相互関係を次のように解説している。すなわち，「遥堤は水勢を約欄す，その守り易きを取るなり。而して遥堤の内に格堤を複築す。蓋し水順の遥かにして下るを決ることを慮り，また河を成すべし。故にその格［堤］に遇はんとするや，即ち止むなり。縷堤は河流を拘束す，その衝を取るなり。而して縷堤の内と月堤を複築す。蓋し縷［堤］の河流を逼め，衝決を免れ難きを恐るるなり。故にその月［堤］に逼はんとするや，即ち止むるなり」。「縷堤は即ち河浜に近し。水を束ねること太だ急にして怒涛湍溜すれば，必ず堤を傷くを致さん。遥堤は離るること頗る遠く，あるいは一里余，あるいは二,三里,伏秋暴漲の時には，水を保って堤に至らざらしむること難し。然れども岸を出るの水は必ず浅し。既に遠くして且つ浅ければ，その勢必ず緩か，緩かなれば即ち堤は自ら易く保たるなり」。「防御の法は，格堤甚だ妙なり。格は即ち横なり。蓋し縷堤既に恃むべからず，万一縷［堤］を決して入るも，横流格［堤］を過ぎて止まり，氾濫を免るべし。水退けば，本格の水よって復た槽に帰し，淤留の地高く，最も便益と為す」[72]。以上の記述からわかるように，潘季馴の遥堤と縷堤の修築に対する主張は，実質上「灘を寛くし槽を窄む」という考え方である[63]。

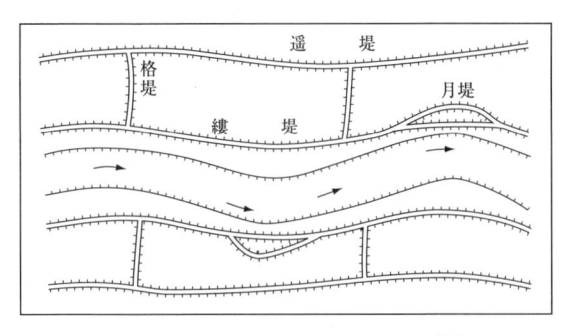

図 8-4 潘季馴の治水堤防システム[72]

　潘季馴がその「寛灘窄槽」・「束水攻沙」の理論を利用して，蘭陽①以下の河道に対して治水を行い，嘉靖・隆慶年間における黄河の「東に行ったり，西に行ったりして固定しない」混乱状態を一変させ，一時期「河道安流」の効果を収めた。

　潘季馴の治水理論と実践は後世に大きな影響を与え，治水と河川輸送の面で大きな実績を残した清代の靳輔・陳潢が，潘季馴の治水理論と方法を踏襲した[63]。

1-4. 李儀祉による「上流貯減水砂，下流河道疎通」

　李儀祉は1933年9月に成立した黄河水利委員会の初代委員長(33年〜35年)である。数千年にわたる黄河治水事業で黄河を安定させることができなかったことを総括して，彼は「惟うに治黄の意見は，古より今に至るまで，主張一ならず。総じてその扼要は疎導防束に外ならず。すべて皆見を以て，全面顧及すること能はず。これ河患の已まざる所以なり」[94]と考えた。また，下流のみに着眼して上流からの洪水が減らなければ，「砂患除かざれば，則ち河は恐らく終に治理の一日なからん」[94]であることを指摘したうえ，黄河の上・中・下流における全面的な総合治水方策を提案した。そのおもな内容は，「蓄洪して以てその源を節し，源洪して以てその流れを分つ。また各々その容量を配定し，上をして蓄ふ所あらしめ，下をして泄す所あらしむれば，過量の水も分かるる所あらん」[72]と概略されている。この策は，黄河の治水方策において数

---

① 今の河南省蘭考県。

千年来の下流のみ重視策から上・中・下流並重策へ転換する画期的なものであり，黄河治水の方策を大きく前進させた。

　李儀祉はそれまでの治水方策およびその功績について，こう評価する。「王（景）・潘（季馴）・靳（輔）諸氏の治河は，殊績に著しきと雖も，河の洪流に於ては未だ節制すること能はず，含沙も未だ減少すること能はず。これを病者にたとふれば，標病去ると雖も，本病いまだ除かれず，固よりそれ以後再び患を為さざること難し」[94]。彼は「非常の洪水に節制あることなし，則ち下遊はなお須らく氾濫すべし」[94]と考えた。そのため，黄河の中・上流本川にダムを建設して，「過剰の洪水量」を貯める。黄河が害になるのは，その原因が洪水のみならず土砂にあることを，李儀祉は認識していた。そして「砂が山谷から来るので山谷に堰堤を設け，水勢をゆるめて侵食を軽減する」[94]と提案した。

　黄河の下流河道の整備については，まず初めに減河を切り開くこと，すなわち「北岸に在りては，陳橋より一減河を作り，陶城鋪に至りて黄[河]に還す。又，斉河より一減河を作り，徒駭河に泄水して海に入らしむ。并せて南岸に在りては，劉庄より一減河を作り，姜溝に至りて黄[河]に還す」[94]とする。次に低水路を整備すること，すなわち串溝を塞ぎ，弯曲部を切って直線状をとり，中流の低水路を固定することである。そして，各区間の中常水位流量にもとづき，低水路断面の形状を規定し，低水路を深く侵食させて，河原を高く堆積するため，すでに修正された川筋にもとづいて工事を布設する[94]。李儀祉は，中流の低水路を固定して初めて洪水の流向をコントロールできる。さもなければ，「野馬を止めるに手綱無しの如く，どうにもならない，ただ細く一々防御するのみ」[94]と主張した。

　李儀祉の治水方策は，治水に対して科学的な指導の意義をもつのみならず，きわめて高い実効性を有するものである。しかし，当時の政治的腐敗・軍閥混戦の時代では，彼の主張は実現するはずがなかった。

2. 新中国成立以来の治水方策[83]

　新中国成立後，王化雲氏が1950年2月から黄河水利委員会の委員長に起用された。数十年間にわたる黄河の治水事業で，彼は同僚達と古今の治水経験を

研究し，たえず黄河のメカニズムに対する認識を深めるために，総括・検討を重ねたうえ，一連の治水方策を提案するとともに，治水の実践の進展に即して系統化と完全化を図ってきた。

2-1. 寛河固堤

1947〜49年に黄河下流で3年連続起きた洪水（陝県観測所でのピーク流量は15300〜16500m^3/s）についての洪水防災の実践を経て，王化雲氏は黄河下流河道の情勢と堤防構造物に存在する問題点について認識を深めた[37]。当時の堤防がそれまでの残留提体上に修復されたものであったため，堤基と堤体で多くの弊害が浮き彫りになった。49年に洪水が発生したさい，堤防に400ヵ所以上の危険な状況と多くの地滑り危険状況が生じたが，緊急措置によって危機が乗り越えられた[66]。その後，彼は「黄河両岸の堤防の高低，幅の広さに大きな差がある。水位が上昇するさいに，低くて貧弱な区間でつねに溢流または崩壊の危険が潜んでいる」[66]としたが，民埝（民家自前の防水土手）にひそむ危害に対して，「民埝があるところは，大概堤防と川水とが分離しており，堤防前の地面に水と土砂堆積がめったにないため，民埝のない場所より高さが低い」[66]。「しかし，民埝のない場所では，水が徐々に上昇するのに対して，民埝のある場所ではそれがいったん決壊すると，大量の水が一気に押し寄せる。このような状況では，堤防のほとんどが崩れる」[66]。「したがって，民埝の新規修築は禁止し，既存のものは撤去しなければならない」[66]。このような認識と分析にもとづき，王化雲氏は「寛河固堤」の治水方策を提案した[37]。

この方策の指導のもとで，1950年から堤防の嵩上げ，危険箇所の整備，民埝の撤去などの洪水防災建設事業が始められた。これらの措置と川沿い軍民による共同防御によって，54年と58年の洪水に打ち克ったのである。

2-2. 貯水遮砂

1952年3月，国務院が全国水利実務に対して打ち出した「1952年から水利建設の全体の方向として，局所的なものから流域全体の計画へ，臨時的なものから恒久的なプロジェクトへ，消極的除害から積極的な利益になる事業へ転換する」[37]という国家水利建設の総方針にもとづき，王化雲氏はわが国古代の治水方策に至るまで，総括と研究を行った。すなわち，「大禹から潘季馴に至

るまで，さまざまな条件を制限し，その治水の方策を下流に置く目的は，洪水と土砂を海に送り出すことにあった」と指摘したうえで，さらにその欠点として，一つ目に洪水がコントロールできなかったこと，二つ目に水土流失の問題が解決できなかったこと，三つ目に発電・灌漑・航運などの問題が解決できなかったこと，と分析した。これをふまえて王化雲氏は，52年5月に「貯水遮砂」の治水方策を提案した。すなわち，「本川と支川にダムを建設すると同時に，西北の黄土高原で大規模な水土保持のための造林植草を展開する。土砂と水を高原・谷溝・支川・本川のダムのなかに遮り留める。このように土砂と水を遮れば，西北においては水土流失，下流河道における水害問題が根本的に解決されるだけでなく，電力・灌漑・航運・給水などの面で大きな利益をもたらす。この措置をとってこそ初めて黄河の災害を根除し，黄河の利を興すことができる。つまり，黄河の総合的な開発を達成できるのである」。

この方策の指導のもとで，黄河のむこう10年間の開発青写真が次のように描かれた。三門峡で巨大ダムを建設するとともに，三門峡に進入する土砂を遮るため，無定河・延水・涇河・洛河・渭河などの支川に，10基のダムを建設する。また，上記のダムと将来建設予定のダムの使用寿命をのばすため，同時に大規模な水土保持・造林植草の事業を行う必要がある。黄河の貯水後，農家の生産を発展させるため，河南省・山西省・山東省・河北省の4省で段階的に4000万畝の灌漑を行うとともに，山西省・陝西省・寧夏自治区・甘粛省・青海省で4000万畝の灌漑を行うものとする[66]。

この治水方策およびその指導の下で描かれた開発プランは，1954年に編成された「黄河総合利用規画技術経済報告」のなかに反映されている。

涇河支川浦河にある巴家嘴遊砂池，殷鶴仙 撮影

2-3. 上遮下排

「黄河総合利用規画技術経済報告」のなかで，三門峡水利枢軸は第1期工事として率先して1957年4月に着工する，と位置づけられた。60年9月に貯水を開始し，同時に「貯水遮砂」運用方式を採用したが，その後激しい堆積が発生した。63年3月，三門峡ダムの失敗から「貯水遮砂」治水方策に問題点が存在することが認識され，「上遮下排」の治水方策が提案された[66]。黄河は水少・砂多のため，ただ「排出」するだけで「遮」しなければ，その結果としてかならず下流河道で大量の堆積を引き起こし，移動を加速し，最終的に氾濫・決壊ないし改道という歴史的災害のくり返しをまねくことになることは，歴史経験がわれわれに示しており，これは断じて許すことはできない。だからといって，十数年の黄河治水の経験から，「黄河総合利用規画技術経済報告」で想定した水土保持を頼りにしたうえ，広大な良田の水没と引き換えにダムの容量を確保し，支川遮砂ダムと三門峡ダムの巨大容量によって80%の土砂をすべて三門峡以上に遮るという「遮」に片寄り，適度な「排」を無視するやり方もうまくゆかない，と彼は指摘する[66]。同時に，水土保持事業に大いに力を入れ，遮砂工事を建設することと，三門峡ダム堰堤に穴を開けることを同時に進行しなければならない。下流河道の排砂能力をじゅうぶんに生かし，川全体を統一的に計画し，各方面を考慮し，「遮」もあれば「排」もあることで，全面有効

に土砂問題を解決し，害を取り除き利を興す基礎をなす[66]」，と彼は強調する。

三門峡プロジェクトの実践を通じて黄河に対する認識が大きく前進したのは明らかだが，ただ「遮」だけでは黄河問題を解決できず，「遮」の補完として「排」を添えて「上遮下排」の治水方策を実行しなければならない[37]。

2-4. 上遮下排，両岸分滞

「上遮下排」の治水方策がおもに如何に黄河の土砂問題を解決するかに関してなら，「上遮下排・両岸分滞」の治水方策は如何に黄河の洪水問題に対処するかである。1975年8月，淮河で起きた超大豪雨（「75.8」豪雨）は大きな被害をもたらした。気象分析によると，三門峡以下の黄河流域でも類似する豪雨発生の可能性がじゅうぶんあるということである。そのため，黄河水利委員会は75年12月，超大洪水に対処する方策として「上遮下排・両岸分滞」を提案した。

この方策の指導のもとで，花園口上流では小浪底ダムを建設して洪水源を削減し，北金堤滞洪区の建設，東平湖堤の強度の強化および位山下流河道の疎通能力の拡大などの措置により，洪水を安全に海へ排出させる計画が制定された。

1975年12月31日，水力発電省・河南省・山東省は共同で，国務院に「黄河下流超大豪雨の防災に関する意見報告」を提出した。76年5月3日，国務院は基本的にこの報告に同意するという返答を下すとともに，「迅速に各重大洪水防災プロジェクトについて計画と設計に着手する」ように指示した[40]。

2-5. 遮・用・調・排

1986年5月に王化雲氏は，40年の黄河治水の経験を総括したうえで，「遮・用・調・排」という4文字の治水方策をまとめた。

「遮」とは中・上流で水と砂を遮る，すなわち水土保持と本・支川のダムの死水容量を用いて，土砂を遮ることである。「用」とは洪水と土砂を使うことであり，すなわち上・中・下流で洪水引水による土地の浸水と堆砂および背後堆砂による堤防強度の強化のことである。「調」とは調水調砂のことであり，すなわち黄河の本川・支川におけるダム建設によって水量の調節，土砂の調節を実施し，アンバランスな水砂関係を調和関係に変え，洪水・土砂の排出をう

ながすとともに下流河道の堆積減少効果を達成させるものである。「排」とは黄河下流河道の急勾配，洪水土砂排出能力をじゅうぶんに生かして，洪水・土砂を海へ排出させることである。「まとめていえば，黄河を一つの全体としてとらえ，一つの大システムとみなし，「遮」・「用」・「調」・「排」という四つの方策にもとづき，システム＝エンジニアリング手法を用いて，全面的な計画，総合的な治水，統一的な調整を図ることで，黄河の長期安定を実現し，災害の川を利益の川に変えることができるのである」[66]。

2-6.「上遮下排，両岸分滞」による洪水制御，「遮・排・放・調・掘」による土砂の処理と利用

2002年6月14日，水力発電省より「黄河近期における重点治水開発計画」が国務院に提出された。この計画にあっては，「上遮下排，両岸分滞」で黄河洪水をコントロールする方策とし，「遮・排・放・調・排」で黄河の土砂を処理，利用する方策としている。王化雲氏による「遮・用・調・排」の4字治水方策と違う点として，「用」をとって「放」と「掘」の2字を増やした。「放」とは下流両岸で一部の土砂を処理し，再利用することである。「掘」とは河床を掘って堤防背後に堆積させることによって，黄河堤防を強化し，段階的に「相対地下河」を形成させることである[42]。

2002年7月14日に「黄河近期における重点治水開発計画」が国務院により批准された。これによって，黄河の洪水と土砂問題の解決に向けて，比較的完全な治水対策が整えられたことになる[42]。

とくに指摘すべきは，上記方策は黄河洪水と土砂問題を解決する総方針であるが，黄河下流河道についていえば，マクロ的な治水方策をいかに黄河下流河道の具体的な治水案として実行できるかを考えると，総方針の指導のもと，当面と今後の一定期間において，より明確で操作の簡単な黄河下流河道の治水方策を制定することが重要になる，ということである。

3. 現在の黄河下流河道に存在する重要問題

黄河下流河道は自然の特性によって，四つの区間に分けることができる。第1区間は白鶴～高村区間で，游蕩性区間に属する。第2区間は高村～陶城鋪区

間で，過渡性区間である．第3区間は陶城鋪〜利津区間で，弯曲性区間に属する．第4区間は利津〜渤海間で，河口区間に属する（図8-5）．

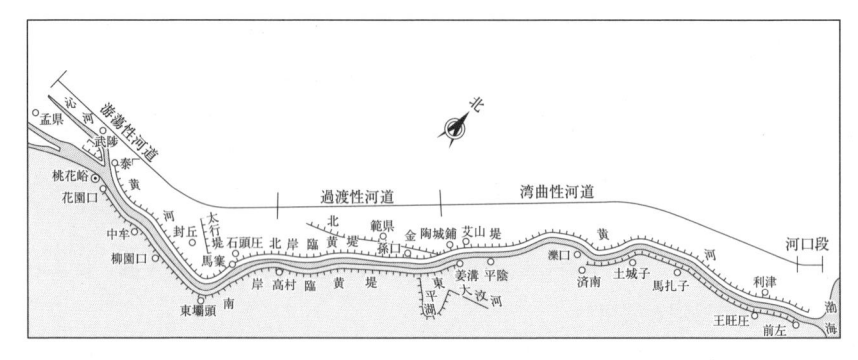

図8-5 黄河下流の河道を自然特性で区分した図

黄河下流の蛇曲性河道，恵懐傑 撮影

黄河下流の河道には現在，以下のような四つの方面の主要問題が存在している．

3-1. 游蕩性区間の河勢の不制御

白鶴〜高村までの游蕩性区間は，河道の長さが299kmで，黄河下流においてもっとも複雑でもっとも治水の難しい区間である．この区間では，堤防間距離が5〜10km，もっとも広い箇所で24kmに達しており，河道勾配が2.65‰〜1.72‰である．河道の中に砂洲が密集し，槽溝が多数で，主流が瞬時に変化し，河勢が頻繁に振り動き，その幅が5〜7kmにわたり，水流が広く浅く散り乱れている．

2001年末現在，この区間の110ヵ所で河道整備のための修築工事が行われ，工事区間の長さは305.2kmに及ぶ（表8-1）。

表8-1 2001年末時点における白鶴～高村区間における整備工事

区　間	河道長さ(km)	工事箇所(箇所)	堤防護岸工数(本)	工事長さ(km)
白鶴～京広鉄道橋	98	24	759	84.0
京広鉄道橋～東壩頭	131	61	1472	156.5
東壩頭～高村	70	25	599	64.7
合計	299	110	2830	305.2

表8-1に示す既修工事は，大体3種類に分けることができる。第1種類は1958年以前に修築した工事で，おもに険工であり，工事全体の43%を占め，そのうちの50%以上の工事が長期にわたって機能していない。第2種類は58～73年に修築された工事であり，護岸工事が主で，工事全体の13%を占めており，50%以上のものは系統的な計画性を欠くため長期にわたって川から離脱しており，あるものは老朽化が進んで機能を失っている。第3種類は74年以降で，計画整備案にもとづき建設されたもので，制御導流工事を主とし（計画整備案の主要パラメータは整備計画流量5000m^3/s，川幅整備工事では逯村以下～東壩頭間1200mで，東壩頭～高村間1000mである），工事全体の44%を占め，これらの工事の大部分は河水に接する。

黄河孟津の鉄謝険工

河南蘭考工事

実際の運行結果によると，この区間で河勢をコントロールする機能を有する工事は79ヵ所，工事区間の長さは251.9kmで，河道の長さの84%を占めているが，そのうち接水確率が50%を超える工事はわずか47ヵ所であり，工事全

体の43%を占めるにすぎない。

　299kmの游蕩性区間で河勢をうまくコントロールできる工事は，それぞれ当該区間の首尾両端にある。首とは白鶴〜神堤区間を指し，もとは水流散乱し，工事接水部位が不安定であったが，1992年〜99年にかけての大規模な整備工事によって構造物の配置が合理的になり，現在の工事総延長は河道の83%を占め，最近10年余りで，構造物の接水率は100%に達した。東壩頭〜高村区間の下流端では，河道整備工事は早くから行われており，それらは比較的完全なもので，長年間にわたる大・中・小洪水を経験したこともあって，主流に対するコントロール能力が強い。ところが，游蕩性区間の中間地点に位置する神堤〜東壩頭区間における整備工事は，統一性を欠いており，河勢を安定させる能力が弱い。とりわけ，洪水防災でもっとも危険な花園口〜東壩頭区間では，現段階で約50%の整備構造物が接水せず，主流が南北両岸の構造物のあいだを流過する。河道には畸形弯曲がときどき発生しており，なかでも趙口〜東壩頭区間では，河勢のくび振りがもっとも激しい（図8-6，図8-7）。現在の河道の洪水疎通能力からみた場合，いったん大洪水が起きると，河勢の急変をもたらすうえ，「低水路が高く，高水敷が低く，堤防前面が窪んでいる」という河道形態のもとで，堤防が「横河」・「斜河」の衝撃を受ける格好となっている。主流がくび振りするためその流路を予測することは難しく，水流に攻撃される堤防を保護しようがないのである。93年9月には，黄河の流量がわずか1000m^3/sであるにもかかわらず，開封区間では横河による衝撃で高朱庄に重大な危険状況が発生した。高水敷が崩壊してわずか80mの長さしか残らず，2000人余りの兵士と民衆が昼夜を問わず8ヵ所を応急修築して，やっと抑えることができた。このことからも，河勢が有効に制御されないかぎり，河道に洪水が起きなくても，堤防の安全問題が発生することがある。したがって，河勢が制御されていない游蕩性区間についていえば，増水期の洪水防災が年間を通して「水防災」上の安全問題になる。

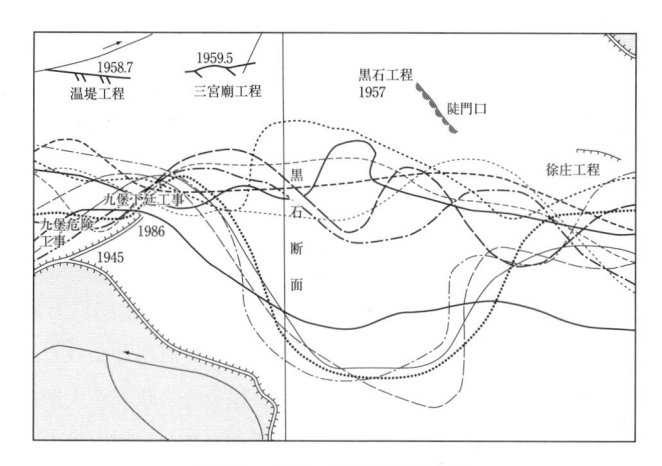

図 8-6　九堡－徐庄区間の河勢

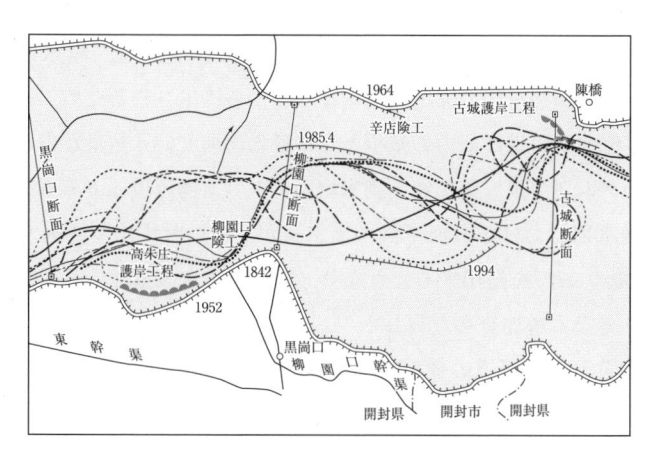

図 8-7　黒崗口－古城区間の河勢

3-2. 水砂条件の悪化，低水路の堆積の加速

　黄河下流河道の侵食・堆積の状況は，おもに下流河道に流れる水砂条件によって決まる。長い時系列からみれば，年間の堆積量が多くなったり少なくなったりして，周期的な変動を呈する。下流河道の $1m^3$ あたりの水量による侵食・堆積量は，来水の平均含砂量に大きく関係し，来水含砂量が小さければ $1m^3$ あたりの水量の堆積量も小さく，侵食さえもある。反対に，来水含砂量が大きければ，$1m^3$ 水量あたりの堆積量も大きい。

本書の第7章第1節で，1950〜99年にかけて黄河下流河道に流れる来砂係数が0.025であったのに対して，92〜99年にかけてそれが0.042に増大した結果を得ている。龍羊峡ダム運用の86年から，下流河道の7・8月の来砂係数が0.22にも増加し，19〜99年にかけての時系列の平均値の0.05をはるかに上回ることは，80年代後半から黄河下流河道の水砂条件の悪化により，低水路に深刻な堆積をもたらしたことを反映している。

　黄河の水砂条件が自然的要素と関係するほか，人類の活動にも深くかかわり，黄河はもはや人類の影響をきわめて大きく受ける河川となった。

　黄河の下流河道についていえば，三門峡ダム建設前の状況が大概自然のままとみなすことができる状態においては，増水期の水量が年間水量の60%（年間土砂送砂量の85%を運搬する）を占め，非増水期の水量がわずか40%であるが，含砂量が同じ場合，増水期においては水量が集中しており，下流河道の送砂に有利で，堆砂量が少ない。1968年の劉家峡ダム運用後，増水期の流出量の一部がダムの調節を経て非増水期になってから排出されるため，増水期における黄河下流河道の送砂能力の減少と堆積量の増加という結果が得られた。86年の龍羊峡ダム運用後，龍羊峡・劉家峡両ダムの連携運用による調節作用増大の結果，増水期における黄河下流の来水量が一般にわずか年間来水量の47%（年間土砂量の97%を送出する）となり，同じ来水含砂量での黄河下流河道に堆積量のさらなる増加をもたらした[64]。統計によると，86年10月〜98年10月における黄河下流河道の総堆積量は29.37億トン[95]，年間堆積量は2.45億トンである。自然状態のそれに比べ，年間堆積量は相対的に少ないものの，堆積量の来砂量に占める割合が自然状態下より10%以上増加している。この時期において黄河下流河道に流入する高含砂洪水が頻繁に発生することが，来砂過程を一層集中させたのである（表8-2）。

表8-2　1986〜98年における黄河下流河道の高含砂洪水

時間 (年.月)	花園口洪水ピーク流量 (m^3/s)	三門峡ダム排出最大含砂量 (kg/m^3)
1988.8	7,000	344
1992.8	6,430	479
1994.8	6,300	442
1996.8	7,600	579

表8-2に示すように，4回の高含砂洪水が黄河下流河道に激しい堆積をもたらしている。1986～98年にかけて，低水路での堆積量が全断面の70%を占める。50年代に比べこの時期では，高水敷と低水路の堆積分布が大きく変化し，来砂総量が50年代の47.7%に相当するにもかかわらず，低水路の年間平均堆積量は50年代の年間平均堆積量の2倍である[95]。

　黄河下流河道の水砂条件の悪化にともなって，黄河下流河道の横断面の形態が，以下のように変化している[64]。

　游蕩性区間では柔らかい土砂層の高水敷堆積を主として，その上に新しい灘唇が形成される。河幅が数百mないし2000m狭まり，最小箇所がわずか600mで，広くて浅い河床が徐々に枯水小低水路に変わっている（図8-8）。

　過渡性区間では低水路岸辺の堆積が主で，低水路面積が大きく減少しており，一部の区間の低水路面積が50%以下に縮小している（図8-9）。弯曲性区間では低水路に堆積するだけでなく，岸辺堆積も発生している（図8-10）。

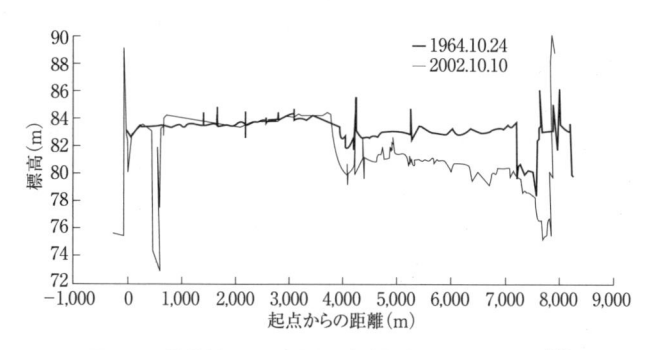

図8-8　游蕩性区間（黒崗口）横断面堆積の変化[78]

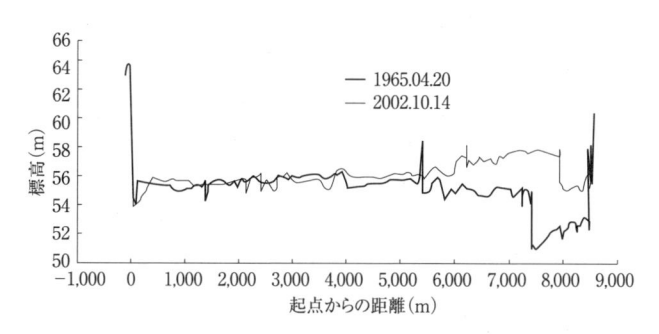

図8-9　過渡性区間（営房）横断面堆積の変化[78]

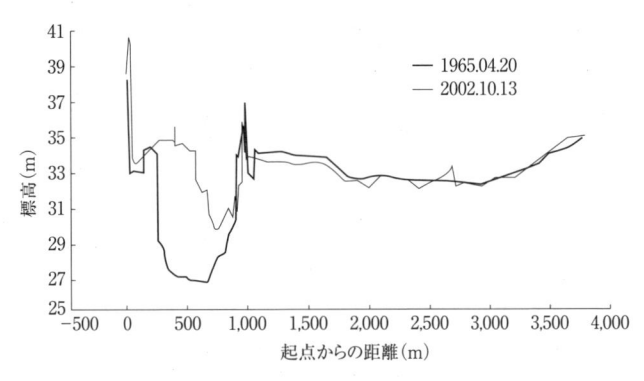

図 8-10 弯曲性区間（張村）横断面堆積の変化[78]

黄河下流の河道全体でいかなる堆積の形式で横断面の堆積形態の調整が行われようと，低水路の縮小は進む。2002年の増水期前には局部区間の低水路の疎通能力が1980年代の6000m³/sから1800m³/sへと急速に減少したため，下流河道の低水路全体の洪水通過能力の大幅な低下が起きるとともに，送砂能力が低下し，洪水の脅威が大幅に増加した。

3-3. 堤防の基礎の虚弱性，表面に現れない危険の存在，洪水が来るたびの危険な現象の続出

歴史上，黄河は改道をくり返し，孟津を頂点として北は天津，南は江淮まで面積25万km²の大デルタが黄河の振り動く範囲であった。改道が起きるたびに，一定期間流れる河水の両岸に黄河堤防が形成されていった。これが広大な黄淮海平原に無数の黄河堤防を今日まで残す原因である。断定できるのは，黄河堤防は中国の各大河川堤防のなかで建設時間がもっとも早く，規模がもっとも大きく，変化がもっとも激しいことである。

漢代黄河堤防の遺跡

　現在の黄河堤防は，河南省蘭考東壩頭と封丘我鳥湾以上が明清時代の旧堤防を基礎に修築されたもので，500年余りの歴史をもつ。東壩頭以下は1855年に改道した後に形成された新川であり，最初の20年間には堤防が築かれず，流れは無拘束な氾濫状態にあった。1875～83年になってから初めて，川沿いにある民埝と呼ばれる粗末な盛土を基礎に，両岸の堤防が修築され，流路の安定が図られたのである。

　歴代の民埝の基礎上に嵩上げしてできた黄河堤防は，先天的に品質基準が不足しており，生産力のレベル上の制約で，今日ほど土材料およびその含水量・緻密度などについての厳格な制限基準が当時の築堤にはもちろんなかった。それに加えて，築堤に用いられた河原土材料の多くが砂性土壌または細砂に属し，透水係数が大きく，とりわけ耐水流侵食と波浪侵食能力がきわめて低く，洪水を防ぐには無理があった。1997年と98年に黄河水利委員会は黄河下流で堤外の土を用いて新しい堤防をつくり，1:1の原型現場防災試験を行った。人工による穴が出現してから，細心に準備をされた人員と資材設備を投入して，その穴を埋めるため全力が尽くされたが，人工穴を埋めることはできず，最終的に新築堤防は大決壊したのである。

　黄河堤防の過去の決壊に対しては多くの場合に修復が行われてきたが，緊急修復作業中においては大量の木・麦ワラ・麻・レンガなどを埋め込むものにすぎず，これでは強い透水層が形成されてしまう。

1998年7月の防災訓練で堤防が模擬決壊し洪水が噴出している場面

　堤体は透水係数の大きい砂質土によって堆積されており，修復箇所に深く強透水層体が埋め込まれるうえ，アナグマ・キツネ・ネズミ穴のため，洪水が発生するたびに，黄河の下流堤防は危険にさらされる。たとえば，1996年8月に発生した花園口での洪水ピーク流量は7600m^3/sで，堤防に危険箇所が170余り見つかった。2003年9〜10月には，黄河蘭考河原区域の蔡集制御工事付近の堤防が流量2400m^3/sのさいに決壊したことで，山東省東明の40kmにわたる堤防に接水が1ヵ月あまり続き，堤前の水深がもっとも深いところで6mに達するとともに，堤後に長さ200m，幅50〜90mの管涌群が出現した。また，堤防斜面に七つの滲水区間が発生し，漏れ出た水の高度がほとんど臨河水位と同じであった。当時，8級の強風とあいまって河道内水面が広く，風力が強いうえ，吹送距離が長かったため，防波林護岸のない側の堤体が波による侵食で数百メートル水中に崩壊した。また，その区間の堤防天端の強度が弱く，路面がドロドロの状態にあったため，救災車両は通行できなかった。

東明区間の堤防路面のぬかるみ状態，劉燦森 撮影

3-4. 河原区域の安全施設の劣悪による水没の危険性

　黄河下流河道の河原は，河南・山東両省の15市43県に及ぶ。2000年末現在，総面積は4046.9km^{2}で，耕地375万畝，村2052，人口180.94万人である。そのうち，河南省では耕地241万畝，村1294，人口120.64万人であり，山東省では耕地134万畝，村758，人口60.30万人である。1974年から，黄河下流河原域において「廃堤・築台」が始められ，2000年末現在，面積7354.63万m^{2}の避水村台が修築されているが，総人口が180.94万人に及ぶため，平均すると一人あたりわずか40m^{2}であり，基準の一人あたり60m^{2}に達していない。現在，すでに避難施設が建設された村が総村数の70%を占めるが，東壩頭以上の大部分の村には避難施設がない。また，すでに修築された村台でも，95%以上が基準の高さ（花園口での20年に1回の確率の洪水 Q_m=12370m^3/s に相当する水位）を満たしていない。

第8章 黄河下流河道の整備方針

避難台，殷鶴仙 撮影

　不完全な統計によると，1949〜98年の50年間で，洪水が高水敷に溢れ出た漫流は29回起きており，累計被災人口880.76万人，耕地水没2613.69万畝，倒壊家屋149.63万棟である（表8-3）。とりわけ58年・76年・82年に起きた洪水では，東壩頭以下の低河原がすべて浸水し，東壩頭以上では部分的に浸水があった。96年8月には，花園口でのピーク流量が7600m³/sに達する90年代最大の洪水が発生し，高村・艾山・利津の3観測所を除く各観測所の水位が観測開始以来の最大値を記録したように，高水敷のほとんど全面が浸水し，1855年以来一度も浸水を経験していない原陽・開封・封丘などの高水敷にも，大規模な浸水が起きた。高水敷の浸水深は0.5〜3.5mで，洪水に包囲された村は1345，人口は107万人にのぼり，耕地浸水301万畝，倒壊家屋22.65万棟，損壊家屋40.96万棟であった。

　黄河下流河道の河原域でも洪水災害は頻繁に起き，そこで生活する民衆の生産生活の条件はきわめて劣悪である。また，国指定の蓄滞洪区でないことで被災補償が受けられないため，180.94万人という人口集団の経済発展が非常に立ち遅れ，収入水準が同じ省の農民平均収入の27%〜47%しかない。現在，いまだに貧困県は6県あり，国家レベルの貧困県は3県ある。近年来，国による河原整備の予算は若干増えているものの，河原の「小水小災・大水大災」という状態からは脱出しておらず，全面的にゆとりのある社会の建設という目標にはほど遠いものがある。

表8-3 黄河下流氾濫原域の1949～1998年における被災状況

年	花園口洪水ピーク流量 (m³/s)	被災 (万人)	水没耕地 (万畝)	倒壊家屋 (万戸)
1949	12,300	21.43	44.76	0.77
1950	7,250	6.90	14.00	0.03
1951	9,220	7.32	25.18	0.09
1953	11,200	25.20	69.96	0.32
1954	15,000	34.61	76.74	0.46
1955	6,800	0.99	3.55	0.24
1956	8,360	13.48	27.17	0.09
1957	13,000	61.86	197.79	6.07
1958	22,300	74.08	304.79	29.53
1961	6,300	9.32	24.80	0.26
1964	9,430	12.80	72.30	0.32
1967	7,280	2.00	30.00	0.30
1973	5,890	12.20	57.90	0.26
1975	7,580	41.80	114.10	13.00
1976	9,210	103.60	225.00	30.80
1977	10,800	42.85	83.77	0.29
1978	5,640	5.90	7.50	0.18
1981	8,060	45.82	152.77	2.27
1982	15,300	90.72	217.44	40.08
1983	8,180	11.22	42.72	0.13
1984	6,990	4.38	38.02	0.02
1985	8,260	10.89	15.60	1.41
1988	7,000	26.69	102.41	0.04
1992	6,430	0.85	95.09	
1993	4,300	19.28	75.28	0.02
1994	6,300	10.44	68.82	
1996	7,600	107.00	301.00	22.65
1997	3,860	10.52	33.03	
1998	4,660	66.61	92.20	
合計		880.76	2 613.69	149.63

4. 黄河下流河道の治水方策

　黄河下流河道の変化の歴史を分析すると，次のような結論を得ることができる。つまり「堆積しやすい・決壊しやすい・改道しやすい」が，黄河下流河道区間にわたって示された基本法則である。これにかんがみると，黄河下流河道はこのままでは遅かれ早かれ決壊・改道という厄運から逃れることはできないから，「天」によって改道されるより，「人」が改道を起こすべきだ，と考える人もいる。そのうえ人工改道は自然改道よりも主体的で，損失もずっと小さい。
　黄河下流河道の改道問題に関しては，研究を重ねなければならない。改道させるべきか否か，改道できるか否か，改道しなければ長期的安定を保てるか否

かである。まず，改道すべきか否かについては，現在の黄河下流河道の機能時間は長すぎて堆積量も大きすぎ，また堆積速度の増大も速すぎるうえ，堤防の嵩上げは限界状態（技術的な原因であれ，環境的な原因であれ，あるいはその他の原因であれ）に達しているため，洪水土砂の脅威を解消する方法がない以上，改道は唯一の選択になるといえよう。しかしながら，現行の河道は，東壩頭以上で500年余り，東壩頭以下でわずか140年余りであり，これは江蘇省北部黄河（明・清）旧道の700年余り，河南省北部黄河（漢～宋）旧道の700年余りの機能時間に比べて，はるかに短く，河道堆積も旧道のレベルに達していないうえ，河道縦断勾配も旧道より急である。このほかにも，その他の面においても，改道の条件が備わっていない。改道できるか否かについては，改道によってどのような結果がもたらされるか，社会的条件がはたしてそれを許容できるかという，二つの問題を考慮しなければならない。黄河の下流河道は人口密度が高く，工・農業生産基盤が整っている黄淮海平原を流れており，新中国の成立後，黄河周辺の工・農業生産が急速に発展し，黄河を水源とする農田灌漑システム・交通運輸システム・通信システム・工業分布システムなどが相継いで完成しているので，黄河の改道を実施する場合，すべてのシステムが混乱におちいる。そして改道後，黄河を軸とする新たなシステムを建設するには，相当長い時間がかかり，巨額の予算投入が必要となる。また，人口密度500～600人/km^2の黄淮海平原に人工改道を実施する場合，200万～250万人の移転問題が生じて，非常に複雑な社会問題に発展するため，社会的条件ではかなりきびしい。改道しないまま長期的安定が保てるかというと，それは近代科学技術の条件の下では完全にやり遂げることができる。前述したような黄河の洪水土砂の処理措置と水砂調節システムの構築などにその他の必要な補助手段を加えることによって，黄河下流河道の長期安定的な実現に克服できない困難は存在しない。したがって，黄河下流河道の治水方策についての討論は，黄河下流河道が改道しないことを前提に行われるべきである。

　実際に，黄河下流河道を改道しない前提でどのような治水方策をとるかは，黄河下流河道の水砂条件次第である。当面および今後一定期間における黄河下流河道の治水方策を策定するため，黄河水利委員会は国内外の専門家を集め，2004年2月・3月に，それぞれ北京と開封でシンポジウムを開いた。専門家達は，未来の黄河下流河道の水砂条件の予想と判断にもとづいて，黄河下流河道

の治水方策を提案した[83]。

　代表的な考え方は二つある。一つは次のとおりである。自然要因と人類活動の相互影響とりわけ本川の基幹施設による調貯作用の影響で，大洪水または特大洪水の発生の確率が低く，下流河道へ通過する洪水は中常洪水が主となる。そして，黄河下流にはもはや広い洪水疎通水路の必要がなくなり，現行の生産堤を基礎に高く強くして，新しい堤防をつくるべきである。この考え方にもとづく治水方策を，「窄河固堤（川幅を狭くし，堤防を強くする）」説と概括できるだろう。この方策では，河原の180.94万人の居住者が河道の外に生活することが可能で，完全に洪水の被害から解放される。これに相応して，本川基幹ダム施設の運用に洪水をコントロールする運用方式を採用するという。

　もう一つの考え方は次のとおりである。マクロ的な時空間の尺度から分析すれば，黄河流域の降雨特性に大きな変化が起きないため，流域の地表面の変化が流域流出全体に大きな変化をもたらすには至らない。また，基幹ダム施設の調貯も使用寿命の影響を受けると同時に，水土流出の防止も相当長い年月のかかる過程である。したがって，将来，黄河下流河道へ流下する洪水・土砂は大幅に減少することがなく，河原の滞洪・滞砂の必要性を考慮して，黄河下流河道の整備に依然として「寛河固堤（川幅を広くして，堤防を強化する）」方策を採用すべきであるとする。

　上記の二つの考え方は，将来の黄河下流河道の水砂条件の両極端な予想にもとづく結論である。著者は，将来，黄河の下流河道に流入する水砂条件は「二者択一」の関係にはならず，通常洪水と大洪水とが併存し，土砂は減少するものの，減少幅はそう大きくない，と考える。もっと大きい空間スケールの気候と水文情勢からみた場合，豪雨洪水発生の確率には大きな変化がなく，人類活動による地表面の変化が根本的に大洪水の特性に影響することがないことから，次のような基本的な判断が得られる。すなわち，黄河流域における大洪水ないし特大洪水の発生の可能性は依然として存在する，ということである。黄河流域の大洪水または特大洪水のおもな発生源は一般に黄土高原にあり，洪水がもたらす土砂量は巨大である。このような水砂条件では，小浪底ダム（ほかの本川建設予定のダムを含めても）の限界のある容量では，どんな洪水もカットするというわけにはゆかない。「すべてカット」という運用方式を採用すれば，ダムの耐用年数が大幅に短縮するからである。したがって，将来においても黄

河下流の大洪水の可能性を排除できないのである。しかしながら，洪水防止を主とする小浪底ダムは，大洪水または特大洪水発生時にそれを「さっさと通す」というわけではなく，緊急時にピーク流量をカットする役割をはたす。こうして黄河の下流河道を流下する洪水は，小浪底ダムの調節運用によって中・小洪水が主となる一方，大洪水が依然として発生するという，両極化の傾向を呈する。黄土高原の水土保持の効果に関しては，今後50年間の整備事業を経て，現行の整備経験と効果を参考に，2050年に黄河に流入する土砂量は8億トンと予想される。黄河は依然として高含砂河川であろう。さらに，社会経済の発展につれて大量の外来水源補完の状況では，流出量がもっと減り，水砂関係はさらに悪化するであろう。

　以上の分析と専門家の意見にもとづき，当面および今後一時期における黄河の下流河道の整備方策は，次のようにまとめることができる。低水路を安定させ，水砂を調節し，川幅を広げ，堤防を強化し，政策にもとづく補償を行うことである。つまり，黄河の下流河道に長年間，中水・低水路を維持しつつ，中・小洪水の流下あるいは調水調砂をそこで行うことで，河原にオーバーバンク＝フローを起こさせないようにし，河原の居住民の安全な生活を保障する。一方，大洪水または特大洪水が発生するさいには，黄河下流両岸の基準化された堤防の拘束の下で通過させ，河原に堆積させ，低水路を侵食させる。河原の居住者は村台または集団避難などの形式で安全を確保し，洪水によってもたらされる経済損失に対しては，国家による政策性補償が行われる。

4-1．低水路の安定，調水調砂

　低水路の安定，調水調砂の対象洪水は，中・小洪水である。両者は互いに前堤となり，相互に補完する関係にある。安定した低水路がなければ河勢が散乱するので，調水調砂で創出されるバランスのとれた水砂関係が維持できないわけである。一方，調水調砂がなければ，日増しに悪化する水砂条件では，低水路の縮小しない状態を維持するための造床過程の形成が不可能となり，長い年月が経つと低水路が消えるであろう。

（Ⅰ）低水路の安定

　低水路を安定させるには，黄河下流の高村以上の299kmに及ぶ游蕩性区間で低水路を安定させることがカギであり，游蕩性河道の河床変動のメカニズム

を研究し明らかにすることが肝要である。ここで指摘しておきたいのが，現在の河床変動メカニズムに関する記述や関連研究成果は，自然現象に対する描写のようなものが多いということである。たとえば，「大水趨直・小水坐弯」，「小水上提・大水下挫」などは，厳密にいえば自然現象が自然法則とは同じものではないことを示す。自然現象を手がかりとして，現代科学技術の手段を用いて，それを包含する自然法則を深く研究すること，すなわち自然現象の内在的なメカニズムを明らかにし，自然現象を反映する方程式または方程式系（数値モデル）を打ち立て，科学的に自然現象の内在メカニズムを反映するこれらの数値モデルを用いて，水流運動と河床変動を解明したうえ，異なる水砂条件下での河勢変化を予測するという研究方法が必要である。

梁山国那里の険工

　河勢変化の法則を把握したうえで，河勢変化の法則を用いて，河道整備工事措置を通し，散乱する河勢流路について制御し，それを整然たるものにする。河道整備によって大幅に河勢に対する拘束を増強することができることは，実践で証明されている。たとえば，高村〜陶城鋪区間は游蕩性から弯曲性へ転化する過渡性区間であり，部分的に游蕩性河道の特徴をもつ。整備工事を実施する前には，本川・支川が併存し，流勢が頻繁に変化していた。流路方向の最大

水平変動幅は 5400m に達し，平均水平変動強度は 425m/a。1975 ～ 90 年の整備工事によって，みお筋の最大水平変動幅が 1850m に減少し，平均水平変動強度が 160m/a に減少した[96]（表 8-4）。また，河道断面形状は広くて浅いものから狭くて深いものに変わり，河相係数 $(\sqrt{B})/H$ は 12 ～ 45 から 6 ～ 19 に減った。また，河岸流量水深が 1.47 ～ 2.77m から 2.13 ～ 4.26m にまで増加した。みお筋も散乱状態から一致に向かっている（図 8-11，図 8-12）。

表 8-4 過渡性区間整備前後における澪筋の変動範囲及び変動強度 [96]

断 面	変動範囲（m）		変動強度（m/a）	
	整備前 （1949～1960）	整備後 （1975～1990）	整備前 （1949～1960）	整備後 （1975～1990）
高村	720	1,100	231	216
南小堤	650	700	159	181
双合嶺	1,350	1,550	450	228
宋集	5,400	1,050	1,273	219
営房	3,000	300	505	63
彭楼	1,050	1,050	204	169
大王庄	2,000	500	482	119
史楼	2,130	700	592	194
徐碼頭	2,200	1,050	700	325
於庄	2,250	1,850	408	263
楊集	1,340	450	291	130
四傑村	2,300	250	427	80
偉那里	950	200	229	57
龍湾	1,970	250	270	37
孫口	1,780	300	533	77
大田楼	1,050	550	351	117
路那里	500	950	122	246
最大値	5,400	1,850	1,273	325
平均値	1,802	753	425	160
百分率(%)	100	41.8	100	37.6

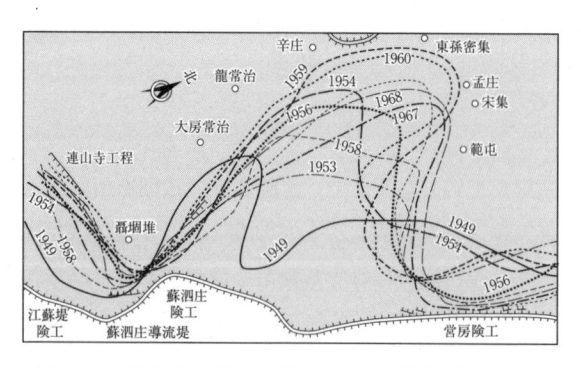

図 8-11 蘇泗庄－営房区間における河道整備前の河勢

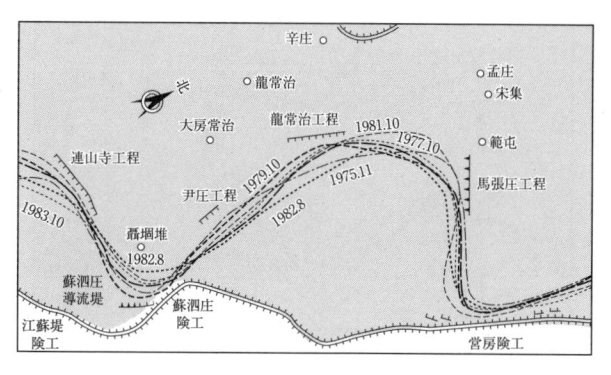

図 8-12 蘇泗庄−営房区間における河道整備後の河勢

　すでに建設された游蕩性区間の河川整備工事のなかでは，白鶴〜神堤区間の河勢制御の効果が比較的良く，各種の水砂条件に適応しており，ここ10年間余りの接岸確率は100%に近い（図8-13）。つまりこの区間の河道整備が河床自然変動の法則に符合したことが説明されている。その整備計画や方策について力を入れて研究し，その内在的なメカニズムを明らかにしなければならない。この区間を研究対象に，「三つの黄河」を手段とし，数値モデルを構築して流況を再現したうえ，ほかの区間に適応して正確な予測ができるように，この区間における弯道曲率半径・排水幅・河床土砂構成・塊粒構造・土壌剪断力および水砂変化条件を明らかにしながら，模型黄河を再現する。数値モデルの構築に関しては，航空機をその流れの場に飛行させ，飛行の効果によって航空機の設計を修正するように，航空機の周辺の空気流況へのシミュレーションを参考にするのが妥当である。河道数値流の場を得てから，制御工事をこの数値流の場に入れて，最適案が得られるように制御工事の平面配置およびその構造パラメータを修正していく。

　工事配置案の研究と建設の過程においては，河道整備工事の系統性と関連性を配慮しなければならない。とりわけ工事建設上，功を急げば目的を達成することができないことを理解し，段階を追って進めてゆくべきである。建設の順番として神堤を始め，上から下へと徐々に確実に工事を進めていくべきである。

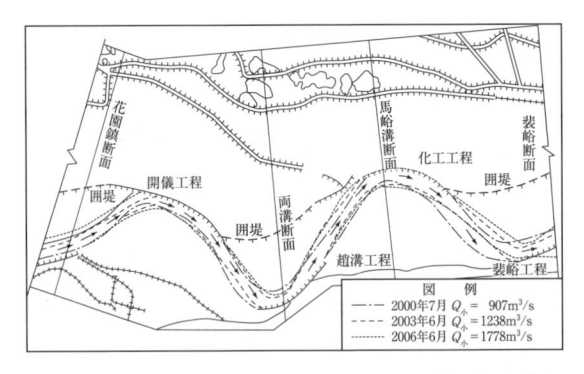

図 8-13　白鶴－神堤区間における局所的河勢制御の効果

数値流況

　原型黄河には自然の「節点」が存在しており，孤柏嘴のように上流の河勢がいかに変化してもそこを抑えることで安定送流を確保できるように，これらの「節点」は河勢制御のなかできわめて重要な役割をはたしている（図8-14）。すでに形成された「節点」による河勢安定の作用を深く研究し，「節点」の安定確保を前提に，区間ごとの整備方案を検討することが重要である。「節点」のコントロール作用がなければ，「一弯曲が変われば，すべての弯曲が変わる」という状況が発生することは，当然予想される。したがって，游蕩性河道整備

においては，「節点」のコントロール作用をじゅうぶんに重視しなければならない。

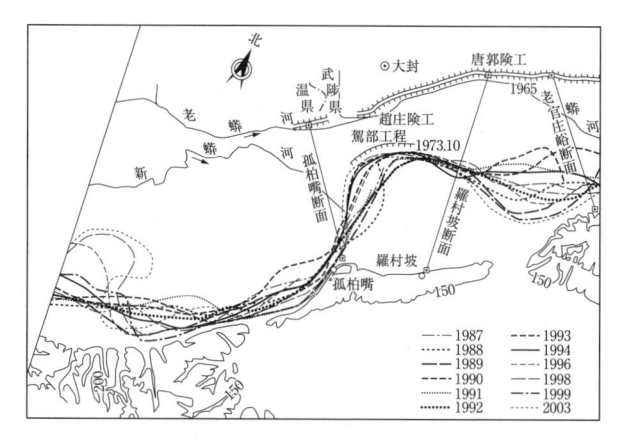

図 8-14　孤柏嘴での河勢制御作用

(Ⅱ) 調水調砂

　制御導流工事が河勢を安定させ，流路を整備できることは疑問の余地もないが，日増しに悪化している水砂条件の状況においては，調水調砂を行わないかぎり，整備された流路でも低水路の縮小傾向は避けられない。調水調砂を通して，黄河下流河道の低水路の疎通能力を段階的に増やすことができることは，3回の調水調砂試験の実施結果で明らかになった。黄河小浪底ダムの単独運用による調水調砂試験前の 2002 年 5 月と，黄河本川の複数ダムによる連携調節ならびに人工撹乱による調水調砂試験終了後の 04 年 7 月における下流河道断面の比較をみれば，各区間の低水路横断面における堆積侵食の状態がわかる[97]（表 8-5，図 8-15〜図 8-18）。したがって，調水調砂を行うことは，低水路の縮小防止と低水路の安定維持にきわめて重要な手段であるといえる。

表 8-5　3回の水砂調節試験前後における黄河下流各区間の断面変化 [97]

区間	2002.5 低水路幅(m)	2004.7 低水路幅(m)	低水路幅の差 (m)	低水路の侵食・堆積 (m)
白鶴～官庄峡	1049	1193	144	−0.58
官庄峡～花園口	1288	1658	370	−0.38
花園口～孫庄	906	961	55	−0.64
孫庄～東壩頭	1284	1532	248	−0.44
東壩頭～高村	605	635	30	−1.12
高村～孫口	484	458	−26	−1.06
孫口～艾山	521	500	−21	−0.62
艾山～濼口	494	486	−8	−0.90
濼口～利津	396	397	1	−1.00

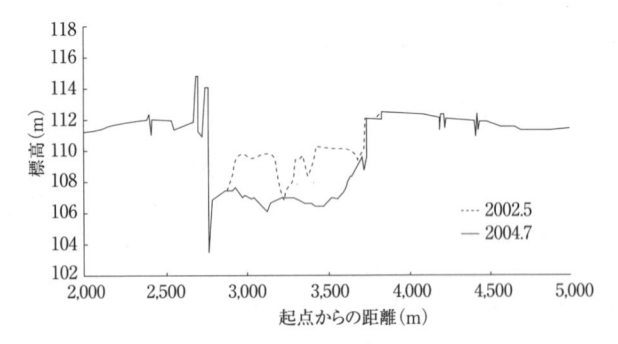

図 8-15　白鶴～官庄峡区間にある馬峪溝断面における侵食・堆積変化 [97]

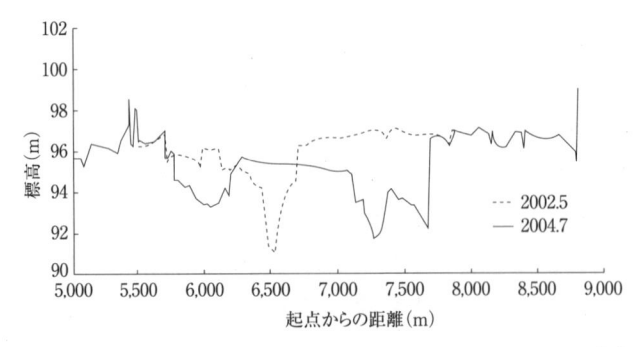

図 8-16　官庄峡～花園口区間の老田庵断面の侵食・堆積変化 [97]

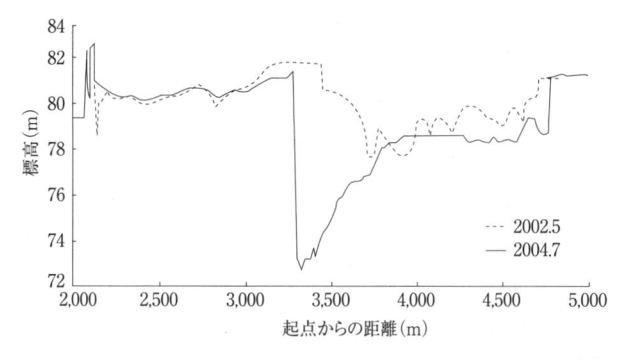

図 8-17　花園口〜東壩頭区間の丁庄断面の侵食・堆積変化 [97]

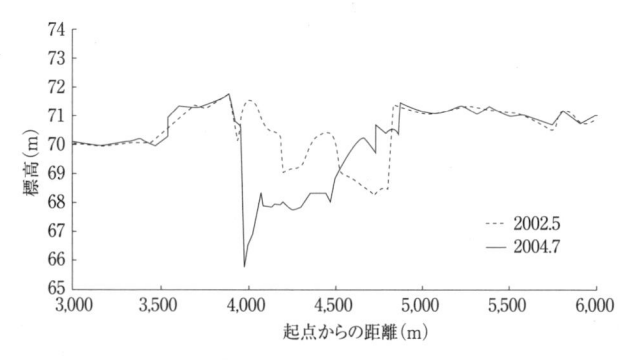

図 8-18　東壩頭以下区間の油房寨断面の侵食・堆積変化 [97]

　将来における黄河下流河道の水砂条件を予想すると，中・小洪水と土砂を送出する通路である低水路が重要となる．調水調砂によってどのくらいの疎通能力を有する低水路を形成させるかは，研究に値する重要な問題である．

　もし疎通能力の比較的大きい低水路を選択する場合，たとえば疎通能力を5000m^3/s ないしそれ以上とすると，調水調砂によってつくり出された人工洪水ピークに造床作用をもたせるには，かなり長い洪水継続時間が必要になる．これは多くの洪水資源を必要とすることを意味し，黄河水資源の供給不足が深刻化する状況のなかでは，洪水資源を過度に使うことは困難である．一方，もし疎通能力の比較的小さい低水路を選択する場合，たとえば疎通能力を 3000m^3/s ないしそれ以下とすると，低水路の送砂能力は大幅に低下し，水流の携砂能力は流量の高次に比例する．したがって，低水路の疎通能力を維持するには，大きすぎるものも，小さすぎるものもダメなわけである．つまりは，調水調砂に

よって比較的大きく，かつ継続時間が長い洪水流量およびその過程が求められることを意味する。黄河の水資源量・低水路送砂能力などの要素を総合的に考えれば，黄河下流河道での疎通能力を 4000 〜 5000m^3/s とする中・小低水路を維持することが妥当であろう。

　実際の業務において，送砂能力と継続時間との積を最大時の流量の造床流量とする提案が，一部の学者によって提出されている。操作の便宜上，黄河下流河道における低水路の塑造と維持のための造床流量は，河岸水位に対応する流量をとることができる。水位が上昇して低水路から溢れ出すため，水流が分散して造床作用が低下するからである。逆に水位が河岸を下回れば，流量と流速が小さいため，造床作用が弱い。強調すべきは，3 回の調水調砂試験を経た黄河下流河道低水路のその最小疎通能力を 1800m^3/s から 3000m^3/s に引き上げ，さらに 4000 〜 5000m^3/s に引き上げるには，次回の調水調砂実践で段階的に調水調砂の流量を増大しなければならない，ということである。河岸・河原の安全確保のため，流量を増大する過程は平穏でなければならず，3000m^3/s から一気に 5000m^3/s に引き上げてはならない。疎通能力 4000m^3/s 〜 5000m^3/s の低水路を維持するには，かならず相応した 4000m^3/s 〜 5000m^3/s の流量過程を創出する必要があり，4000m^3/s 〜 5000m^3/s の低水路を長期に維持するには，ときどき 4000m^3/s 〜 5000m^3/s の流量過程を創出しなければならないのである。調水調砂において，4000m^3/s 〜 5000m^3/s 流量過程に適応する含砂量については，土砂粒径分布を区分する必要があり，粒径が大きいほど適応する含砂量が小さくなり，粒径が小さいほど適応する含砂量が大きくなる。

4-2. 河幅拡大と堤防強化，政策補償

　河幅拡大と堤防強固，政策補償の対象洪水は，大洪水または特大洪水である。大洪水と特大洪水の発生確率は中・小洪水よりずっと小さいが，いったん発生するとオーバーバンク＝フローが起き，河原区の社会経済に大きな影響を与えるだけでなく，堤防の安全にも危害を及ぼす。

（Ⅰ）河幅拡大と堤防強化

　黄河下流の現行河道はいくつかの異なる歴史時期に形成されたものであり，歴史的・自然的な原因により，上流側が広く下流側が狭い「天井川」となっている。上流側が広く下流側が狭いとは，陶城鋪以上は河幅の広い区間，陶城鋪

以下を河幅の狭い区間ということである。

　孟津から陶城鋪までの幅広い区間では，河道の長さは464km，両岸距離は5〜20km，河道面積は3260km^{2}で，下流河道総面積（4150.7km^2）の78.5%を占める。河原面積は3000km^{2}で下流河道河原総面積の88%を占めており，この広い河道河原が，黄河下流河道における洪水と土砂の滞洪滞砂区となっている。

黄河の下流河道，恵懐傑 撮影

　1950〜80年代にかけての花園口観測所でのQ_m>10000m^3/sの洪水が孫口観測所に流下するさいのピーク流量カット量に関する統計によると，広幅の区間によるカット率は最大で57.8%に達することがわかる（表8-6）。

表 8-6　黄河下流の陶城鋪以上の広幅区間によるピーク流量カット率 [63]

期日 (年.月)	洪水ピーク流量(m^3/s)			カット率 (%)
	花園口	孫口	カット量	
1953.8	11,200	8,120	3,080	27.5
1954.8	15,000	8,640	6,360	42.4
1957.7	13,000	11,600	1,400	10.7
1958.7	22,300	15,900	6,400	28.7
1977.8	10,800	4,550	6,250	57.8
1982.8	15,300	10,400	4,900	32.0

　陶城鋪以上の広幅区間による滞洪カット効果が，陶城鋪以下の狭窄区間における洪水防災の圧力を大幅に軽減している．陶城鋪以上のいちじるしい滞洪カット作用に加えて東平湖遊水池のあることが，艾山以下の区間堤防の設計基準を陶城鋪以上の広幅区間の 50% に抑えることにつながった．つまり，花園口観測所の $22000m^3/s$ が陶城鋪以上の広幅区間の堤防設計基準であるが，艾山以下では $11000m^3/s$ となる．

　1969～89 年にかけての 16 の高含砂洪水による携送土砂総量と，黄河下流各区間における堆積比率の統計から，陶城鋪以上の広幅区間の堆砂量は下流堆砂総量の 98% を占めており，そのうち $d>0.05mm$ 粗粒土砂がすべて陶城鋪以上に堆積する（表 8-7）．

表 8-7　1969～89 年の 16 高含砂洪水による黄河下流河道への堆積 [64]

区　間	全　砂		$d>0.05mm$粗粒土砂	
	堆積量 (億t)	全下流に占める 割合(%)	堆積量 (億t)	全下流粗粒に 占める割合(%)
三門峡～花園口	13.5	38.7	5.6	42.5
花園口～高村	16.8	48.1	6.4	48.5
高村～艾山	3.9	11.2	1.2	9.0
艾山～利津	0.7	2.0	0	0
全下流	34.9	100	13.2	100

　大洪水に巻き込まれた土砂のほとんどが陶城鋪以上の広幅に堆積するおもな原因として，洪水が広幅区間の河岸氾濫原を流下するさいに，氾濫原と低水路とのあいだで水砂の交換が活発に行われ，その結果，氾濫原に堆砂して低水路が侵食されることがあげられる．これは黄河下流の広幅区間の独特な洪水土砂運動法則である．そのメカニズムの研究によって，氾濫原の粗度がいちじるし

く低水路を上回り，一般の状況では高水敷のマニング係数が0.03～0.04で，摩擦が大きいほど流速が小さくなり，水流の操作能力が流速の高次に比例するため，流速が小さいほど堆積しやすい。低水路のマニング係数は一般に0.01で氾濫原の値を大きく下回り，摩擦が小さく流速が大きいため，自然洪水排出能力も大きいのである。したがって，水位上昇時において河心部の水面が両岸の河岸水位より高く，河心から両岸に向かう横断方向の環流が形成されて，一部の土砂が低水路から河岸氾濫原へ運ばれてゆく[63]。これが，洪水が氾濫原を通過した後に，低水路が侵食され，氾濫原に堆砂し，河勢が順調となり，氾濫原と低水路の高度差が拡大して，洪水排出能力が増大する根本的な原因である（表8-8）。

表8-8 黄河下流河道における洪水通過時の高水敷堆積・低水路侵食状況

期 日 (年.月.日)	花園口観測所		河道侵食・堆積量（億t）		
	洪水ピーク流量 (m^3/s)	最大含砂量 (kg/m^3)	低水路	高水敷	全断面
1953.7.26～8.14	11,200	106	−3.0	+3.03	+0.03
1954.8.2～8.25	15,000	111	−2.16	+3.27	+1.11
1957.7.12～8.4	13,000	114	−4.33	+5.27	+0.94
1958.7.13～7.23	22,300	86	−8.65	+10.20	+1.55
合計			−18.14	+21.77	+3.63

以上をまとめると，陶城鋪以上の広幅区間での大洪水または特大洪水によるオーバーバンク＝フローは，その下流にある狭窄区間のために洪水ピークをカットされる一方，その下流区間に堆砂をもたらしながら，氾濫原堆積・低水路侵食を実現するのである。したがって，黄河下流河道とりわけ広幅区間が大洪水または特大洪水を迎え入れ，排出するさいに，氾濫原・低水路間の水砂交換を通して，高い氾濫原・深い低水路という河道横断形態をつくり上げることは，長期防災にとって非常に有利なことである。

オーバーバンク＝フローの流下はたしかに河道形態の創出に有利であるが，それが両岸堤防を大洪水または特大洪水を通過させる河道を第一線にさらして，黄河下流河道が高く黄淮海平原に懸かる状況下では，両岸堤防による洪水防止がきわめて重要であることは認識しておかなければならない。安全確保を前提にオーバーバンク洪水または特大洪水を通過させるには，黄河下流堤防を標準化堤防に建設することが必要である。つまり，河道側に50m幅の防波林

を植え，堤頂を幅12mで硬化し，河道の背後側に幅100m，高度が2000年レベルの設計洪水位と同じレベルの堆砂面をつけ，その上に生態林を植える。河道背後の堤面で堆砂を100mのばすのは，黄河下流堤防の河道背後地面が過去に洪水発生のさいに生じた浸透変形の位置が河道背後側の堤防の根本から50～100mの範囲にあったからである。同時に，黄河下流の部分堤防区間における地盤の多くが砂土であり，地震震度7の区域に位置することを考慮して，堤防河道背後側の一定範囲内で堆砂を通して荷重を増やすことが，堤防耐震と浅層地盤液状化防止に対し非常に有効であり，しかも他の措置に比べより経済的，より手軽で便利である。したがって，黄河下流堤防を標準化堤防に建設するよう引き続き堅持し，最終的に「防災保障線・緊急交通線・生態景観線」[88]の形成を実現しなければならない。

黄河のモデル堤防，黄宝林 撮影

（Ⅱ）政策補償

　大洪水または特大洪水によるオーバーバンク＝フローの流下は，有利な河態（氾濫原が高く低水路が低い）の創出に大きく貢献する一方，氾濫原に水没をもたらす。早くも1970年代に，国務院が［1974］27号文書で「生産堤を廃止し，避水台を修築し，一水一麦，一季で全年分の食糧を備えよう」とする，氾濫原の住民の生活生産活動についての規定を下している。この政策は当時の氾濫原区の住民の基本的な生活と生産問題の解決に一定の役割をはたしたもの

の，それにあわせた氾濫原安全整備は人口が増え続ける状況下で非常に遅れている。周辺地域に比べ，住民の生活水準が低く，経済発展が立ち遅れているのである。

黄河治水の要求と氾濫原住民の生活生産の現状にもとづき，オーバーバンク＝フローの流下に有利であると同時に，氾濫原区の住民の生活と生産条件の改善により有利であるように，国家は新たに氾濫原区政策を制定すべきである。つまり，さらに氾濫原区安全施設整備に力を入れ，氾濫原区の住民の生命財産の安全確保を前提に，洪水によってもたらされる農作物の水没に対しては補償を行うことである。

2000年に国務院が実施した「貯滞洪水区運用に対する暫定補償法」は，最近数年間にわたる実際の洪水防災の運用を経て非常に良い効果を収め，洪水分流・貯留と貯滞洪水区内の住民の生活生産発展とのあいだの矛盾を有効に解決した。たとえば，淮河流域の2003年・04年増水期における洪水分流・貯留運用では，国が「貯滞洪水区運用に対する暫定補償法」にもとづいて，貯滞洪水区の運用に対して政策補償を行う一方，貯滞洪水区内の住民がその所在地である貯滞洪水区の運用に対して積極的な協力と支持を示したことで，淮河の洪水に対する科学的な防止・コントロールと，貯滞洪水区の社会安定に大きな力をもたらした。それまでは，貯滞洪水区の運用が行われるたびに激しい反対にあい，社会的な問題を避けることができなかったのである。

蘭考県内の黄河氾濫区，張再厚 撮影

(1) 黄河下流氾濫原区における貯滞洪水区に応じた補償政策の執行

　過去，各流域への貯滞洪水区の設置については，大局を守るため局所に犠牲をともなう措置が国によってなされてきた。貯滞洪水区の住民はもともとそこで生活していたため，住民の気持ちとしては受動的で，みずから望んだことではなかった。黄河下流の氾濫原区についても，この点で貯滞洪水区とまったく同じである。

　黄河下流の氾濫原区では今でも180.94万の人々が暮らしているが，みな主導的・機械的にそこに移住したのではなく，先祖代々から住み着いているのである。歴史上，黄河が頻繁に改道・移動をくり返すなかで，氾濫範囲の拡大を防ぐための築堤が，早くからそこで暮らしていた人々を河道の中に閉じ込めた受動的なもので，みずから望んだわけではない。

　黄河下流の氾濫原区は滞洪・堆砂において重要な場所で，客観的に局所を犠牲にして全体を守る働きをはたしている。現在，長江流域に40，海河と淮河にもそれぞれ26の貯滞洪水区があるのに対して，黄河にはわずか5である。黄河にはこれ以上の貯滞洪水区を必要としないというわけでなく，黄河氾濫原自体が貯滞洪水区の役割を代替しているのである。1950～2003年にかけて，各流域に設置した貯滞洪水区は456回運用されているが，黄河では東平湖貯滞

洪水区の運用が1982年のたった1回に止まっており，その原因は黄河下流氾濫原区の滞洪カット作用にある。

(2) 長期間の無補償による黄河治水の停滞

　黄河下流河道の大洪水または特大洪水が避けられない以上，最適な河道形態の創出も必要不可欠であり，洪水による氾濫原への水没被害はかならず起こる。この被害に対して長期的に補償を行わなければ，氾濫原住民の不満がいずれ噴出するであろう。それを避けるためには政策決定上，黄河の河道に入る洪水をきびしく制御する以外に選択肢がない。その場合，小浪底ダムが氾濫原区のすぐ上流に位置するため，きびしく洪水を制御する役目は必然的に小浪底ダムによってはたされることになる。こうして，小浪底ダムの土砂堆積を加速させた結果，小浪底ダムによる遮砂の耐用年数が大幅に短縮されることになる。また，小浪底でひたすら小流量の排出を制御することは，下流河道の有利な形態の創出にプラスにならない。有利な河道形態がなければ，低水路の持続的な縮小を引き起こし，「二次天井川」の情勢はさらに深刻になる。結局のところ，黄河の長期的安定の保証は難しい。調水調砂が黄河下流河道の整備のもっとも有効な手段であることを特筆したい。$4000 \sim 5000 m^3/s$ の中水低水路を創出するには，絶対 $4000 \sim 5000 m^3/s$ の流量過程を必要とする。これが下流氾濫原区への流出を引き起こし，農作物の水没をもたらすことは必至である。したがって，もし相応する補償政策がなければ，いくら調水調砂が黄河下流河道の整備に重要であっても，おそらくその実行はうまくいかないであろう。

(3) 氾濫原区補償政策への研究をさらに進める必要性

　黄河下流氾濫原区の状況は複雑で，現状では安全施設（村台・避難道路など）を整備した氾濫原区もあれば，安全施設をまったく整備していない氾濫原区もある。住民が自発的に生産堤を築いた氾濫原区もあれば，生産堤がない，あるいはすでに撤去された氾濫原区もある。河道氾濫原地にも部位上の差が存在しており，若い氾濫原地もあれば，古い氾濫原地もある。このほかに，氾濫原区に浸水をもたらす洪水は，自然洪水の場合もあれば，調水調砂後に排出された人工洪水の可能性もある。上記の諸要因については，氾濫原区の水没補償政策の制定のさいに検討を重ね，できるだけ補償政策を科学的・公開・公正・公平の上に確立することが求められる。

参 考 文 献

[1] 張延玲・隆仁. 世界通史. 広州：南方出版社, 2000
[2] 趙純厚・朱振宏・周端秋. 世界江河與大坝. 北京：中国本利水電出版社, 2000
[3] 李軍, 李曉萍. 世界名水. 長春：長春出版社, 2004
[4] 中国水利百科全書編委会. 中国水利百科全書（第一巻）. 北京：水利電力出版社, 1991
[5] 任美鍔. 黄河—我們的母親河. 北京：清華大学出版社, 廈門：暨南大学出版社, 2002
[6] 李雪梅. 発現之旅—探尋黄河文明. 北京：東方出版社, 2004
[7] 武漢水利電力学院, 水利水電科学研究院. 中国水利史稿（上冊）. 北京：水利電力出版社, 1985
[8] 恩格斯. 自然辨証法. 見：馬克思・恩格斯選集（第四巻）. 北京：人民出版社, 1995
[9] 高前兆・李小雁・蘇徳等. 水資源危機. 北京：化学工業出版社, 2002
[10] 呉暁軍・董漢河. 西北生態啓示録. 蘭州：甘粛人民出版社, 2001
[11] 馬軍. 中国水危機. 北京：中国環境科学出版社, 1999
[12] 中華人民共和国水利部. 黒河流域近期治理規画. 北京：中国水利水電出版社, 2002
[13] 水利部海河水利委員会. 以維持良好的生態環境為目標, 全面做好海河流域水利規画工作, 2005
[14] 李国英. 治水辨証法. 北京：中国水利水電出版社, 2001
[15] 魏昌林. 中国南水北調. 北京：中国農業出版社, 2000
[16] 国家環境保護総局汚染控制司. 中国環境汚染控制対策. 北京：中国環境科学出版社, 1998
[17] 林培英・楊国棟・潘淑敏. 環境問題案例教程. 北京：中国環境科学出版社, 2002
[18] 郭培章・宋群. 中外流域綜合治理開発案例分析. 北京：中国計画出版社, 2001
[19] 陳桂棣. 淮河的警告. 当代, 1996（2）
[20] Marq de Villiers. WATER. Stoddart Publishing Co. Limited, Toronto, Canada, 1999
[21] ［美］莱斯特・R・布朗. 生態経済. 林自新, 戢守志, 等訳. 北京：東方出版社, 2002
[22] Daniel P. Loucks, John S. Gladwell. Sustainability Criteria for Water Resource Systems. Cambridge University Press, 1999
[23] 劉冰訳. 美国十大"瀕危河流"之首：科羅拉多河. 水信息網, 2004-6-2
[24] 劉冰訳. 2004年美国"瀕危河流"名単掲曉. 水信息網, 2004-4-27
[25] 辞海編輯委員会. 辞海. 上海：上海辞書出版社, 2000
[26] 黄詩箋. 現代生命科学概論. 北京：高等教育出版社, 2001
[27] 劉曼西. 生命科学導論. 北京：中国電力出版社, 2002
[28] 陳敏豪. 帰程何処. 北京：中国林業出版社, 2002
[29] Powell, K. Grand Canyon:open the Floodgates!Nature, 2002, 420: 356～358
[30] Konieczki, A. D., Graf, J. B. and Garpenter, M. C. Streamflow and Sediment Data Collected to Determine the Effecs of a Controlled Flood in March and April 1996 on the Colorado River between Lees Ferry and Diamond Creek, Arizona. U.S. Geological Survey Open-File Report 97～224, 1997, 55pp
[31] ［日］財団法人河道整治中心. 多自然型河流建没的施工方法及要点. 周懐東等訳. 北京：中国水利水電出版社, 2003
[32] 日本国土庁. 日本全国水資源綜合規画：呉濃娣訳. 北京：中国水利水電出版社, 2002
[33] 関於根治黄河水害和開発黄河水利的綜合規画的報告. 人民日報, 1955-7-20（2）

[34] 劉昌明・陳志愷. 中国水資源現状評価和供需発展趨勢分析. 北京：中国水利水電出版社, 2001
[35] 常雲昆. 黄河断流與黄河水権制度研究. 北京：中国社会科学出版社, 2001
[36] 黄河水利委員会. 黄河水土保持志. 鄭州：河南人民出版社, 1993
[37] 王化雲. 我的治河実践. 鄭州：河南科学技術出版社, 1989
[38] 陳彰岺・于徳広, 雷元静等. 黄河中游多沙粗沙区快速治理模式的実践與理論. 鄭州：黄河水利出版社, 1998
[39] 姚文芸・湯立群. 水力侵蝕産沙過程模擬. 鄭州：黄河水利出版社, 2001
[40] 黄河水利委員会. 黄河規画志. 鄭州：河南人民出版社, 1991
[41] 黄河水利委員会. 黄河水利水電工程志. 鄭州：河南人民出版社, 1996
[42] 黄河水利委員会. 黄河近期重点治理開発規画. 鄭州：黄河水利出版社, 2002
[43] 張天曽. 黄土高原論綱. 北京：中国環境科学出版社, 1993
[44] 李国英. 黄土高原水土流失区治理若干問題. 中国水上保持, 1995（9）
[45] 陝西省水利科学研究所河渠研究室, 等. 水庫泥沙. 北京：水利電力出版社, 1979
[46] 邢大韋・粟暁玲・劉明雲等. 影響三門峡庫区潼関高程的主要因素和控制措置. 見：三門峡水利枢紐運用四十周年論文集. 鄭州：黄河水利出版社, 2001
[47] 中科院地理研究所渭河研究組. 渭河下游河流地貌. 北京：科学出版社, 1983
[48] 焦恩沢・侯素珍・林秀芝. 潼関高程演変規律及其成因分析. 見：三門峡水利枢紐運用四十周年論文集. 鄭州：黄河水利出版社, 2001
[49] 程龍淵, 劉栓明, 肖俊法, 等. 三門峡庫区水文泥沙実験研究. 鄭州：黄河水利出版社, 1999
[50] 張仁. 潼関高程昇高及其解決弁法. 見：三門峡水利枢紐運用四十周年論文集. 鄭州：黄河水利出版社, 2001
[51] 山東省地方史志編纂委員会. 山東省志・黄河志. 済南：山東人民出版社, 1992
[52] 中国水利学会・黄河研究会. 黄河河口問題及治理対策研討会専家論壇. 鄭州：黄河水利出版社, 2003
[53] 銭寧・張仁・周志徳. 河床演変学. 北京：科学出版社, 1987
[54] 銭寧・万兆恵. 泥沙運動力学. 北京：科学出版社, 1991
[55] 黄河防汛総指揮部弁公室. 黄河"96・8"洪水研究報告, 1997
[56] 王愷忱. 黄河河口與下游河道的関係及治理問題. 泥沙研究, 1982（2）
[57] 景可・陳水宗・李風新. 黄河泥沙與環境. 北京：科学出版社, 1993
[58] 周文浩・範昭. 黄河下游河床近代縦剖面的変化. 泥沙研究, 1983（4）
[59] 尹学良. 黄河下游河道的演変, 改道和寿命. 見：黄河流域環境演変與水沙運行規律研究文集（第三集）. 北京：地質出版社, 1992
[60] 尹学良. 黄河下游平衡縦剖面的塑造. 見：黄河流域環境泥沙運行規律研究文集（第一集）. 北京：地質出版社, 1991
[61] 葉青超. 黄河流域環境演変與水沙運行規律研究. 済南：東山科学技術出版社, 1994
[62] 曽慶華・張世奇・胡春宏等. 黄河口演変規律及整治. 黄河水利出版社, 1997
[63] 黄河水利委員会治黄研究組. 黄河的治理與開発. 上海：教育出版社, 1984
[64] 趙業安・周文浩・費祥俊等. 黄河下游河道演変基本規律. 黄河水利出版社, 1998
[65] 黄河水利委員会勘測規画設計研究院. 小浪底水庫初期調水調沙運用減軽黄河下游河道淤積関鍵技術研究, 2001
[66] 黄河水利委員会. 王化雲治河文集. 鄭州：黄河水利出版社, 1997
[67] 銭寧. 銭寧論文集. 北京：清華大学出版社, 1990
[68] 李国英. 黄河調水調沙. 科学, 2003（1）
[69] 黄河水利委員会勘測規画設計院. 黄河小浪底水利枢紐初歩設計報告, 1988
[70] 李国英. 黄河中下游水沙的時空調度理論與実践水利学報, 2004（8）
[71] 李国英. 黄河第三次調水調沙試験的総体設計與実施効果, 中国水利, 2004（22）

[72] 水利部黃河水利委員会. 黃河水利史述要. 北京：水利電力出版社, 1984
[73] 黃河水利委員会. 黃河防洪志. 鄭州：河南人民出版社, 2001
[74] 温小国. 沁河水利輯要. 鄭州：黃河水利出版社, 2001
[75] 陳守煜. 工程水文水資原系統模糊集分析理論與實踐. 大連. 大連理工大学出版社, 1998
[76] 中国水利百科全書編委会. 中国水利百科全書（第三卷）. 水利電力出版社, 1991
[77] 黃河中游粗泥沙集中来源区界定研究項目組. 黃河中游粗沙来源区界定研究, 2004
[78] 黃河水利委員会. 黃河下游 "二級懸河" 成因及治理対策. 鄭州：黃河水利出版社, 2003
[79] 張仁・程秀文・熊貴枢等. 撲減粗泥沙対黃河河道冲淤変化影響, 鄭州：黃河水利出版社, 1998
[80] 龔時暘・熊貴枢. 黃河泥沙来源和地区分布. 人民黃河, 1979（1）
[81] 龔時暘・熊貴枢. 黃河泥沙的来源和輸移. 見：河流泥沙国際学術討論会論文集, 1980
[82] 徐建華・呂光圻・張勝利等. 黃河中游多沙粗沙区区域界定及産沙輸沙規律研究. 鄭州：黃河水利出版社, 2000
[83] 黃河水利委員会. 黃河下游治理方略專家論壇. 鄭州：黃河水利出版社, 2004
[84] 黃河水利委員会. 黃河水情、沙情及其関係（黃河水沙調控体系建設專家研討会參閲資料）, 2004
[85] 水利部政策法規司. 水權與水市場, 2001
[86] 中国大百科全書編委会. 中国大百科全書. 北京：中国大百科全書出版社, 2002
[87] 劉昌明・何希吾. 中国 21 世紀水問題方略. 北京：科学出版社, 1996
[88] 李国英. 治理黃河思辨與踐行. 北京：中国水利水電出版社, 鄭州：黃河水利出版社, 2003
[89] 張宗祜・盧躍如. 中国西部地区水資原開発利用. 北京：中国水利水電出版社, 2002
[90] 黃河水利委員会勘測規画設計研究院. 南水北調西線工程規画綱要, 2001
[91] 談英武・劉新・崔荃. 中国南水北調西線工程. 鄭州：黃河水利出版社, 2004
[92] 水利部黃河水沙変化研究基金会. 黃河水沙変化及其影響的総合分析報告, 2001
[93] 顧浩. 中国治水史鑑. 北京：中国水利水電出版社, 1997
[94] 黃河水利委員会. 李儀祉水利論著選集. 北京：水利電力出版社, 1988
[95] 黃河水利委員会. 黃河流域及西北諸河防洪規画簡要報告, 2004
[96] 胡一三・張紅武・劉貴芝等. 黃河下游游蕩性河段河道整治. 鄭州：黃河水利出版社, 1998
[97] 黃河水利委員会. 黃河調水調沙試驗, 2004
[98] 龍毓騫. 龍毓騫論文選集（光盤）, 2004
[99] 黃河防汛総指揮部弁公室. 黃河防汛基本資料, 2002
[100] 潼関高程控制及三門峡水庫運用方式研究項目組. 潼関高程控制及三門峡水庫運用方式研究, 2004
[101] 黃河水利委員会. 2003 年黃河洪水與潼関高程変化分析, 2003
[102] 黃河勘測規画設計有限公司. 渭河入黃流路調整工程實施方案, 2004
[103] 黃河水利委員会勘測規画設計研究院. 黃河禹門口至潼関河段近期治理工程可行性研発報告, 2002
[104] 黃河水利委員会勘測規画設計研究院. 小浪底水庫初期以防洪減淤運用為中心的綜合利用調度方式研究, 2001
[105] 涂啓華・張俊華・曽芹. 小浪底水庫減淤運用方式及作用. 人民黃河, 1993（3）
[106] 黃河水利委員会. 黃河人文志. 鄭州：河南人民出版社, 1994
[107] 胡一三. 中国江河防洪叢書・黃河卷. 北京：中国水利水電出版社, 1996
[108] 胡一三. 黃河防洪. 鄭州：黃河水利出版社, 2000
[109] 中国水利学会. 河流泥沙国際学術討論会論文集, 1980
[110] 謝鑑衡. 江河演変與治理研究. 武漢：武漢大学出版社, 2004
[111] 張瑞瑾. 張瑞瑾論文集. 北京：中国水利水電出版社, 1996
[112] 韓其為. 水庫淤積. 北京：科学出版社, 2003

[113] 王光謙·張紅武·夏軍強. 游蕩型河流演変及模擬. 北京: 科学出版社, 2005
[114] 楊志峰·崔保山·劉静玲等. 生態環境需水量理論，方法與実踐. 北京, 科学出版社, 2003
[115] 徐福齢. 河防筆談. 鄭州: 河南人民出版社, 1993
[116] 潘家錚·張沢禎. 中国北方地区水資源的合理配置和南水北調問題. 北京: 中国水利水電出版社, 2001
[117] 徐乾清·戴定忠. 中国防洪減災対策研究. 北京: 中国水利水電出版社, 2002
[118] 葉永毅. 水利與創新—葉永毅選集. 北京: 中国水利水電出版社, 2001
[119] 銭正英. 中国水利. 北京: 水利電力出版社, 1991
[120] 汪尚·范昭. 黄河水沙変化研究. 鄭州: 黄河水利出版社, 2002
[121] 唐克麗. 中国水土保持. 北京: 科学出版社, 2004
[122] 竇国仁. 竇国仁論文集. 北京: 中国水利水電出版社, 2003
[123] 李佩成·王文科·裴先治. 中国西部環境問題與可持続発展国際学術研討会論文集. 北京: 中国環境科学出版社, 2004
[124] 西北内陸河区水旱災害編委会. 西北内陸河水旱災害. 鄭州: 黄河水利出版社, 1999
[125] 黄河流域及西北片水旱災害編委会. 黄河流域水旱災害. 鄭州: 黄河水利出版社, 1996
[126] 銭正英. 銭正英水利文選. 北京: 中国水利水電出版社, 2000
[127] 銭正英·張光斗. 中国可持続発展水資源戦略研究綜合報告及各専題報告. 北京: 中国水利水電出版社, 2001
[128] 銭正英. 中国水利的新理念—人與自然和諧共処, 2004
[129] 銭正英. 従人與自然的関係中探索前進方向, 2004
[130] 国家自然科学基金委員会. 水利科学. 北京: 科学出版社, 1994
[131] 水利科技発展戦略研究課題組. 当代水利科技前沿, 2004
[132] 楊桂山·于秀波·李恒鵬等. 流域総合管理導論. 北京: 科学出版社, 2004
[133] 汪恕誠. 資源水利—人與自然和諧相処. 北京: 中国水利水電出版社, 2003
[134] 汪恕誠. C模式: 自律式発展. 中国水利報, 2005-6-23（1）
[135] 汪恕誠. 資源水利—人與自然和諧相処（修訂版）. 北京: 中国水利水電出版社, 2005
[136] 汪恕誠. 中国防洪減災的新策略. 中国水利報, 2003-6-5
[137] 汪恕誠. 堅持科学発展観, 堅持依法行政, 努力把水利事業推進到新水平. 中国水利網, 2004-12-22
[138] 汪恕誠. 在「水利工程生態影響」論壇上的致辞. 中国水利網, 2005-8-1
[139] 周文鳳·李春明·王鑫·汪恕誠. 水利要堅定不移走可持続発展道路. 中国水利報, 2003-3-12
[140] 劉善建. 治水·治砂·治黄河. 北京: 中国水利水電出版社, 2003
[141] 敬正書. 関於寧夏引黄灌区節水増効的思考. 中国水利報, 2004-1-8
[142] 王浩. 黄河治理開発與南水北調工程. 中国水利水電科学研究院学報, 1999（1）
[143] 翟浩輝. 関於水利現代化問題. 中国水利網, 2002-6-27
[144] 夏軍. 国際水資源研究與塔里木河流域可持続水資源管理問題. 北京: 中国環境科学出版社, 1998
[145] 胡春宏·陳建国·郭慶超等. 塑造黄河下游中水河槽措施研究, 2005
[146] 倪晋仁. 黄河下游河流最小生態環境需水量初歩研究. 水利学報, 2002（10）
[147] 陳雷. 在黄河流域防洪規画審査会上的講話, 2004
[148] 李勇·董雪娜·張曉華等. 黄河水沙特性変化研究. 鄭州: 黄河水利出版社, 2004
[149] 焦恩忍. 黄河水庫泥沙. 鄭州: 黄河水利出版社, 2004
[150] 索麗生. 水利工程"特殊功能"—関於水利工程建設新思路的思考. 中国水利, 2003（1A）
[151] Chunhong HU and Ying TAN. Proceedings of the Nineth Inteenational Symposium on River Sedimentation（volume l）. Tsinghua University Press, 2004
[152] [法] 阿爾貝特·施韋沢. 敬畏生命. 陳沢環訳. 上海: 上海社会科学院出版社, 2003

[153] 鄂竟平. 搞好黄土高原淤地坝建设, 为全面建设小康社会提供保障. 中国水利网, 2003-11-8
[154] 朱尔明. 黄河下游断流对策措施探讨. 水利水电技术, 1997 (11)
[155] 齐璞・赵文林・杨美卿. 黄河高含沙水流运动规律及应用前景. 北京: 科学出版社, 1993
[156] 陈效国. 黄河治理开发中长期科技发展规画重点, 2003
[157] 黄自强. 小浪底水库异重流与调水调沙, 2002
[158] 廖义伟. 黄河下游滩区受淹后国家补偿问题研究. 人民黄河, 2004
[159] 张红武. 河流力学研究. 郑州: 黄河水利出版社, 1999
[160] [美] 唐纳德・沃斯特. 自然的经济体系生态思想史. 侯文惠译. 北京: 商务印书馆, 1999
[161] 李国英. 黄河的重大问题及其对策. 水利水电技术, 2002 (1)
[162] 李国英. 黄河治理实践中的科学探索与技术创新. 水利水电技术, 2005 (1)
[163] 李国英. 维持黄河健康生命. 科学, 2004 (3)
[164] [美] 霍尔姆斯・罗尔斯顿. 环境伦理学. 杨通进译. 北京: 中国社会科学出版社, 2000
[165] 司久岳. 美国: 科罗拉多河的水权之争. 中国水利报, 2004-4-22
[166] 高立洪. 美国开始历史最大规模农业向城市调水. 中国水利网, 2004-1-14
[167] [美] Robert Costanza, Sven Erik Jørgensen. 理解和解决 21 世纪的环境问题——面向一个新的, 集成的硬问题科学. 徐中民・张志强・张齐兵等译. 郑州: 黄河水利出版社, 2004

おわりに

編集代表者　澤井 健二

　恩師，芦田先生から中国の馮金亭氏が20年ぶりに来日されることを伺ったのは，3年前（2008年）2月のことであった。さっそく和歌山の赤井一昭氏，東京の沈建華氏と連絡をとって，2週間の行程計画を練り，3月末から4月初めにかけて，馮氏ご夫妻をお迎えした。その際，馮氏は私に黄河の写真集と1冊の書籍を下さった。しかし私には中国語が読めず，その価値が理解できなかった。そこで，京都大学防災研究所の張浩さんにお願いして，目次を日本語に翻訳してもらったところ，どうやらすばらしい内容のものらしいということがわかり，何とか日本語に翻訳して出版し，多くの方に読んでいただけないだろうかということになった。しかし，400ページ近い本の全体を翻訳するには，大変な労力がかかる。また，そのような大部の本はかなり高額になることが予想されるため，出版しても採算が合うかどうか疑わしいが，翻訳だけでなく，日本における研究成果や解題をつければ，ある程度読者を得られるのではという京都大学学術出版会のお勧めもあり，研究会をスタートさせることになった。日本で出版の見込みがあるのなら，20年前と同じように馮氏が翻訳を引き受けようということであったが，20年前とは違って今回は馮氏が中国に帰っておられることから，緊密な連絡をとりながら翻訳を進めることはそう容易ではない。日本にだれか翻訳を助けてくれる人がいないか探していたところ，15年前に親しくしており，その後日本に帰化された包四林（向野崇倫）さんが名乗りを挙げてくださった。そこで，まず序文を訳してもらい，第1回の研究会（2008年10月3日）に臨んだところ，大変好評で，いっそのこと，全体の翻訳を包さんにお願いしようということになってしまった。

　研究会のメンバーは，黄河に関わっておられる知り合いの研究者のほか，官公庁や財団等からも加わってもらい，本の内容を深めるとともに，広く頒布するため，次の方々の協力を賜ることになった。

芦田和男	京都大学名誉教授,河川環境管理財団研究顧問（河川環境工学）	
福嶌義宏	総合地球環境学研究所名誉教授,鳥取環境大学教授（水環境学）	
谷口義介	摂南大学外国語学部教授（中国史）	
澤井健二	摂南大学理工学部教授（河川工学,流域連携）	
角 哲也	京都大学防災研究所教授（ダム水理学）	
石田裕子	摂南大学理工学部講師（環境生態学）	
張 浩	京都大学防災研究所助教（土砂水理学）	
赤井一昭	海洋の空研究グループ代表	
渡辺和足	（財）ダム水源地環境整備センター理事長	
櫻井寿之	独立行政法人土木研究所ダム水理研究室主任研究員	
小川芳也	（社）近畿建設協会京滋支所	
鈴木哲也	京都大学学術出版会専務理事・編集長・事務局長	
高垣重和	京都大学学術出版会編集室	
馮 金亭	（元）中国黄河水利科学研究院高級工程師	
包 四林（向野崇倫）	向野堅一記念館館長	

　第2回の研究会は2008年12月19日にもち，第3章までの訳文を読み合わせするとともに，第1部の目次を話し合った。第3回の研究会は2009年3月27日にもったが，このときには早くも包さんの翻訳が揃っていた。その後，その原稿を中国の馮氏にメールで送って手直しをしていただき，さらにわれわれの手を加えて，日本語としての体裁を整えた。出版の形態としては，原著者の意図をできるだけ忠実に伝えるため，2部構成として，第1部はわれわれの研究編，第2部は「維持黄河健康生命」の翻訳編とすることにした。第4回の研究会は2009年7月17日，第5回の研究会は2009年9月11日にもったが，第1部の原稿もほぼ揃い，あとは出版のための体裁を整えるのみとなった。

　第1部のタイトルとして「黄河に学ぶ」を思いついたのは，2008年12月20日未明のことであった。その前日，第2回黄河研究会において，研究会の名称案として，「黄河再生研究会」，「黄河流砂研究会」などが出されたが，本のタイトルとして何がふさわしいだろうかと思いめぐらせていた。以前，「〜に学ぶ」というタイトルには2度出合ったことがある。最初は「川に学ぶ」であった。これは，1997年頃だったと思うが，当時の建設省の諮問機関である河川審議会の中に「川に学ぶ」小委員会が設置され，「川に学ぶ」研究会を経て，現在の「川に学ぶ体験活動協議会（RAC）」に発展している。当時，近畿では「川に学ぶ」か「川を学ぶ」かで随分議論したことを覚えている。私はこの「〜に学ぶ」という表現が好きである。これは，「〜を学ぶ」のに留まらず，「〜を通じて，もろもろのことを学ぶ」ということであり，きわめて含蓄の深い言葉で

ある。助詞ひとつでこうも趣が変わるものかと感心させられた。

次に「〜に学ぶ」に出合ったのは，四手井綱英先生著の「森に学ぶ」である。この時，さらに「水に学ぶ」「海に学ぶ」「子どもに学ぶ」「歴史に学ぶ」「地域に学ぶ」など，いろいろな「〜に学ぶ」を連想した。そして今，「黄河の勉強会」である。そこで，「黄河に学ぶ」にしようと思い立った。これは，黄河を学ぶことを通じて，地球環境，あるいはわれわれの身近な環境，ひいてはわれわれの生き方について学ぶ想いをこめている。

ところで，今回の出版にあたっては，随分と多くの方のお世話になった。馮金亭氏の来日にあたって，芦田先生からお声かけいただいたのをきっかけに，次々と輪が広がり，大変よい経験をさせていただいた。

黄河の研究には，これまで多くの方々がかかわってこられたが，日本人の多くにとって，黄河はやはり遠い存在である。この本を通じて，より多くの方が黄河に関心をもつとともに，地球環境，身近な環境，ひいては自分の生き方について振り返るよすがにして下されば，編集者の一人として，望外の喜びである。

なお，この本を出版するにあたっては，何よりも，原書を紹介して下さった馮金亭氏と日本語版を出すことに同意してくださった原著者の李国英氏に感謝を申し上げたい。労力のかかる翻訳を引き受けてくださった包四林氏，第1部を執筆していただいた諸先生，議論や原稿整理に加わっていただいた研究会諸氏にも深く感謝申し上げる。特に谷口義介教授（中国史）には全文にわたって校閲していただき，古典文献（漢文資料）の訓読をしていただいた。また，研究会の運営に当たっては，（社）近畿建設協会から助成をいただいた。8度にわたる研究会の会場についても，同協会京滋支所の会議室をご提供いただいた。（財）京都大学教育研究振興財団ならびに（財）ダム水源地環境整備センターには，出版にあたって多大のご支援をいただいた。出版をお引き受けいただいた京都大学学術出版会とともに，ここに記して謝意を表す。

索　引

▶人　名

[A～Z]
Penman ·· 26
Xie 博士 ··· 28

[ア行]
芦田和男 ··· ix , xii
赤井一昭 ·· 59, 457
江頭進治 ··· xii
王化雲 ················ 173, 414, 415, 416, 418, 419
王景 ··· 293, 410, 411
王呉 ··· 410

[カ行]
郭沫若 ··· 146
賈譲 ···································· 290, 407, 408, 409, 410
匡尚富 ··· ix
降慶 ··· 413
黄帝 ·· 6
靳輔 ··· 414

[サ行]
澤井健二 ·· xiii, 456
四手井網英 ··· 458
周恩来 ··· 193
蒋介石 ··· 18
角哲也 ··· 35
粟暁玲 ··· 194

[タ行]
谷口義介 ·· 1, 458
張衡 ·· 5
張浩 ··· 456
沈建華 ··· 456

[ナ行]
中川一 ··· xii

[ハ行]
潘季馴 ·· 411, 412
ピアス ··· 1
馮金亭 ··· ix, 458
福嶋義宏 ·· 18
包四林 ·· 456, 458

[マ行]
毛沢東 ·································· 10, 18, 30

[ラ行]
李儀祉 ·· 413, 414
李国英 ····································· ix, xi, x, xiii, 458

▶地　名

[ア行]
アーダー ··· 387, 388
アカ河 ··· 386
アク河 ··· 86
アクス＝オアシス ·································· 86
アクス河 ··· 87, 88
アマゾン川 ··· 120
アム川 ··························· 109, 110, 111, 112
アラシャン地区 ······························· 92, 93
アラル海 ··· 110, 112
アルチン ·· 85
安徽 ··· 105, 107
安徽省 ··· 295
安昌 ··· 194
伊河 ················· 42, 289, 314, 315, 316, 404
渭河 ······· 22, 23 ,24, 37, 82, 153, 155, 193,
　202, 203, 253, 312, 313, 314, 325, 330, 390, 416
位山 ······················ 22, 23, 24, 31, 203, 204, 223, 418
位山ダム ····················· 206, 207, 208, 209, 210
渭水 ···································· 4, 22

索　引　459

伊洛河	7, 42, 47, 231, 233, 234, 245, 246, 248, 249, 253, 255, 256, 331
尉犁	83
インダス川	76, 77, 82
インド	70
インペリアル灌区	374
ウーハイ	398
禹王故道	406
于庄	262
禹城	294
内モンゴル	29, 78, 97, 101, 378, 400
内モンゴル河道	322
内モンゴル河套区	378, 379
宇奈月ダム	xv, 35, 39, 41, 42, 47, 52, 53, 54, 55, 57
禹門	349
禹門口	6, 179, 182, 194, 401, 402, 406
ウリャンス海	22, 383
衛運河	296
永靖県	397
潁上	295, 296
潁河	294
永済県	194
永済灘	357
影唐	262
永寧	6
営房	436
エジプト	70
エチオナ=オアシス	89, 92, 141
延安	31
塩鍋峡	400
塩環定揚水灌区	378
垣曲	6
燕山	101
焉耆	83
兗州	106
塩城	106
延津	301
延水	416
王旺庄	204
横豊	400
鳳台	295
於庄	272
淤地ダム	391
オリン湖	8
オルドス	20

温県	295, 301
温孟灘	393

[カ行]

カイ	144
澮河	105
海河	101, 229, 384, 389, 448
海原	310
艾山	212, 213, 238, 242, 243, 253, 258, 261, 262, 269, 270, 271, 272, 281, 299, 334, 335, 336, 337, 339, 430, 444
開都河	86, 87
開封	24, 32, 106, 150, 212, 229, 294, 422, 430 432
海渤湾	400
花園口	7, 19, 20, 21, 22, 24, 31, 37, 42, 46, 51, 52, 147, 203, 204, 207, 208, 210, 211, 212, 213, 214, 223, 229, 238, 241, 245, 246, 248, 249, 250, 251, 252, 253, 254, 255, 256, 257, 258, 259, 260, 261, 262, 280, 281, 284, 287, 288, 289, 290, 294, 301, 302, 314, 315, 316, 320, 321, 326, 368, 370, 372, 395, 404, 418, 422, 428, 429
花園口区間	287, 288, 289, 290, 295, 300, 314, 315, 316, 320, 321, 326
花園口ダム	205, 209
渦河	105
河間	294
獲嘉県	300
霍丘	295
華県	192, 313
滑県	301
河口	24, 51, 404
河口村	404
河口鎮	6, 36, 37, 210, 211, 231, 232, 233, 234
河口鎮区間	287, 289, 314, 315
河口村ダム	300, 301, 302
カシュガル=オアシス	86
カシュガル河	86, 87
菏沢	150
我鳥	427
河套	22, 23, 24, 29
河南	24, 406, 416, 418, 429
河南省	406, 416, 418, 429
華北	102
河北	146, 295

華北山地	11	窋野河	349
河北省	416	窋野河温家川観測所	232
華北大平原	228	グランドキャニオン＝ダム	129, 131, 132
華北平原	4, 19, 24, 25	クリヤ河	86, 87
華北平野	33	黒雍川	54, 55
鹿邑	295	黒部川	ix, 35, 39, 41, 44, 45, 47, 48, 49, 52, 55, 56, 57, 58
渦陽	106		
河陽県	5	黒部ダム	39, 53
賈魯河	294, 295	黒部橋	47
漢江	389	滎陽	410
ガンジス川	230	涇河	199, 253, 309
甘粛	78, 184	京広	208, 243, 301
甘粛省	7, 22, 93, 397, 416	京広運河	208
関中	24	京杭大運河	217
関中下水道	156	恵済河	295
館陶	293	邢大韋	194
咸陽	324, 390	邢廟	262
葵旗	93	原陽	430
魏郡	408	黄河	40, 42, 44, 45, 48, 51, 57, 63, 65, 78, 82, 101
輝県	301		
淇口	391, 408	黄海	217
冀州	407, 408	黄河引水灌区	382
吉県	401	黄河河口	61
貴徳県	397	黄河下流河道	153, 403, 404, 406, 415, 419, 425
九女台	300	黄河幹流	404
夾河灘	51, 213, 242, 243, 244, 253, 258, 262, 281	黄河北幹流	179, 358, 401, 402, 403, 406, 432
		黄驊県	293
巩県	295	黄河堤防	228, 406, 26
姜溝	414	黄河本川	208, 246
夾馬口	194	黄河流域	81
共和県	397	後旗	153
玉泉路	103	杭錦	153
曲阜	106	黒崗口	423, 294
玉符河口	406	広州	208
許昌	106	高朱庄	422
銀川	7, 21, 28	考城	295
釣口河	219	項城	295
金堤河	147	河津	390
金塔河	93	江蘇	105, 107, 295
盱眙	106, 108	高村	51, 152, 213, 214, 219, 229, 235, 238, 243, 244, 258, 261, 262, 269, 271, 272, 281, 321, 334, 368, 419, 420, 421, 422, 430, 434, 435
桑干河	10, 411		
孔雀河	83, 84, 86, 87		
孔雀河三角州オアシス	86	高唐	293
クチャ河	86	黄土高原	1, 11, 13, 15, 16, 17, 22, 30, 31, 33, 37, 81, 160, 171, 175, 190, 191, 228, 232, 309, 352, 390, 391, 392, 394, 416, 433, 434
虞城	6		
九堡	423		

洪汝河	105
公伯峡	400
黄氾区	295
黄甫川	232, 342, 348
康揚	400
黄羊河	93
広利渠	301
江淮	229, 426
黄淮海平原	403, 406, 426, 432
固海揚水灌区	378
黒河	89, 90, 91, 141
黒石関	248, 251, 255, 315
黒山峡区間	328
国那里	262
五車口	301
故県	46, 251, 252, 254, 255, 256, 258, 284, 316
古賢	41, 401, 404
固原	310
古賢ダム	312, 327, 358, 401, 402
呉橋	293
壺口瀑布	2, 8, 23, 401
古城	423
呉城郷	12, 14
孤柏嘴	438
小屋平ダム	39, 53
五龍口	300
古浪河	93
コルチン砂地	99
コロラド川	xii, i, 116, 117, 119, 120, 128, 129, 131, 230
コロンビア川	129
滾川	153
渾源県	12, 14
コンゴ川	120
墾利	79, 297, 407
コンロン	85

[サ行]

斉	82
済陰	6, 410
斉河	414
西霞院	395, 396
斉河拡幅区	297
柴家峡	400
蔡集	428
采州湾	65

済南	19, 229, 406
済寧	106, 150
済北	6
雑木河	93, 95
采涼山	13
ザリン湖	8
三峡ダム	389
山西	93, 146, 179, 184, 253, 416
山西省	21, 22, 42, 101, 401, 416
サンディエゴ	375
山東	79, 101, 105, 406, 429
山東省	22, 400, 416, 418, 428, 429
山坪	400
三北防護林	10, 11, 12, 15
三門峡	2, 6, 7, 19, 20, 22, 23, 24, 37, 42, 43, 46, 47, 184, 185, 186, 187, 188, 191, 192, 193, 195, 196, 201, 202, 203, 206, 207, 208, 211, 251, 252, 253, 254, 256, 259, 260, 264, 274, 284, 286, 287, 288, 289, 302, 314, 315, 320, 321, 327, 332, 333, 336, 337, 339, 417, 418
三門峡ダム	342, 344, 350, 352, 359, 360, 361, 363, 364
シェルガ	385
史灌河	105
柴河	98
寺溝峡	400, 408
四川	78
芝川灘	357
ジャーチー	386, 388
遮害亭	408
弱潮陸相河口	335
沙潁河	105
周口	106
周士圧鎮	14
修武	295, 301
聚楽郷	14
浚県	293
商	406
漳衛運河	296
焦枝	301
漳河	296, 407, 408
商丘	106
小峡	400
商水	295
小花幹	251
焦穫藪	4

上寨鎮	14	清河	98
小石嘴	354	青海省	397, 416
招蘇台河	98	西漢	406
小北幹流	349, 351, 352, 354, 356, 357, 358, 359	西吉	310
祥符	295	西周	80
昌岡県	97	清潤灘	357
勝利油田	64, 65, 150	清水	246, 248, 254, 255, 267, 272, 274, 275, 276
小浪底	211, 216, 249, 253, 254, 255, 256, 257, 259, 261, 267, 280, 281, 284, 300, 302, 439	清水河	7
		清水溝	335
小浪底ダム	xiv, xv, 24, 32, 33, 35, 40, 41, 42, 43, 44, 46, 47, 48, 142, 236, 237, 238, 239, 240, 241, 243, 246, 253, 264, 265, 266, 267, 268, 273, 275, 276, 277, 278, 279, 280, 286, 299, 303, 316, 321, 326, 327, 330, 344, 359, 363, 365, 366, 389, 393, 394, 396, 401, 404, 418, 433, 434, 449	青蔵（チベット）高原	78
		西大河	93, 94
		青銅峡	22, 23, 24, 184, 185
		青土湖	93, 94
		西㲼河	105
		清豊	293
		西北防護林	11, 416
徐州	106	西遼河	97
徐庄	423	石山	314
徐碼頭	259, 262, 265, 268, 269, 271, 272	積石峡	400
ションラー	385	石羊河	93, 94, 95
シル川	110	セネガル	143
シルクロード	21, 28, 83, 84	セネガル川	78, 143, 144
史楼	253, 262	宣牛	385
城鶴	243	陝県	415
秦	80	陝州	6
新開河	97	千乗	410
新河道	410, 411	陝西	253
沁河	185, 231, 233, 234, 245, 246, 248, 249, 256, 289, 301, 314, 315, 316	陝西省	21, 22, 401, 416
		陝西省宜川県	401
沁河口	296, 301	仙人谷ダム	39, 53
新郷	150, 229, 300	滄県	294
新菏	301	棗庄	106
秦山北麓	410	滄州	293
神堤	422, 437	淙潼河	105, 410
茬平	294	蘇閣	272
新民灘	357	蘇泗庄	216, 243, 436
沁陽城	300	蘇隻	400
新汴河	105, 389	ソビエト連邦	19
秦嶺山脈	389	孫口	206, 213, 214, 242, 243, 244, 258, 261, 271, 281, 299, 443
沁陽	295, 301		
スイス	136	孫口観測所	299
睢寧	295	ソンファン	385
ズーム—ズー河	385		
西安	19, 22, 31	[タ行]	
西営河	93	ダーチー	386, 387
西華	295	ダーチーアアン	385

ダーリンク河	375
大樊	300
大禹	146
大河家	400
大峡	400
太康	295
大虹橋	300
太行山	101
大功分流区	297
大黒河	310
太原	8
大清河	406
大靖河	93
大泉山村	11
タイトマ湖	88
大田楼	262
大同	8, 11, 13, 14, 16
大渡河	385, 386
大名	293
大汶河	147
太里灘	357
大柳樹ダム	400
太和	295
濁河	367
タクラマカン	86, 89
出し平	47, 50
出し平ダム	xv, 35, 39, 41, 42, 47, 48, 50, 52, 53, 54, 55
タリム川	85, 142
タンナンガイ	20, 28
磧口	401
磧口ダム	401
チォアルチェン河	86, 87
築台	429
チグリス	82
チグリス川	74, 75
チベット（青蔵）高原	21
チャルクリク	83
チャルチャン	83
中原	24
中原油田	150
中国	70, 141
中牟	295
長安	7, 21, 28
長垣	295
張掖	82, 381

鳥金峡	400
長江	12, 448
趙口	422
長沙河	310
頂城	106
鳥達橋	398
張家山	390
朝邑	194
朝邑灘	357
趙老峪	309
沈丘	295
陳橋	414
青島（チンタオ）	24, 27, 31
青海	78, 79
陳留	295, 406
陳山口	406
ツーガンラーヤー	400
通天河	385, 386, 388
通許	295
ツゥマル河口	258, 261, 271, 281 385
通遼	97
鄭州	24, 106, 407
鄭州市	79
丁字路口	87, 281
定遠	6
ディナ河	86, 87
鉄謝	368
天津	101, 103, 229, 411, 426
天然文岩水路	147
唐	80
東営	150
銅瓦廂	212, 217, 406
ドゥカー河	386
桃花峡	317, 330, 333, 334, 336, 337, 339, 395, 396, 406
桃花峡ダム	302
桃花峪	36, 79, 184, 203, 395, 396
銅瓦廂	212, 217, 406
潼関	23, 179, 182, 187, 193, 194, 198, 200, 202, 211, 231, 233, 234, 311, 312, 313, 314, 394, 395
東光	294
東項頭	243, 406
滕州	106
陶城鋪	334
東大河	93
トウダオグァイ	20, 21, 22, 23, 28, 179

東壩頭 204, 209, 406, 421, 422, 427, 429, 430, 432
東溟河 105
東風渠 208
東平 333, 418
東平湖 20, 21, 297, 406, 429, 430, 432, 444, 448
東平湖滞洪区 297
東明 334, 428
徳州 103, 150, 293
徳山ダム 8
トクト 6, 394
徒駭河 414
禿尾河 342
磴口 153, 398
渡口堂 184, 185
トングリ砂漠 11
敦煌 83

[ナ行]

内黄 293
ナイル 70, 72, 73, 82
南 6, 29
南庄村 14
南套子 153
南皮 293
南楽 293
ニーチー 385, 386
ニーチーレンダー 385
ニーナー 400
西居延海 89, 91, 141
西ラムロン河 97
日本 138
寧夏 153, 378
寧夏・内モンゴル 376, 416
寧夏・内モンゴル河道 322, 323, 324, 328, 329, 389, 396, 398, 402
寧夏・内モンゴル灌区 379, 381, 382, 398
寧夏・内モンゴル区間 153, 286, 311, 379

[ハ行]

亳州 295
パオトウ（包頭） 29
白於山河 342
白河 386
白鶴 242, 261, 437, 406, 419, 420

白頭苗圃 14, 15
白馬寺 251
杷県 295
八盤峡 400
バビロニア 70, 75
バフィン川 143
万家寨 46, 259, 264, 284, 312, 401
万家寨ダム 8, 42, 43, 46, 47, 156, 198, 259, 260, 265, 266, 267, 274, 276, 277, 278, 328, 402
尾閭 93, 94
濱州 150
バヤンカラ山 78
ハラッパ 78
範県 294
澗河 105
東居延海 141
ビクトリア州 376
フェイガン河 86, 87
福徳店 97
扶溝 295
武陟 248, 251, 295, 300, 301
富平県 309
古城 423
阜陽 295
汾河 253, 390
平原 5
平頂山 106
平陸県 185
北京 19, 27, 101, 208, 432
汴梁 6
封丘 297, 427, 430
宝県灘 357
豊台 103
蚌埠 106, 108
彭楼 204
ホータン河 86, 87, 88
北金堤滞洪区 297, 418
北趙 194
北宋 80
濮陽 150
泛河 98
北洛河 37, 193, 199, 202, 253, 390
蒲州 6
蒲州旧城 194
渤海 79, 101, 217

索 引 465

渤海湾 16
ホンサンダークー砂地 99

[マ行]
馬営溝 93
馬家口 294
マトウ県 8
マドウ気象観測所 167
マニチー 386
マレー川 375
民勤 93, 95, 96
無定河 342
ムリン河 89
メソポタミア平原 75
孟州 301
蒙城 106
孟津 106, 406, 426
孟津県 406
木桑店 301
モヘンジョ＝ダロ 78

[ヤ行]
ヤーカン河 86, 87, 88
ヤーロン江 385, 386, 387, 388
柳河原 39
ユーフラテス川 74, 75, 82
揚州 106
陽城県 300
楊橋 295
楊房 220
楊楼 262

[ラ行]
ラーシーワー 400
羅家屋子 219
雷口 253, 259, 262, 265, 268, 269, 271
ライン川 113, 114, 115, 134, 135, 136, 163
洛河 .... xiii, 37, 42, 185, 289, 314, 316, 416
洛陽 295
蘭考 106, 428
蘭州 6, 7, 11, 19, 20, 21, 28, 36, 37, 394, 397
蘭封 106
蘭陽 413
李家峡 400
陸渾 46, 251, 252, 253, 254, 255, 256, 258, 298, 316, 404
陸渾ダム 42, 404
六盤山 7
利津 19, 20, 31, 37, 149, 150, 212, 217, 219, 220, 238, 243, 258, 261, 269, 270, 280, 281, 294, 304, 305, 335, 337, 338, 339, 430
李天開 262
劉家園 220
劉家峡 19, 28, 286, 323, 398, 400, 424
劉家峡ダム 153, 184, 185
溜河 295
柳園口 296
柳条河 93
劉庄 414
溜博 150
竜門，龍門 6, 36, 349, 351, 352, 355
龍門開削 146
龍門区間 287, 288, 289, 313, 315
龍門鎮 251
竜羊峡 28
龍羊峡ダム 197, 232, 397, 424
リョウスジャー 385
遼河 97, 98, 100
凌汛決口 286
梁集 262
逯村 421
遼寧省 97
臨河 334
臨沂 106
臨清 293
漯河 106
霊丘県 11, 14
霊丘自然植物園 15
濼口 203, 204, 212, 213, 219, 258, 281
黎陽遮害亭 407, 408
レニングラード 19
連雲港 106
連伯灘 194, 357
連花池 300
魯 82
澇河 301
楼蘭古国 83
盧溝橋 103
ロサンゼルス 374
ロプノール 83
ロプノール湖 84

| ロプノール川 | xiii |
| 呂梁山脈 | 16 |

[ワ行]
淮安	106
淮安府	6
淮陰	106
淮河	82, 105, 106, 107, 108, 109, 155, 193, 200, 202, 217, 229
淮南	106, 108
淮北	106
湾	427

▶ 事　項

[A〜Z]
FAO	27
LANDSAT	31
MODIS	22, 26, 27, 28, 30
NDVI（植生正規化指標）	31
NOAA	31
NOAA/CPC	26
opportunity	69
RAC	457
spirit	69
SS	47, 48, 54, 57

[ア行]
秋増水	287
悪水	17
上げ潮時	62
暴れ龍	1
アブラマツ	10, 11, 13, 15
天水（あまみず）	17
アユ	57
アルカリ化	383
アルカリ性土壌	407
アルベド効果	27
アワ	12, 14
アンズ	12, 13, 14, 15
維持黄河健康生命	ixx, iii, 457
石積み堤	56, 29
1次元河床変動	54
一次元定常流泥砂数値モデル	202

1・4・9・3	68, 162
移転問題	432
引黄灌漑	206
引黄灌区	304
引黄済津	258
引洪堆砂	183
インダス文明	18
上から下へ	437
ウォッシュロード	xv, 55, 359, 360
ウツロ	60, 61, 63, 65
運命論	5
衛星	26, 29
衛星写真	31
液状化防止	446
エジプト文明	18
エネルギー	304
エネルギー移動	xi
淮南子	2
延伸	218
塩類収支	28
横断勾配	334
大畦	379
オーストラリア	375, 376
オーバーバンク＝フロー	216, 434, 445
汚染	162
汚濁防止	64

[カ行]
海水の逆流	xiii
解説	xiii
改道	218, 291, 293, 294, 303, 406, 407, 409, 411, 417, 426, 431, 432
海洋のウツロ	59, 62, 64
塊粒構造	437
花崗岩	35
河岸権	375
河岸氾濫原	444
河岸流量	320, 363, 436
夏季	304
河議弁惑	411
格堤	412
攪乱	43, 395
かけはしの森	15
河口	317
河口堆積	59
河口堆積制御	xv

索　引　467

河口の前進・後退	22, 1223	顆粒直径	332
河口変動	221	下流のみ重視策	414
嵩上げ	409	下流氾濫原区	448
カササギの森	14	河	2, 3, 4
河床	162	川幅	434
買譲三策	407	河幅拡大	442
河床上昇	40	河原容量	365
河床洗掘	61	河を寛くし洪を行す	409, 411
河床土砂構成	437	寛	334
河床剥がし	179, 180, 199	漢	80
河床変動	183, 244, 435	灌漑	416
河水	2, 3, 4	灌漑期	304
霞堤	57	灌漑水	27
火星	69	灌漑用水	309
河勢	445	寛河行洪	410
河清	5, 6, 7, 8, 9	寛河固堤	415, 433
嘉靖	411, 413	寛灘窄槽	413
河勢制御	43, 438	寛緩にして迫らざる	408, 409
河勢変化	435	環境影響	44, 56, 58
河川維持用水	33	環境コスト	380
河川環境の悪化	iii	環境調査	45
河川再生	128, 132, 136, 138, 141	環境保全	ix
河川審議会	457	環境用水	375
河川生態系	x	灌区	376
河川の生命	xiii, 121, 373	含砂量	72, 30, 237, 238, 255, 311, 320, 338, 358, 372, 402, 442
河川法	iv	漢書	2, 4
河川流量の低下	33	観測	223
河川理論	159	観測計画設計院	363
河川倫理	126	観測システム	221
河相係数	436	感潮域	59
下大型	314, 315	感潮囲繞水域	59
河道	162, 228	感潮水域	62
河道整備工事	238	旱魃	304
河道堆砂	396	含有量	364
過渡性区間	425, 435	環流	445
過度の取水	9	緩和	394
カラマツ	11	魏	3
ガリ（雨裂）	30	気化熱	xii
下流	389	基幹ダムの死水容量	393
下流河道	183, 230, 235, 240, 265, 267, 293, 317, 318, 334, 336, 342, 348, 359, 361, 370, 371, 372, 392, 393, 394, 396, 423, 424, 429, 430, 432, 434, 442	企業と企業	376
		畸形弯曲	422
		危険箇所の整備	415
下流河道疎通	413	季節価格	380
下流河道の侵食	233, 234, 251	キビ	12, 14
下流河道の侵食堆積	249	基本価格	380

旧河口	64
給水価格	390
急流	39
共産党軍	18
魚鱗坑	10
魚類退避場所	56
きれいな水には美しい華が咲く	xi
均質流	338
緊張	394
九河疎通	146
掘削	40
くび振り	218, 229, 238, 422
グリーン＝ベルト	11
経過時間	371
経済効果	390
携砂能力	317
継承権	375
継続時間	47, 239, 311, 394, 441
形態維持	389
契約	375
計量	378
計量価格	380
計量水資源費	381
下策	409
決壊	162, 229, 290, 291, 294, 396, 406, 411, 415, 417, 428, 431
月堤	412
滅河	414
原型観測	215, 216
原型観測データ	354
原型現場防災試験	427
原型黄河	162, 224, 225, 226, 227, 244, 283, 438
減砂量	391
現地黄河	xiv
高圧ジェット	47
黄委会観測規画設計院	236
豪雨	418
豪雨洪水	286
降雨データ	307
航運	416
黄［河］	414
三つの黄河	xiv, 283, 437
黄河委員会	361
黄河引水灌漑区	376
黄河引水水門プロジェクト	380
黄河改道	293
黄河下流	367
黄河下流河道	238, 449
黄河下流河道に存在する重要問題	419
黄河下流河道の整備方針	406
黄河下流河道の治水方策	431
黄河下流における洪水防止工事	298
黄河下流における堆砂減少のための水砂調節施設およびその運用体制	403
黄河下流の河道	303
黄河近期における重点治水開発計画	419
黄河研究	218
黄河研究会	xiii, xv, 2
高河原深水路	365
黄河源流区	165
黄河再生	457
黄河水利委員会	ix, 1, 6, 31, 32, 342, 351, 363, 413, 414, 427, 432
黄河水利科学研究院	202
黄河総合利用規画技術経済報告	416, 417
黄河堤防の決壊	18
黄河に学ぶ	457, 458
黄河の健康な生命維持	146, 157, 158, 159, 160, 162, 163, 284, 384, 389
黄河の取水可能量	21
黄河の水砂調節	367
黄河の清濁	1, 2
黄河の治水	406
黄河の治水と開発	x, 6
黄河文明	18
黄河水資源	377, 380
黄河流域	30, 230, 376
黄河下流超大豪雨の防災に関する意見報告	418
高含砂量	394
工業用水量	378
黄砂	22, 23
耕して天に至る	16
黄淮海平原	303
高床深槽	179
洪水	xiv, 1, 416
「96.8」洪水	211, 212, 213, 214, 215, 223
「上大型」洪水	287
「下大型」洪水	288, 289
「上下比較大型」洪水	289
洪水引水	418
洪水継続時間	311
高水敷	320

洪水制御	289	窄河固堤	433
洪水疎通能力	65	サケ	163
洪水土砂	432	下げ潮時	60
洪水の資源化	304	砂質土	428
洪水の創出	325	左伝	5
洪水の利用	304, 309	里山	10
洪水防止	382	砂防	390
降水量	16, 28, 33	砂量	371
洪積河川	316	3縦4横	156, 384, 389
黄濁	4, 24	三上両下	208
膠泥盛	250	三水	170, 171, 222
黄土	4, 23, 24	三道防線	68
黄土高原水土流失	153, 339, 344, 348	三逃の地	16
黄土高原の砂漠化とその対策	16	三門峡プロジェクト	418
黄土高原の緑化	xv, 1, 9	サンライト＝ホール	65
黄土の民	6	歯は谷（穀）を生ぜざる	408
溝道	175	詩経	3
溝道侵食	176, 178	始皇帝	309
高度経済成長	x	市場競争原理	377
広幅区間	444	市場原理による価格	378
合法的利潤	380	市場メカニズム	380
合理式	27	地震震度	446
コウリャン	31	システム＝エンジニアリング	419
航路の維持	59	地滑り	415
枯渇	1	自然改道	431
小型ダム	391	自然共生	xi
国民党軍	18	自然洪水	41, 45, 449
国務院	418, 419	自然積塩	383
小畦	379	自然的要素	424
九つの治水施策	68	自然の力	395
枯水年	397	自然流下	47
国家取水許可制	380	持続可能	375
コノテガシワ	11	持続時間	364
小麦	29	実験研究	178
		実験模型	203
[サ行]		実体試験	223
砂	xv	実体模型	396
財産権	374	実体模型試験	221
細砂	235, 245	実体モデル＝システム	216
細砂	xi, vxv	地ならし	379
寨上江南	7	地盤沈下	xiii
済水	3, 4, 5	締め切り堤	63, 64
細水長流	325	地面灌漑	382
彩陶	79	遮砂	449
細粒	331, 338, 393	遮粗・排細	359, 363, 365
細粒土砂	54, 55, 363	斜面侵食	176, 178, 228

遮・用・調・排	418, 419	シルト	xv
遮・用・調・排・掘	419	沁河洪水	300
周	80	人工穴	427
秋季	304	人工改道	431
終極目標	68, 146, 162, 284	人工攪乱	259, 266, 267, 268, 271, 273, 274, 276, 284
周詩	3	人工洪水	32, 47, 239, 316, 326, 327, 330, 404, 441, 449
重大被害	291		
集団避難	434		
重点整備地区	342	人工ショック	364
収入増加	381	人口増加	iv
住民意見	x	人工調節	394
縮小	372	人口密度	432
縮小防止	325	人工密度流	43, 47 ,266, 283, 364
縮短河長	410	侵食	2, 304, 391, 403, 423
取水許可証	376, 380	侵食溝	228
主増水期	370	侵食率	339, 342, 344, 345, 346, 347
首尾相連	251	侵食量	45
シュメール人	75	滲水	428
春秋左氏伝	3	新水法	31, 32
春秋戦国	80	新中国	229, 300, 432
使用権	374	森林環境政策	9
上広下狭	334	森林と水量	33
小洪水	309	森林伐採	10
上策	407, 409, 410	森林被覆率	9, 11, 13, 16
上遮下排	40, 417, 418, 419	森林保護	9
小水枯砂	220	人類の影響	424
小水坐弯	435	親和力	xi
小水小災	430	隋	80
小水上提	238, 435	水温	57
上阻下排	297, 299	水下射流	268
上大型	314, 315	水権	373, 374
上・中・下流並重策	414	水権永久譲渡	376
蒸発	26	水源涵養	11, 16
蒸発散モデル	31	水権取引量	376
蒸発散量	27	水権譲渡	377
蒸発量	30	水権の明確化	377
情報	375	水権をめぐる取引	375
上流貯減水砂	413	水源涵養林	11, 16
使用流量	48	水砂関係	393
小老樹	10, 12, 14	水砂関係のアンバランス	396
初期水権所有の明確化	376	水砂条件の悪化	425
植草	391	水・砂総合治水	412
触媒	xi	水砂調砂	394, 401, 432, 434
植林	8	水質	x, 155
所有権	374	水質悪化	22
処理	432	水質浄化	xv, 59, 65

水砂異源	231
水砂関係	233, 372, 373
水砂関係のアンバランス	230
水砂調節	366
水砂調整施設および運行体制	396
水砂統計	248
水砂変化	437
水少砂多	230
水少・砂多・水砂関係の極端なアンバランス	373
水食	23
スイス水保護法	137
水多・砂少	233
水塔	397
水土保持	30, 37, 40, 184, 191, 372, 390, 391, 392, 416, 417, 418, 434
水土保持研究所	30
水土保持林	11
水土流	416
水土流失	222, 391, 392
水土流出	13, 14, 17
水法	374, 380
水文循環	xi
水利化運動	204
水利科学研究院	xiv
水理模型	viii
水流運動	435
水量	372
水量減少	8
水力発電	418
水力発電省	419
数学モデル	178, 435
数値黄河	162, 224, 225, 226, 227, 284
数値シミュレーション	xiv, 215
数値モデル	221, 223, 437, 178, 435
すすぎ放流	56
砂の減少	390
スモモ	15
井渠併灌	382
制御・利用・遡造	367
制限水位	305
清済	5
政策の調整	383
政策補償	434, 442, 446
清水	4, 7, 17
清水灌漑	16
清水区	11
清水洪水	43, 47
西線	329
西線プロジェクト	384, 386, 388, 389
生態系	x, 83, 126, 157, 375
生態用水	33
生態林	446
生物環境	53
生命	159
生命体	xi, xii, xiv, xv, 122, 127, 384
清流	315, 316, 359, 395, 404
世界四大文明	70
接岸確率	437
接触酸化	65
接水	428
節水	32, 373, 377, 378, 382
節点	438
洗掘	60, 65
浅層地下水	382
先粗後細	339, 346, 348
千年恙無し	411
槽溝	420
総合地球環境学研究所	25
送砂能力	424, 441
送砂量	230, 372
造床過程	434
造床流量	317, 442
増水期	304, 305, 306, 307, 370, 397, 404, 424
増水・減砂・水砂調節	373
相対均衡	391
相対地下河	419
相対均衡理論	175, 176, 222
総堆積量	336
相対的増水	373
造林	9, 391
造林植草	416
束水攻沙	412, 413
双合嶺	335
粗砂	xiv, xv, 235, 245, 392, 393
阻水排流	180
阻粗排細	256
疎通能力	326
疎通能力の拡大	418
粗粒土砂	xiv, 54, 55, 331, 332, 333, 339, 342, 345, 346, 360, 363, 444
粗粒土砂源	342

粗粒土砂比	363
村台	434, 449

[夕行]

滞洪	448
退耕還林	2, 12, 14, 15, 16, 30
大洪水	433, 434, 444, 445, 446
滞洪滞砂	443
滞洪堆砂	411
滞洪排砂	187, 192, 196, 207, 320, 332, 360, 361
大功分流区	297
堆砂	446
大デルタ	426
堆砂減少	396, 403
耐侵食性	339
大水下挫	435
大水大災	430
堆積	218, 372, 391
堆積比	339
堆積量	423, 424
堆粗排細	183, 349, 393
大堤防	63, 64
第二の黄河	12
代表粒径	55
太陽系	69
高い氾濫原	445
濁河	3, 5
濁水	7, 17, 65
濁水灌漑	16
濁水層	47
濁水排砂	42
濁流	315, 316, 404
多自然河川整備	139
多自然工法	x
多砂粗粒土砂区	344, 345, 347, 349, 343
多堆積	235
棚田	391
多排	235
他物権	373
ダム	380, 418
ダム水源地環境整備センター	457
ダム堆砂	392
ダムの撤去	223
ダム排砂比	361
多来	235
灘唇	213, 268, 425

断流	1, 8, 21, 24, 25, 27, 30, 31, 32, 40, 85, 87, 149, 150, 151, 152, 162, 305, 389
単列砂州	55
灘を寛くし槽を窄むる	411
地殻変動	228
地下水汚染	xiii
地下水の汲み上げ	16
地下水埋深	383
地下調節ダム	383
地球	69
地球環境	458
地球環境林	13, 14
蓄水阻砂	320
蓄水量	305, 306, 309
蓄清排濁	187, 321
治砂	412
治水	ix
治水三策	407, 410
治水時代	146
治水体系	162
中国科学院	30
中華人民共和国	18
中国の環境保護とその歴史	4
中砂	x, v, 235, 245
冲沙	152
中策	408, 409
抽砂揚散	268
中・小洪水	434
中常洪水	309
中線	389
中国水利水電科学研究院	202
長期安定	432
長江大洪水	12
調水調砂	xiv, xv, 35, 41, 42, 44, 45, 46, 57, 68, 228, 235, 236, 244, 245, 252, 257, 258, 259, 264, 265, 268, 269, 281, 283, 284, 316, 326, 327, 389, 393, 395, 396, 404, 418, 434, 439, 442, 449
調水調砂運用	40
調水調砂試験	4, 43, 47, 51
潮汐エネルギー	xv
潮汐差	63
調節	40
超大洪水	418
潮流	65
潮流発生	59
潮流発生装置	63

索引 473

直接コスト	380
貯砂ダム	391
貯水・遮砂	359, 360, 361, 365
貯水遮砂	332, 336, 415, 416, 417
貯水阻砂	187, 192, 196, 207, 208
貯清排濁	332
貯滞洪水区	447
貯滞洪水区運用に対する暫定補償法	447
沈降浄化	65
沈砂池型	61
通砂	39, 48
通常洪水	433
泥水	4
低水路	320, 414, 439, 445
低水路侵食	444
低水路の安定	434
低水路の安定維持	439
低水路の縮小	434, 439
底線	157
堤防	229, 412, 415, 427
堤防強化	419, 434, 442
堤防強度の強化	418
堤防の嵩上げ	33, 415
データバンク	217
デルタ	157
天井川	1, 4, 19, 24, 25, 31, 33, 36, 229, 286, 290, 300, 318, 322, 331, 403, 406
天然洪水	364
潼関河床	201
潼関標高	193, 194, 196
東西互恵	349, 384
透水係数	427, 428
東線	389
トウモロコシ	29
特大洪水	434, 442, 445, 446
毒水	17
土砂含有量	358
土砂減少	392
土砂侵食率図	340
土砂生産のバランス	57
土砂堆積	xiv
土砂堆積比	337
土砂動態	36, 37
土砂特性	228
土砂濃度	35, 37, 45
土砂分選	338

土砂問題	418
土砂粒径	339
土砂粒径分布	442
土壌アルカリ	382
土壌アルカリ性化	375
土壌侵食	175, 190, 228
土壌剪断力	437
土地造成	xv

[ナ行]

ナイルの賜物	4
長良川宣言	128
母壅泉	374
夏増水	287
斜川	153, 318, 385
斜河	335, 422
南水北調	160, 161, 293, 301, 330, 384, 386, 388, 389, 390
南北調達	153, 384
二級懸河（天井川）	68
二次天井川	153, 373, 264, 268, 334, 335
21世紀の河川学	xiii
ニセアカシア	15
日中戦争	18
二部制	380
日本軍	18
人間中心主義	xi
熱容量	xii
年間平均流出量	230
年平均水量	35
農作物の水没	447

[ハ行]

排砂	48, 56, 396
排砂ゲート	41, 47, 53
排砂設備	39
排砂操作	39
排砂通砂	50
排砂比	363
排砂率	51
排砂量	54
排出	40, 393
排水幅	437
廃堤	429
発電	397, 398, 416
バルク法	27

パレイ=トズイョーの基準	376	平水多砂	320
氾濫	417	変動特性	228
氾濫原	444, 445	崩壊	428
氾濫原安全整備	447	三つの防御線	xiv, 367
氾濫原区	447, 448	防御線2	349
氾濫原区補償政策	449	防砂・防風林	10
氾濫原住民	449	放射量	26
氾濫原堆積	445	豊水年	397
万里の長城	10	豊増枯減	377
ピーク流量をカット	434	防波林	445
氷塊洪水	286, 311	防風林	11
干潟	64, 65	放流	40
非均質流	338	放流設備	41
避水村台	93, 429	放流量	45
非増水期	304, 305, 306, 307, 397, 404, 424	牧場	382
避難道路	449	牧草	381, 382
ヒマワリ	29, 31	補償	446, 447
氷塊洪水	400	捕捉	40
氷塊災害	398	ポテンシャル蒸発量	26
氷塊増水	402	ポプラ	10, 11, 14
氷塊防止	396	翻訳	ix
標準化堤防	445		
ビンガム流体	338	[マ行]	
ファジー集合論	308, 309	マツ	14
フィードバック	219, 220	満杯流量	229, 262
フィードバック影響	218, 221, 223	漫流	430
フィードバック=メカニズム	317	水価格	378, 380
深い低水路	445	水価格の値上げ	379
物質循環	xi	水環境	53
物質文明	x	水供給	375
物理環境	53	水資源	304, 305, 380, 389, 390
ブドウ	15	水資源使用権	373
浮遊砂	62	水資源の需給	384
浮遊土砂	47	水資源の所有権	373
浮遊土砂濃度	48	水資源有償使用制度	380
フラッシング	35	水収支	24, 27, 28
フラッシング排砂	41, 52	水使用権	375
文化大革命	10	水消耗	381
分水堆砂	349, 354, 357, 359	水調達	375
分水堆砂試験	358	水と土砂のバランス	41
文明発祥地	18	水の革命	15
分流	408, 409	水の値上げ	378
平均含砂量	369, 423	水を束ねて砂を攻む	411
平均降水量	304	密植	10
平均流量	38	三つの黄河	68, 162, 164, 165, 222, 224, 225, 226
閉鎖性水域	65	三つの防御線	331, 339

索　引　475

密度	xii
密度流	35, 42, 259, 267, 273, 274, 275, 278, 279, 284, 364
緑の地球ネットワーク	11, 12, 13, 15
緑の長城計画	11
明代	411
民愲	415, 427
無償贈与	380
メソポタミア文明	18
網状砂州	55
模型黄河	162, 224, 225, 226, 227, 284, 437
桃増水	286, 311
森に学ぶ	458
モンゴリマツ	11, 13, 15

[ヤ行]

野外観測	177
やすらぎ水路	57
有効直径	331
遊砂池	171, 172
游蕩性河道整備	438
游蕩性区間	419, 420, 422, 425, 434
遊牧民	29
輸血	384
楊庄改道プロジェクト	301
用水量	381
遥堤	412
用途別価格	380
容量水資源費	381
ヨーロッパ連合	132
横川	318
横河	262, 422
四つの主要目標	68
4字治水方策	419
四大文明	xiii, 18

[ラ行]

雷池	157
来砂	317
来砂係数	369, 370, 424
来砂量	231, 320, 321
来水量	381
陸地	65
利水	x
リモート＝センシング	216, 339
流域委員会	x

流域間の水調達	373
流域管理面	384
流域にまたがる水調達	383, 384
硫化水素	22
粒径	235
粒径土砂	337
粒径分布	269, 283, 333, 363
粒径別土砂収支	54
流砂	457
流砂系総合土砂管理	57
流出量	376
流量	238, 358, 364
流水量	33
両岸分滞	297, 299, 418
両清両濁	394
リョウトウナラ	16
緑化	15
緑化協力団	13
緑化政策	10
緑化率	31
理論体系	xiv
リンゴ	31
倫理	83, 159
連携調節	439
連携通砂	39, 41, 42
連携排砂	35, 39, 41, 44, 45, 49, 53, 55, 57
縷堤	412

[ワ行]

ワーキング＝ツアー	15
弯曲性	435
弯曲性区間	425
弯道曲率半径	437

著訳者紹介（*は編者）

***芦田和男** （工学博士，京都大学名誉教授）［はじめに］
京都大学工学部卒業。建設省土木研究所主任研究員，京都大学工学部助教授，京都大学防災研究所教授を経て，河川環境管理財団研究顧問，淀川水系流域委員会委員長を歴任。河川環境工学
主要著書 『河川の土砂災害と対策』『21世紀の河川学』

***澤井健二** （工学博士，摂南大学理工学部教授）［はじめに・おわりに］
京都大学大学院工学研究科博士課程修了。京都大学防災研究所助手・助教授，摂南大学工学部教授を経て現職。河川工学，流域連携
主要著書 『水をはぐくむ—21世紀の水環境』『川の学校⑥川のはたらき』『わかる「水理学」』

谷口義介 （文学博士，元摂南大学外国語学部教授）［第1部1章］
立命館大学大学院文学研究科修了。熊本短期大学教授を経て摂南大学国際言語文化学部・外国語学部教授。中国古代史
主要著書 『中国古代社会史研究』『歴史の霧の中から』『東アジアの説話半月弧』

福嶌義宏 （農学博士，総合地球環境学研究所名誉教授）［第1部2章］
京都大学農学部卒業。京都大学農学部助手・助教授，名古屋大学大気水圏科学研究所教授，総合地球環境学研究所教授を経て鳥取環境大学教授。水環境学
主要著書 『地球環境学4 水・物質複合系としての生態系』『地球水環境と国際紛争の光と影』『黄河断流−中国巨大河川をめぐる水と環境問題』

角　哲也 （博士（工学），京都大学防災研究所教授）［第1部3章］
京都大学大学院工学研究科修士課程修了。建設省土木研究所主任研究員，京都大学大学院工学研究科准教授を経て，現職。水工水理学
主要著書 『貯水池土砂管理ハンドブック—流域対策・流砂技術・下流河川環境』『ダム下流生態系（ダムと環境の科学1）』

赤井一昭 （「海洋のウツロ」研究グループ代表）［第1部4章］
大阪工業大学工学部卒業，大阪市立大学助手，建設省道路局高速道路課技官，大阪府土木部計画課技師，大阪府深日港湾事務所長を経て，大阪府廃棄物処理公社参事。
主要著書 『海洋（水域）のウツロ』

李　国英 （博士，教授級高級工程師，黄河水利委員会主任）［第2部］
東北師範大学環境科学専攻博士課程修了。黄委設計院企画処長，小浪底ダム建設管理局副局長，中華人民共和国水利部総技師，黒龍江省水利庁長を経て現職。
主要著書 『治水弁証法』『黄河治水の構想と実行』『西北内陸川の健康な生命の維持』『黄河問答録』

包　四林 （向野崇倫）（工学博士，向野堅一記念館館長）［第2部訳］
筑波大学大学院工学研究科博士課程修了。日本テトラポット応用水理研究所，建設技術研究所，華東師範大学河口海岸研究所助教授，茨城大学非常勤講師を経て現職。海岸工学
主要図書 『Hardy-Cross法による海浜流数値解析法』

生命体「黄河」の再生	©K. Lee, K. Ashida, K. Sawai, T. Sumi 2011

2011年5月20日　初版第一刷発行

編　著
　　李　　　国　英
　　芦　田　和　男
　　澤　井　健　二
　　角　　　哲　也

発行人　　檜山爲次郎

発行所　**京都大学学術出版会**
　　　　京都市左京区吉田近衛町69番地
　　　　京都大学吉田南構内(〒606-8315)
　　　　電　話　(075) 761-6182
　　　　FAX　　(075) 761-6190
　　　　URL　http://www.kyoto-up.or.jp
　　　　振替　01000-8-64677

ISBN978-4-87698-555-5
Printed in Japan

印刷・製本　㈱クイックス
定価はカバーに表示してあります

本書のコピー，スキャン，デジタル化等の無断複製は著作権法上での例外を除き禁じられています。本書を代行業者等の第三者に依頼してスキャンやデジタル化することは，たとえ個人や家庭内での利用でも著作権法違反です。